全国医药高等职业教育药学类规划教材

制剂设备

主编　王　泽　杨宗发

中国医药科技出版社

内 容 提 要

本书是全国医药高等职业教育药学类规划教材之一。本课程主要介绍典型制剂生产设备的基本结构、工作原理、使用和维护及常见故障排除等实践性知识与技能。通过学习，使学生掌握制剂设备的基本理论、基础知识和基本技能；建立GMP概念并明确GMP对制剂设备的基本要求；培养学生能够明确国家标准和规范对制剂设备的基本要求；能够制定并严格遵守制剂设备操作规程，并对制剂设备做到懂结构、懂原理、懂性能、懂用途，会使用、会维护保养、会排除故障等。为学生的后续学习和工作打好基础，有利于加强职业技能培训，以便适应医药企业大规模生产的实际需要。

本教材突出高职高专的教育特色。以“任务导向”、“项目驱动”为指导思想，淡化理论知识，强化实践技能。不仅适合作为高职高专药物制剂技术专业及相关药学类专业的教材，同时也可以供医药企业相关人员作为自学教材。

图书在版编目（CIP）数据

制剂设备/王泽，杨宗发主编. —北京：中国医药科技出版社，2013.1

全国医药高等职业教育药学类规划教材

ISBN 978-7-5067-5774-4

Ⅰ.①制… Ⅱ.①王… ②杨… Ⅲ.①制剂机械-高等职业教育-教材

Ⅳ.①TQ460.5

中国版本图书馆CIP数据核字（2012）第311226号

美术编辑 陈君杞

版式设计 郭小平

出版 中国医药科技出版社

地址 北京市海淀区文慧园北路甲22号

邮编 100082

电话 发行：010-62227427 邮购：010-62236938

网址 www.cmstp.com

规格 787×1092mm 1/16

印张 18

字数 379千字

版次 2013年1月第1版

印次 2013年1月第1次印刷

印刷 北京地泰德印刷有限责任公司

经销 全国各地新华书店

书号 ISBN 978-7-5067-5774-4

定价 36.00元

全国医药高等职业教育药学类规划教材建设委员会

本书编委会

主　编　王　泽　杨宗发
副主编　单松波　郝晶晶
编　者　(按姓氏笔画排序)
王　泽 (中国药科大学)
白而力 (山西药科职业学院)
刘亚娟 (广东食品药品职业学院)
李素霞 (河北化工医药职业技术学院)
杨宗发 (重庆医药高等专科学校)
张广庆 (黑龙江生物科技职业学院)
单松波 (黑龙江农垦职业学院)
郝晶晶 (北京卫生职业学院)

出版说明

全国医药高等职业教育药学类规划教材自2008年出版以来，由于其行业特点鲜明、编排设计新颖独到、体现行业发展要求，深受广大教师和学生的欢迎。2012年2月，为了适应我国经济社会和职业教育发展的实际需要，在调查和总结上轮教材质量和使用情况的基础上，在全国食品药品职业教育教学指导委员会指导下，由全国医药高等职业教育药学类规划教材建设委员会统一组织规划，启动了第二轮规划教材的编写修订工作。全国医药高等职业教育药学类规划教材建设委员会由国家食品药品监督管理局组织全国数十所医药高职高专院校的院校长、教学分管领导和职业教育专家组建而成。

本套教材的主要编写依据是：①全国教育工作会议精神；②《国家中长期教育改革和发展规划纲要（2010－2020年）》相关精神；③《医药卫生中长期人才发展规划（2011－2020年）》相关精神；④《教育部关于"十二五"职业教育教材建设的若干意见》的指导精神；⑤医药行业技能型人才的需求情况。加强教材建设是提高职业教育人才培养质量的关键环节，也是加快推进职业教育教学改革创新的重要抓手。本套教材建设遵循以服务为宗旨，以就业为导向，遵循技能型人才成长规律，在具体编写过程中注意把握以下特色：

1. 把握医药行业发展趋势，汇集了医药行业发展的最新成果、技术要点、操作规范、管理经验和法律法规，进行科学的结构设计和内容安排，符合高职高专教育课程改革要求。

2. 模块式结构教学体系，注重基本理论和基本知识的系统性，注重实践教学内容与理论知识的编排和衔接，便于不同地区教师根据实际教学需求组装教学，为任课老师创新教学模式提供方便，为学生拓展知识和技能创造条件。

3. 突出职业能力培养，教学内容的岗位针对性强，参考职业技能鉴定标准编写，实用性强，具有可操作性，有利于学生考取职业资格证书。

4. 创新教材结构和内容，体现工学结合的特点，应用最新科技成果提升教材的先进性和实用性。

本套教材可作为高职高专院校药学类专业及其相关专业的教学用书，也可供医药行业从业人员继续教育和培训使用。教材建设是一项长期而艰巨的系统工程，它还需要接受教学实践的检验。为此，恳请各院校专家、一线教师和学生及时提出宝贵意见，以便我们进一步的修订。

全国医药高等职业教育药学类规划教材建设委员会

2013年1月

前言

随着我国《药品生产质量管理规范》（GMP）的进一步推广实施，制剂设备在制药生产中的作用日益突显出来，医药企业对既具有药学专业知识，又懂得工程技术（如 GMP 车间设施、设备）的复合型人才的需求与日俱增。这就要求药学类高职学生必须掌握制剂设备基础理论知识和实践技能，以满足生产实践的需要，在日趋激烈的人才竞争中立于不败之地。

《制剂设备》是在全国医药高等职业教育药学类规划教材建设委员会的精心组织下，根据药物制剂技术专业和药学相关专业学生的培养方向组织编写的。本教材的编写人员均是药学教学第一线的骨干教师和学科带头人。本书经集体讨论，分工编写，并由主编统稿。

在本教材编写过程中，始终贯彻以“实用为主，必需、够用和管用为度”的原则，以“任务驱动”、“项目导向”为基本出发点，注重思想性、科学性、先进性、启发性和实用性，树立以素质教育为基础，以能力培养为主体的理念，力求编写出能突出高等职业教育特色的实用型教材。

本教材结合高职教育的特殊性，突出以下特点。

1. 在知识体系上有所创新，与《药品生产质量管理规范》（2010 年修订）接轨。由于《药品生产质量管理规范》（GMP）对制剂设备提出了严格的要求，因此，在本书的编写过程中，突出了对符合 GMP 要求的，并在当今生产实践中广泛应用的制剂设备的论述。

本教材以工业药剂学、制药机械学、工程制图、制药化工过程及设备以及 GMP 等相关科学理论和工程技术为基础，结合 GMP 对制剂设备的要求，主要介绍典型制剂生产设备的基本结构、工作原理、使用与维护及常见故障排除等实践性知识与技能。

2. 在知识结构和能力培养上有所侧重。为了体现“以就业为导向，以能力为本位，以发展技能为核心”的职业教育培养理念，理论知识强调“必需、够用”，强化技能培养，突出实用性。在编写过程中，弱化通用机械理论知识，强化与制剂设备使用与维护相关的机械理论知识，并以标准操作规程（SOP）实例的方式增加了典型制剂设备的使用、维护方法及故障排除等内容，突出解决工程实际问题能力的培养。同时，结合高职教育的现状及教学改革的需要，力求做到深入浅出，以实用为主，够用为度，兼顾知识体系的系统性。

3. 编写形式上有所创新。在正文内容之外设学习目标、知识链接、知识拓展、课堂互动、目标检测，在书后附目标检测题参考答案。在“学习目标”中用“掌握、熟悉、了解”三个层次明确各章知识点的要求，这对教师教和学生学起着导航作用。在各章中根据教学内容设计了适当的“课堂互动”、“知识链接”和“知识拓展”。这对激发学生学习兴趣，活跃课堂气氛，加强教学互动，起到一定的促进作用。“目标检测”是根据学习目标的要求，结合实际，精选试题，训练学生对知识的应用能力，同时也可作为评价课堂教学和学生学习效果的客观依据，从中得到教学反馈，以便及时调整教学内容和进度。

全书共八章，第一章由王泽编写；第二章由张广庆编写；第三章由刘亚娟编写；第四章由单松波编写；第五章由李素霞编写；第六章由白而力编写；第七章由郝晶晶编写；第八章由杨宗发编写；全书由王泽统稿。

在本书的编写过程中，得到了主编单位中国药科大学及各参编单位的大力支持和帮助，在此表示感谢。

由于时间仓促、水平有限，教材中缺点和错误在所难免，恳请使用本教材的师生能够提出批评与改正意见。

编者

2012 年 9 月

目录 Contents

第一章　绪论 …… (1)

第一节　课程概况 …… (1)

第二节　制剂设备的分类 …… (2)

第三节　GMP 对制剂设备的要求 …… (3)

一、GMP 的演变过程 …… (3)

二、GMP 对制剂设备的要求 …… (4)

第四节　GMP 认证与验证 …… (9)

一、药品 GMP 认证 …… (9)

二、药品生产验证 …… (10)

第五节　制剂设备发展动态 …… (13)

第二章　制剂设备机械基础知识 …… (16)

第一节　常用工程材料 …… (16)

一、材料的性能 …… (16)

二、材料的种类 …… (17)

第二节　机械传动及常用机构 …… (19)

一、机械传动 …… (19)

二、常用机构 …… (26)

第三节　连接与支承 …… (31)

一、连接 …… (31)

二、支承 …… (36)

第四节　压力容器及工艺管路 …… (45)

一、压力容器 …… (45)

二、工艺管路 …… (48)

第三章　口服固体制剂生产设备 …… (54)

第一节　粉碎、筛选及混合设备 …… (54)

一、粉碎设备 …… (54)

二、筛选设备 …… (59)

三、混合设备 …… (61)

第二节 制粒设备 …… (63)
一、摇摆式颗粒机 …… (63)
二、快速混合制粒机 …… (65)
三、流化床制粒机 …… (65)
四、喷雾制粒机 …… (67)
五、干法制粒机 …… (67)
第三节 压片设备 …… (68)
一、压片机的冲模 …… (69)
二、常用压片设备 …… (69)
第四节 包衣设备 …… (76)
一、普通包衣锅 …… (76)
二、高效包衣机 …… (76)
三、流化包衣机 …… (79)
第五节 胶囊剂生产设备 …… (80)
一、硬胶囊剂生产设备 …… (80)
二、软胶囊剂生产设备 …… (86)
第六节 包装设备 …… (91)
一、瓶装设备 …… (91)
二、铝塑泡罩包装机 …… (94)

第四章 注射剂生产设备 …… (109)
第一节 制药用水生产设备 …… (111)
一、纯化水设备 …… (112)
二、注射用水设备 …… (118)
第二节 最终灭菌小容量注射剂设备 …… (123)
一、配液系统 …… (124)
二、安瓿清洗干燥设备 …… (128)
三、安瓿拉丝灌封机 …… (132)
四、安瓿洗烘灌封联动线 …… (137)
五、其他安瓿辅助设备 …… (139)
第三节 最终灭菌大容量注射剂设备 …… (144)
一、玻璃瓶大输液生产设备 …… (144)
二、塑料瓶大输液生产设备 …… (154)
三、软袋大输液生产设备 …… (156)
第四节 灭菌设备 …… (159)
一、安瓿灭菌设备 …… (161)
二、输液剂灭菌设备 …… (165)
第五节 粉针剂生产设备 …… (170)
一、冻干设备 …… (170)

二、粉针剂分装设备 …………………………………………………………（174）

第五章　口服液体制剂生产设备 ………………………………………………（184）
第一节　口服液生产设备 ……………………………………………………（184）
一、口服液概述 ………………………………………………………………（184）
二、口服液生产设备 …………………………………………………………（188）
第二节　糖浆剂生产设备 ……………………………………………………（197）
一、糖浆剂概述 ………………………………………………………………（197）
二、糖浆剂生产设备 …………………………………………………………（200）

第六章　中药制剂生产设备 ……………………………………………………（211）
第一节　中药前处理设备 ……………………………………………………（211）
一、净选设备 …………………………………………………………………（211）
二、切制设备 …………………………………………………………………（213）
三、炮制设备 …………………………………………………………………（214）
第二节　中药提取设备 ………………………………………………………（215）
一、中药提取流程 ……………………………………………………………（215）
二、中药提取设备 ……………………………………………………………（215）
第三节　丸剂生产设备 ………………………………………………………（222）
一、中药丸剂概述 ……………………………………………………………（222）
二、丸剂生产设备 ……………………………………………………………（223）

第七章　其他常用药物制剂生产设备 …………………………………………（232）
第一节　软膏剂生产设备 ……………………………………………………（232）
一、软膏剂概述 ………………………………………………………………（232）
二、软膏剂生产设备 …………………………………………………………（235）
第二节　软胶囊剂生产设备 …………………………………………………（240）
一、软胶囊剂概述 ……………………………………………………………（240）
二、软胶囊剂生产设备 ………………………………………………………（241）
第三节　栓剂生产设备 ………………………………………………………（244）
一、栓剂概述 …………………………………………………………………（244）
二、栓剂生产设备 ……………………………………………………………（246）
第四节　膜剂生产设备 ………………………………………………………（248）
一、膜剂概述 …………………………………………………………………（248）
二、膜剂生产设备 ……………………………………………………………（250）

第八章　制药公用工程 …………………………………………………………（252）
第一节　水、电、气（汽）供给系统 …………………………………………（252）
一、给水排水 …………………………………………………………………（252）

二、强电弱电 …………………………………………………………（254）
三、供热供气（汽） …………………………………………………（258）
第二节 净化空调系统 ……………………………………………………（260）
一、空气净化 …………………………………………………………（260）
二、净化空调设备 ……………………………………………………（262）
三、净化空调系统 ……………………………………………………（264）
第三节 净化空调系统的维护与故障排除 ………………………………（267）
一、净化空调系统的维护与保养 ………………………………………（267）
二、净化空调系统的故障排除 …………………………………………（269）

参考答案…………………………………………………………………（272）
参考文献…………………………………………………………………（275）

第一章 绪 论

知识目标

1. 掌握《药品生产质量管理规范》（GMP）对制剂设备的要求、GMP 设备认证与验证。

2. 熟悉制剂设备的分类，熟悉本课程的性质及要求。

3. 了解制剂设备发展动态。

技能目标

通过本章的学习，培养阅读与 GMP 相关的制剂设备技术资料的能力，训练解决工程实际问题的技能。

第一节 课程概况

随着科学技术的迅猛发展，我国医药工业发展迅速，制剂设备作为医药工业生产的手段和物质基础，在医药领域发挥着越来越重要的作用，并取得了长足的进步，研制出了一批高效、节能、机电一体化、符合《药品生产质量管理规范》（GMP）要求的新型制剂设备，有的达到或接近世界先进水平。这些新型的制剂设备得到越来越广泛的应用，使得药物制剂的种类和数量迅速增加，技术含量不断提升，对推动药物制剂生产过程自动化和产品质量标准化的进程产生了积极的作用。

制剂设备是药物制剂技术专业及相关专业的一门重要专业课程。通过本课程的学习，使学生掌握制剂设备的基本理论、基础知识和基本技能，建立 GMP 概念，明确 GMP 对制剂设备的基本要求。为学生的后续学习和工作打好基础，有利于加强职业技能培训，以便适应医药企业大规模生产的实际需要。同时，也是培养学生自学能力、分析问题和解决问题能力的实践性综合课程。

制剂设备是一门以工业药剂学、制药机械学、工程制图、制药化工过程及设备以及 GMP 等相关科学理论和工程技术为基础的应用性实践课程。本课程主要介绍典型制剂生产设备的基本结构、工作原理、使用和维护及常见故障排除等实践性知识与技能。

药物制剂是将药物制成适合临床需要并符合一定质量标准的剂型。任何一个药物用于临床时均要制成一定剂型。制剂生产过程是在 GMP 规定指导下各个操作单元有机结合的过程。不同过程的生产操作单元不同，即便是同一剂型的制剂也会因为工艺路线的不同而使操作单元有所不同。

制剂设备是实施药物制剂生产操作的关键因素，制剂设备的密闭性、先进性以及自动化程度的高低直接影响药品质量及 GMP 制度的执行。不同剂型制剂的生产操作及制药设备大多不同，同一操作单元的设备也往往是多类型多规格的。

参照《工业药剂学》和《药品生产质量管理规范实施指南》的分类，制剂设备按不同剂型加以分类介绍，着重介绍典型设备的基本结构、工作原理、使用和维护、常见故障的排除等。

本课程的教学目标是：通过本课程的学习，要求学生能够掌握制剂设备的基础理论和基本知识；能够明确国家标准和规范对制剂设备的基本要求；能够制定并严格遵守制剂设备操作规程，并对制剂设备做到懂结构、懂原理、懂性能、懂用途，会使用、会维护保养、会排除故障等。

本课程的教学任务是：通过本课程的学习，使学生具备成为药物制剂技术专业职业技术人才必须掌握的制剂设备的基础理论、基本知识和基本技能，在具备上述知识和技能的基础上，培养学生勤于思考、善于思考的良好习惯，提升学生分析问题、解决问题的综合能力；为进一步学习相关专业知识、掌握职业技能打好基础；并为走向工作岗位后接受继续教育及适应职业变化增强相应的知识储备。

第二节　制剂设备的分类

制药设备是药品生产企业为进行生产所采用的各种机械和设备的统称，包括制药专用设备和非制药专用的其他设备。根据国家、行业标准，制药设备分类如下。

（1）原料药设备　实现生物、化学物质转化；利用动物、植物、矿物制取医药原料的工艺设备及机械。

（2）制剂设备　将药物制成各种剂型的机械与设备。

（3）药用粉碎设备　用于药物粉碎（含研磨）并符合药品生产要求的机械及设备。

（4）饮片设备　对天然药用动物、植物、矿物进行选、洗、润、切、烘等方法制取中药饮片的机械及设备。

（5）制药用水设备　采用各种方法制取药用纯水（含蒸馏水）的设备。

（6）药品包装设备　完成药品包装过程以及与包装相关的设备及机械。

（7）药物检测设备　检测各种药物制品或半制品的仪器及设备。

（8）制药辅助设备　辅助制药生产设备用的其他机械与设备。

制剂设备按其所生产的剂型不同分为 14 类。

（1）片剂设备　将中西原料药与辅料经混合、造粒、压片、包衣等工序制成各种形状片剂的机械与设备。

（2）水针剂设备　将灭菌或无菌药液灌封于安瓿等容器内，制成注射针剂的机械与设备。

（3）西林瓶粉、水针剂设备　将无菌生物制剂药液或粉末灌封于西林瓶内，制成注射针剂的机械与设备。

（4）输液剂设备　将无菌药液灌于输液容器内，制成大剂量注射剂的机械与设备。

（5）硬胶囊剂设备　将药物充填于空心胶囊内的制剂机械与设备。

(6) 软胶囊剂设备　将药液包裹于明胶膜内的制剂机械与设备。

(7) 丸剂设备　将药物细粉或浸膏与赋形剂混合，制成丸剂的机械与设备。

(8) 软膏剂设备　将药物与基质混匀，配成软膏，定量灌装于软管内的制剂机械与设备。

(9) 栓剂设备　将药物与基质混合，制成栓剂的机械与设备。

(10) 口服液设备　将药液灌封于口服液瓶内的制剂机械与设备。

(11) 药膜剂设备　将药物溶解于或分散于多聚物薄膜内的制剂机械与设备。

(12) 气雾剂设备　将药物和抛射剂灌注于耐压容器中，使药物以雾状喷出的制剂机械与设备。

(13) 滴眼剂设备　将无菌药液灌封于容器内，制成滴眼药剂的制剂机械与设备。

(14) 糖浆剂设备　将药物与糖浆混合后制成口服糖浆剂的机械与设备。

第三节　GMP 对制剂设备的要求

一、GMP 的演变过程

《药品生产质量管理规范》简称 GMP（Good Manufacturing Practice），是药品生产企业进行药品生产质量管理必须遵守的基本准则，是当今国际社会通行的药品生产必须实施的一种制度，是把药品生产全过程的差错、混药及各种污染的可能性降至最低程度的必要条件和最可靠办法。

《药品生产质量管理规范》是顺应人们对药品质量必须万无一失的要求，为保证药品的安全、有效和优质，从而对药品的生产制造和质量控制管理所做出的指令性的基本要求和规定，我国将实施 GMP 制度直接写入了《中华人民共和国药品管理法》。GMP 是药品生产企业对生产和质量管理的基本准则，适用于药品制剂生产的全过程和原料药生产中影响产品质量的各关键工艺。GMP 中包括了人员、厂房、设备、物料、卫生、验证、文件、生产管理、质量管理、产品销售与召回、投诉与不良反应报告、自检等项的基本准则。

《药品生产质量管理规范》要求企业从原料、人员、设施设备、生产过程、包装运输、质量控制等方面按国家有关法规达到卫生质量要求，形成一套可操作的作业规范，帮助企业改善企业卫生环境，及时发现生产过程中存在的问题，加以改善。简要地说，GMP 要求药品生产企业应具备良好的生产设备、合理的生产过程、完善的质量管理和严格的检测系统，以确保药品的质量符合法规要求。

早在 20 世纪 60 年代初，美国 FDA（食品和药品管理局）首先发布 GMP。几年后，WHO（世界卫生组织）也组织编写 GMP，并于 1975 年正式颁布实施。此后，世界很多国家都各自制定了 GMP，用于药品生产管理和质量管理。现行的 GMP 可分为三类：一类是国际组织的，如世界卫生组织的 GMP；二类是国家的，如中、美、日等国制定的 GMP；三类是工业组织制定的行业的 GMP。实践证明 GMP 是行之有效的科学化、系统化的管理制度，对保证药品质量起到了积极作用，已得到国际上普遍认可。

我国于 1982 年制定了《药品生产管理规范（试行本）》，并于 1985 年修订为正式的《药品生产管理规范》，对推动我国药品生产企业按 GMP 进行管理和技术改造起了积极作用。1988 年卫生部颁布了《药品生产质量管理规范》，并于 1992 年进行了修订。1998 年国家药品监督管理局为加强药品监督管理，总结了医药管理部门、药政管理部门、药品生产企业等在推行《药品生产质量管理规范》方面的经验，参照世界卫生组织和其他国家颁布的 CMP 有关规定，对其中部分章节、条文做了修订和补充，并于 1999 年颁布了《药品生产质量管理规范（1998 年修订）》，同时还颁布了《药品生产质量管理规范（1998 年修订）附录》。2010 年国家食品药品监督管理局对原有 GMP 进行了进一步修订，在强化管理的基础上，增强了可操作性。

为保证药品的安全、有效和优质，从而对药品的生产制造和质量控制管理做出指令性的要求和规定，我国将实施 GMP 制度写入《药品管理法》。GMP 是药品生产企业对生产和质量管理的基本准则，适用于药品制剂生产的全过程和原料药生产中影响产品质量的各关键工序。

当前，中国制药企业发展迅猛，已摆脱手工加工、单机加工的小规模生产模式，进入自动化设备大规模生产时代，产品的质量、数量、成本都依赖于设备的运行状态，建立有效、规范的设备管理体系，确保所有生产相关设备从计划、设计、使用直至报废的生命周期全过程均处于有效控制之中，最大程度降低设备对药品生产过程发生的污染、交差污染、混淆和差错，并需持续保持设备的此种状态，是当前制药企业管理设备始终追求的目标。

制药设备是药品生产企业组织生产的三大要素之一。药品生产企业应具备与生产规模相适应的足够的设备。无论药厂的规模大小，其设备都是影响药品质量的最重要的因素之一，所以制药设备的选型、管理与产品质量及 GMP 的实施是息息相关的。

二、GMP 对制剂设备的要求

制剂设备直接与药品、半成品和原辅料接触，是造成药品生产差错和污染的重要因素，设备优劣决定药品质量。制药设备是否符合 GMP 要求，直接关系到生产企业实施 GMP 的质量。然而在相当长的时间里，它在企业 GMP 改造中常常处于不被重视的地位。“新庙旧菩萨”的现象在一些已经取得 GMP 证书的企业里同样存在。

当前，制剂设备质量令人担忧。比如洗灌封联动机里安瓿破碎，导致玻屑满池的现象较突出，如何清除这些微粒并不是个小问题。另外，国内外都有报道，安瓿、西林瓶、输液瓶经超声波洗涤后，表皮疏松易碎，受药液长期浸泡，容易脱落微粒。而这些现象很难用肉眼检查，许多未被检测到的微粒会堵塞血管，造成血栓。再如用于固体口服制剂的粉碎、制粒、混合、压片、包衣等设备焊接粗糙，焊缝光洁度差，通过与物料的摩擦，磨屑就会混入药物中。此外，带有传动装置的设备，由于密封不严，造成机械磨损和润滑油渗漏而污染药物的现象也不为少数。总之，由于设备的原因所造成的药品生产差错和污染，已到了不容忽视的地步。如果与国外制药设备相比，差距更为明显。国外普遍使用的在线清洗、在线灭菌、电抛光等技术，我国才刚刚起步。

评价一台制剂设备是否符合 GMP 要求，并不仅在于它的外表，更要看它是否同时具备以下条件：满足生产工艺要求；不污染药物和生产环境；有利于在线清洗、消毒和灭菌；适应验证需要。这些原则要求，体现在每一台设备上都将有它具体的内容。

对制剂设备的一般技术要求如下。

（1）设备传动结构应尽可能简单，宜采用连杆机构、气动机构、标准件传动机构等。

（2）设备接触药品表面易清洁，表面光洁、平整，无死角，易清洗。

（3）接触药品的材料应采用不与药品发生反应、吸附或向药品中释放有影响物质的材料，通常多采用超低碳奥氏体不锈钢、聚四氟乙烯、聚丙烯、硅胶等材料。禁止使用吸附药品组分和释放异物的材料，如：石棉制品。

（4）设备的润滑和冷却部位应可靠密封，防止润滑油脂、冷却液泄露对药品或包装材料造成污染，对有药品污染风险的部位应使用食品级润滑油脂和冷却液。

（5）对生产过程中释放大量粉尘的设备，应局部封闭并有吸尘或除尘装置，应经过过滤后排放至厂房外，设备的出风口应有防止空气倒灌的装置。

（6）易发生差错的部位应安装相适应的检测装置，并有报警和自动剔除功能。

知识拓展

《药品生产质量管理规范》（2010年修订）有关设备的内容

第七十一条　设备的设计、选型、安装、改造和维护必须符合预定用途，应尽可能降低产生污染、交叉污染、混淆和差错的风险，便于操作、清洁、维护，以及必要时进行的消毒或灭菌。

第七十二条　应建立设备使用、清洁、维护和维修的操作规程，并保存相应的操作记录。

第七十三条　应建立并保存设备采购、安装、确认的文件和记录。

第七十四条　生产设备不得对药品质量产生任何不利影响。与药品直接接触的生产设备表面应当平整、光洁、易清洗或消毒、耐腐蚀，不得与药品发生化学反应、吸附药品或向药品中释放物质。

第七十五条　应当配备有适当量程和精度的衡器、量具、仪器和仪表。

第七十六条　应当选择适当的清洗、清洁设备，并防止这类设备成为污染源。

第七十七条　设备所用的润滑剂、冷却剂等不得对药品或容器造成污染，应当尽可能使用食用级或级别相当的润滑剂。

第八十二条　主要生产和检验设备都应有明确的操作规程。

第八十三条　生产设备应在确认的参数范围内使用。

第八十四条　应按详细规定的操作规程清洁生产设备。

生产设备清洁的操作规程应规定具体而完整的清洁方法、清洁用设备或工具、清洁剂的名称和配制方法、去除前一批次标识的方法、保护已清洁设备在使用前免受污染的方法、已清洁设备最长的保存时限、使用前检查设备清洁状况的方法，使操作者能以可重现的、有效的方式对各类设备进行清洁。

如需拆装设备，还应规定设备拆装的顺序和方法；如需对设备消毒或灭菌，还应规定消毒或灭菌的具体方法、消毒剂的名称和配制方法。必要时，还应规定设备生产结束至清洁前所允许的最长间隔时限。

第八十五条　已清洁的生产设备应在清洁、干燥的条件下存放。

第八十六条　用于药品生产或检验的设备和仪器，应有使用日志，记录内容包括使用、清洁、维护和维修情况以及日期、时间、所生产及检验的药品名称、规格和批号等。

第八十七条　生产设备应有明显的状态标识，标明设备编号和内容物（如名称、规格、批号）；没有内容物的应标明清洁状态。

第八十八条　不合格的设备如有可能应搬出生产和质量控制区，未搬出前，应有醒目的状态标识。

第八十九条　主要固定管道应标明内容物名称和流向。

（一）设备的设计、选型

设备的采购应根据生产能力、生产工艺、操作需求、清洁需求、可靠性需求、防污染需求、防差错需求、法规要求等进行设备的调研、设计、选型。制剂设备设计、选型需慎重考虑防污染、防交叉污染和防差错，合理满足工艺需求因素。

制剂设备设计、选型需要考虑以下因素：

1. 产品物理特性和化学特性

制剂设备设计、选型需要考虑：产品剂型、外形尺寸、密度、黏度、熔点、热性能、对温湿度的敏感程度、适应的储存条件、pH、氧化反应、毒性、腐蚀性、稳定性以及其他特殊性质。

2. 生产规模

根据市场预测、生产条件、人力资源预计设备涉及产品的年产量，每日班次。

3. 生产工艺要求

根据市场预测和生产条件提出能力需求：生产批量、每批包装单位数量、装箱单位数量、生产设备的单位产出量、提升设备的最大提升重量和高度等；根据生产工艺流程提出设备工作流程需求；根据生产工艺提出对设备功能需求。

4. 材质要求

根据接触物料特性、环境特性、清洗特性、保证不与药品发生化学变化或吸附药品，而提出关键材料的材质要求。

5. 清洁要求

如物料接触处无死角、表面粗糙度及清洗剂要求等。

6. 在给定条件下设备的稳定性需求

新设备在设计时要特别考虑设备的可靠性、可维修性，同时还应对新设备所配备的在线、离线诊断帮助或设备状态监控工具等进行明确和说明。

7. 设备安装

根据生产工艺要求和生产条件确定设备安装区域、位置、固定方式。

8. 环境要求

根据生产工艺和产品特性提出对环境需求。

9. 包装材料要求

根据产品特性（剂型、稳定性等）提出对包装材料要求，例如：PP 塑料瓶装、纯铝管、铝塑泡罩包装、成型铝－铝箔泡罩包装、双瓦楞纸箱等。

10. 外观要求

如：表面度、直线度、不锈钢亚光、表面氧化处理等。

11. 安全要求和环境要求

应符合国家相关机器设备安全设计规范和环境控制规范。

12. 操作要求

操作盘安装位置、操作盘显示语言处理、汉语标识、某些工位配置桌椅等。

13. 维修要求

易损部件应便于更换、各部位有维修空间、故障自动检测系统、控制系统恢复启动备份盘。

14. 计量要求

测量仪表具有溯源性、测量仪表的分辨率、测量仪表的精度等级、测量仪表采用标准计量单位。

对新设备制造过程应有有效的监督，技术人员对关键设备应进行生产地测试，检查确认关键指标是否符合设计要求。

（二）设备的安装、调试

1. 设备在到货后，需要对设备的外观包装、规格型号、外购零部件、附属仪表仪器、随机备件、工具、说明书及其他相关资料逐一进行检查核对，并将检查记录作为设备安装资料的一部分存档。

2. 设备的安装施工和调试过程应符合设计要求、符合相关行业标准规范，并有施工记录，需组织专业人员对施工全过程进行检查验收，该检查验收需事先起草一份检查验收文件经审核批准后执行。

设备安装遵循的原则如下。

（1）联动线和双扉式灭菌器等设备的安装若要穿越两个洁净级别不同的区域，应在安装固定的同时，采用适当的密封方式，保证洁净级别高的区域不受影响。

（2）不同洁净等级房间之间，如采用传送带传送物料时，为防止交叉污染，传送带不宜穿越隔墙，而应在隔墙两边分段传送。对送至无菌区的传送装置则必须分段传送。

（3）设计或选用轻便、灵巧的传送工具，如传送带、小车、软接管、封闭料斗等。

（4）对传动机械的安装要增加防震、消音装置，改善操作环境。动态测试时，洁净室内噪声不得超过 70dB。

（5）设备要安装在车间的适当位置，设备与其他设备、墙、天棚及地坪之间要有适当的距离，以方便生产操作和维修保养。

3. 设备安装调试完成后需进行设备验证工作，即：安装确认、运行确认和性能确认。

4. 设备启用前需建立运行和维护所需的基本信息，包括建立：设备技术参数、设备财务信息、售后服务信息、仪表校验计划、预防维修计划、设备技术资料存档、设备备件计划、设备标准操作程序、清洗清洁操作程序、设备运行日志等。

5. 设备的操作和维修人员应得到相应培训。

（三）设备的使用和清洁

药品的产出主要通过设备实现，应按照规定的要求，规范地使用、管理设备，主要包括：清洁、使用等都应有相对应的文件和记录，所有活动都应由经过培训合格的人员进行，每次使用后及时填写设备相关记录和设备运行日志，设备使用或停用时状态应该显著标示等。这不仅是药品生产质量得以保证的重要环节之一，也是药品生产企业质量管理和生产管理的关键要素，违背了这一要求，不仅会使药品质量得不到保证，造成质量体系和生产体系的混乱，而且会对设备安全、环境安全，甚至人身安全造成不良影响。

设备使用过程中应明确环境、健康、安全管理方面的要求，不仅要规定设备使用过程中对人员、设备安全保障、劳动防护等方面的措施，还应对避免设备使用过程中释放的废水、废气、噪声等对环境、人员安全健康造成损害方面提出相关要求及控制。因此，设备使用人员应严格按事先制定的《标准操作程序》操作设备，并按要求进行日常保养。对设备的清洁、清洗需按《清洗、清洁标准操作程序》进行。

应建立详尽的生产设备清洗文件或程序，规定设备清洗的目的、适用范围，职责权限划分等。针对不同类型设备清洁，包括在线清洗、清洗站清洗容器、附属设备设施等，不同情况的设备清洁，包括例行换班、换批、换产品等特殊情况，分别做出不同的定义。

按照设备清洁的步骤，详细描述清洁过程各环节的工作方法和工作内容，包括：动作要领、使用工具、使用的清洗剂、消毒剂、清洁需达到的标准等，确定每种方式的清洁标准和验收标准。对于在清洗过程中需拆装的设备设施，还要明确拆卸和重新安装设备及其附属设施每一部件的指令、顺序、方式等，以便能够正确清洁。需对设备清洗中使用的清洗剂、消毒剂的名称、浓度规定、配置要求、适用范围及原因等做出明确规定。

应当对清洁前后的状态标识、清洁后保存的有效期限等做出明确规定，如：移走或抹掉先前批号等标识的要求、用恰当的方式标识设备内容物和其清洁状态、规定工艺结束和清洁设备之间允许的最长时间、设备清洁后的可放置时间等。

应对清洁后的设备的储存、放置方式、环境、标识、有效期等做出规定，必要时需对清洁区域的人员、物品，特别是不同清洁状态的物品等的流向、定置要求等做出规定，以确保清洁效果，防止污染、交叉污染和混淆。

清洁过程应参考如下步骤进行规定。

确定需清洁的污染物性质和类型→清除所有前一批次残留的标识、印记→预冲洗→清洗剂清洗→冲洗、消毒→干燥→记录→正确存储。

对用于药品制造、包装、存储的自动化设备、电子设备，包括计算机及相关系统等，使用前需进行功能测试，以确保设备、设施能够满足规定的要求。需要建立书面的程序，对投入使用的此类设备日常校准、检查、核准等做出规定，并保存相关验证和检查记录，以确保设备、设施符合规定的性能要求。

需要对自动化设备、电子设备等的生产、控制记录、参数和信息改变的控制做出规定，确保这些改变必须由得到授权的人员进行。必须确保在这些设备、设施和系统的输入、输出信息准确无误。输入输出确认的繁简与频次应视设备、设施及系统的复杂程度而定。此类设备在生产使用过程中，应当有额外检查来核实操作、输入的准确性。需由第二位操作人员，或由系统本身来完成核实。

（四）设备的维护与维修

设备的维护、维修等都应有相对应的文件和记录。设备应有日常保养计划和实施的工作卡，由设备操作人员负责执行，它主要包括：检查、清洁、调整、润滑等工作。设备的日常维修策略可选择预防维修为主，以纠正性维修、故障维修等为辅的维修策略。在所有的维修类型中预防维修应有最高优先权。关键设备预防维修的执行应受质量管理体系的监督。

对于导致产品质量出现问题或较大和频繁的设备故障，应遵照事先制定的程序对设备故障进行分析并采取相应的纠正性行动。应建立设备故障趋势图，通过对其回顾和分析，以决定设备的可靠性和未来工作状况，并采取相应措施进行预防性改进。

第四节　GMP 认证与验证

一、药品 GMP 认证

药品 GMP 认证是国家依法对药品生产企业（车间）及药品品种实施药品监督检查并取得认可的一种制度，是政府强化药品生产企业监督的重要内容，也是确保药品生产质量的一种科学、先进的管理手段。国家食品药品监督管理局药品认证管理中心具体负责药品生产企业（车间）、药品品种和境外生产的进口药品 GMP 认证。药品 GMP 认证有两种形式，一是药品生产企业（车间）的 GMP 认证，另一种是药品品种的 GMP 认证。药品生产企业（车间）GMP 认证对象是企业（车间），药品品种 CMP 认证对象是具体药品。药品 GMP 认证的标准为：《药品生产质量管理规范》、《中华人民共和国药典》、《中华人民共和国卫生部药品标准》及《中国生物制品规程》等。

对新建、扩建和改建的药品生产企业及车间必须符合《药品生产质量管理规范》，经认证后方可取得“药品 GMP 证书”。GMP 认证分步骤、分品种、分剂型组织实施。对未达到 GMP 要求的企业将限期整顿改造，逾期仍未取得“药品 GMP 证书”的企业或车间，将被取消相应的生产资格。

随着我国 GMP 的实施和 GMP 认证的推行，申请并通过认证是药品生产企业大势所趋，然而，一些企业的老车间和小型药厂由于各种原因，使得旧厂房不适应现代化制药生产的需要，按 GMP 要求进行旧厂房改造是一项重要任务。GMP 大体上分为硬件和软件两部分，厂房、空调、设备、给排水、电器等硬件到位只是硬件条件，必须通过软件来组织、管理才是 GMP 的全部内容。

药品生产企业（车间）GMP 认证就是对药品生产企业（车间）实施《药品生产质量管理规范》的情况逐条检查评审，存在严重缺陷的企业（车间）将不可能通过认证。关键项目在 GMP 的硬件和软件都有。在 GMP 硬件方面可能的关键项目的条文摘要举例如下。

1. 洁净室（区）的内表面应平整光滑、无裂缝、接口严密、无颗粒物脱落，便于清洗和消毒。

2. 洁净室（区）的窗户、天棚及进入室内的管道、风口、灯具与墙壁或天棚的连接部位均应密封。

3. 同一厂房内以及相邻厂房之间的生产操作不得相互妨碍。

4. 进入洁净室的空气必须净化，并根据生产工艺要求划分空气洁净度级别。

5. 洁净室（区）内各种管道、灯具、风口及其他公用设施应避免出现不易清洁的部位。

6. 各种剂型药品的生产必须在规定的空气洁净度级别下进行。

7. 对强致敏、有毒药品的生产必须按规定的条件进行。

8. 设备应符合生产要求，易于清洗、消毒或灭菌，便于生产操作和维修、保养，并能防止差错和减少污染。

9. 与药品直接接触的设备表面应光洁、平整、易清洗或消毒，耐腐蚀，不与药品发生化学变化或吸附药品。设备所用的润滑剂、冷却剂等不得对药品或容器造成污染。

10. 药品生产采用的传递设备不得穿越不同洁净级别的洁净室。传递器具需经处理才能进入高一洁净级别的洁净室。

11. 灭菌柜应具有自动监测、记录装置，其能力应与生产批量相适应。

12. 纯化水、注射用水的制备、贮存和分配应能防止微生物的滋生和污染。

13. 贮罐和输送纯化水、注射用水的管道应无毒、耐腐蚀。管道应避免死角、盲管。注射用水贮罐的通气口应安装不脱落纤维的疏水性除菌滤器。

14. 更衣室、浴室及厕所的设置不得对洁净室（区）产生不良影响。

15. A 级洁净室（区）内不得设置地漏。

16. 中药材的炮制操作应有良好的通风、除烟、除尘、降温设施。

17. 固体制剂生产的称量、配料、粉碎、过筛、混合、压片、包衣生产设施或生产设备需设捕尘装备或防止交叉污染的隔离措施。

18. 不同产品或同一产品不同规格、批号的生产操作不得在同一生产操作间同时进行。

19. 包装工序有数条生产线同时进行包装时，应有有效的隔离设施。外观相似的产品不应在相邻的包装线上包装。

20. 硬胶囊剂充填和片剂、硬胶囊剂以及颗粒剂分装应采用机械设备。

21. 无菌药品包装容器的清洗应采用注射用水。

22. 人员进入无菌室应符合净化程序。

23. 进入洁净区的物料、容器、器具按规定清洗、消毒。

24. 原料药精制、干燥、包装使用的净化空气应达到 GMP 规定的洁净级别。

二、药品生产验证

为了保证药品生产质量，制定了 GMP，试图从人员、厂房、设施、设备、物料、卫生、生产管理、质量管理等各个环节加强监督，防止药品的污染、混药和交叉污染，以保证生产出合格的药品。在实践中，也发现药品生产仅靠强化工艺监控和成品抽样检验来保证药品质量的手段仍有局限性，如一台无菌药品生产所使用的但不知热分布是否均匀的灭菌器就不能保证生产出的产品全部合格。早期的 GMP 缺乏证明在药品生产过程所用的厂房、设施、设备、检验方法、工艺过程等方面自身的可靠性，这就需要对能够影响产品质量的关键系统、设备、检验方法、工艺过程进行验证，以说明经过验证的项目确实可以防止污染，确实可以始终如一地生产出符合预期质量标准的合格产品。

验证就是证明任何程序、生产过程、设备、物料、活动或系统确实能达到预期结果的有文件证明的一系列活动。《药品生产质量管理规范》对药品生产过程的验证内容规定必须包括以下 7 项内容。

（1）空气净化系统验证。

（2）工艺用水系统验证。

（3）生产工艺及其变更验证。

（4）设备清洗验证。

（5）主要原辅料变更验证。

（6）灭菌设备验证（对无菌药品生产）。

（7）药液滤过及灌封或分装系统验证（对无菌药品生产）。

药品生产验证主要包括设备验证、产品验证与工艺验证、再验证等方面。

（一）设备验证

设备验证的目的是对设计、选型、安装及运行等进行检查，安装后进行试运行，以证明设备达到设计要求及规定的技术指标。然后进行模拟生产试机，证明该设备能够满足生产操作需要，而且符合工艺标准要求。设备验证分为设计确认、安装确认、运行确认及性能确认 4 个阶段。

1. 设计确认

通常指对欲订购设备技术指标适用性的审查及对供应商的选定。完善的设计确认是保证用户需求及设备功效得以实现的基础，对于标准设备依据用户需求选型确认可免于设计确认，对于非标设备必须进行设计确认。设计确认是从设备的性能、工艺参数、价格方面考查对工艺操作、校正、维护保养、清洗等是否合乎生产要求，主要包括以下内容。

（1）在设计阶段形成的计算书、设计图纸、技术说明书、材料清单等文件。

（2）GMP 符合性分析。

（3）关键参数控制范围及公差。

（4）与供应商的技术协议、供应商报价文件、审计报告。

（5）证实设计文件中的各项要求已完全满足了生产需求。

（6）合格的供应商。

2. 安装确认

安装确认指机器设备安装后进行的各种系统检查及技术资料文件化工作。安装确认的目的在于保证工艺设备和辅助设备在操作条件下性能良好，能正常持续运行，并检查影响工艺操作的关键部位，用这些测得的数据制定设备的校正、维护保养和编制标准操作规程草案。安装确认有以下主要内容。

（1）设备的安装地点及整个安装过程符合设计和规范要求。

（2）设备上计量仪表、记录仪、传感器应进行校验并制定校验计划、制定校验仪器的标准。

（3）标准操作规程。

（4）列出备件清单。

（5）制定设备保养规程及建立维修记录。

（6）制定清洗规程。

3. 运行确认

运行确认指为证明设备达到设定要求而进行的运行空载试验。运行确认根据标准操作规程草案，对设备整体及每一部分进行空载试验，以确认该设备能在要求范围内准确运行，并达到规定的技术指标。其间主要考虑因素如下。

（1）标准操作规程草案的适用性。

（2）设备运行的稳定性。

（3）设备运行参数的波动性。

（4）仪表的可靠性。

4. 性能确认

性能确认指模拟生产试验。它一般先用空白料试车，以初步确定设备的适用性。对简单和运行稳定的设备，可以依据产品特点直接采用物料进行验证。性能确认主要考虑以下因素。

（1）进一步确认运行确认过程中考虑的因素。

（2）对产品外观质量的影响。

（3）对产品内在质量的影响。

（二）产品验证与工艺验证

产品验证指在特定监控条件下的试生产。试生产可分为模拟试生产和产品试生产两个步骤。产品验证前应进行原辅料验证、检验方法验证，然后按生产工艺规程进行试生产，这是验证工作的最后阶段也是对前面各项验证工作的各项考查。验证中应按已制定的验证方案，详细记录验证中工艺参数及条件，并进行半成品抽样检验，对成品不仅做规格检验还需做稳定性考查。验证进行时必须采用经过验证的原辅料和经过验证的生产处方。产品验证应至少进行3批，其间应验证生产处方和生产操作规程的可行性和重现性，并根据试生产情况调整工艺条件和参数，然后制定切实可行的生产处方和生产操作规程并移交正式生产。

工艺验证指与加工产品有关的工艺过程的验证。其目的是证实某一工艺过程确实能始终如一地生产出符合预定规格及质量标准的产品。工艺验证是以工艺的可靠性和重现性为目标，即在实际的生产设备和工艺卫生条件下，用试验来证实所设定的工艺路线和控制参数能够确保产品的质量。

（三）再验证

再验证指一项工艺、一个过程、一个系统、一个设备或一种材料已经过验证并运行一个阶段后进行的，旨在证实已验证的状态没有产生飘移而进行的验证。关键工序特别需要定期验证。再验证可分为两种类型，一是生产条件（如原料、包装材料、工艺流程、设备、控制仪表、生产环境、辅助系统等）发生变化，对产品质量可能产生影响所进行的再验证；另一是在计划时间间隔内所进行的定期再验证。

在下列情况下需进行第一类再验证。

（1）关键设备进行大修或主要设备零件更换。

（2）批量的规模有很大的变更。

（3）趋势分析中发现有系统性偏差。

（4）生产操作有关规程的变更。

（5）程控设备经过一定时间运行。

（6）起始原料如含量、物理性质发生变化。

（7）化验仪器、检测试剂等影响检测方法的因素发生变化。

所有剂型的关键工序均必须进行定期再验证，如产品的灭菌柜，正常情况下每年须做一次再验证；如无菌药品的分装，每年至少应做两次再验证。

第五节　制剂设备发展动态

近年，随着中国加入 WTO，以及 GAP、GMP、GLP、GSP 等规范的实施，中国制药工业发展迅速，现有药品生产企业近 7000 家，其中制剂企业约占 80%，还有中药企业 1000 余家。而制药装备是医药工业发展的手段、工具和物质基础。目前，我国生产制药装备的企业已发展到 800 余家，通过科研开发、技术引进、消化吸收，制药设备产品的品种系列已基本满足医药企业的装备需要，产品品种规格超过 3000 种，产品除充分满足国内中西药厂、动物药厂及保健品厂需求外，还远销美国、英国、日本、韩国、俄罗斯、泰国、巴基斯坦等 60 多个国家和地区。

中国制剂设备随着制剂工艺的发展和剂型品种的日益增长而发展，一些新型先进的制剂设备的出现又将先进的工艺转化为生产力，促进了制药工业整体水平的提高。近年制剂设备新产品不断涌现，如大输液生产线、口服液自动灌装生产线、电子数控螺杆分装机、水浴式灭菌柜、高效混合制粒机、高速压片机、双铝热封包装机、电磁感应封口机等。这些新设备的问世，为我国制剂生产提供了相当数量的先进或比较先进的制剂装备，一批高效、节能、机电一体化、符合 GMP 要求的高新技术产品为我国医药企业全面实施 GMP 奠定了硬件基础。

但是，我国制剂设备与国际先进水平相比，设备的自动控制水平、品种规格、稳定性、可靠性、全面贯彻 GMP 等方面还存在不同程度的差距，特别是在稳定性、可靠性方面差距较大。我国制药装备行业虽然取得了很大的成绩，但不少企业在技术水平上基本上仍处于仿制、改进及组合阶段，还很少有达到创新或超过世界同类产品的水平。制剂装备是一个特殊的专业，融制药工艺、生物技术、化工机械、机械及制造工艺、声学、光学、自动化控制、计算机运用等专业于一体。制剂装备研发的思路是要把这些相关专业贯穿于整个设计过程，而现在从事于制剂装备研发的人员能熟练兼顾其中两三个专业的人才匮乏，而单一专业人才难以在研发构思中注入这些专业元素。

国外制剂设备发展的特点是向密闭生产、高效、多功能，提高连续化、自动化水平方向发展。

1969 年，第 22 届世界卫生组织大会提出《药品生产质量管理规范》以来，已被许多会员国接受并执行。因此，国外几十年来研制药品生产的设备和取得的进展都是围绕设备如何符合 GMP 为前提，而且为了获得对药品质量的更大保障和用药的安全，不断采取措施使药品质量的保证更为可靠、更为全面。

制剂设备的密闭生产和多功能化，除了提高生产效率、节省能源、节约投资外，更主要的是符合《药品生产质量管理规范》所要求的，如防止生产过程对药物可能造成的各种污染，以及可能影响环境和对人体健康的危害等因素。

集多功能为一体的设备都是密闭条件下操作的，而且往往都是高效的。制剂设备的多功能化缩短了生产周期，减轻了生产人员的操作和物料输送，必然要与应用先进技术，提高自动化水平相适应，这些都是 GMP 实施中对制剂设备提出的基本要求，也是近些年来国外制剂设备发展的方向。

固体制剂中混合、制粒、干燥是片剂压片之前的主要操作，围绕这个课题，国外近几十年来投入大量技术力量研究新工艺，开发新设备，使操作更能满足 GMP 的要求。虽然 20 世纪 60 ~ 70 年代开发的流化床喷雾制粒器和 70 ~ 80 年代开发的机械式混合制粒设备（如比利时的强化混合制粒机、英国的高速混合制粒机、德国的高速混合制粒机等）仍在发挥作用，具有较广泛的使用价值和实用性，但是随着新工艺的开发和 GMP 的进一步实施，国外开发了大量的多功能混合、制粒、干燥为一体的高效设备，不仅提高了原有设备水平，而且满足了工艺革新和工程设计的需要。

此外，20 世纪 70 年代问世的离心式包衣制粒机已为制剂工艺提供了制作缓释颗粒剂或药丸的多层包衣需要。但随着制剂新工艺、新剂型的需要，国外又开发了一些新型包衣、制粒、干燥设备。有的适合于大批量全封闭自动化生产，具有很高的生产效率（如包衣、造粒、干燥装置），有的无需溶剂可进行连续化操作的熔融包衣而又无需再进行干燥（如多功能、连续化、熔融包衣装置），都是对颗粒进行包衣的先进装置。

在注射剂设备方面，国外把新一代的设备开发与工程设计中车间洁净要求密切结合起来。如在水针剂方面，德国的入墙层流式新型针剂灌装设备，机器与无菌室墙壁连接混合在一起，操作立面离墙壁仅 500mm，当包装规格变动时更换模具和导轨只需 30min，检修可在隔壁非无菌区进行，维修时不影响无菌环境。机器占地面积小，更主要的是大大减少了洁净车间中 A 级平行流所需的空间，既节能又可减少工程投资费用，而更深的含意在于进一步保证了洁净车间设计的要求，因为人员的走动、人数增加都将影响环境洁净度，影响药品的质量。

又如，在粉针剂方面，可提供灌封机与无菌室为组合的整体净化层流装置，它能保证有效的无菌生产，而且使用该装置的车间环境无需特殊设计，能实现自动化。其他还有隔离层流式等。总之，把装备的更新、开发与工程设计更紧密地结合在一起，这样在总体工程中体现了综合效益，这些都是国外工业先进国家近年来在制剂设备研制开发方面的新思路、新成果。

制剂生产和药品包装线国外在向自动化、连续化方向发展。从片剂车间看，操作人员只需要用气流输送将原辅料加入料斗和管理压片操作，其余可在控制室经过一个管理的计算机和控制盘完成。药品包装生产线的特点是各单机既可独自运转又可成为自动生产线，主要是广泛采用了光电装置和先进的光纤等技术以及电脑控制，使生产线实现在线监控，自动剔除不合格品，保持正常运行。

此外，新技术在包装线上的应用也在不断扩大，如美国的电磁感应式瓶口铝箔封口机、德国的无油墨激光打印机等均在药品包装中得到广泛使用。

目标检测

一、单项选择题

1. 以下不属于制剂设备的是（　　）

A. 片剂设备　B. 水针剂设备　C. 输液剂设备　D. 药品包装设备

2.《药品生产质量管理规范》英文简称（　　）

A. GAP　B. GMP　C. GLP　D. GSP

3.（　　）是为证明设备达到设定要求而进行的运行空载试验

A. 设计确认　B. 安装确认　C. 运行确认　D. 性能确认

4.《药品生产质量管理规范》对药品生产过程的验证内容规定不包括（　　）

A. 空气净化系统验证　B. 工艺用水系统验证

C. 环境验证　D. 设备清洗验证

5.（　　）指模拟生产试验。它一般先用空白料试车以初步确定设备的适用性

A. 设计确认　B. 安装确认　C. 运行确认　D. 性能确认

二、简答题

1. 本课程的性质和任务是什么？
2. GMP 认证和验证有何区别？
3. 简述制剂设备发展动态。

第二章 制剂设备机械基础知识

知识目标

1. 掌握常用工程材料的种类、特点及性能。

2. 熟悉常见机械传动和机构的组成、原理、特点及应用。熟悉压力容器及工艺管路。

3. 了解连接与支承的结构、特点。

技能目标

通过本章的学习，培养学生识别工程材料、连接与支承、压力容器及工艺管路的能力以及解决工程实际问题的技能。学会常见机械传动和机构的应用、维护及保养方法。

第一节 常用工程材料

一、材料的性能

材料的性能包括物理性能、化学性能、力学性能和加工性能等。

（一）物理性能

金属材料的物理性能包括密度、熔点、比热容、热导率、线膨胀系数、导电性、磁性等。

（二）化学性能

化学性能是指材料在所处介质中的化学稳定性，金属的化学性能指标主要有耐腐蚀性和抗氧化性。

1. 耐腐蚀性

金属和合金对周围介质（如空气、水、各种电解液）侵蚀的抵抗能力叫做耐腐蚀性。制药生产中所涉及的物料，常会有腐蚀性。材料的耐蚀性不强，必将影响设备使用寿命，还会影响产品质量。

2. 抗氧化性

在高温下，钢铁不仅与自由氧发生氧化腐蚀，使钢铁表面形成结构疏松容易剥落的氧化皮，还会与水蒸气、二氧化碳等气体产生高温氧化与脱碳反应，降低材料的表面硬度和抗疲劳强度，因此高温设备必须选用耐热材料。

（三）力学性能

力学性能是指材料在外力作用下抵抗变形或破坏的能力，有强度、硬度、弹性、塑性、韧性等。这些性能是进行设备材料选择的重要依据。

1. 强度

材料的强度是指材料抵抗外加载荷而不致失效破坏的能力。

按抵抗外力作用的形式可分为抵抗外力的静强度、抵抗冲击外力的冲击强度、抵抗交变外力的疲劳强度。

按环境温度可分为常温下抵抗外力的常温强度、高温或低温下抵抗外力的高温强度或低温强度等。

2. 硬度

硬度是指固体材料对外界物体机械作用（如压陷、刻划）的局部抵抗能力。硬度不是独立的基本性能，而是反映材料弹性、强度与塑性等的综合性能指标。

3. 塑性

材料的塑性是指材料受力时，当应力超过屈服点后，能产生显著的变形而不即行断裂的性质。

材料有良好的塑性才能进行成形加工，如弯卷和冲压等；良好的塑性性能可使设备在使用中产生塑性变形而避免发生突然的断裂。

4. 冲击韧性

冲击韧性是指金属材料抵抗冲击力作用而不断裂的能力。对于承受波动或冲击载荷的零件的设备，其材料性能仅考虑以上几种指标是不够的，必须考虑抗冲击性能。材料的抗冲击能力常以使其破坏所消耗的功来衡量，称为材料的冲击韧度。

（四）加工性能

金属和合金的加工性能是指可铸造性能（可铸性）、可锻造性能（可锻性）、可焊性能（焊接性）和可切削加工性能等。这些性能直接影响设备和零部件的制造工艺和质量。

二、材料的种类

设备材料按组成有金属材料和非金属材料两类。

制药设备常用的金属材料有不锈钢、碳钢、铸铁、有色金属及其合金等，其中碳钢和铸铁由于具有良好的物理、力学性能，且价格便宜、产量大，被大量用于制造各种设备。然而制药生产过程复杂，操作条件（如温度、压力等）不尽相同，使用的物料种类多，且大多具有腐蚀性，故设备材料应能够满足各种不同的要求。

常用的另一类材料是非金属材料。非金属材料的耐腐蚀性能在许多环境下优于金属材料，且原料来源广泛、容易生产、价格低廉，故深受欢迎。此外采用非金属材料能节约大量金属材料，尤其是贵重金属。制药机械设备厂，已愈来愈多地采用耐腐蚀性能较好的非金属材料来制造诸如反应器、塔器、热交换器、泵、阀门及管道等器件。

目前，随着生产技术的发展、新工艺的实现与过程的强化，对设备材料的要求更加苛刻了。因此需要不断改进现有的材料，研制性能优良的新材料用于生产实践。

（一）金属材料

1. 黑色金属

（1）铸铁　铸铁是含碳量大于2.11%的铁碳合金，并含有硅、锰、硫、磷等元素。铸铁以碳存在的形式不同，分为白口铸铁、灰口铸铁、可锻铸铁及球墨铸铁。

（2）钢　钢是含碳量小于2.11%的铁碳合金。按成分和性能的不同分为碳素钢和合金钢。

碳素钢以铁碳为主要成分，含少量硅、锰、硫、磷等，分为普通碳素结构钢、优质碳素结构钢及碳素工具钢。普通碳素结构钢根据牌号不同，主要用于焊接钢管、铁丝、钢筋、铆钉、螺栓、连杆、轴、外壳及法兰等；优质碳素结构钢含硫及磷的量较少，在加工中一般都经过热处理，提高其机械性能，并保证其化学成分，被广泛用于制造各种机器零件；碳素工具钢含碳量在0.7%以上，硬度高、耐磨，多用于制造刃具、量具及模具等。

合金钢是在冶炼时有意加入一些其他元素，如铬、镍、铝、硅、锰、钨等，从而改善碳钢的某些性质，其主要作用是提高强度和耐磨性。

不锈钢具有耐腐蚀、耐高温的特殊性能，广泛应用于医疗器械和制药设备等特殊行业。

2. 有色金属

有色金属是除黑色金属外的其他金属及其合金的统称。有色金属是特殊用途材料，按性能特点可分为：轻金属、易熔金属、难熔金属、贵金属、稀土金属、铀金属及碱土金属。有色金属耐腐蚀性及传热性能好、化学性能稳定，但价格较高。

（1）铝及铝合金　工业纯铝具有良好的耐腐蚀性、塑性，但强度低。主要用作导电材料、换热器及低温设备。

铝合金有变形铝合金和铸造铝合金两类。变形铝合金塑性好，可进行冷、热压力加工及切削加工；铸造铝合金塑性差，只适用于铸造成型。

（2）铜及铜合金　工业纯铜（又称紫铜）具有优良的导电、导热性及良好的耐腐蚀性和塑性，但强度不高。只用于制作导电、导热材料。

铜合金主要有黄铜和青铜。黄铜是铜与锌的合金，塑性好，机械性能较纯铜高，成本低，因低温性能较好，多用做深冷设备。青铜是以除锌、镍以外元素组成的铜合金的统称，有良好的耐磨和耐腐蚀性。

（二）非金属材料

1. 陶瓷

（1）传统工业陶瓷　传统工业陶瓷有绝缘瓷、化工瓷和多孔过滤陶瓷。绝缘瓷多用于制作绝缘器件；化工陶瓷是食品、化工制药、化学等工业和实验室中的重要材料，主要用于重要器件、耐腐蚀容器、管道及设备等。

（2）特种陶瓷　特种陶瓷又称新型陶瓷，具极强的耐高温而又不被氧化的特性，主要用于制作砂轮、磨料及耐高湿涂层材料，并可制作高速切削工具、量具、拉丝模具、耐火坩埚等。

（3）金属陶瓷　金属陶瓷是由金属和陶瓷组成的非均质材料，既有金属的强度和韧性，又有陶瓷的硬度、耐火性、耐腐蚀性。主要用于制作高速工具、模具、刃具等，并是航空航天中主要应用的耐热高强度材料。

2. 塑料

（1）热塑性塑料　热塑性塑料加热软化，可塑造成型，冷后变硬，机械性能较高，但耐热性和刚性较差。品种有聚丙烯、聚乙烯、聚苯乙烯等。近年研制开发的氟塑料等具耐腐蚀、耐热、耐磨及绝缘等优良性能，是高级工程材料。

（2）热固性塑料　热固性塑料是加入添加剂后在一定条件下发生化学反应而固化的塑料，加热不再软化，加溶剂不溶解，耐热，受压不易变形，机械性能较差。品种有酚醛塑料、环氧树脂、氨基塑料等。

3. 复合材料

（1）热塑性玻璃钢　热塑性玻璃钢机械性能达到并超过某些金属，可代替某些有色金属制作轴承、齿轮和轴承架等精密机件。

（2）热固性玻璃钢　热固性玻璃钢质量轻、强度高、耐腐蚀性好、介电性能及可成型性优良，但耐热性不好、易老化。一般用作形状复杂的机器构件及防护罩等。

第二节　机械传动及常用机构

制药生产中，广泛使用各种机械设备，如粉碎机、压片机、灌封机、胶囊填充机、滴丸机等。一台完整的机械设备由动力部分、传动部分和工作部分（执行部分）所组成。

动力部分为机器的动力来源，应用最多的是电动机。各种机器工作需要的转速不同，其运动形式也有旋转式、往复式的区别。

工作部分直接完成生产所需的工艺动作，它的结构形式完全取决于机械本身的用途（例如压片机中的转盘及冲模），一部机器可能有一个工作部分或多个工作部分。

传动部分是将动力部分的功率和运动传递给工作部分的中间环节，例如各种机械中的带传动、齿轮传动、连杆机构等。传动部分可以实现把旋转运动变为直线运动，把连续运动变为间歇运动，把高转速变为低转速，把小转矩变为大转矩等。

研究机械传动及常用机构对于分析或设计机械设备十分重要。现将常用机械传动及机构介绍如下。

一、机械传动

（一）带传动

带传动是利用传动带将主动轴的运动和动力传递给从动轴的一种机械传动形式，广泛应用与各种制药机械。

1. 带传动组成

带传动是由主动轮 1 从动轮 2 和张紧在两轮上的环形传动带 3 所组成（图 2－1）。由于传动带是张紧的，静止时已产生预拉力，并使带与带轮的接触面间产生压力，当主动轮回转时靠带与带轮接触面间的摩擦力带动从动轮回转。这样主动轴的运动就通过带传给从动轴。

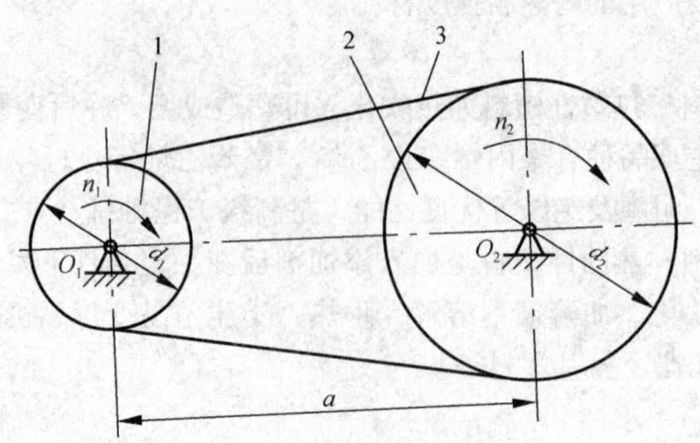

图2－1　带传动组成

1. 主动轮；2. 从动轮；3. 传动带

按截面形状，传动带可分为平带、V形带（又称三角带）等类型。普通V形带的工作面是两侧面，比平带摩擦力大，所以能传递较大的功率。另外，普通V形带无接头，运行平稳，应用最广泛。

2. 带传动特点

（1）结构简单，便于维修。

（2）可用于两轴中心距较大的传动。

（3）传动带具有弹性，可缓和冲击与振动，运转平稳，噪声小。

（4）由于传递运动依靠摩擦力，当机器过载时，带在带轮上打滑，故能防止机器其他零件的破坏。

（5）带传动在正常工作时有滑动现象，它不能保证准确的传动比。

（6）带传动与齿轮传动比较效率较低，约为0.87～0.98。

通常V形带用于功率小于100kW、带速5～30m/s、传动比要求不十分准确的中小功率传动。

3. 带传动的失效形式

（1）打滑　由于过载，带在带轮上打滑而不能正常转动。

（2）传动带破坏　传动带在变应力状态下工作，当应力循环次数达到一定值时，带会发生疲劳破坏，如脱层、撕裂和拉断。

4. V形带的布置、使用和维修

为便于装拆环状的V形带，带轮宜悬臂装在轴端上。在水平或近似水平的传动中应使带的紧边在下，松边在上。为了延长带的使用寿命，确保带传动的正常运行，必须正确使用和维修。

（1）两带轮轴线必须平行，轮槽应对正，否则将加剧带的磨损，甚至使带脱落。安装时先缩小中心距，然后套上V形带，再调整中心距，不得硬撬。

（2）严防带与酸、碱等介质接触，以免变质；也不宜在阳光下曝晒。

（3）多根带的传动，坏了少数几根，不要用新带补上，以免新旧带并用，长短不一，受载不均匀而加速新带损坏。这时可用未损坏的旧带补全或全部换新。

（4）为确保安全，传动装置须设防护罩。

（5）带工作一段时间后，会因变形伸长，导致张紧力逐渐减小，严重时出现打滑。因此要重新张紧带，调整带的初拉力。图2-2所示为常见的带传动的张紧装置，图2-2（a）和2-2（b）所示为设有调整螺栓，可随时调整电动机的位置；图2-2（c）所示的结构，是靠电动机和机架重力的自动张紧装置；图2-2（d）为带轮中心距固定，利用张紧轮调紧。

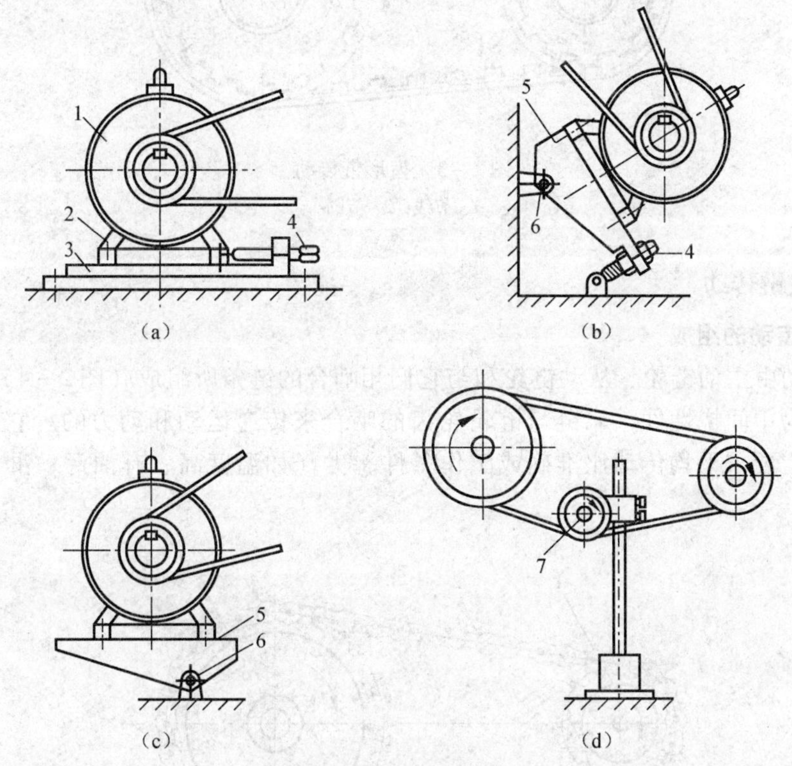

图2-2　带传动的张紧装置

1. 电机；2. 固定螺栓；3. 导轨；4. 调整螺栓；5. 摆动机座；6. 小轴；7. 张紧轮

5. 同步齿形带传动

同步齿形带是以钢丝为强力层，外面覆橡胶，带的工作面制成齿形（图2-3）。带轮轮面也制成相应的齿形，靠带齿与轮齿啮合实现传动。由于带与轮无相对滑动能保持两轮的圆周速度同步，故称为同步齿形带传动。

同步齿形带传动的特点如下。

（1）平均传动比准确。

（2）带的初拉力较小，轴和轴承上所受的载荷较小，寿命长。

（3）由于带薄而轻，强力层强度高，故带速可达40m/s，传动比可达10，结构紧凑，传递功率可达200kW，应用广泛。

（4）效率较高，约为0.98。

（5）价格高，对制造安装精度要求高。

同步齿形带常用于要求传动比准确的中小功率传动中，其传动能力取决于带的强度。

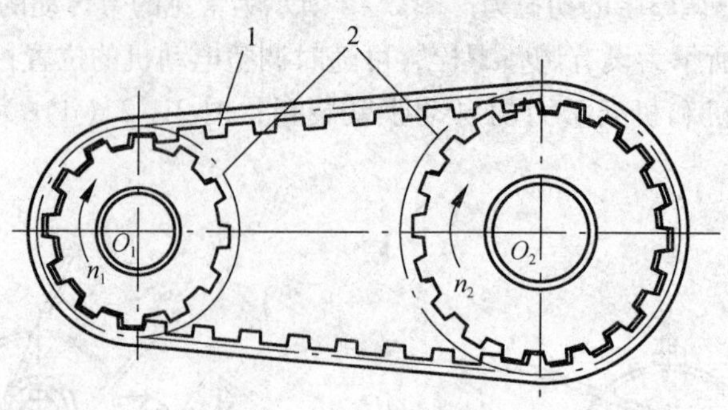

图 2－3　齿形带传动

1. 节线；2. 节圆

（二）链传动

1. 链传动的组成

链传动由主动链轮、从动链轮和与它们相啮合的链条所组成（图 2－4）。链传动是链条作为中间挠性件，靠链与链轮轮齿的啮合来传递运动和动力的。它适用于中心距较大、要求平均传动比准确或工作条件恶劣（如温度高、有油污、淋水等）的场合。

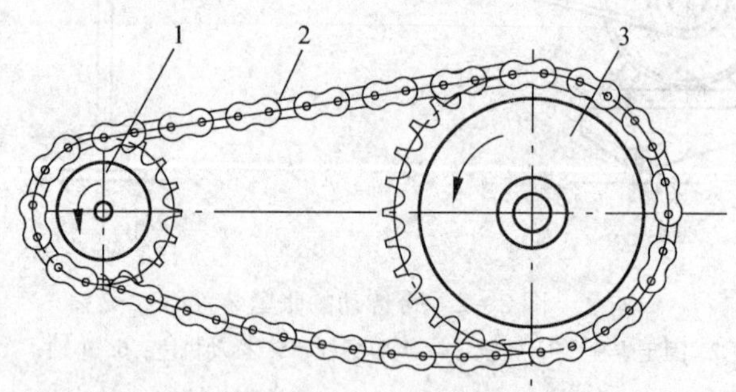

图 2－4　链传动

1. 主动链轮；2. 链条；3. 从动链轮

2. 链传动的特点

（1）链传动与带传动相比，摩擦损耗小，效率高，结构紧凑，承载能力大，且能保持准确的平均传动比。

（2）传递运动的速度不宜过高，只能在中、低速下工作，瞬时传动比不均匀，有冲击噪声。

（3）因有链条作中间挠性构件，与齿轮传动相比，具有能吸振缓冲并能适用于较大中心距传动的特点。

3. 链传动的主要失效形式

（1）链条疲劳损坏。在链传动中，链条两边拉力不相等，在变载荷作用下，经过数次循环，链条将产生疲劳损坏，如发生疲劳断裂，滚子表面发生疲劳点蚀。通常疲劳破坏常是限定链传动承载能力的主要因素。

（2）链条铰链磨损。润滑密封不良时，极易引起铰链磨损，铰链磨损后链节变长，容易引起跳齿或脱链，从而降低链条的使用寿命。

（3）多次冲击破坏。受重复冲击载荷或反复启动、制动和反转时，滚子套筒和销轴可能在疲劳破坏之前发生冲击断裂。

（4）胶合。润滑不当或速度过高时，使销轴和套筒之间的润滑油膜受到破坏，以致工作表面发生胶合。胶合限定了链传动的极限转速。

（5）静力拉断。若载荷超过链条的静力强度时，链条就被拉断。这种拉断常发生于低速重载或严重过载的传动中。

4. 链传动的布置和张紧装置

（1）链传动的布置。链传动的两轴应平行，两链轮应位于同一平面内。一般宜采用水平或接近水平的布置，并使松边在下。

（2）链传动的张紧。链传动的张紧主要是避免垂度过大时啮合不良，同时也可减小链条振动及增大链条与链轮的啮合包角。张紧方法如下。①增大两轮中心距；②使用用张紧装置，如图2－5，张紧轮直径稍小于小链轮直径，并置于松边靠近小链轮处。

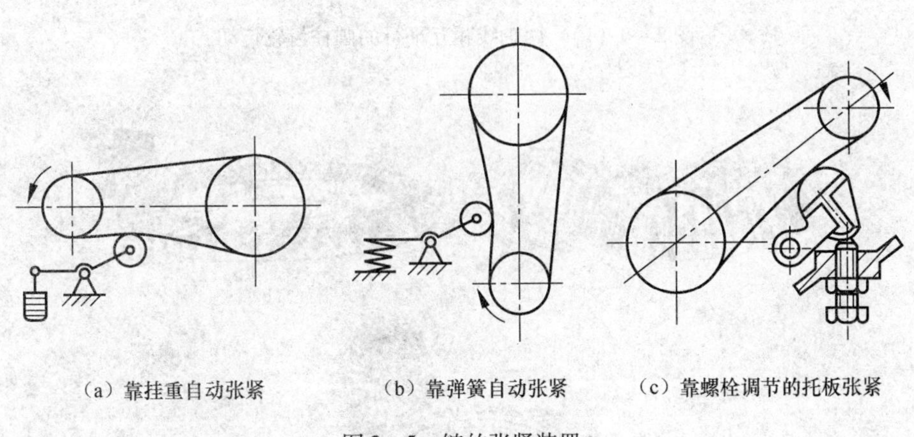

（a）靠挂重自动张紧　（b）靠弹簧自动张紧　（c）靠螺栓调节的托板张紧

图2－5　链的张紧装置

（三）齿轮传动

齿轮传动是应用最广泛的传动机构之一。

1. 齿轮传动的特点

（1）优点　适用的圆周速度和功率范围广；效率较高，传动比准确；寿命较长；可靠性较高；可实现平行轴、任意角相交轴和任意角交错轴之间的传动。

（2）缺点　制造和安装精度要求较高；成本高；不适宜远距离两轴之间的传动。

2. 齿轮传动的类型

齿轮传动的类型很多，最常见的是两轴线相互平行的圆柱齿轮传动，两轴线相交的圆锥齿轮传动，两轴线空间交错的螺旋齿轮传动。齿轮机构的类型见图2－6。

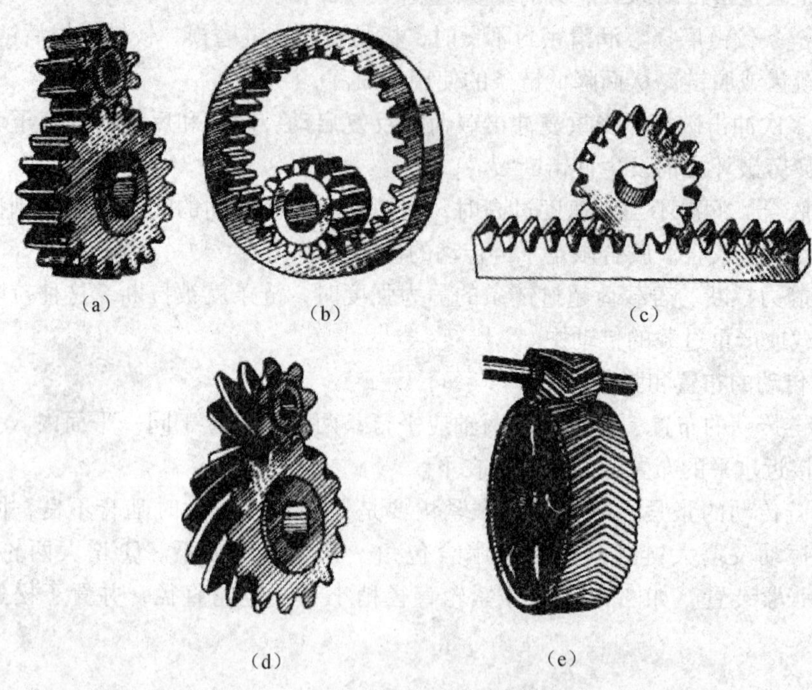

图2－6（1） 两轴线相互平行的圆柱齿轮传动

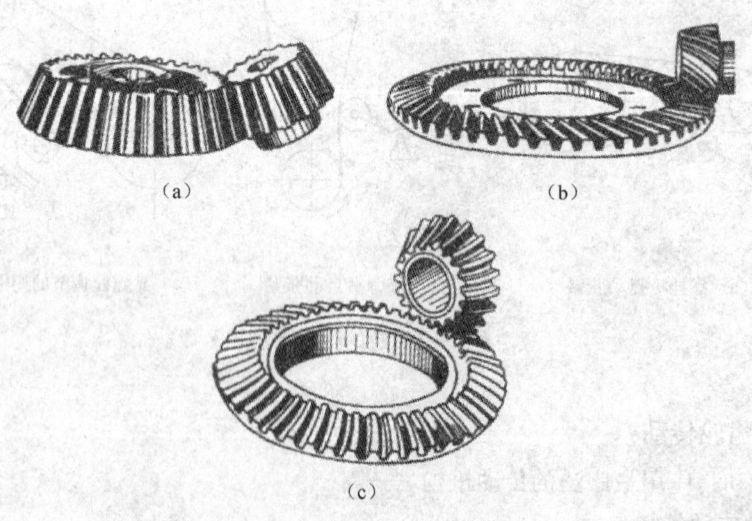

图2－6（2） 两轴线相交的圆锥齿轮传动

3. 齿轮轮齿的失效形式

齿轮最重要的部分为轮齿。它的失效形式主要有以下几种。

（1）轮齿折断 因为轮齿受力时齿根弯曲应力最大，而且有应力集中，因此，轮齿节一般发生在齿根部分。

若轮齿单侧工作时，根部弯曲应力一侧为拉伸，另一侧为压缩，轮齿脱离啮合后，驾应力为零。因此，在载荷的多次重复作用下，弯曲应力超过弯曲持久极限时，齿根部分将生疲劳裂纹。裂纹的逐渐扩展，最终将引起断齿，这种折断称为疲劳折断。

轮齿因短时过载或冲击过载而引起的突然折断，称为过载折断。用淬火钢或铸铁等脆性材料制成的齿轮，容易发生这种断齿。

(a)

(b)

图 2－6（3）　两轴线交错的螺旋齿轮传动

（2）齿面点蚀　轮齿工作时，其工作表面产生的接触压应力由零增加到最大值，即齿面接触应力是按脉动循环变化的。在过高的接触应力的多次重复作用下，齿面表层就会产生细微的疲劳裂纹，裂纹的蔓延扩展使齿面的金属微粒剥落下来而形成凹坑，即疲劳点蚀，继续发展以致轮齿啮合情况恶化而报废。实践表明，疲劳点蚀首先出现在齿根表面靠近节线处。齿面抗点蚀能力主要与齿面硬度有关，齿面硬度越高，抗点蚀能力也越强。

软齿面的闭式齿轮传动常因齿面点蚀而失效。在开式传动中，由于齿面磨损较快，点蚀还来不及出现或扩展即被磨掉，所以一般看不到点蚀现象。

（3）齿面磨损　齿面磨损主要是由于灰砂、硬屑粒等进入齿面间而引起的磨粒性磨损，其次是因齿面互相摩擦而产生的跑合性磨损。磨损后齿廓失去正确形状，便产生冲击和噪声。磨粒性磨损在开式传动中是难以避免的。采用闭式传动，降低齿面糙度和保持良好的润滑可以防止或减轻这种磨损。

（4）齿面胶合　在高速重载传动中，常因啮合温度升高而引起润滑失效，致使两齿面金属直接接触并相互粘连。当两齿面相对运动时，较软的齿面沿滑动方向被撕裂出现沟纹，这种现象称为胶合。在低速重载传动中，由于齿面间不易形成润滑油膜也可能产生胶合破坏。

（四）蜗杆传动

蜗杆传动是由蜗杆和蜗轮组成的（图 2－7），用于传递交错轴之间的运动和动力，通常两轴交错角为 90°。在一般蜗杆传动中，都是以蜗杆为主动件。

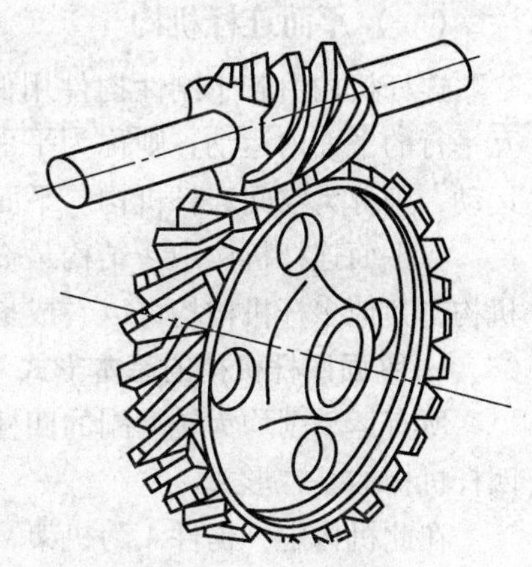

图 2－7　蜗杆传动

从外形上看，蜗杆类似螺栓，蜗轮则很像斜齿圆柱齿轮。工作时，蜗轮轮齿沿着蜗杆的螺旋面作滑动和滚动。为了改善轮齿的接触情况，将蜗轮沿齿宽方向做成圆弧形，使之将蜗杆部分包住。这样蜗杆蜗轮啮合时是线接触，而不是点接触。

蜗杆传动的特点如下。

（1）传动比准确。

（2）传动平稳、无噪声。

（3）可以实现自锁。

（4）传动效率比较低。

（5）因啮合处有较大的滑动速度，会产生较严重的摩擦磨损，引起发热，使润滑情况恶化，所以蜗轮一般常用青铜等贵重金属制造。

由于普通蜗杆传动效率较低，所以一般只适用于传递功率值在 50～60kW 以下的场合。

二、常用机构

从加工制造的角度看，任何机械都是由若干单独加工制造的零件组装而成。但是从机械实现预期运动和功能的角度来看，并不是每个零件都能独立起作用。每一个独立影响机械功能并能独立运动的刚性实体称为构件。构件可以是一个独立运动的零件，但有时为了结构和工艺上的需要，常将几个零件刚性地连接在一起组成构件。

机构都是由构件组合而成的，其中每个构件都以一定的方式至少与另一个构件相连接，这种连接即便是两个构件直接接触，也能产生一定的相对运动。每两个构件间的这种直接接触所形成的可动连接称为运动副。

构成运动副的两个构件间的接触不外乎点、线、面 3 种形式。面与面相接触的运动副在承受载荷方面与点、线相接触的运动副相比，其接触部分的压强较低，故面接触的运动副称为低副，而点、线接触的运动副称为高副，高副比低副易磨损。

构成运动副的两构件之间的相对运动，若为平面运动则称为平面运动副，若为空间运动则称为空间运动副。两构件之间只作相对转动的运动副称为转动副或回转副，两构件之间只作相对移动的运动副，则称为移动副。

现将制药设备中的常用机构介绍如下。

（一）平面连杆机构

连杆机构由若干刚性构件用低副连接组成。在连杆机构中，若各运动构件均在相互平行的平面内运动，则称为平面连杆机构；若各运动构件不都在相互平行的平面内运动，则称为空间连杆机构。平面连杆机构较空间连杆机构应用更为广泛。

在平面连杆机构中，结构最简单，应用最广泛的是由 4 个构件所组成的平面四杆机构，其他多杆机构均可以看成是在此基础上依次增加杆组而组成的。

1. 平面四杆机构的基本形式

所有运动副均为转动副的四杆机构称为铰链四杆机构，如图 2－8 所示，它是平面四杆机构的基本形式。

在此机构中，构件 4 为机架，直接与机架相连的构件 1、3 称为连架杆，不直接与机架相连的构件 2 称为连杆。

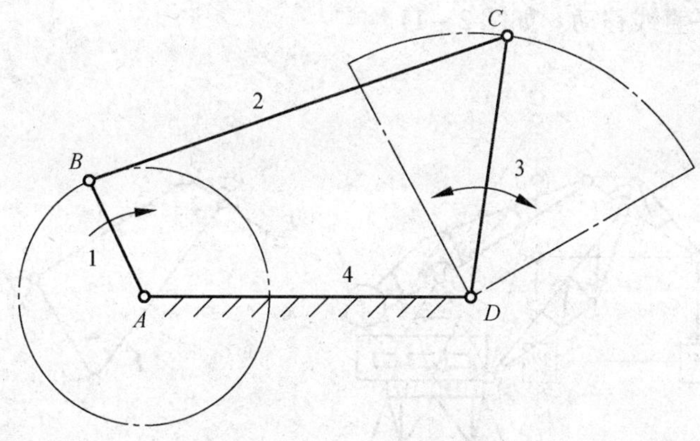

图 2－8　铰链四杆机构

能做整周回转的连架杆称为曲柄，如构件 1；仅能在某一角度范围内往复摆动的连架杆称为摇杆，如构件 3。如果以转动副相连的两构件能做整周相对转动，则称此转动副为整转副，如转动副 A、B；不能做整周相对转动的称为摆转副，如转动副 C、D。

在铰链四杆机构中，按连架杆能否做整周转动，可将四杆机构分为 3 种基本形式。

（1）曲柄摇杆机构　在铰链四杆机构中，若两连架杆中有一个为曲柄，另一个为摇杆，则称为曲柄摇杆机构。图 2－9 所示的是颚式粉碎机机构。

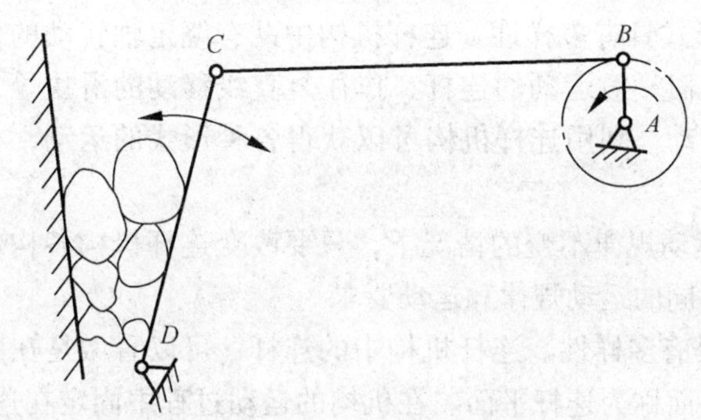

图 2－9　颚式粉碎机机构

（2）双曲柄机构　在图 2－10 所示的铰链四杆机构中，两连架杆均为曲柄，称为双曲柄机构。这种机构的传动特点是当主动曲柄连续等速转动时，从动曲柄一般作不等速转动。

在双曲柄机构中，若两对边构件长度相等且平行，则称为平行四边形机构，这种机构的传动特点是主动曲柄和从动曲柄均以相同角速度转动，连杆作平动。机车车轮联动机构就是平行四边形机构。

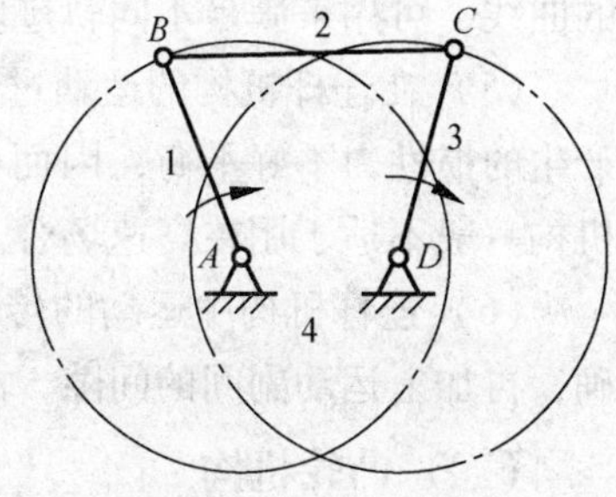

图 2－10　双曲柄机构

（3）双摇杆机构　在铰链四杆机构中，若两连架杆均为摇杆，则称为双摇杆机构。鹤式起重机中的四杆机构 ABCD 即为双摇杆机构，当主动摇杆 AB 摆动时，从动摇杆 CD 也随之摆动，位于连杆 BC 延长线上的重物悬挂点 E 将沿近似水平直线移动。如图 2－11。

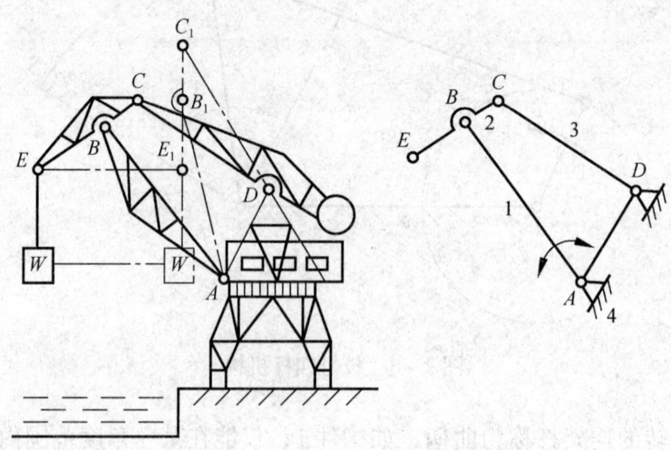

图 2－11 鹤式起重机结构原理图

2. 平面连杆机构的特点

（1）连杆机构中构件间以低副相连，低副两元素为面接触，在承受同样载荷的条件下压强较低，因而可用来传递较大的动力。由于低副元素的几何形状比较简单（如平面、圆柱面），故容易加工。

（2）构件运动形式具有多样性。连杆机构中既有绕定轴转动的柄、绕定轴往复摆动的摇杆，又有作平面一般运动的连杆、作往复直线移动的滑块等，利用连杆机构可以获得各种形式的运动，利用连杆机构可以获得各种形式的运动，在工程实际中具有重要价值。

（3）在主动件运动规律不变的情况下，只要改变连杆机构各构件的相对尺寸，就可以使从动件实现不同的运动规律和运动要求。

（4）连杆曲线具有多样性。连杆机构中的连杆，可以看做是在所有方向上无限扩展的一个平面，该平面称为连杆平面。在机构的运动过程中固定在连杆平面上的各点，将描绘出各种不同形状的曲线，这些曲线称为连杆曲线，连杆上点的位置不同，曲线形状不同；改变各构件的相对尺寸，曲线形状也随之变化。这些千变万化、丰富多彩的曲线，可用来满足不同轨迹的设计要求，在机械工程中得到广泛应用。

（5）在连杆机构的运动过程中，一些构件（如连杆的质心）在作变速运动，由此产生的惯性力不好平衡，因而会增加机构的动载荷，使机构产生强迫振动。所以连杆机构一般不适于用在高速场合。

（6）连杆机构中运动的传递要经过中间构件，而各构件的尺寸不可能做得绝对准确，再加上运动副间的间隙，故运动传递的累积误差比较大。

（二）凸轮机构

1. 凸轮机构的组成

凸轮机构是由具有曲线轮廓或凹槽的构件，通过高副接触带动从动件实现预期运动规律的一种高副机构。

凸轮机构由凸轮、从动件和机架三个基本构件组成。

它广泛地应用于各种机械，特别是自动机械、自动控制装置和装配生产线中。图2－12所示为自动机床的进刀机构。图中具有曲线凹槽的构件1叫做凸轮，当匀速倒速回转时，其上曲线凹槽的侧面推动从动件2绕O点做往复摆动，通过扇形齿轮和剧刀架3上的齿条，控制刀架作进刀和退刀运动。刀架的运动规律则取决于凸轮1上曲线的形状。

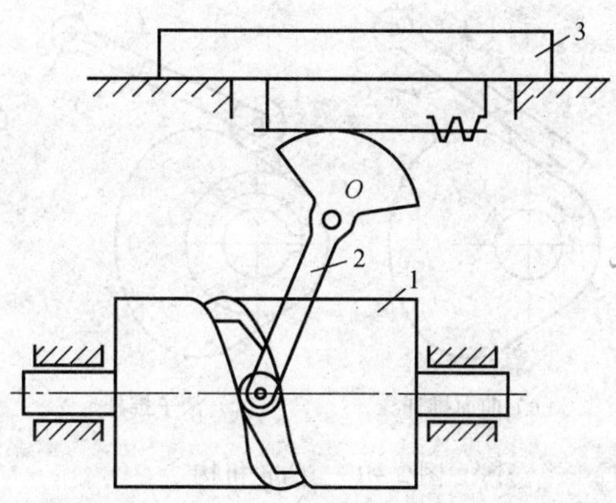

图2－12　自动机床的进刀机构

1. 凸轮；2. 从动件；3. 刀架

由以上的例子可以看出：凸轮是一个具有曲线轮廓或凹槽的构件，当它运动时，通过其上的曲线轮廓与从动件的高副接触，使从动件获得预期的运动。

2. 凸轮的类型

（1）按凸轮形状分

① 盘状凸轮：凸轮呈盘状，又称为平板凸轮，是最常用的凸轮型式。它是一个绕固定轴转动而且径向尺寸变化的盘形构件，它的轮廓曲线位于“盘”的外缘。当凸轮转动时，可使从动杆在垂直于凸轮轴的平面内作直线移动或摆动。

这种凸轮结构简单，应用最为广泛，但从动推杆的行程不能太大，否则将使凸轮的径向尺寸变化过大，对工作不利。因此，盘状凸轮多用于行程较短的传动中。

② 圆柱凸轮：圆柱凸轮是在圆柱体的圆柱表面域其端面作出曲线凹槽或曲线轮廓。这种凸轮机构由于凸轮与从动杆的运动不在同一平面内，因此是一种空间凸轮机构。它可使从动推杆得到较大的行程，故常用于要求行程较大的传动中。

③ 移动凸轮：又称板状凸轮。这种凸轮可以相对机架作往复直线移动，当凸轮往复移动时将推动从动推杆在同一运动平面内作往复运动。

（2）按从动推杆的形状分类

① 尖端推杆：如图2－13（a），这种推杆的结构简单，但较易磨损，所以仅适用于作用力不大且速度较低的场合。

② 曲面推杆：如图2－13（b），为克服尖端推杆的缺点，可把从动件端面做成曲面形状。

③ 滚子推杆：如图2－13（c），这种推杆由于滚子与凸轮外廓之间的接触为滚动，磨损较小，常用于传递较大动力的传动。

④ 平底推杆：如图2－13（d），这种推杆的最大优点是凸轮对推杆的作用力始终垂直于推杆的底边，故受力较为平稳。另外，由于凸轮与平底的接触面易形成油膜，润滑良好，所以尤其适用于高速传动。

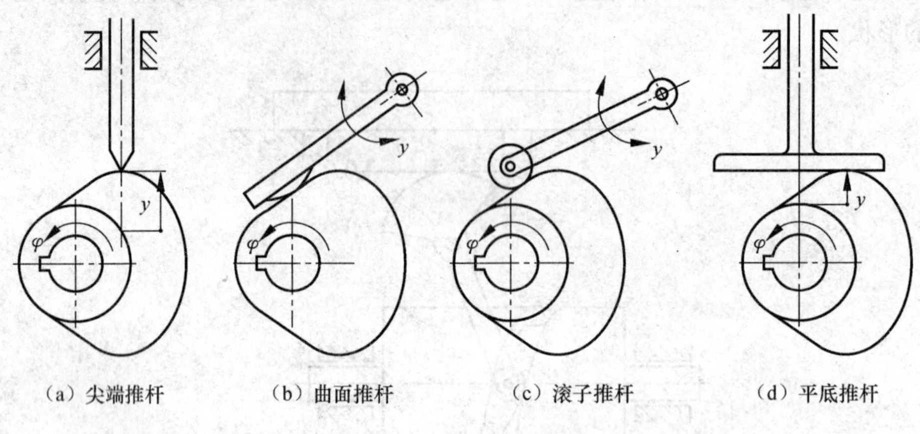

（a）尖端推杆　（b）曲面推杆　（c）滚子推杆　（d）平底推杆

图2－13　凸轮机构

3. 凸轮机构的特点

（1）机构简单紧凑。

（2）可高速启动，动作准确可靠。

（3）从动杆的运动规律可任意拟定，并且它只取决于凸轮的轮廓曲线的形状。

（4）凸轮轮廓与推杆之间的接触为点接触或线接触，易于磨损，因此凸轮机构多适用于传递动力不大的场合。

（三）间歇运动机构

在许多自动或半自动机械中，常常需要某些机构在原动件做连续运动时，从动件做周期性的运动和停歇，即间歇运动。

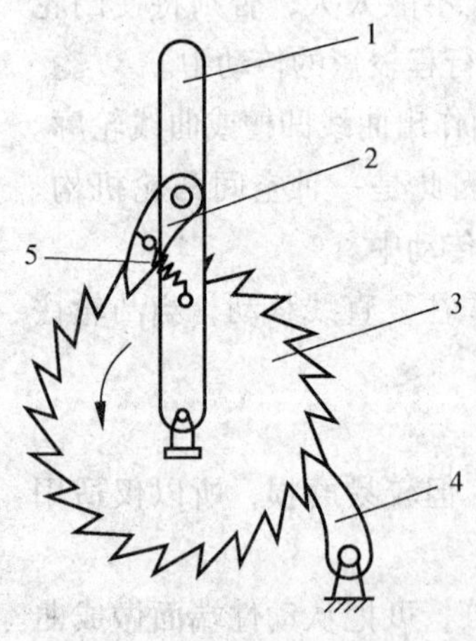

图2－14　棘轮机构工作原理

1. 主动推杆；2. 棘爪；3. 棘轮；4. 制动爪；5. 弹簧

间歇运动机构应满足停歇位置准确可靠、换位迅速平稳、调节性能好、定位精度能够长期保持的特点。常用的间歇运动机构有：棘轮机构、槽轮机构、不完全齿轮机构、星轮机构等。

现以棘轮机构介绍如下。

棘轮机构主要用于将周期性的往复运动转换为棘轮的单向间歇转动，也常用于防逆转装置。

棘轮机构是由棘轮、棘爪、机架等组成，工作原理如图2－14所示，主动杆1空套在与棘轮3固定在一起的从动轴上，驱动棘爪2与主动杆的转动副相连，并通过弹簧5的张力使驱动棘爪2压向棘轮3。当主动杆1逆时针摆动时，驱动棘爪2插入棘轮齿槽，推动棘轮转过一个角度。当主动杆1顺时针方向摆动时，爪被拉出棘轮齿槽，棘轮处于静止状态，从而实现棘轮3做单向的间歇转动。主动杆 1 的运动动可以利用连杆机构、凸轮机构、气动机构、液压机构或电磁铁等来驱动。

棘轮机构的特点是结构简单，制造容易，便于实现调节，但精度低，工作时噪声和冲击力大，磨损快。因此，该机构多用于运动速度和精度不高，传递动力不大的分度、计数、供料和制动等场合。

第三节　连接与支承

在机械设备中，为了满足结构、制造及检修等方面的要求，广泛使用各种连接和支承。所谓连接是指被连接件与连接件的有机组合。如箱体与箱盖、轮圈与轮心、轴与轴上零件的连接等。连接件有螺栓、螺母、键、销、铆钉及连轴器、离合器等。所谓支承实质也是一种连接，但较多的都属于动态连接，在支承中轴与轴承是最常用的支承件。

一、连接

（一）键连接

键连接通常用于轴和轴上零件之间的连接，常见于齿轮、带轮、链轮、凸轮、联轴器等。其连接方法见图 2－15。如图所示为轴与齿轮的连接，首先在轴上和齿轮孔壁上分别加工出键槽，并将键嵌入轴上的键槽内，再将齿轮上的键槽对准轴上的键套到轴上，这就构成了键连接。

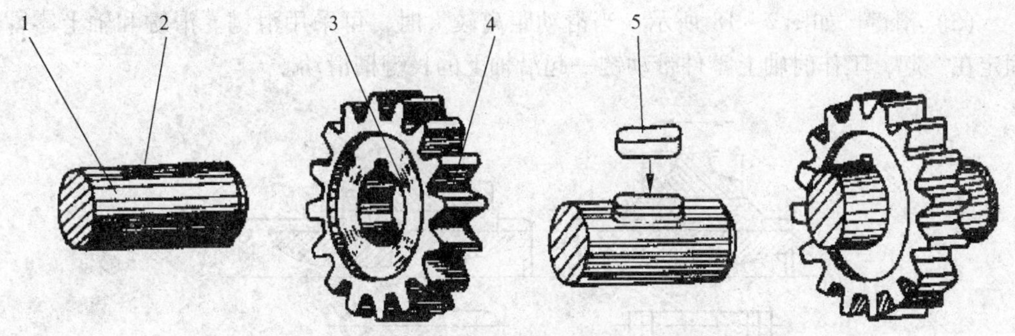

图 2－15　键连接

1. 轴；2. 轴上键槽；3. 齿轮上键槽；4. 齿轮；5. 键

键是标准连接件，根据使用要求的不同常用类型有平键、半圆键、楔键、切向键几大类。

1. 平键连接

普通平键用于静连接，图 2－16 为普通平键连接的结构形式。工作时，靠键同键槽侧面的挤压来传递扭矩。

按其用途，平键分为普通平键、导向平键和滑键三种。

（1）普通平键　普通平键按端部形状分为圆头平键，如图 2－16（a）；方头平键，如图 2－16（b）及单圆头平键，如图 2－16（c）三种。

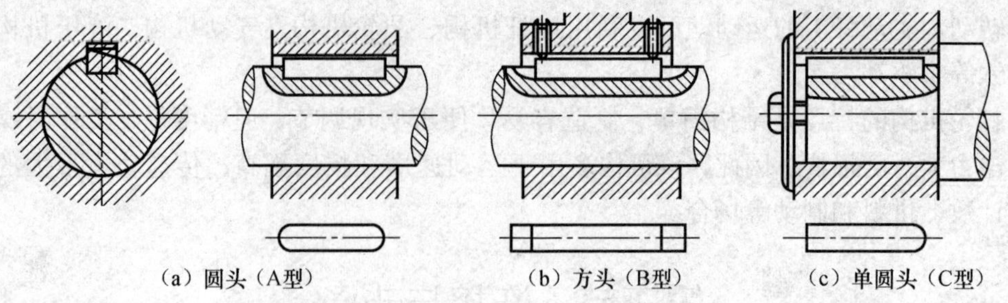

图2－16　平键连接

(2) 导向平键　如图2－17所示，导向平键是一种较长的平键，用螺钉固定在轴上的键槽中，为了拆卸方便，在键的中部设有起键用螺钉孔，轴上的传动零件可沿键作轴向滑动。

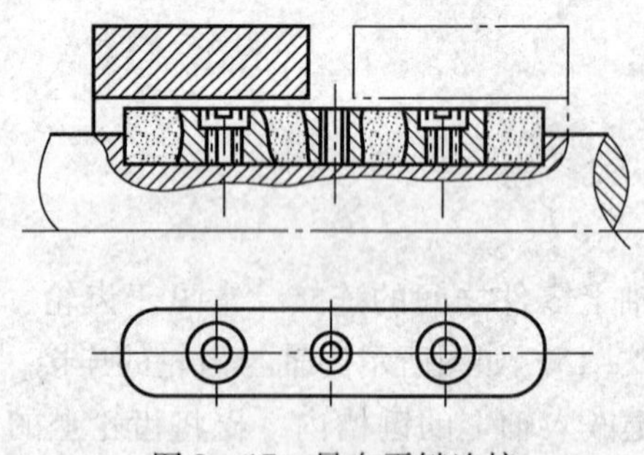

图2－17　导向平键连接

(3) 滑键　如图2－18所示，当滑动距离较大时，可采用滑键。滑键和轴上零件固定在一起，工作时轴上零件带动键一起沿轴上的长键槽滑动。

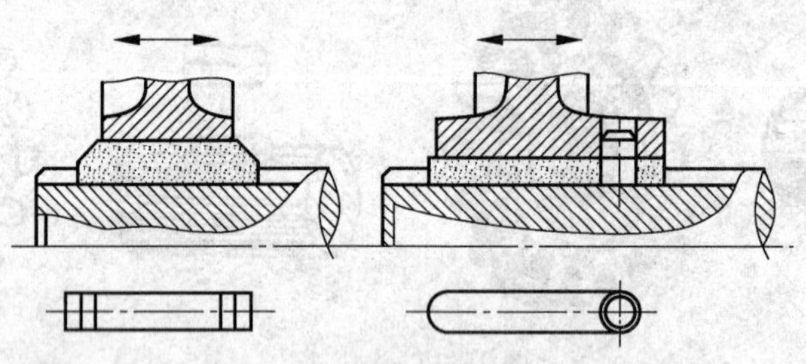

图2－18　滑键连接

2. 半圆键连接

如图2－19所示，半圆键连接的键和键槽均做成半圆形，同样也是以两侧面为工作面来传递转矩。键可以在键槽中摆动，因而可以自动适应键槽底面的斜度。半圆键安装方便，对中性好，但轴上的键槽较深，对轴的强度削弱较大，常用于轻载连接或辅助连接。

3. 楔键连接

如图2－20所示，楔键的工作面为上下两面，其上表面和轮毂键槽的底面都具有1∶100的斜度，装配时需沿键的轴向打紧，楔紧后上下两面分别与轮毂和轴上键槽的

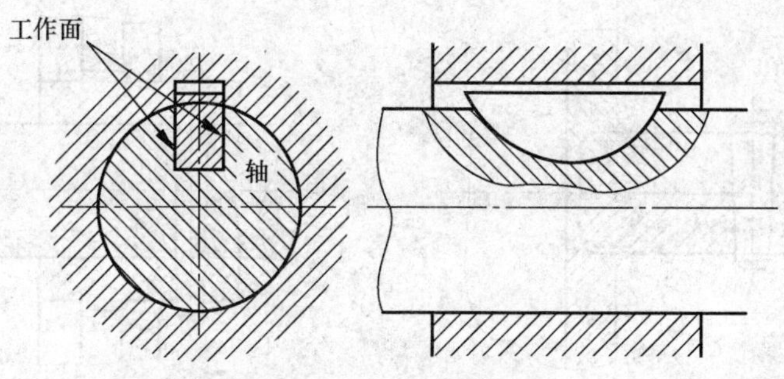

图 2 – 19　半圆键连接

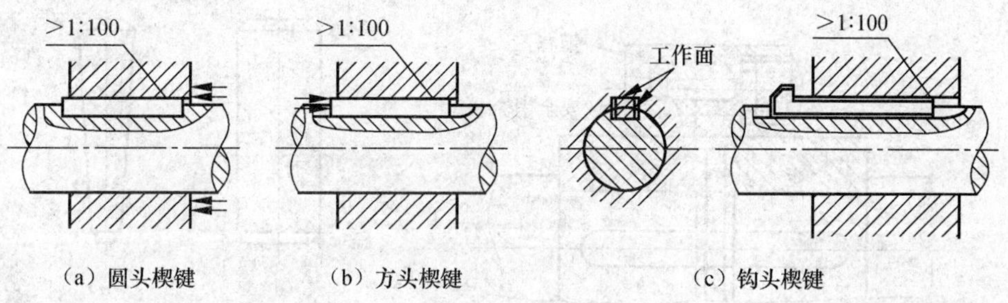

图 2 – 20　楔键连接

底面贴合，并产生很大的预紧力。工作时，主要依靠此预紧力所产生的摩擦力来传递转矩，并能单方向承受轴向力和轴向固定零件。

4. 花键连接

如图 2 – 21 所示，花键连接是在平键数量和质量上发展改善而出现的一种连接，它是由周向均布多个纵向键齿的轴与带有相应的键齿槽的轴上零件相配合而成的可拆连接，键齿侧面为工作面，依靠这些齿侧面的相互挤压传递转矩。与平键连接相比，花键连接具有承载能力高、对中性好、便于导向、对轴的强度削弱小等优点。缺点是结构复杂，成本较高。适用于载荷较大、定心精度要求较高的静连接和动连接。

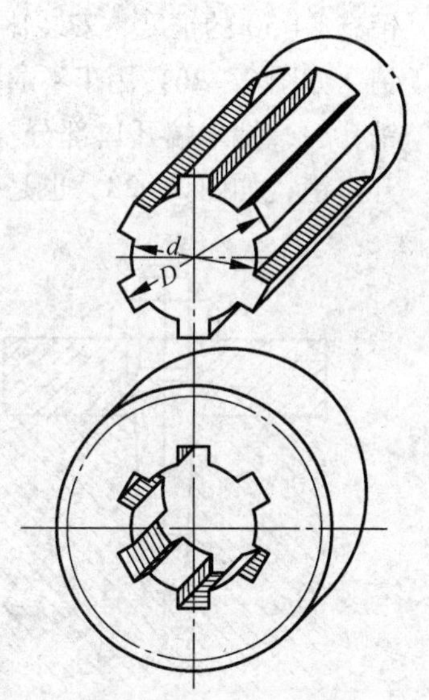

图 2 – 21　花键连接

（二）销连接

如图 2 – 22 所示，销连接是将销置于两被连接件的销孔中而构成的一种可拆连接，它主要用来固定零件之间的相对位置，它是组合加工和装配的重要辅助零件；如图 2 – 23 所示，销连接有时也用于轴与轴上零件的连接或其他零件的连接，并可传递不大的载荷；另外，如图 2 – 24 所示，销连接还可作为安全装置的过载剪断元件。

根据销的形状，销可分为圆柱销、圆锥销、开口销等。圆柱销，如图 2 – 25（a），利用微量过盈固定在铰制的销孔中，用以固定零件、传递动力或作定位元件。多次装拆会减小过盈量而降低连接的紧固性和定位精度。圆锥销就无此缺点，如图 2 – 25（b），圆锥

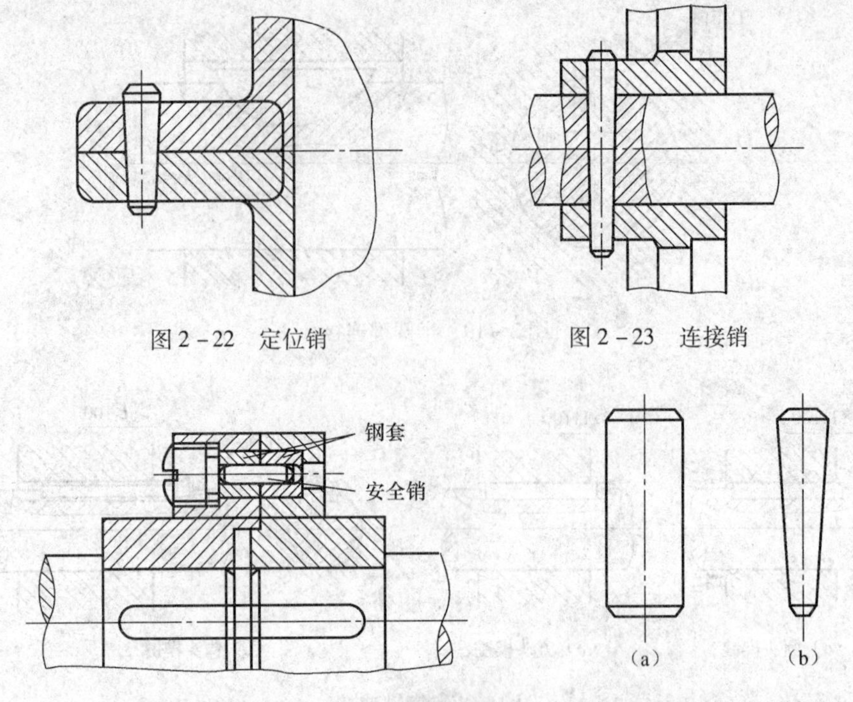

图 2－22　定位销

图 2－23　连接销

图 2－24　安全销

图 2－25　圆柱销和圆锥销

销有 1 : 50 的锥度，安装比圆柱销方便，多次拆装对定位精度的影响也较小。螺纹圆锥销，如图 2－26，用于不通孔或很难打出销钉的孔中。开尾锥销，如图 2－27，在装入销孔后，把末端开口部分撑开，防止销钉本身在冲击、振动或变载荷下从孔中滑出。开口销，如图 2－28，也是一种防松动零件，承载能力较低。

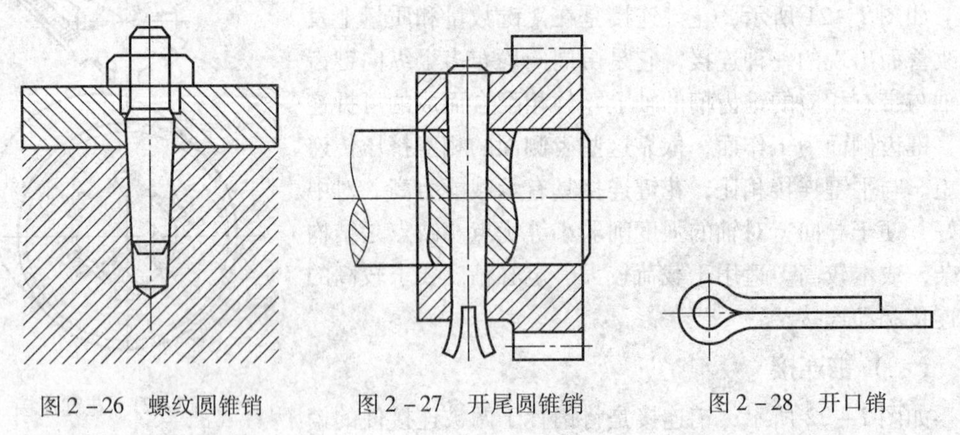
图 2－26　螺纹圆锥销

图 2－27　开尾圆锥销

图 2－28　开口销

（三）螺纹连接

1. 螺纹的分类

如图 2－29 所示，根据牙型，螺纹可分三角形、矩形、梯形和锯齿形，其中三角形螺纹主要用于连接，矩形、梯形和锯齿形螺纹主要用于传动。

2. 螺纹连接的类型

螺纹连接的基本类型有螺栓连接、双头螺柱连接、螺钉连接、紧定螺钉连接。

（1）螺栓连接　如图 2－30 所示，螺栓连接用一端有螺栓头另一端制有螺纹的螺

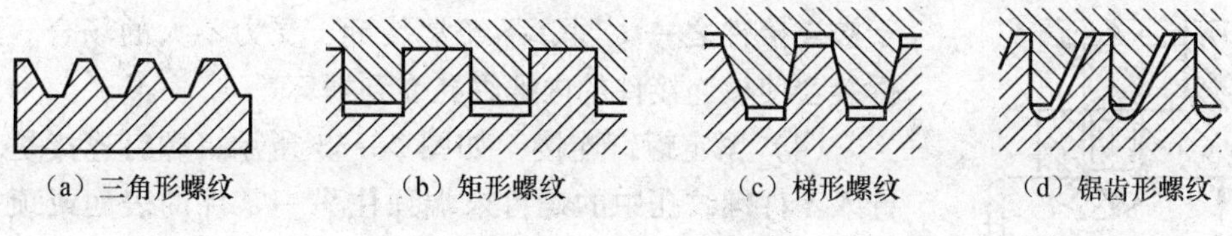

（a）三角形螺纹　（b）矩形螺纹　（c）梯形螺纹　（d）锯齿形螺纹

图 2－29　螺纹的分类

栓，穿过被连接的通孔，旋紧螺母，将被连接件连接起来。螺栓连接分为普通螺栓连接，如图 2－30（a）和铰制孔用螺栓连接，如图 2－30（b），前者螺栓杆与孔壁之间留有间隙，螺栓承受拉伸变形；后者螺栓杆与孔壁之间没有间隙，螺栓承受剪切和挤压变形。螺栓连接装拆方便，成本低，常用在被连接不太厚并能从连接两边进行装配的场合。

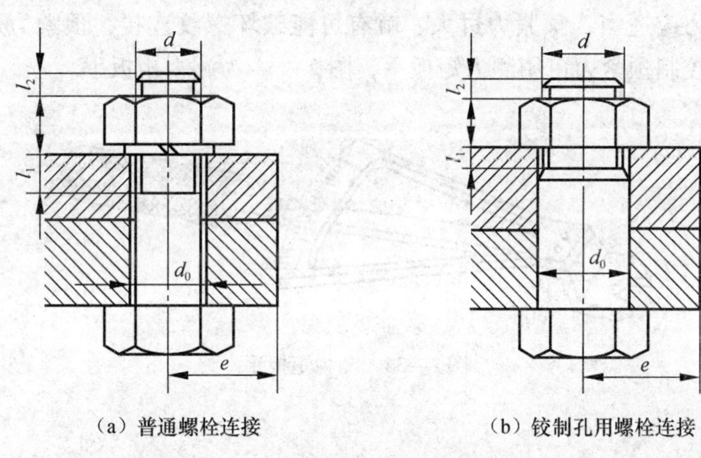

（a）普通螺栓连接　（b）铰制孔用螺栓连接

图 2－30　螺栓连接

（2）双头螺柱连接　如图 2－31 所示，双头螺柱连接是将双头螺柱的一端旋紧在被连接件之一的螺纹孔中，另一端则穿过其余被连接件的通孔，然后拧紧螺母，将被连接件连接起来。

（3）螺钉连接　如图 2－32 所示，螺钉连接是用螺钉穿过较薄的被连接件的通孔，然后旋入另一被连接件的螺纹孔中。这种连接不用螺母，有光整的外露表面。它适用

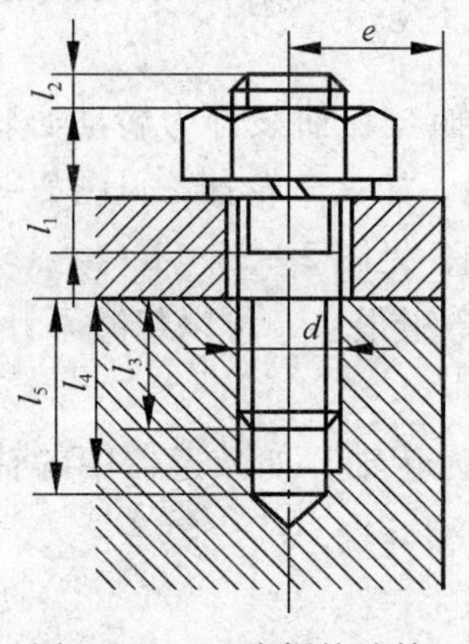

图 2－31　双头螺柱连接

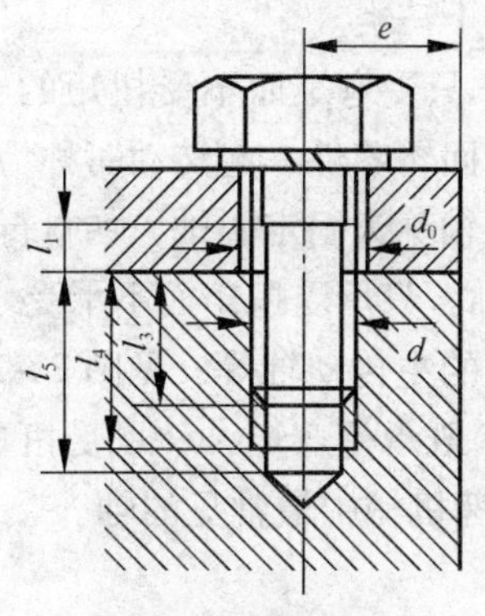

图 2－32　螺钉连接

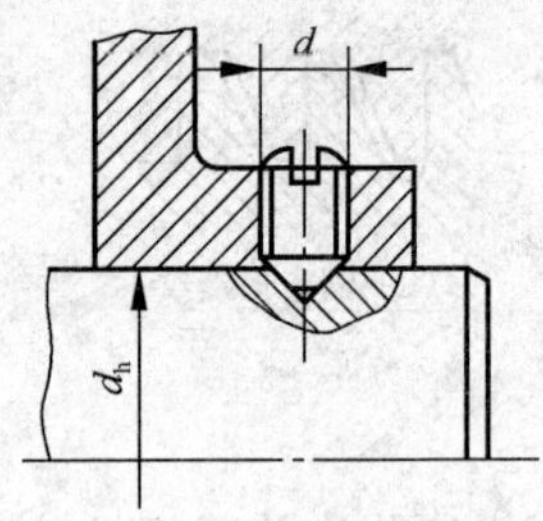

图 2－33　紧定螺钉连接

于被连接件之一太厚、不经常装拆、受力不大的场合。经常拆装会使被连接件的内螺纹孔受到损坏。

(4) 紧定螺钉连接　如图 2－33 所示，螺钉连接是利用拧入零件螺纹孔中的螺钉末端顶住另一零件的表面或顶入相应的凹坑中，以固定两个零件的相互位置。这种连接多用于轴与轴上零件的连接，并可传递不大的载荷。

3. 螺纹连接件

标准螺纹连接件有螺栓、双头螺柱、螺钉、紧定螺钉、螺母、垫圈等，其结构、尺寸在国家标准中都有规定。

4. 螺纹连接的预紧与防松

螺纹连接在装配时要拧紧，称为预紧。预紧可提高螺纹连接的紧密性、紧固性和可靠性。预紧力应适当，预紧力过大，就有可能破坏螺纹连接，预紧力过小，又起不到预紧作用。控制预紧力可用测力矩扳手，图 2－34 为测力矩扳手。

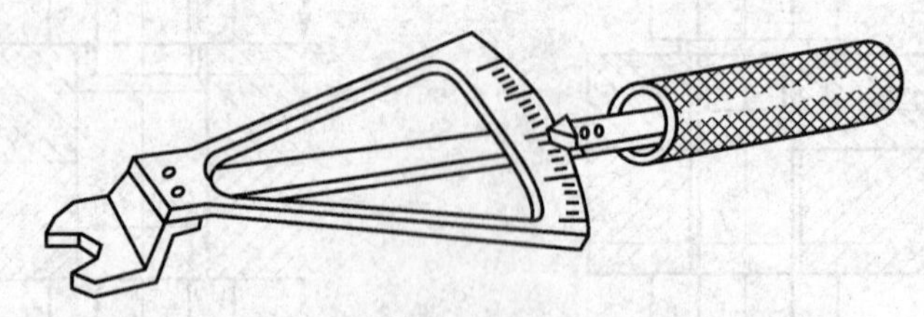
图 2－34　测力矩扳手

二、支承

(一) 轴和联轴器

1. 轴

轴是机械中的重要零件之一。它的主要功用是支承轴上的回转零件，如齿轮、带轮、链轮、凸轮等，以实现运动和动力的传递。

(1) 轴的分类　根据轴的几何形状，轴可以分为直轴、曲轴和软轴。在制药机械中，直轴应用最为广泛，本章只讨论直轴，以下简称为轴。根据轴上所受载荷的不同，轴可以分为以下三类。

① 心轴：只受弯矩而不受扭矩的轴称为心轴。心轴又分为转动心轴和固定心轴。当心轴随轴上回转零件一起转动时称为转动心轴，如火车轮轴，见图 2－35 (a)；而固定不转动的心轴称为固定心轴，如自行车前轮轴，见图 2－35 (b)。

② 传动轴：只承受扭矩而不承受弯矩（或弯矩很小，可以忽略不计）的轴称为传动轴，如汽车的主传动轴等，见图 2－35 (c)。

③ 转轴：既承受弯矩，又承受扭矩的轴称为转轴，如减速器中的轴，见图 2－35 (d)。这是制药机械中最常见的轴。

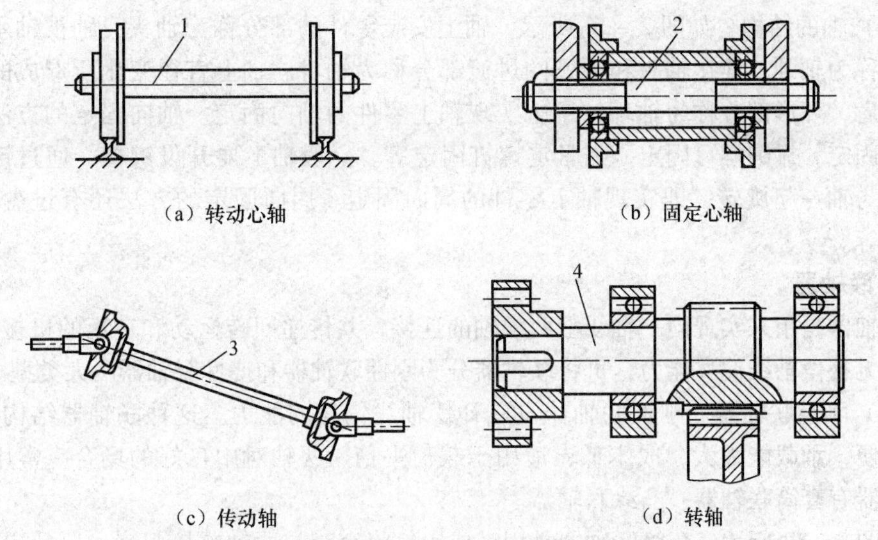

图 2-35　轴的分类

1. 火车轮轴；2. 自行车前轮轴；3. 汽车主传动轴；4. 减速器轴

（2）轴的材料　轴的材料主要采用中碳钢和合金钢。碳钢对应力集中的敏感性较小，价格较低廉，并能通过热处理改善其综合机械性能。常用的碳钢为30、35、40、45、50号钢，尤其是45号钢应用较多。

合金钢比碳钢具有更好的机械性能和热处理性能，但其价格较贵，对应力集中较敏感。因此多用于重载、高温、低温、要求质量和尺寸较小或有腐蚀性介质的场合。

球墨铸铁可用于制造形状复杂的曲轴和凸轮轴。球墨铸铁具有价廉、应力集中不敏感、吸振性好和容易铸成复杂的形状等优点，但铸件的质量不易控制。

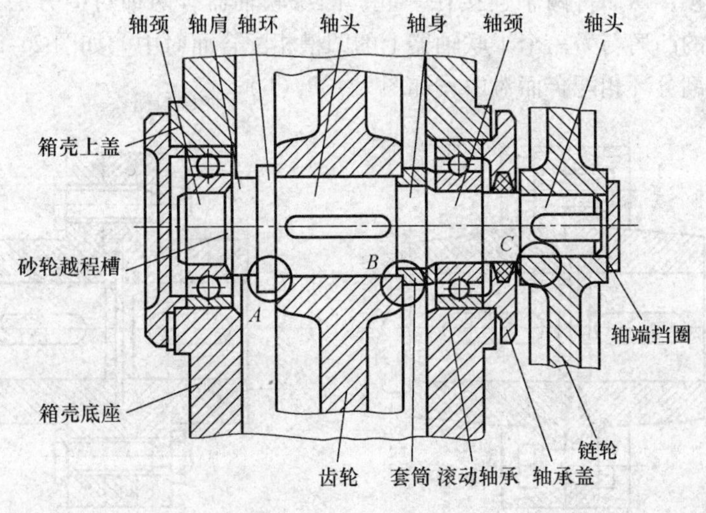

图 2-36　轴的结构

（3）轴的结构　如图2－36所示，轴上安装零件的部分称为轴头；轴被轴承支承的部分称为轴颈；连接轴头和轴颈的过渡部分称为轴身。轴上直径变化所形成的台阶称为轴肩，环形部分称为轴环，用来实现轴上零件的轴向固定。轴向固定的方法还有靠套筒固定，靠圆螺母固定，靠紧定螺钉固定等。一般轴上要开设键槽，通过键连接使零件与轴一起旋转，即实现轴上零件的周向固定。周向固定的方法还有过盈配合、销连接等。

2. 联轴器

联轴器是用来实现同一轴线上两根轴的连接，并传递回转运动和转矩的机械装置。按照有无补偿轴线偏移能力，可将联轴器分为刚性联轴器和挠性联轴器两大类型。

（1）刚性联轴器　刚性联轴器没有补偿轴线偏移的能力。这种联轴器结构简单，制造方便，承载能力大，成本低，适用于载荷平稳、两轴对中良好的场合。常用的刚性联轴器有套筒联轴器、凸缘联轴器。

如图2－37所示，套筒联轴器是用键或销钉将套筒与两轴连接起来，以传递转矩。当轴径较小时，套筒一般用35或45号钢制造。这种联轴器结构简单，径向尺寸小，适用于两轴直径较小、同心度较高和工作平稳的场合。

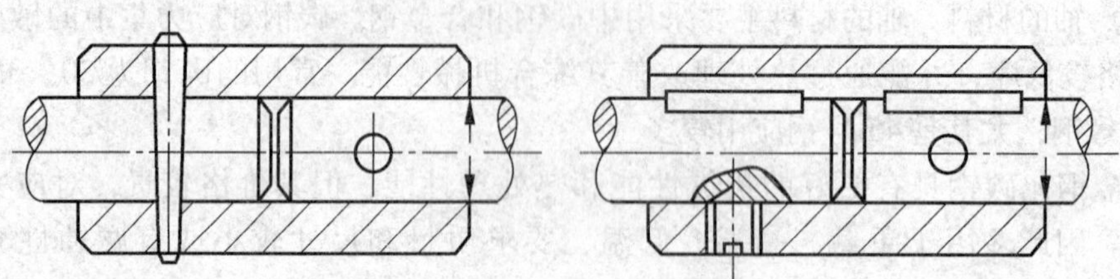

图2－37　套筒联轴器

如图2－38所示，凸缘联轴器由两个带有凸缘的半联轴器分别用键与两轴相连接，然后用螺栓连接，从而将两轴连接在一起。凸缘联轴器有两种对中方法：一种是用一个半联轴器上的凸肩与另一个半联轴器上的凹槽相配合而对中，如图2－38（a）；另一种则是共同与剖分环相配合而对中，如图2－38（b）。

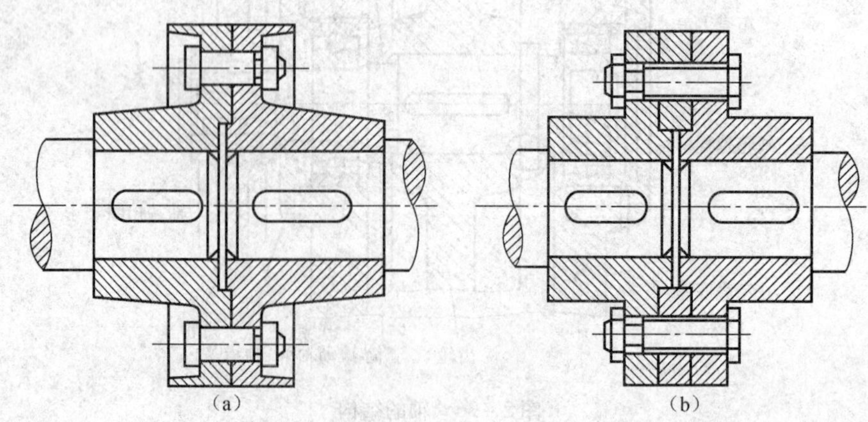

图2－38　凸缘联轴器

前者对中精度高，但装拆时轴必须做轴向移动；后者无此缺点，但对中不准确。连接螺栓可以采用普通螺栓，此时转矩靠拧紧螺栓在两个半联轴器接合间产生的摩擦力矩来传递，如图 2－38（b）；也可采用铰制孔螺栓，此时螺杆与螺孔为过渡配合，靠螺栓杆受剪切和挤压来传递转矩，如图 2－38（a）。

凸缘联轴器一般用 35 或 45 钢制造。

凸缘联轴器结构简单、使用维护方便、对中性和刚性好、传递转矩大，适用于载荷平稳、转速不高、无冲击、轴的刚性大和对中性好的场合。

（2）挠性联轴器　挠性联轴器分为无弹性元件和有弹性元件两种。无弹性元件的挠性联轴器只具备补偿轴线偏移的能力，不具备缓冲吸振的能力。

如图 2－39，滑块联轴器就是无弹性元件的挠性联轴器，它是由两个带有一字凹槽的半联轴器 1、2 和带有十字凸榫的中间滑块 3 组成，利用凸榫与凹槽相互嵌合并做相对移动补偿轴线偏移。

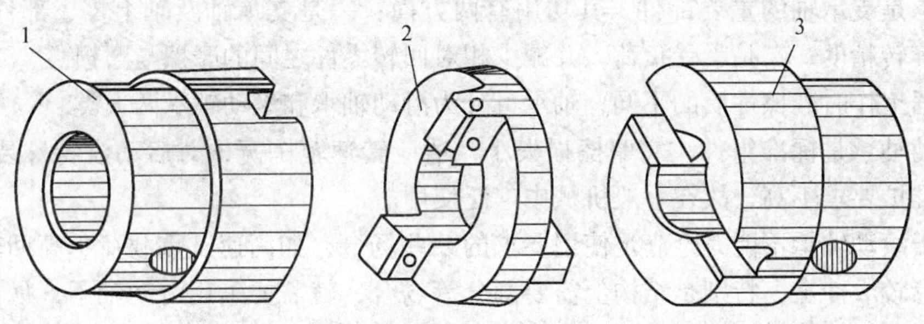

图 2－39　滑块联轴器

如图 2－40 所示，另一种常见的无弹性元件的挠性联轴器为万向联轴器。万向联轴器由两个叉形零件 1、3 用一个中间连接件 2 和轴销 4、5（包括销套及铆钉）相连接而构成，轴销 4 与 5 互相垂直配置，并分别把两个叉形接头与中间零件 2 连接起来，从而成为一个可动的连接。

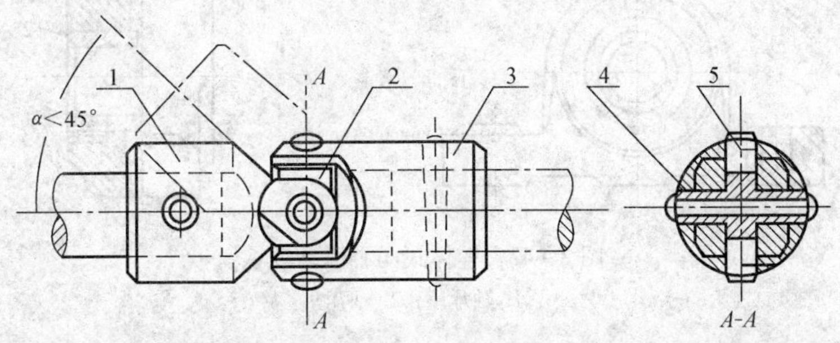

图 2－40　万向联轴器

万向联轴器各零件的材料，除铆钉用 20 号钢外，其余用合金钢，以得到较小的结构尺寸和较高的耐磨性。

因这种联轴器结构紧凑，使用维护方便，运转灵活，因而广泛用于制药机机械的传动系统中。图 2－41 为万向联轴器在三维混合机中的应用。

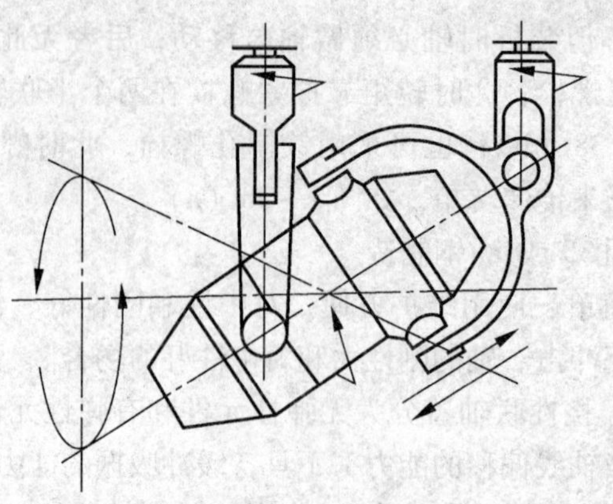

图 2-41 万向联轴器在三维混合机中的应用

（二）轴承

轴承是支承轴的重要部件，其功用有两方面：一是支承轴及轴上零、部件，并保持轴的旋转精度；二是承受负荷，并减少相对回转零件之间的摩擦与磨损。

根据工作时摩擦性质的不同，轴承可分为滑动轴承和滚动轴承两大类。

滚动轴承是标准组件，它摩擦损失小，适应转速范围宽，对启动没特殊要求，工作时的维护要求不高，故在一般机械中广泛使用。

对于滚动轴承不能完全满足使用要求的某些场合，如高速、重载荷、高回转精度、低速且有较大冲击，特别是结构上需要剖分等场合，就需要采用滑动轴承，如汽轮机、内燃机、破碎机及水泥搅拌机等机械中多有应用。

1. 滑动轴承

（1）滑动轴承的分类和结构

① 整体式向心滑动轴承：如图 2-42 所示，整体式滑动轴承是由轴承座、整体轴瓦（也称轴套）组合而成，依靠螺栓固定在机架上。

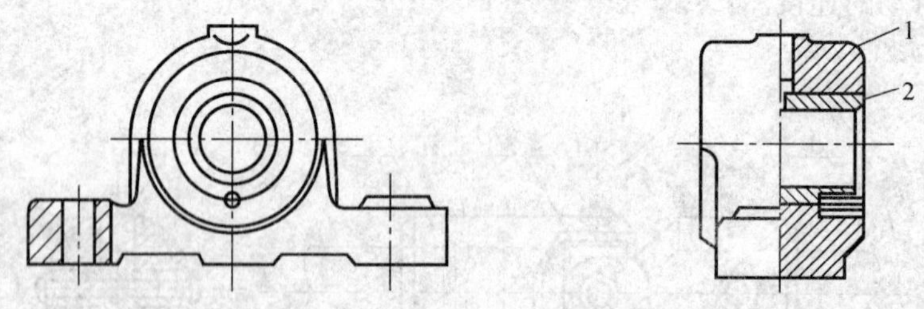

图 2-42 整体式向心滑动轴承

1. 轴承座；2. 轴瓦

整体式滑动轴承结构简单，成本低廉，但当轴瓦与轴颈磨损后所产生的间隙难以调整时，只能更换轴瓦，而且在装拆时，轴承或轴必须进行轴向移动，造成装拆困难，故整体式滑动轴承只适用于低速、轻载及不经常装拆的场合。

② 剖分式向心滑动轴承：如图 2-43 所示，剖分式滑动轴承是由轴承盖、轴承座、剖分式轴瓦及连接螺栓组成。为便于轴承盖与座的定位，将剖分面做成凹凸形。这种轴承工作表面磨损后产生的间隙可以调整补偿，轴瓦的使用寿命因而延长；由于结构

上能够剖分，这种轴承装拆时轴不必做轴向移动，装拆性能较好。剖分式滑动轴承在生产中应用广泛。

（2）滑动轴承的常用材料　滑动轴承中直接与轴摩擦的部分是轴瓦。为了节省贵重金属，常在轴瓦内壁上浇铸一层减摩材料，称作轴承衬。滑动轴承材料主要是指是轴瓦（或轴承衬）的材料，对轴瓦（后轴承衬）材料的主要要求是：具有良好的耐磨性、磨合性、耐腐蚀性、抗胶合性和导热性。

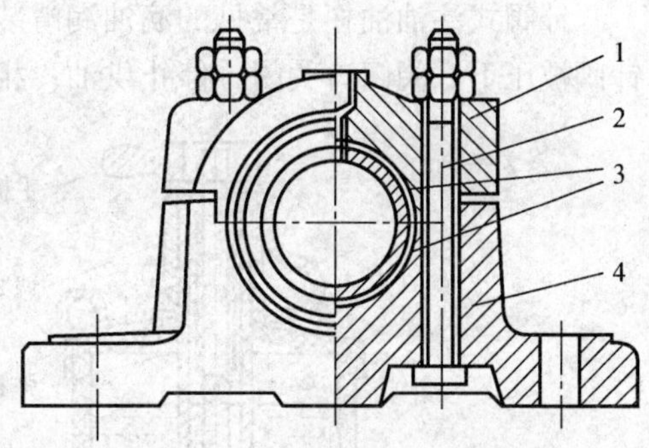

图2-43　剖分式向心滑动轴承

1. 轴承盖；2. 连接螺栓；
3. 剖分式轴瓦；4. 轴承座

常用的轴瓦材料有三大类。

① 金属材料：轴承合金是轴承衬的常用材料，它分为锡基和铅基轴承合金两大类，前者以锡后者以铅作基体。轴承合金具有良好的耐磨性、抗胶合能力、导热性、跑合性、对润滑油的亲和性及塑性都好，但机械强度较低、价格贵，一般只将它浇铸在低碳钢、铸铁或青铜轴瓦的内表面上，作为轴承衬来使用。

轴承青铜是常用的轴瓦材料。通常青铜分为锡青铜和铅青铜两大类。锡青铜的机械强度高，减摩性和耐磨性均好，故获得广泛的应用；铅青铜具有良好的抗胶合性能，润滑性能好，铅青铜的机械强度及冲击韧性较高，可以承受较大的冲击和变载荷。

② 非金属材料：包括塑料、橡胶及硬木等，而以塑料应用最多。塑料轴瓦具有很好的耐腐蚀性、耐磨性、跑合性、自润性和吸振作用。缺点是承载能力低、耐热性及导热性差。它们适用于轻载、低速及工作温度不高的场合。

③ 金属陶瓷：金属陶瓷是用不同金属粉末与石墨混合，通过压制烧结整形而成轴瓦，有铁-石墨和青铜-石墨两种，通常称为含油轴承。这种轴承长时间内不用加润滑油仍能很好地工作。这种材料制造简单、成本低廉、耐磨性好，但强度较低、韧性差，一般用于中、低速，载荷平稳及不易润滑的场合。

（3）滑动轴承的润滑

① 润滑剂：最常用的润滑剂有润滑油、润滑脂和固体润滑剂。

润滑油包括矿物油、植物油和动物油三种。其中矿物润滑油资源丰富、价格便宜、流动性好、适用范围广且不易变质，故应用广泛。润滑油是滑动轴承中应用最广的一种润滑剂。

润滑脂俗称黄干油，它的流动性小，不易流失，因此轴承的密封简单，润滑脂不需经常补充。与润滑油相比，润滑脂黏度大，机械效率较低，不宜用于高速轴承。

常用的固体润滑剂有石墨、聚四氟乙烯和二硫化钼，常以粉剂添加于润滑油或润滑脂中，以改进润滑性能。

② 润滑装置：滑动轴承的润滑方式按润滑剂的不同可分为油润滑和脂润滑，常用的油润滑方式有滴油润滑、油环润滑、压力循环润滑。

针阀式注油油杯是常见的滴油润滑装置，如图2-44所示，将手柄置于水平位置，针阀被压下，阀门口关闭，停止供油；相反，将手柄直立，针阀上提，开始供油。

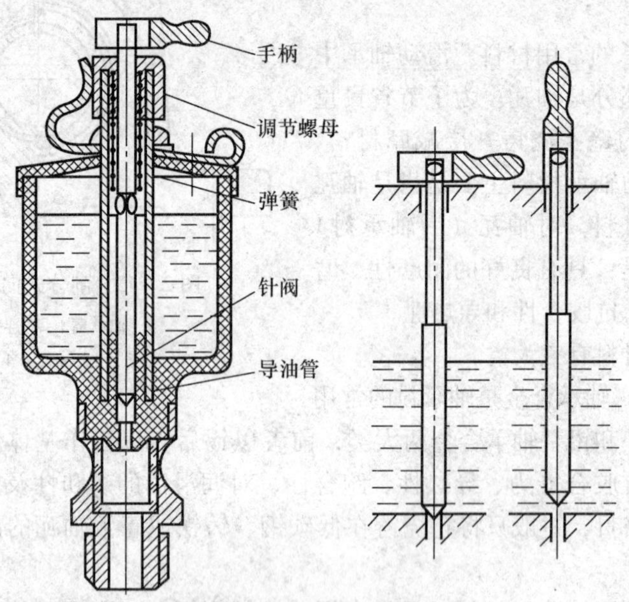

图2-44 针阀式注油油杯

通过调节螺母改变阀门口开启的大小来调节供油量，用于要求供油可靠的润滑点上。油杯供油量较少，主要用于低速轻载的轴承上。

如图2-45所示，油环润滑的油环随轴转动，将润滑油带到工作表面上进行润滑。油环润滑只适用于连续、稳定运转并水平放置的轴承上。

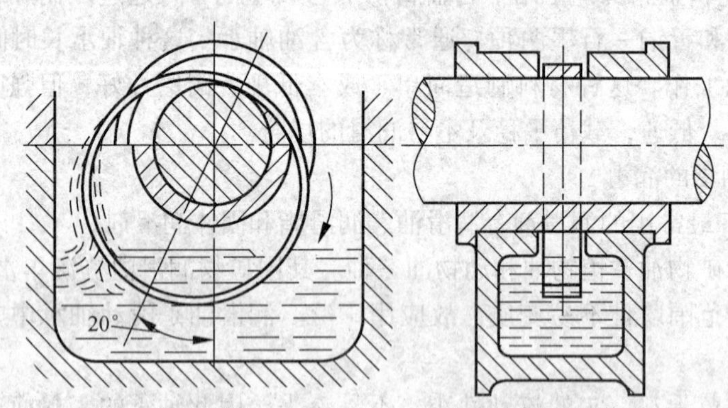

图2-45 油环润滑

压力循环润滑是利用油泵将润滑油经过输油管路送到各轴承中去进行润滑。压力循环润滑润滑效果好，但装置复杂、成本高。压力循环润滑适用于高速、重载或变载的重要轴承上。例如，用于片剂生产的高速压片机上大多采用压力循环润滑。

如图2-46所示，脂润滑的常用装置是旋盖式油脂杯。将润滑脂加入杯体2内，当旋紧杯盖1时，杯中的润滑脂便可挤到轴承中去。

2. 滚动轴承

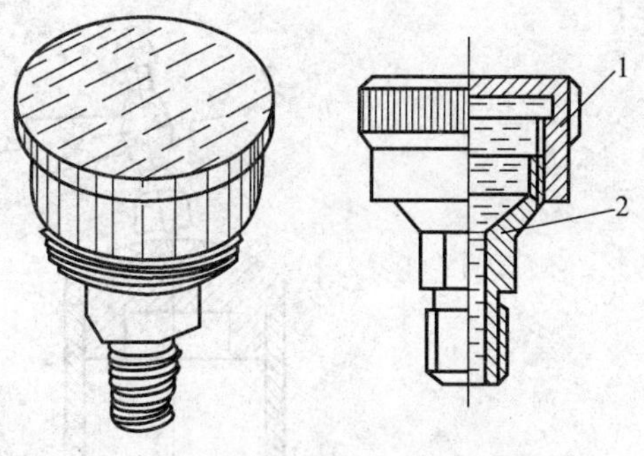

图 2－46　旋盖式油脂杯

滚动轴承是根据滚动摩擦原理工作的，因而它具有摩擦阻力小，启动灵活，运动性能好，效率高，且能在较广泛的负荷、速度和精度范围内工作等一系列优点，因而在制药机械中得到广泛的应用。其缺点是抗冲击能力较差，高速运转时易产生噪声，径向尺寸较大，使用寿命也较低。滚动轴承基本上已标准化，便于使用者选用及更换。

（1）滚动轴承的结构　滚动轴承的种类较多，但其结构大体相似。如图 2－47 所示分别为深沟球轴承和圆柱滚子轴承。滚动轴承一般由内圈、外圈、滚动体和保持架所组成，通常滚动轴承的外圈安装在机座孔中固定不动，内圈则装在轴上与轴一起转动，而滚动体则在内、外圈的滚道之间滚动，形成滚动摩擦。滚道一般用以限制滚动体的轴向移动，能使轴承承受一定的轴向载荷。保持架的作用是将滚动体相互隔开使沿圆周均匀分布，避免滚动体直接接触产生过大的摩擦与磨损。

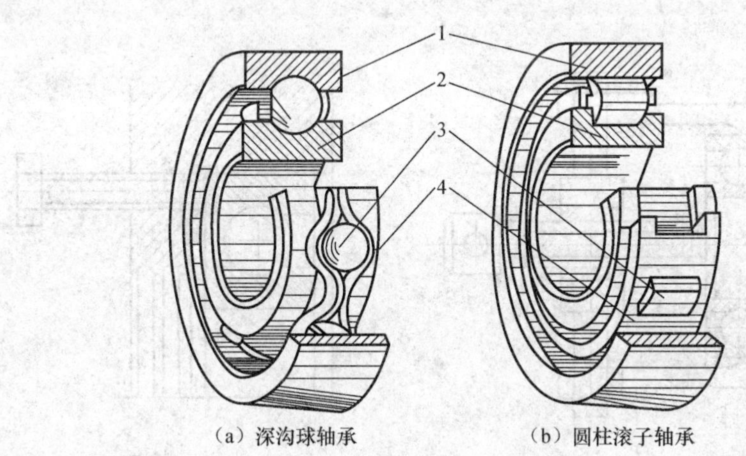

（a）深沟球轴承　　（b）圆柱滚子轴承

图 2－47　滚动轴承的构造

1. 外圈；2. 内圈；3. 滚动体

（2）滚动轴承的基本类型　国家标准中滚动轴承分为 10 个基本类型，每种基本类型由于内部结构的特点又有多种派生类型。

（3）滚动轴承的安装与拆卸　安装和拆卸轴承时，不能对滚动体施加作用力，安装和拆卸的作用力应均匀垂直地、直接或间接传到内圈或外圈的端面上。安装中、小型轴承时，可用手锤敲击装配套筒，如图 2－48（a）；安装大型轴承时，可用压力机压装，如图 2－48（b）；采用压力机压装有困难时，可将轴承（或外壳）放在热油中加热后再进行装配，也可将轴放置干冰（固体二氧化碳）中冷却后安装。

轴承的拆卸，应采用拆卸器，见图 2－49（a）；当外壳孔的端部为封闭的结构时，可在相应部位设置几个螺纹孔，以便用螺钉顶出轴承外圈，见图 2－49（b）。

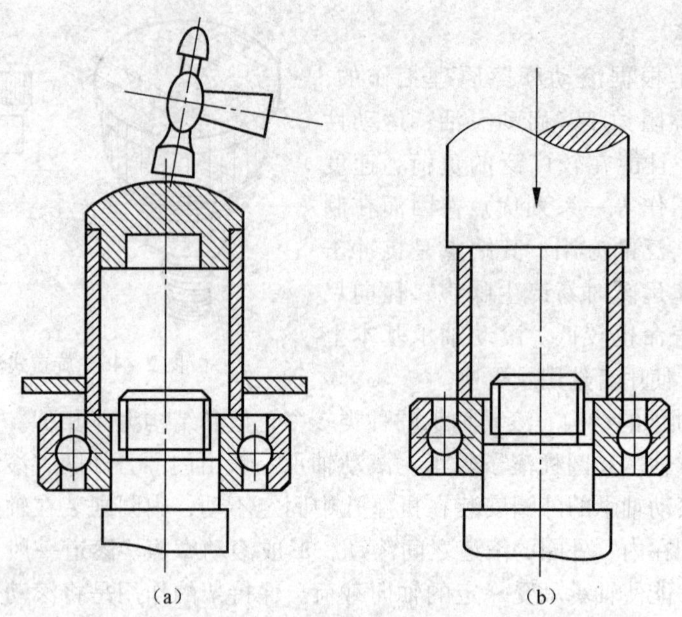

图 2－48　滚动轴承的安装

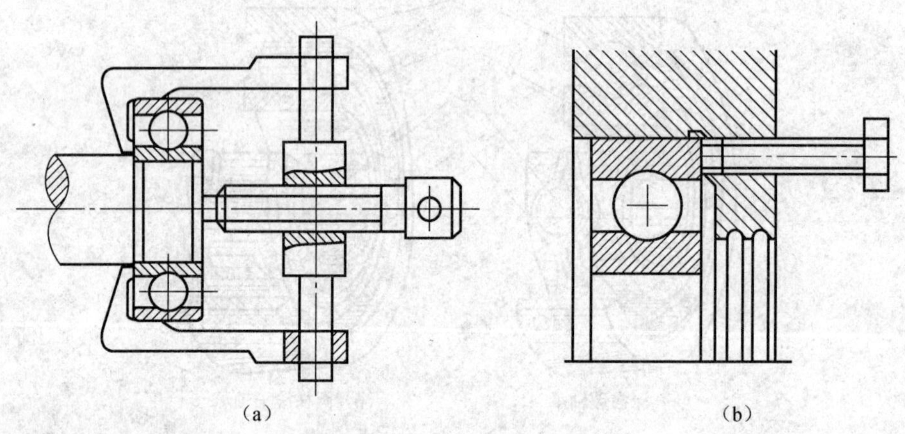

图 2－49　滚动轴承的拆卸

(4) 滚动轴承的润滑与密封

① 滚动轴承的润滑：滚动轴承的润滑剂主要是润滑油和润滑脂两类。

润滑油的特点是润滑可靠、冷却效果好。润滑油的主要性能指标是黏度。一般来说，转速愈高，摩擦和发热量愈大，选用润滑油的黏度应愈低；载荷愈大，工作温度愈高，润滑油的黏度应愈高。

当采用润滑油时，供油方式主要有油浴润滑、滴油润滑、压力循环润滑、喷雾润滑等。如图 2－50 所示，油浴润滑是将轴承局部浸入润滑油中，油面不应高于最低滚动体的中心。

② 滚动轴承的密封：滚动轴承密封的目的是将滚动轴承与外部环境隔离，避免滚动轴承由于灰尘、水分侵入而引起的磨损与锈蚀，防止内部润滑剂的漏出而污染药物

和设备。

滚动轴承密封按密封的结构形式可分为接触式密封和非接触式密封。

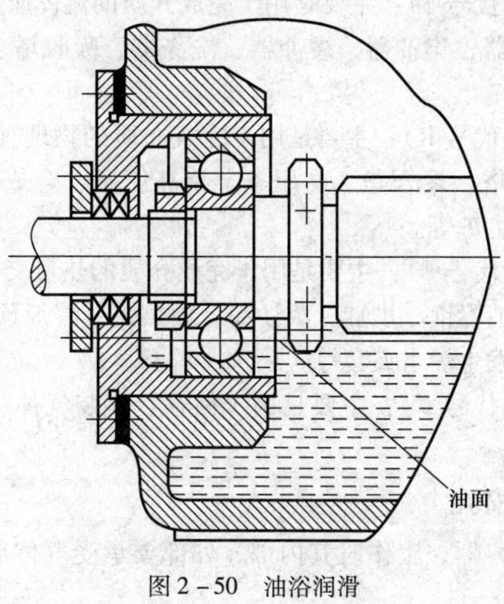

图 2-50　油浴润滑

第四节　压力容器及工艺管路

一、压力容器

压力容器是指盛装气体或者液体，承载一定压力的密闭设备。

压力容器的用途十分广泛。它是在制药、化工、能源和军工等国民经济的各个部门都起着重要作用的设备。压力容器一般由筒体、封头、法兰、密封元件、开孔和接管、支座等六大部分构成容器本体。此外，还配有安全装置、表计及不同生产工艺作用的内件。压力容器由于密封、承压及介质等原因，容易发生爆炸、燃烧起火而危及人员、设备和财产的安全及污染环境的事故。目前，世界各国均将其列为重要的监检产品，由国家指定的专门机构，按照国家规定的法规和标准实施监督检查和技术检验。

制药过程中所使用的贮运容器、反应容器、换热容器和分离容器均属压力容器。

（一）分类

压力容器的分类方法很多，从使用、制造和监检的角度分类，有以下几种。

（1）按承受压力的等级分为低压容器、中压容器、高压容器和超高压容器。

① 低压容器（代号 L）：$0.1\text{MPa} \leqslant p < 1.6\text{MPa}$；

② 中压容器（代号 M）：$1.6\text{MPa} \leqslant p < 10.0\text{MPa}$；

③ 高压容器（代号 H）：$10.0\text{MPa} \leqslant p < 100.0\text{MPa}$；

④ 超高压容器（代号 U）：$p \geqslant 100.0\text{MPa}$。

（2）按盛装介质分为非易燃、无毒压力容器；易燃或有毒压力容器；剧毒压力容器。

(3) 按工艺过程中的作用不同分为

① 分离压力容器（代号 S）：主要是用于完成介质的流体压力平衡缓冲和气体净化分离，如分离器、过滤器、集油器、缓冲器、洗涤器、吸收塔、干燥塔、汽提塔、分汽缸、除氧器等。

② 反应压力容器（代号 R）：主要是用于完成介质的物理、化学反应，如反应釜、分解锅、硫化罐、分解塔、聚合釜、高压釜、超高压釜、合成塔、变换炉、蒸煮锅、蒸球、蒸压釜、煤气发生炉等。

③ 换热压力容器（代号 E）：主要是用于完成介质的热量交换，如热交换器、冷却器、冷凝器、加热器、消毒锅、烘缸、蒸炒锅、预热锅、溶剂预热器、蒸锅、蒸脱机、电热蒸汽发生器、煤气发生炉水夹套等。

④ 储存压力容器（代号 C）：主要是用于储存、盛装气体、液体、液化气体等介质，如各种型式的储罐。

（二）压力容器的检验

压力容器属于密封容器，工作时其内部、外部要承受气体或液体压力，对安全性有较高的要求。

大多数压力容器由钢制成，也有的用铝、钛等有色金属和玻璃钢、预应力混凝土等非金属材料制成。压力容器在使用中如发生爆炸，会造成灾难性事故。为了使压力容器在确保安全的前提下达到设计先进、结构合理、易于制造、使用可靠和造价经济等目的，各国都根据本国具体情况制定了有关压力容器的标准、规范和技术条件，对压力容器的设计、制造、检验和使用等提出具体和必须遵守的规定。

1. 压力容器外部检查

亦称运行中检查，检查的主要内容有包括压力容器外表面有无裂纹、变形、泄漏、局部过热等不正常现象；安全附件是否齐全、灵敏、可靠；紧固螺栓是否完好、全部旋紧；基础有无下沉、倾斜以及防腐层有无损坏等异常现象。

外部检查既是检验人员的工作，也是操作人员日常巡回检查项目。发现危及安全现象，应予停车并及时处理。

2. 压力容器内外部检验

压力容器内外部检验必须在停车，并且需要在容器内部清洗干净后才能进行。

检验的主要内容除包括外部检查的全部内容外，还要检验内外表面的腐蚀磨损现象；用肉眼和放大镜对所有焊缝、封头过渡区及其他应力集中部位检查有无裂纹，必要时采用超声波或射线探伤检查焊缝内部质量；测量壁厚。若测得壁厚小于容器最小壁厚时，应重新进行强度校核，提出降压使用或修理措施；对可能引起金属材料的金相组织变化的容器，必要时应进行金相检验；高压、超高压容器的主要螺栓应利用磁粉或着色进行有无裂纹的检查等。

通过内外部检验，对检验出的缺陷要分析原因并处理。修理后要进行复验。压力容器内外部检验周期为每三年一次，但对强烈腐蚀性介质、剧毒介质的容器检验周期应予缩短。运行中发现有严重缺陷的容器和焊接质量差、材质对介质抗腐蚀能力不明的容器也均应缩短检验周期。

3. 压力容器全面检验

压力容器全面检验除了上述检验项目外，还要进行耐压试验，一般采用水压试验。对主要焊缝进行无损探伤抽查或全部焊缝检查。但对压力很低、非易燃或无毒、无腐蚀性介质的容器，若没有发现缺陷，取得一定使用经验后，可不作无损探伤检查。

容器的全面检验周期，一般为每 6 年至少进行一次。对盛装空气和惰性气体的制造合格容器，在取得使用经验和一两次内外检验确认无腐蚀后，全面检验周期可适当延长。

（三）设备事故

设备事故率的大小，影响因素较多，也十分复杂。在相同的条件下，压力容器的事故率要比其他机械设备高得多。本来压力容器大多数是承受静止而比较稳定的载荷，并不像一般转动机械那样容易因过度磨损而失效，也不像高速发动机那样因承受高周期反复载荷而容易发生疲劳失效。究其事故原因，主要有以下几方面。

1. 技术条件

（1）使用条件比较苛刻　压力容器不但承受着大小不同的压力载荷和其他载荷，而且有的还是在高温或深冷的条件下运行，工作介质又往往具有腐蚀性，工况环境比较恶劣。

（2）容易超负荷　容器内的压力常常会因操作失误或发生异常反应而迅速升高，而且往往在尚未发现的情况下，容器即已破裂。

（3）局部应力比较复杂　如在容器开孔周围及其他结构不连续处，常会因过高的局部应力和反复的加载卸载而造成疲劳破裂。

（4）常隐藏有严重缺陷　焊接或锻制的容器，常会在制造时留下微小裂纹等严重缺陷，这些缺陷若在运行中不断扩大，或在适当的条件（如使用温度、工作介质性质等）下都会使容器突然破裂。

2. 使用管理

（1）使用不合法　购买一些没有压力容器制造资质的工厂生产的设备作为承压设备，并非法当压力容器使用，以避开注册登记、检验等安全监察管理，留下无穷后患。

（2）容器虽合法而管理操作不符合要求　企业不配备或缺乏懂得压力容器专业知识和了解国家对压力容器的有关法规、标准的技术管理人员。压力容器操作人员未经必要的专业培训和考核，无证上岗，极易造成操作事故。

（3）压力容器管理处于“四无”状态　即一无安全操作规程，二无建立压力容器技术档案，三无压力容器持证上岗人员和相关管理人员，四无定期检验管理。使压力容器和安全附件处于盲目使用、盲目管理的失控状态。

（4）擅自改变使用条件及修理改造　经营者无视压力容器安全，为了适应某种工艺的需要而随意改变压力容器的用途和使用条件，违规超负荷超压生产等造成严重后果。

（5）地方政府的安全监察管理部门和相关行政执法部门管理不到位安全监察管理部门监管不到位，存在安全监察管理盲区，助长了压力容器的违规使用和违规管理。

二、工艺管路

（一）制药车间管道布置设计的任务、要求及影响因素

1. 管道布置设计的任务

（1）确定管道的安装连接和铺设、支承方式。

（2）确定车间中各个设备的管口方位和与之相连接的管段的接口位置。

（3）确定各管段（包括管道、管件、阀门及控制仪表）在空间的位置。

（4）编制管道综合材料表，包括管道、管件、阀门、型钢等的材质、规格和数量。

（5）画出管道位置图，表示出车间中所有管道在平面、立面的空间位置，作为管道的安装依据。

2. 管道布置设计的要求及影响因素

（1）制药车间管道布置要求　一般要求制药车间管道布置符合生产工艺流程的要求，并能满足生产需要；便于操作管理，并能保证安全生产；便于管道的安装和维护；要求整齐美观，并尽量节约材料和投资。

（2）制药车间管道布置影响因素

① 物料因素：输送易燃、易爆、有毒及有腐蚀性的物料管道不得铺设在生活间、楼梯、走廊和门等处，这些管道上还应设置安全阀、防爆膜、阻火器和水封等防火防爆装置，并应将放空管引至指定地点或高过屋面以上；有腐蚀性物料的管道，不得铺设在通道上空和并列管线的上方或内侧。

② 施工、操作及维修：管道应尽量集中布置在公用管架上，平行走直线，少拐弯，少交叉，不妨碍门窗开启和设备、阀门及管件的安装维修，并列管道的阀门应尽量错开排列；支管多的管道应布置在并行管线的外侧，引出支管时，气体管道应从上方引出，液体管道应从下方引出；管道应尽量沿墙面铺设，或布置在固定在墙上的管架上，管道与墙面之间的距离以能容纳管件、阀门及方便安装维修为原则。

③ 安全生产：架空管道与地面的距离除符合工艺要求外，还应便于操作和检修。管道跨越通道时，最低点离地距离应保证人流、物流通过顺畅；直接埋地或管沟中铺设的管道通过道路时应加套管等加以保护；为了防止介质在管内流动产生静电聚集而发生危险，易燃、易爆介质的管道应采取接地措施，以保证安全生产；长距离输送蒸汽或其他热物料的管道，应考虑热补偿问题，如在两个固定支架之间设置补偿器等；为厂避免发生电化学腐蚀，不锈钢管道不宜与碳钢管道直接接触，要采用胶垫隔离等措施。

④ 其他因素：管道与阀门不宜直接支承在设备上；距离较近的两设备间的连接管道，不应直连，应用45°或90°弯接；管道布置时应兼顾电缆、照明、仪表及采暖通风等其他非工艺管道的布置。

（二）管架和管道的安装布置

管架是用来支承、固定和约束管道的，管架可分为室外管架和室内管架两类。室外管架一般为独立的支柱或管廊及管桥。而室内管架不一定另设支柱，经常利用厂房的柱子、墙面、楼板或设备的操作平台进行支承和吊挂。任何管道都不是直接铺设在

管架梁上，而是用支架支承或固定在支架梁上的。

1. 管道和管架的立面布置原则

（1）当管架下方为通道时，管底距车行道路路面的距离要满足相应的通过要求。

（2）通常使同方向的两层管道的标高相差1.0～1.6m，从总管上引出的支管比总管高或低0.5～0.8m。在管道改变方向时要同时改变标高。大口径管道需要在水平面上转向时，要将它布置在管架最外侧。

（3）管架下布置机泵时，其标高应符合机泵布置时的净空要求。

（4）装有孔板的管道布置在管架外侧，并尽量靠近柱子。自动调节阀可靠近柱子布置，并用柱子固定。

2. 管道在管架上的平面布置原则

（1）较重的管道最好布置在靠近支柱处，这样梁和柱子受力小，节约管架材料。公用工程管道布置在管架当中，支管引向左侧的布置在左侧，反之置在右侧。

（2）连接管廊同侧设备的管道布置在设备同侧的外边；连接管架两侧的设备的管道布置在公用工程管线的左、右两边。进出车间的原料和产品管道可根据其转向布置在右侧或左侧。

（3）当采用双层管架时，一般将公用工程管道置于上层，工艺管道置于下层。有腐蚀性介质的管道应布置在下层和外侧，防止泄漏到下面管道上，也便于发现问题和方便检修。

（4）支架间的距离应适当，固定支架距离太大时，可能引起因热膨胀而产生弯曲变形，活动支架距离大时，两支架之间的管道因管道自重而产生下垂。

（三）洁净厂房内的管道布置

1. 一般原则

洁净厂房技术夹层管道布置应有合理的管线组织，洁净室的管线非常复杂，所以对这些管线均采用隐蔽组织方式。具体隐蔽组织方式有以下几种。

（1）技术夹层

① 顶部技术夹层：在这种夹层内一般因送、回风管的断面最大，故作为夹层内首先考虑的对象。一般将其安排在夹层的最上方或居中，其下方或上方可安排电气管线、工艺及其他专业管线。

② 房间技术夹层：这种方式和只有顶部夹层相比，可以减少夹层的布线与高度，可以省去回风管道返回上夹层所需的技术夹道。在下夹道内还可设回风机动力设备配电等，而楼层洁净室的上夹道可以兼做上一层的下夹道。

（2）技术竖井　如果说技术夹道（墙）往往不越层，则需要越层时即用技术竖井，并且经常作为建筑结构的一部分，具有永久性。由于技术竖井把各层串通起来，为了防火，内部管线安装完成后，要在层间用耐火极限不低于楼板的材料封闭，检修工作分层进行，检修门必须设防火门。

洁净厂房技术夹层管道布置应综合协调，在各专业布置之前，先作一个统一规定，一般优先考虑送回风主管道，其他除特殊要求外，遵循小管让大管，软管让硬管的基本原则，例如图2－51就是某项目的规定。图2－51中所指其他管道包括工艺、给排水、消防、电、自控等各专业管道。

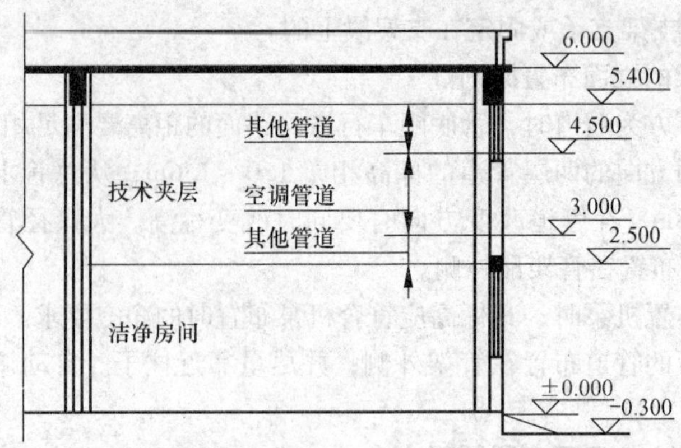

图 2－51　技术夹层管道综合布置统一规定

洁净厂房内的管道布置除应遵守一般化工车间管道布置的有关规定外，还应遵守如下原则。

（1）有空气洁净度要求的区域，工艺管道的干管宜敷设在技术夹层、技术夹道中，需要拆洗、消毒的管道宜明敷。易燃、易爆、有毒物料管道也宜明敷，如敷设在技术夹层、技术夹道内，应采取相应的通风措施。气体管道的干管，应敷设在上、下技术夹层或技术夹道内，当与水、电管线共架时，应设在其上部。

（2）在满足工艺要求的前提下，工艺管道应尽量缩短。

（3）干管系统应设置必要的吹扫口，放净口和取样口。

（4）输送纯化水、注射用水的干管应符合 GMP 和《中国药典》标准。

（5）与本洁净室无关的管道不宜穿越本洁净室。

（6）输送有毒、易燃、有腐蚀性介质的管道应根据介质的理化性质，严格控制物料的流速。

（7）气体净化装置应根据气源和生产工艺对气体纯度的要求进行选择，气体终端净化装置应设在靠近用气点处，气体过滤器应根据生产工艺对气体洁净度要求进行选择和配置，高纯气体终端过滤器应设在靠近用气点处。

（8）洁净室的气体管道及管架宜设装饰面板，当有可燃气体管道时，应敷设在装饰面板外侧，水平敷设时应在其顶部。

（9）高纯气体管道设计应符合下列要求：按气体流量、压力或生产工艺需要确定管径；管道系统应尽量短；不应出现不易吹除的死角；管道系统应设必要的吹除口和取样口。

（10）气体管道穿过洁净室墙壁或楼板处的管段不应有焊缝。管道与墙壁或楼板之间应采取可靠的密封措施。

2. 管道材料和阀门

（1）管道材料应根据所输送物料的理化性质和使用情况选用，保证满足工艺要求，使用可靠，施工和维护方便。

（2）工艺物料的干管不宜采用软性管道，不得采用铸铁、陶瓷材料，当采用塑性较差的材料时应有加固和保护措施。

（3）引入洁净室的明管材料宜采用不锈钢。

（4）输送纯水、注射用水、无菌介质和成品的管道材料宜采用优质不锈钢或其他不污染物料的材料。

（5）工艺管道上的阀门、管件的材料应与所在管道的材料相适应。

（6）洁净室内采用的阀门、管件除满足工艺要求外，应采用拆卸、清洗、检修均方便的结构形式。

（7）管道与设备宜采用金属管材连接，如需用软管时，应采用可靠的软性接管。

（8）高纯气体管道和阀门应根据生产工艺要求选用。

（9）阀门材质宜与相连接管道材质相适应。

3. 管道安装、保温

（1）技术夹层、技术夹道中的干管连接宜采用焊接；气体管道连接应采用焊接，但热镀锌钢管应采用螺纹连接；不锈钢管应采用氩弧焊，以对接焊或承插焊连接，但高纯气体管道宜采用内壁无斑痕的对接焊。

（2）管道与阀门连接宜采用法兰、螺纹或其他密封性能优良的连接件。凡接触物料的法兰和螺纹的密封应采用聚四氟乙烯。高纯气体管道与阀门连接的密封材料，按生产工艺和气体特性的要求宜采用金属垫或双卡套。

（3）穿越洁净室墙、楼板、顶棚的管道应敷设套管，套管内的管段不应有焊缝、螺纹和法兰。管道与套管之间应有可靠的密封措施。

（4）洁净室内应少敷设管道，引入洁净室的支管宜暗敷。

（5）洁净室内的管道应排列整齐，尽量减少阀门、管件和管道支架。

（6）洁净室内的管道应根据其表面温度，发热或吸热量及环境的温度和湿度确定保温形式。冷保温管道的外壁温度不得低于环境的露点温度。

（7）管道保温层表面必须平整、光洁、不得有颗粒性物质脱落保护。

（8）洁净室内的管外壁均应有防锈措施。

（9）洁净室内的各类管道均应设指明内容物及流向的标志。

（10）管道与设备的连接应符合设备的连接要求。

4. 管路安全

（1）输送易燃介质的管道应设置导除静电装置。

（2）各种气瓶应集中设置在洁净厂房外。

（3）输送易燃、易爆介质不得用压缩空气作为动力，宜采用压缩的惰性气体或输送泵。

（4）易燃、易爆、有毒介质的排放管应设置相应的阻火、过滤装置。

（5）甲类火灾危险生产的气体入口、洁净室内使用可燃性气体处等应设可燃气体报警装置和事故排风装置。

（6）可燃性气体管道需要设阻火器、防雷保护、接地导除静电等安全技术措施。

（7）氧气管道应设脱脂处理、接地导除静电等安全技术措施。

目标检测

一、单项选择题

1. 设备材料的性能不包括（　　）
   A. 物理性能　　B. 化学性能　　C. 锻造性能　　D. 加工性能
2. 材料的力学性能是指材料在外力作用下抵抗变形或破坏的能力，不包括（　　）
   A. 强度　　B. 脆性　　C. 弹性　　D. 塑性
3. 机械传动部分能完成的操作不包括（　　）
   A. 把直线运动变为旋转运动
   B. 把连续运动变为间歇运动
   C. 把高转速变为低转速
   D. 把小转矩变为大转矩等
4. 凸轮机构中从动杆的运动规律取决于（　　），并可任意拟定
   A. 从动杆的形状
   B. 凸轮中心的位置
   C. 从动杆的重量
   D. 凸轮的轮廓曲线的形状
5. 间歇运动机构是指在主动件做连续运动时，从动件做周期性的运动和停歇的结构，下列不属于间歇运动机构的是（　　）
   A. 棘轮机构　　B. 槽轮机构
   C. 不完全齿轮机构　　D. 平面连杆机构
6. 根据轴上所受载荷不同，轴可以分为（　　）
   A. 心轴　　B. 半圆轴　　C. 传动轴　　D. 转轴
7. 对滑动轴承和滚动轴承的启动阻力比较，叙述正确的是（　　）
   A. 滚动轴承大　　B. 滑动轴承大　　C. 一样大　　D. 以上都不对
8. 以下哪项不是压力容器常用的分类依据（　　）
   A. 承压方式　　B. 相对壁厚　　C. 形状　　D. 安全技术管理
9. 压力容器的安全装置不包括（　　）
   A. 安全阀　　B. 人孔　　C. 爆破片　　D. 压力表
10. 大型压力容器常采用（　　）式支座
    A. 腿式　　B. 支撑式　　C. 耳式　　D. 压裙式
11. 不能改变流体流动方向的阀门是（　　）
    A. 球阀　　B. 闸阀　　C. 止回阀　　D. 减压阀
12. 管件中连接管路支管的部件是（　　）
    A. 弯头　　B. 三通或四通　　C. 短管　　D. 活接头

二、简答题

1. 简述常用工程材料的种类。

2. 简述常用机械传动及机构的组成、特点及应用。
3. 简述连接与支承的种类。
4. 简述压力容器的特点。
5. 管道设计的内容有哪些？
6. 管道连接的方式有哪些？

第三章 口服固体制剂生产设备

知识目标

1. 掌握制粒设备、压片设备的类型、结构、原理。
2. 熟悉胶囊剂生产设备、包衣设备的结构、原理。
3. 了解粉碎、筛选及混合设备、常用固体制剂包装设备的结构、原理。

技能目标

通过本章学习能正确操作典型的固体制剂生产设备；掌握各种典型设备的保养维护方法；能预见生产中与设备有关的产品质量问题并提出解决方案；能查阅设备使用说明书，解决实际工作中的常见问题。

第一节 粉碎、筛选及混合设备

一、粉碎设备

粉碎是借机械力将大块固体物质制成适宜粒度的碎块或细粉的操作过程。它是制剂生产的基本操作之一，是药物的原材料处理及后处理技术中的重要环节，粉碎技术直接关系到产品的质量和应用性能。其目的是：减小药物的粒径，增加药物的比表面积，加快药物的溶解吸收，提高药物的生物利用度；固体原料药物或辅料粉碎成细粉有利于混合均匀并制成各种剂型；加速药材中有效成分的浸出等。

（一）粉碎的方法

药物生产中的粉碎多以获得细碎颗粒和超细碎颗粒的成品为目的。粉碎时应根据药物的性质、使用要求和设备条件等来选用不同的粉碎方法。常用的粉碎方法有如下几种。

1. 干法粉碎

干法粉碎是将药物预先经过适当干燥，使药物中的含水量降至5%以下，然后再进行粉碎的方法。干燥温度一般不宜超过80℃，根据药物性质的不同，干法粉碎又可分为单独粉碎和混合粉碎。

2. 湿法粉碎

湿法粉碎是指在药物中加入适量水或其他液体进行研磨的粉碎方法，选用的液体以药物遇湿不膨胀、不引起变化、不妨碍药效为原则。本法可以得到细度较高的粉末，同时对于某些刺激性较强的或有毒药物可避免粉尘飞扬。如常用的水飞法和加液研磨法等。

3. 开路粉碎和闭路粉碎

物料只通过设备一次即得到粉碎产品，称为开路粉碎。开路粉碎适用于粗碎或粒度要求不高的碎粒。

粉碎产品中含有尚未达到粉碎粒径的粗颗粒，通过筛分设备将粗颗粒重新送回粉碎机二次粉碎，称为闭路粉碎，也称循环粉碎。闭路粉碎用于粒度要求较高的粉碎。

4. 低温粉碎

低温粉碎是利用物料低温性脆的特点，在粉碎之前或粉碎过程中将物料进行冷却的粉碎方法。低温粉碎特别适用于在常温下难以粉碎的，具有热塑性、强韧性、热敏性、挥发性及熔点低的药物的粉碎。

课堂互动

中药材种类繁多，外观性状也各不相同，比如动物的骨骼、肌肉、纤维类等特殊物料，有的硬度太大，有的柔韧性强，有的极易吸潮，一般的粉碎手段难以奏效，如何进行粉碎？

（二）常用粉碎设备

粉碎设备可按被粉碎物料的粒度、结构等方式进行分类。

依据粉碎颗粒的大小，粉碎设备分为：粒径数十毫米至数毫米的为粗碎设备，粒径数百微米的为中碎设备，粒径数百微米至数十微米的为细碎设备，数微米以下的为超细碎设备。

依据粉碎设备的结构，可分为：机械式粉碎机、研磨式粉碎机、气流式粉碎机等。

1. 齿式粉碎机

齿式粉碎机主要由带有钢齿的圆盘和环状筛组成。装在主轴上的回转圆盘钢齿较少，固定在密封盖上的圆盘钢齿较多，且是不转动的。当盖密封后，两盘钢齿在不同的半径上以同心圆排列方式处于交错位置。

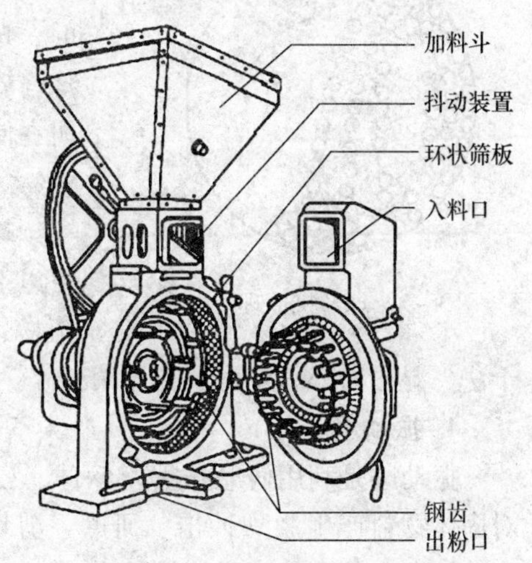

图3－1　齿式粉碎机示意图

工作时，物料从入料口进入粉碎室，受到钢齿的冲击、剪切、劈裂以及内壁的碰撞摩擦而被粉碎，能通过筛孔的细粉经出粉口排出而进入物料收集器，不能通过筛孔的粗料则留在粉碎室中继续粉碎。碎制品的粒径可通过更换不同孔眼的筛板来调节。

齿式粉碎机是以撞击作用为主的中细碎粉碎机种。适用于多种中等硬度的干燥物料的粉碎，如结晶性物料、非组织脆性物料、干浸膏颗粒等的粉碎。由于粉碎的过程中会发热，故不适合于含有大量挥发性成分和软化点低、具有黏性的物料的粉碎。

2. 锤式粉碎机

锤式粉碎机外形如图3－2所示，它是由安装在高速旋转主轴上的T形锤（可自由摆动）、带有齿形衬板的机壳、筛板等组成。

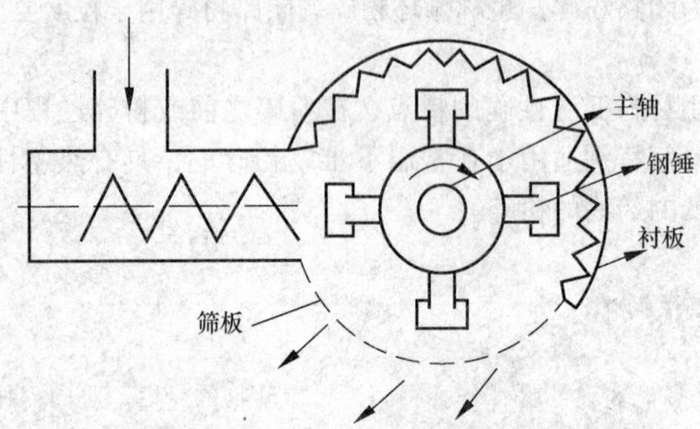

图3－2 锤式粉碎机结构示意图

粉碎机工作时，小于10mm粒径的固体物料自加料斗连续定量加入粉碎室粉碎。物料受高速旋转锤的强大冲击、剪切和被抛向衬板的撞击等作用而粉碎，细料通过筛板经成品出口排出，粗料继续被粉碎。机壳内的齿形衬板可更换。

锤式粉碎机结构简单、操作方便，粉碎粒度比较均匀，其粒度可有锤头的形状、大小、转速以及筛板孔眼的尺寸来调节。该机适用于大多数物料的粉碎，但不适用于高硬度及黏性物料的粉碎。

3. 球磨机

球磨机主体是一个不锈钢或瓷制的圆筒形容器，筒体内装有直径为20～150mm的钢球或瓷球，球罐的轴固定在两侧轴承上，由电动机带动旋转。其工作原理如图3－3所示，当罐体转动时，球体呈抛物线下落产生撞击作用，球与球之间，球与罐体之间的研磨作用，使物料得到高度粉碎。球磨机在使用时要注意其工作转速应为临界转速的60%～80%。

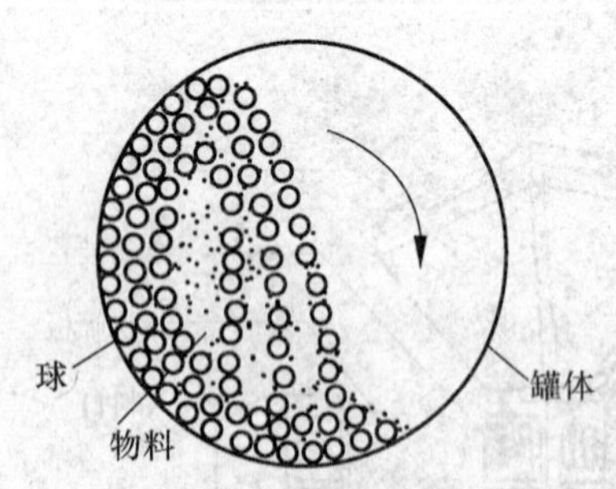

图3－3 球磨机原理示意图

球磨机属于细碎几种，碎制品的粒径一般在100目以上。结构简单，密闭操作，粉尘少，常用于毒性药物、贵重药物以及吸湿性药物的粉碎，广泛应用于干法、湿法粉碎，还可进行无菌粉碎。

4. 振动磨

振动磨是利用研磨介质（钢球、瓷球等）在高频振幅的罐体内产生自转和公转，对固体物料产生激烈冲击、研磨、剪切等作用而粉碎物料的，其主要由罐体、主轴、挠性轴套、偏心块、弹簧等组成。

图3－4所示是目前最常用的超微粉碎设备。振动磨的粉碎能力超强，可得到粒径

5μm 左右的微粉，能粉碎任何纤维状、高韧性、高硬度的物料，对植物孢子的破壁率高达 95%，可应用于干法、湿法、低温粉碎。

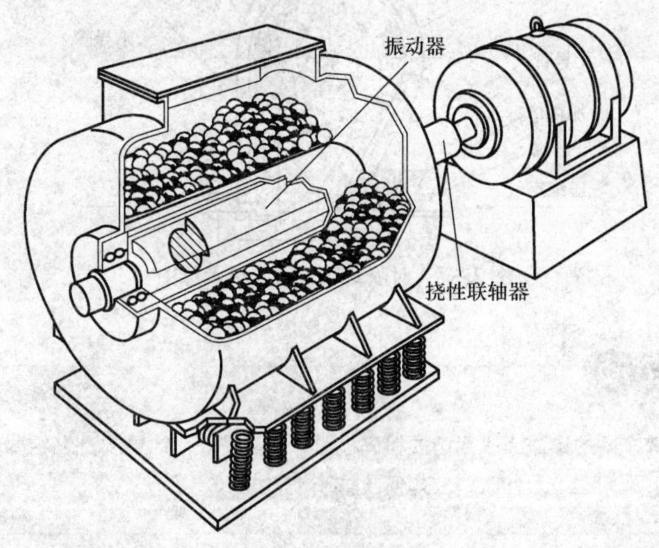

图 3 – 4　振动磨示意图

5. 气流式粉碎机

气流式粉碎机又称流能磨。气流式粉碎机的工作原理是将经过净化和干燥的压缩空气通过一定形状的特制喷嘴，形成高速气流，以其巨大的动能带动物料在密闭粉碎腔中相互激烈冲击、碰撞、摩擦，并借助气流对物料的剪切作用，从而达到超细粉碎的目的。由于粉碎过程中压缩气体绝热膨胀产生的降温效应使粉碎在低温下进行，因而适合于抗生素、酶、低熔点及热敏性物料的超细粉碎。

目前工业上应用的气流式粉碎机主要有扁平式、循环管式、对喷式、流化床对撞式等，如图 3 – 5、3 – 6、3 – 7 所示。

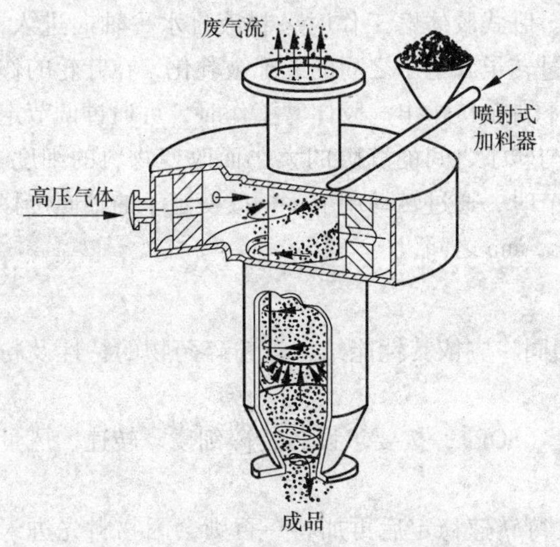

图 3 – 5　扁平式气流粉碎机示意图

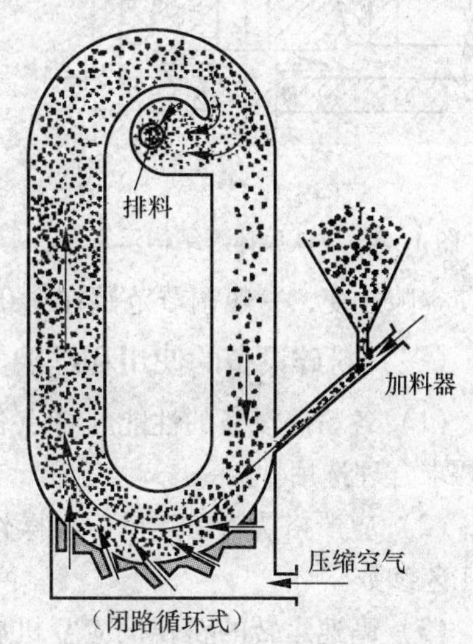

图 3 – 6　循环管式气流粉碎机示意图

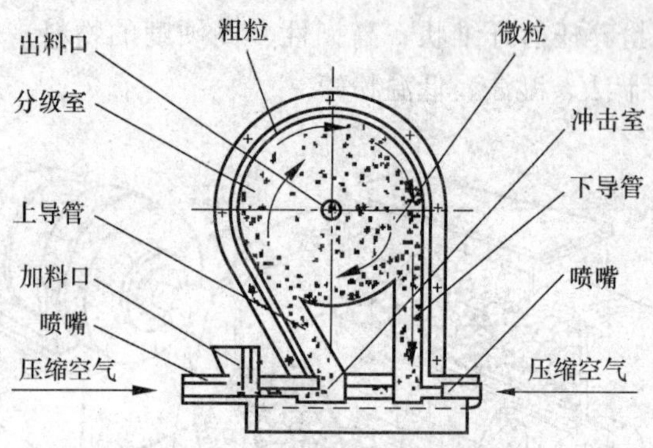

图 3－7　对喷式气流粉碎机示意图

课堂互动

某药厂粉碎车间的操作工人用齿式粉碎机粉碎中药浸膏，结果浸膏黏结并堵塞筛网，使粉碎无法进行。请问这是为什么？应如何预防？

6. 胶体磨

与前述的几种粉碎设备不同，胶体磨是针对混悬液、乳浊液、软膏等物料的粉碎、乳化、均质设备。胶体磨主机由进料斗、转子、定子、调节机构等组成。它是利用高速转动的转子和定子之间的可调缝隙，使物料受到强大的剪切、摩擦及振动作用，从而被破碎、乳化、均质。

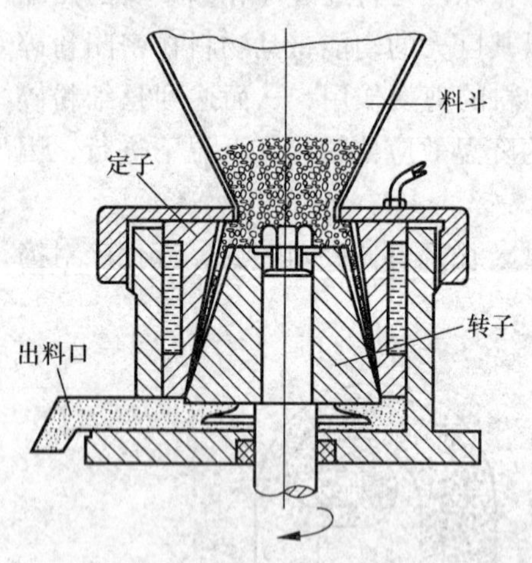

图 3－8　立式胶体磨结构示意图

胶体磨分立式、卧式两种。立式胶体磨的结构如图 3－8 所示，料液自料斗的上口进入胶体磨，通过转子和定子之间的间隙时被粉碎、乳化，乳化后的液体在离心盘的作用下自出口排出。卧式胶体磨工作时，料液自水平轴向进入，通过转子和定子之间的缝隙被乳化，在叶轮的作用下自出口排出。胶体磨工作时，可通过调节定子与转子之间的缝隙的大小而改变物料的细度。调节时，通过转动调节手柄改变定子的轴向位移而使空隙改变，一般调节范围在 0.005～1.5mm 之间。

（三）粉碎设备的使用和维护

（1）各粉碎设备的性能与特点各不相同，应依其性能结合被粉碎药物的特性及粉碎要求合理选用。

（2）应严格执行粉碎机标准操作规程（SOP），按要求设置粉碎细度、转速、风量等工艺参数。

（3）高速运转的粉碎机应空机启运，待转速稳定后再加料，否则会因物料先进入粉碎室而导致设备难以启动，增加电机负荷，引起发热，甚至烧坏电机。

（4）粉碎前应除去硬物、金属杂质，以免卡塞，引起电机发热或破坏钢齿及筛板。

（5）粉碎时应控制进料速度，进料速度快，粉碎效率高，所得粉末较粗，反之，进料速度慢，粉碎效率低，所得粉末较细；同时应注意控制进料量，严禁超负荷运转，以避免由于设备负荷过大而导致的温度升高及设备破坏。

（6）粉碎过程应及时将已符合粒度要求的细粉及时分离出来，以免产生太多过细粉，影响粉碎速度及产品质量，并造成能量浪费。

（7）粉碎贵重物料、刺激性物料、毒性物料时，应选用密封性能强的小型粉碎机，操作间应有吸尘装置，以利于安全操作和劳动保护。

（8）粉碎工作结束后，要立即按“粉碎机清洁操作规程”对粉碎机进行清洁。整机也要定期保养，更换各轴承润滑脂。

二、筛选设备

筛选是将物料通过网孔状工具，把粒度不均匀的颗粒分离成两种或两种以上粒级的操作过程。它的目的是为了得到较均匀粒度的物料，筛选过程可直接制备成品，也可用于中间工序。它对药品质量以及制剂生产的顺利进行均有重要意义。如散剂除另有规定外一般应通过六号筛，其他粉末制剂亦都有药典规定的粒度要求。在片剂生产中，进行混合、制粒、压片等单元操作时，筛分对混合度、粒子流动性、充填性、片重差异、硬度等具有显著影响。

（一）药筛的类型及规格

按照制作方法的不同，筛选设备所用的筛面分为两种：冲制筛和编织筛。冲制筛系在金属板上冲制出圆形、长方形、八字形等筛孔制成。这种筛坚固耐用，不宜变形，但筛孔不能很细，常用在高速旋转粉碎机及药丸机的筛板。编织筛系用一定机械强度的金属丝（不锈钢、铜丝等），或其他非金属丝（如尼龙丝等）编织而成。编织筛比冲制筛轻，有效面积大。

《中国药典》按筛孔内径规定了九种筛号，一号筛的筛孔最大，依次减小。而在制药工业习惯使用的是每英寸筛网长度上的孔数作为筛号的名称，用“目”表示。具体规格见表3-1。

表3-1　《中国药典》规定的药筛与工业筛目对照表

筛　号	筛孔内径（μm，平均值）	工业筛目数（孔/in）
一号筛	2000±70	10
二号筛	850±29	24
三号筛	355±13	50
四号筛	250±9.9	65
五号筛	180±7.6	80
六号筛	150±6.6	100
七号筛	125±5.8	120
八号筛	90±4.6	150
九号筛	75±4.1	200

为了便于区分固体粒子的大小，《中国药典》2010年版规定把固体粉末分为六级，还规定了各个剂型所需要的粒度。粉末分等见表3-2。

表3－2 粉末的分等标准

等 级	分等标准
最粗粉	指能全部通过一号筛，但混有能通过三号筛不超过20%的粉末
粗粉	指能全部通过二号筛，但混有能通过四号筛不超过40%的粉末
中粉	指能全部通过四号筛，但混有能通过五号筛不超过60%的粉末
细粉	指能全部通过五号筛，并含能通过六号筛不少于95%的粉末
最细粉	指能全部通过六号筛，并含能通过七号筛不少于95%的粉末
极细粉	指能全部通过八号筛，并含能通过九号筛不少于95%的粉末

（二）常用筛选设备

1. 旋振筛

旋振筛是目前药厂广泛使用的筛分设备，它是一种高精度振动筛分设备。如图3－9所示旋振筛采用圆形的筛面与筛框结构，并配有圆形顶盖与底盘。激振装置（偏心振动电机）垂直安装在底盘中心，底盘的圆周上安装若干个支撑弹簧与底座相连。筛分时振动电机上下两个不同相位的偏心块由于高速旋转的离心作用而产生复合惯性力，强迫筛体产生复旋型振动，促使物料在筛面上不断进行运动，将粗细粉分离。该机特点：筛选效率高、精度高，可得到80～400目的粉粒体产品，出料口在360°圆周内任意位置可调，便于工艺布置，且可安装多层筛面。

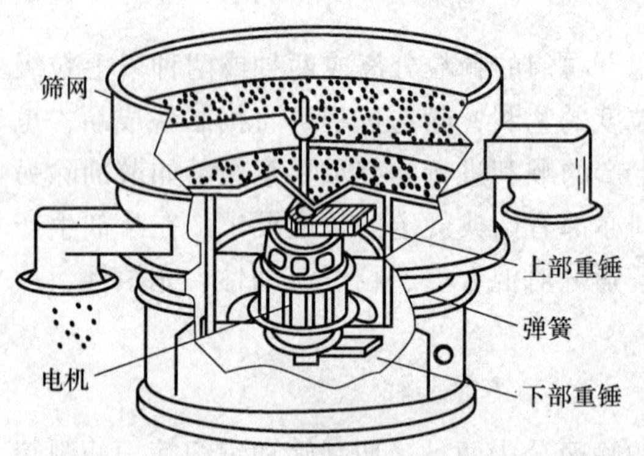

图3－9 机械旋振筛示意图

2. 摇动筛

摇动筛是由将筛网制成的筛面装在机架上，并利用曲柄摇杆机构使筛面作往复摇晃运动而工作的。按照筛面层数可分为单筛面摇动筛和双筛面摇动筛。筛面上的物料由于筛的摇动而获得惯性力，克服与筛面间的摩擦力，产生与筛面的相对运动，并且逐渐向卸料端移动。摇动筛的类型如图3－10所示。

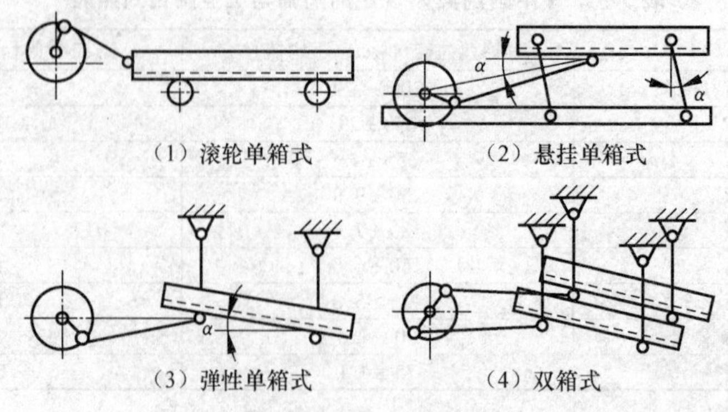

图3－10 摇动筛的类型

知识拓展

筛选设备的使用注意与维护

1. 应严格执行“筛选设备操作规程”，按物料粒度要求选取筛网规格。

2. 应空载启运，待设备转运平稳后开始加料。加料装置与筛面距离不能大于0.5m，防止物料落差过大冲击筛面。加料应连续均匀。

3. 筛分时操作间必须保持干燥，严格控制好粉粒的湿度。

4. 停止加料后应运转一定时间再停机，以保证能通过筛孔的粉粒尽可能通过筛网。

三、混合设备

混合是指两种或两种以上的固体粉料，在混合设备中相互分散而达到均匀状态的操作。混合是片剂、颗粒剂、散剂、胶囊剂、丸剂等固体制剂生产中的一个不可或缺的工序。混合操作对制剂的外观质量和内在质量都有重要的意义。如片剂生产中，片剂的含量差异、崩解时限、硬度等质量问题，多数是由混合不当引起的。

大批量生产中的混合过程多采用容器旋转或搅拌使物料产生整体和局部的移动而达到混合目的。混合设备大致分为三类：容器回转型、容器固定型以及复合型。按操作方式可分为间歇式、连续式两种。由于间歇式混合设备容易控制混合质量，适用于固体物料配比及种类经常改变的情况，故在制药工业中应用最多。

（一）V型混合机

容器回转型混合机的主要特点是有一个可以转动的混合筒，混合操作时依靠混合筒本身的回转作用带动物料上下运动而使物料混合。该类设备的混合筒有多种形式，如图3－11所示，其中以V型混合筒的应用最为广泛。

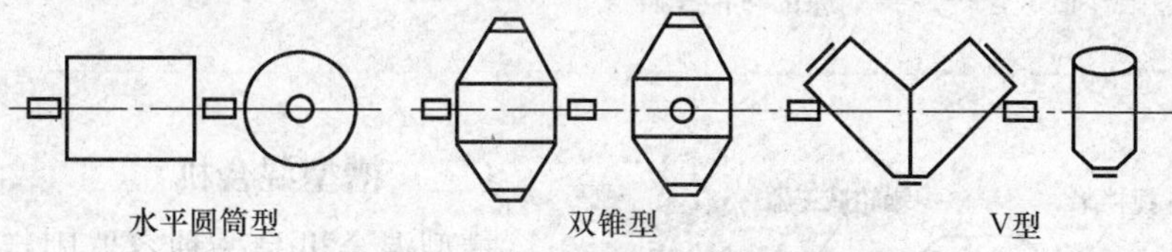

图3－11　容器回转型混合机的形式

V型混合机又称V型干混机，由两个不对称的圆筒V型交叉焊接而成，交叉角$\alpha=80°\sim81°$，直径与长度之比为0.8－0.9。筒体部分采用不锈钢材料制作，内外壁抛光处理，以利于混合物料的滑动。物料在圆筒内旋转时，被反复分开和汇合，这样不断循环，在较短时间内即可混合均匀。V型混合机混合效率高，一般在几分钟内即可混合均匀一批物料。用于流动性较好的干性粉状、颗粒状物料的混合。V型混合机最适宜的转速为其临界转速的30%～40%，最适宜的容积装量比为30%～40%。

（二）三维运动混合机

三维运动混合机是一种新型的容器回转型混合机。

如图 3－12 所示，三维运动混合机由传动系统、多向运动机构（万向节）、混合筒等组成。与物料接触的混合筒采用不锈钢材料制作，内外壁抛光处理，无死角。混合时，装料的筒体由主动轴带动，由于两个万向节的夹持作用，混合筒在空间做平移、转动、翻转等多向复合运动，使物料在混合过程中加速了流动和扩散作用，同时避免了因离心作用而造成的物料比重偏析和积聚作用，混合均匀度可达 99% 以上。

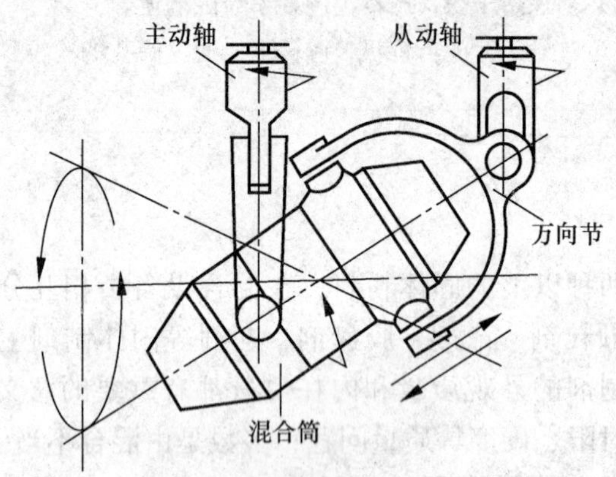

图 3－12　三维运动混合机

三维运动混合机的装量可达筒体容积 80%，装量大，混合均匀度高，特别是在物料间密度、形状、粒度差异较大时可获得很好的混合效果，是目前较理想的混合设备，在制药工业中得到了广泛应用。

课堂互动

某药厂采用三维运动混合机对一批待压片颗粒进行混合，混合过后颗粒流动性变差，片重差异超限，造成这一后果的原因可能是什么？

（三）槽型混合机

槽型混合机是一种容器固定型混合设备，它通过搅拌桨的搅拌作用对物料进行混合。如图 3－13 所示，槽型混合机由混合槽、搅拌桨、驱动装置、机架等组成。搅拌桨可使物料不停地在上下、左右、内外各个方向搅动，从而达到均匀混合的目的。混合槽可以绕水平轴转动，便于卸料。该机结构简单，操作维修方便，亦可用于湿物料的混合，如颗粒剂、片剂、丸剂等

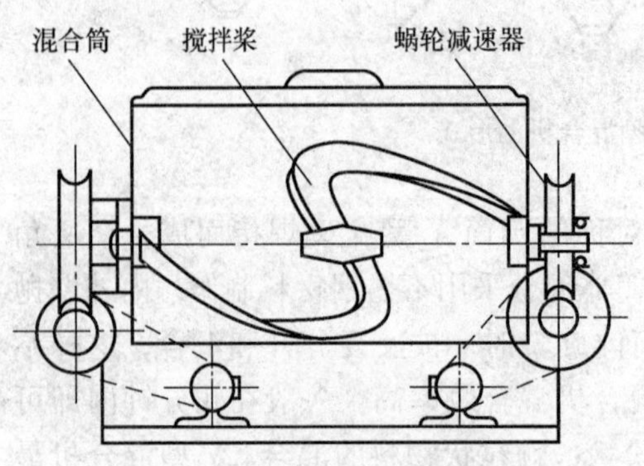

图 3－13　槽型混合机示意图

原辅料团块的捏合和混合，特别适用于复方制剂和小剂量药物及黏度较大的中药制剂的制粒。但混合效率较低，混合时间长，如果粉粒密度相差较大时，密度大的粉粒易沉积于底部，故仅适用于密度相近的物料的混合。

（四）锥型混合机

锥型混合机是一种新型混合装置。对于大多数粉粒状物料，该混合机都能满足其混合要求。如图3－14所示锥形混合机由锥形容器和传动部分组成。锥体内部装有一个或两个与锥体壁平行的提升螺旋推进器。混合过程主要由螺旋的自转和公转以不断改变物料的空间位置来完成。传动部分由电机、变速装置、横臂传动件及出料阀等组成。在混合过程中，物料在螺旋推进器的作用下自底部上升，又在公转的作用下在全容器内产生漩涡和上下循环运动。此种混合机的特点是：混合速度快，混合度高，混合所需动力消耗较其他混合机少；适用范围广，可用于固体间或固体与液体间的混合。

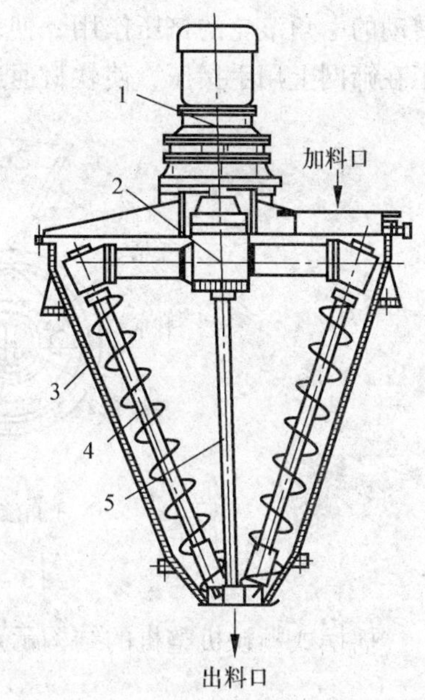

图3－14　双螺旋锥型混合机示意图

1. 减速器；2. 横臂传动件；3. 锥型筒体；4. 螺旋杆；5. 拉杆

第二节　制粒设备

制粒是把粉末、熔融液、水溶液等状态的物料经加工制成具有一定形状与大小的粒状物的操作。制粒作为粒子加工过程，几乎与所有的固体制剂相关，颗粒物可以是最终产品也可能是中间体。制粒的目的如下：①改善流动性；②防止各成分的离析；③防止粉尘飞扬及器壁上的黏附；④调整堆密度，改善溶解性能；⑤改善片剂生产中压力的均匀传递；⑥便于服用，携带方便等。

常用的制粒方法包括湿法制粒，流化床制粒及干法制粒。

（1）湿法制粒　在药物粉末中加入黏合剂，靠黏合剂的架桥或黏结作用使粉末聚结在一起而制备颗粒的方法。

（2）流化床制粒　利用自下而上的气流使药物粉末呈悬浮流化状态，喷入液体黏合剂使粉末聚结成粒的制粒方法。

（3）干法制粒　把药物粉末直接压缩成较大片剂或片状物后，重新粉碎成所需大小的颗粒的方法。

一、摇摆式颗粒机

摇摆式颗粒机适用于湿法制粒过程，其制粒的基本原理为挤压制粒。摇摆式颗粒剂的挤压作用见图3－15所示。加料斗下方安装可正、反方向旋转的七角滚轮（转角为200°左右），在七角滚轮上均匀地分布着若干个棱柱（刮粉轴）。筛网由左右两根夹管夹紧并紧贴在滚轮的轮缘上。工作时，湿物料（软材）由加料斗加入，受到正、反转动的七角滚轮的挤压作用，使软材强制通过筛网而被制成颗粒。这种原理是模拟人工在筛网上用手搓压，使软材通过筛孔而制粒的过程。

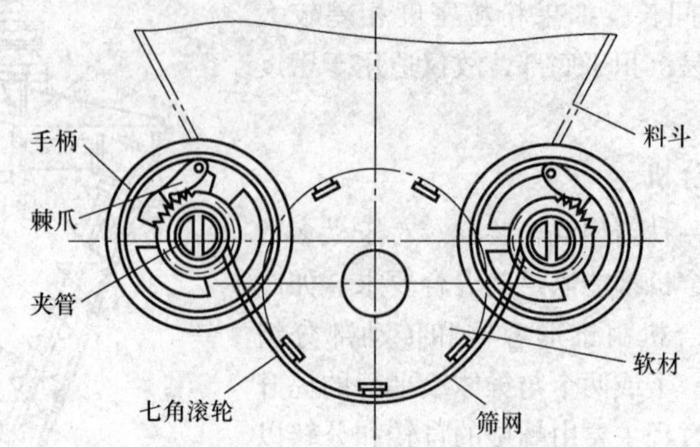

图 3-15　摇摆式颗粒机挤压作用图

摇摆式颗粒机整机的结构示意如图 3-16 所示。

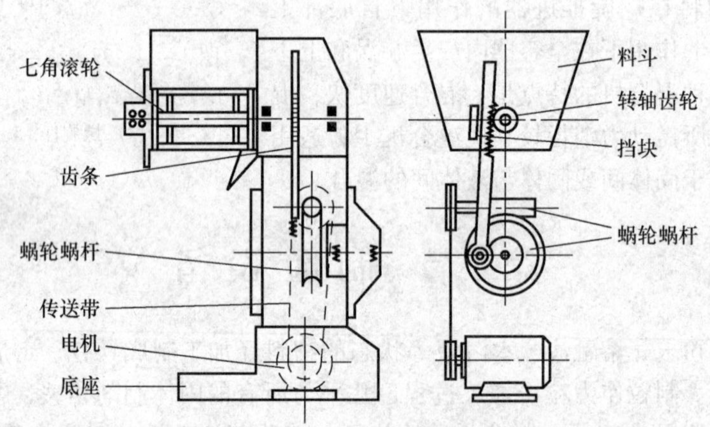

图 3-16　摇摆式颗粒机整机结构示意图

摇摆式颗粒机运行时，加料量和筛网安装的松紧直接影响制得颗粒的质量。加料斗中加料量多而筛网安装较松时，由于滚轮旋转时能增加软材的黏性，制得的颗粒粒子粗而紧实；反之，则制得的颗粒粒子细而松软。增加黏合剂浓度或用量，或增加软材通过筛网的次数，均可增加颗粒的紧实程度。

摇摆式颗粒机一般与槽型混合机配套使用，后者将原辅料制成软材后，经摇摆式颗粒机制成颗粒状。一般适用于黏度比较大的浸膏或含纤维较多的中药原粉的制粒。此外，摇摆式颗粒机也可用于干颗粒的整粒。

课堂互动

某药厂采用摇摆式颗粒机制备一批中药浸膏颗粒，结果制得的颗粒细粉量大，无法完成压片操作。请分析造成这种结果可能的原因是什么？应如何解决？

二、快速混合制粒机

快速混合制粒机是通过搅拌浆混合及高速制粒刀切割而将湿物料制成颗粒的装置，是一种集混合、制粒两项功能于一体的理想制粒设备，在制药工业中有着广泛的应用。

如图 3－17 所示，快速混合制粒机主要由盛料筒、搅拌桨、切割刀、电机、控制器等组成。操作时，先将粉体物料放入盛料筒中，开动搅拌桨，将干粉混合 1～2min，均匀后加入黏合剂，再搅拌 4～5min。此时物料基本成软材状态，打开高速切割刀，将软材切割成均匀的湿颗粒。由于物料在盛料筒内快速翻动和旋转，使得每一部分的物料在短时间均能经过切割刀部位，从而都能被切割成大小均匀的颗粒。

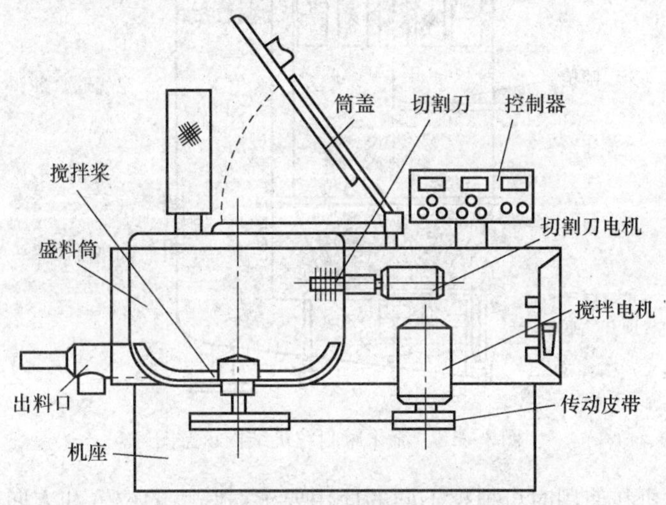

图 3－17　快速混合制粒机示意图

快速混合制粒机的混合制粒的时间很短，一般仅需 8～10min，所制得的颗粒大小均匀，质地结实，烘干后可直接用于压片，且压片时的流动性较好。快速混合制粒机采用全封闭操作，在同一容器内完成混合、颗粒，缩减了工艺，且无粉尘飞扬，符合 GMP 要求。它与传统的制粒工艺相比黏合剂用量可节约 15%～25%。

快速混合制粒机运行时，混合时间、搅拌桨和切割刀的转速、制粒时间、黏合剂的用量及加入方式等直接影响着颗粒的质量。因此使用时应按工艺要求设置干混、湿混和制粒的时间及搅拌桨、切割刀的转速；黏合剂的加入方式一般以一次加入为好且要控制好用量；并要注意投料量应适宜。

三、流化床制粒机

流化床制粒机，又称为沸腾制粒机，其工作原理是用气流将粉末悬浮，即使粉末流态化，再喷入黏合剂，使粉末凝结成颗粒。由于气流的温度可以调节，可将混合、制粒、干燥等操作在一台设备中完成，故流化床制粒机又称为一步制粒机，在制药工业中有着广泛的应用。

如图 3－18 所示，流化床制粒机一般由物料容器、流化室、喷枪、气固分离装置、空气过滤装置、加热器等组成。流化室大多采用倒锥形结构，以消除流动“死区”。流化室上部设有袋滤器以及反冲装置或振动装置，以防袋滤器堵塞。操作时，把药物以及各种辅料粉末装入物料容器中，经净化并预热的热空气由空气分布器进入流化室，使物料在流化态下混合均匀，然后通过喷枪将雾化的黏合剂喷入流化室，粉末开始聚集成粒，经过反复的喷雾和干燥，当颗粒大小符合要求时，停止喷雾，形成的颗粒继续在流化室内干燥至含水量符合规定。

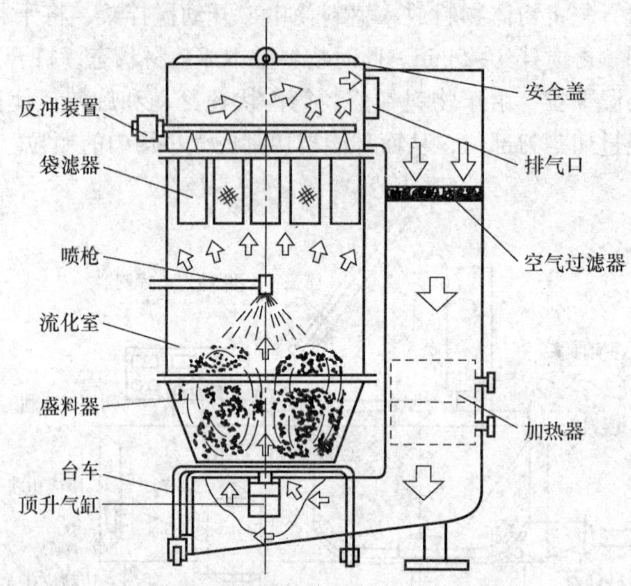

图 3－18　流化床制粒机结构示意图

流化床制粒机在使用时可根据不同的使用要求对喷嘴的位置和方向进行多种组合，其功能也得到了拓展，如图 3－19 所示。

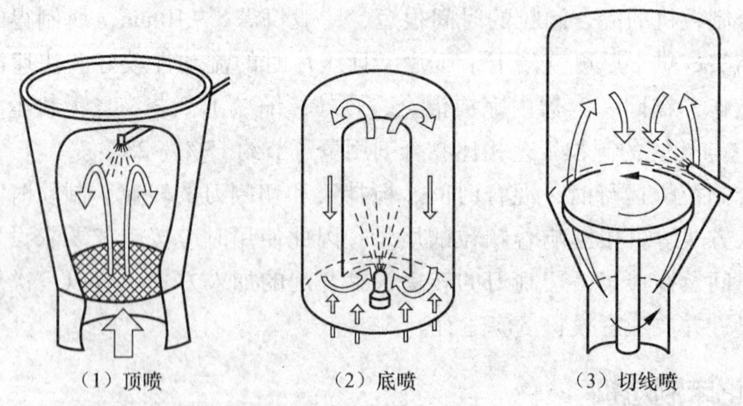

图 3－19　喷枪位置与固体粒子相对运动示意图

（1）顶喷装置　如图 3－19（1）所示，途中箭头表示粉末状物料的运动方向，粉末物料受热气流的作用自下向上运动，到最高点时向四周分开下落，至底部再集中向上，如此反复运动。喷枪的位置位于物料运动最高点的上方，以免物料将喷枪堵塞，喷液方向与物料运动方向相反。

（2）底喷装置　如图 3－19（2）所示，喷枪位于气体分布装置的中心处，喷液方向与物料运动方向相同，这种结构的设备主要用于包衣，如颗粒、片剂、微丸的薄膜包衣、缓释包衣、肠溶包衣等。

（3）切线喷装置　如图 3－19（3）所示，这种装置的喷枪装在容器壁上，由于容器的底部装有旋转运动的转盘，因此物料的运动除了上下运动外，还有圆周的旋转运动。这种结构的设备除适用于制粒外，还适用于制微丸。

流化床制粒机在同一台设备中可实现混合、制粒、干燥，甚至包衣等操作，简化了生产工艺；制得的颗粒粒度多为 30～80 目，颗粒外观圆整，流动性、可压性好；且设备生产效率高，生产能力大，占地面积小，自动化程度高，故在制药工业中已得到广泛应用。

四、喷雾制粒机

喷雾制粒是将药物溶液、混悬液或浆状液用雾化器喷成液滴，并散布于热气流中，使水分迅速蒸发以直接获得球状干颗粒的方法。又称为喷雾干燥制粒法，如以干燥为目的时，称为喷雾干燥。喷雾制粒可在数秒内完成料液的浓缩、干燥、制粒过程，制成的颗粒呈球状。

喷雾制粒装置如图 3－20 所示。工作时，喷枪（雾化器）将料液雾化，形成的雾状液滴分散于经过滤、加热的热空气流中，液滴中水分被迅速蒸发，干燥后形成的固体颗粒落于干燥室底部，废气由干燥室下方进入旋风分离器进一步分离固体粉末，然后经过滤后放空。

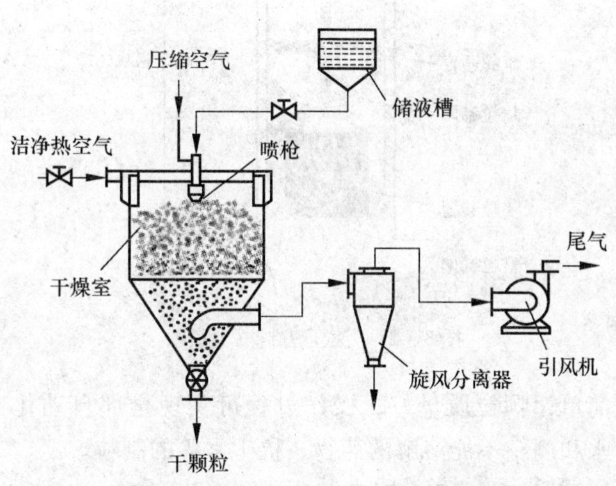

图 3－20　喷雾干燥制粒机示意图

喷雾制粒可由液体直接得到粉状固体颗粒，干燥速度快，物料受热时间短，干燥物料的温度相对较低，适合于热敏性物料，且制得的颗粒有良好的溶解性、分散性和流动性。近年来这种设备在制药工业中得到了广泛的应用，如抗生素粉针的生产、微囊的制备、固体分散体的制备以及中药提取液的干燥等。

五、干法制粒机

干法制粒不加入任何液体，靠压缩力的作用使粒子之间产生结合力，因此适用于热敏性物料、遇水易分解物料。干法制粒有压片法和滚压法两种。

压片法是将固体粉末先用重型压片机压成直径为20～25mm的胚片，然后再破碎成所需大小的颗粒。本法由于压片机需要巨大的压力，冲模等机械损耗率较大，细粉量多，目前很少应用。

滚压法是将药物和辅料混匀后，使之通过转速相同的两个滚轮之间的缝隙压成所需硬度的薄片，然后通过颗粒机破碎制成一定大小的颗粒的方法，所用设备如图3－21所示。该机主要由送料装置、滚压轮、粗粉碎装置、整粒装置等组成，其中滚压轮是核心部件，滚压轮的材质、表面、表面处理等直接影响到压片的质量和滚压轮的使用寿命。

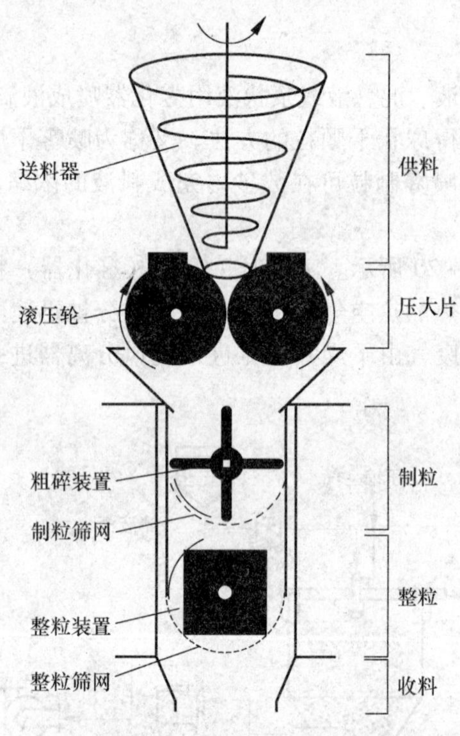

图3－21 滚压法制粒示意图

干法制粒方法简单，颗粒质量好，操作过程可实现全部自动化，常用于热敏性、遇水易分解药物、水和酒精不能溶解的药物、抗生素等的制粒。

第三节 压片设备

片剂系指药物与适宜辅料均匀混合后压制而成的片状制粒，可供内服和外用。在世界各国药物制剂中片剂都占有重要地位，是目前临床应用最广泛的剂型之一。

片剂的制备方法主要由颗粒压片和粉末压片两种。颗粒压片法是先将原辅料粉末制成颗粒，再置于压片机中冲压成片状；粉末压片是直接将均匀的原辅料粉末置于压片机中压成片状。

把物料置于模孔中，用冲头压制成片剂的机器称为压片机。压片机按所压片剂形状的不同可分为普通片压片机、异形片压片机、多层片压片机、包芯压片机；按工作原理的不同，压片机又可分为单冲压片机、旋转式压片机、高速旋转式压片机等。

一、压片机的冲模

在各类压片机中，片剂的成型都是由冲模完成的。冲模主要由上、下冲头和中模组成，如图 3－22 所示。上下冲结构相似，冲头直径相等且与中模的模孔相配合，可以在中模孔中自由上下滑动，但药粉不能泄露。

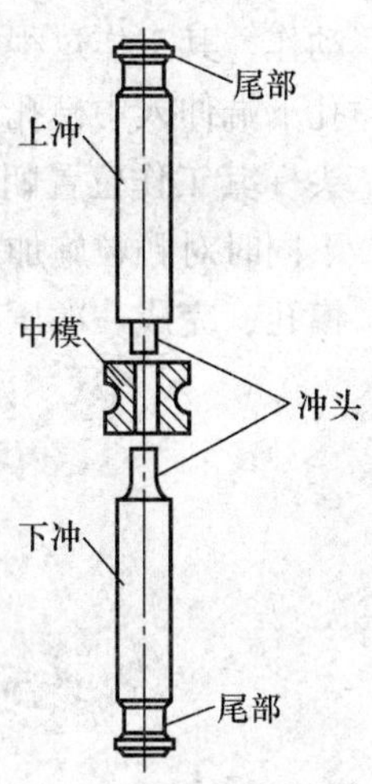

图 3－22　压片机的冲模示意图

冲模有统一的标准尺寸，用优质钢材制成，耐磨，强度大，并具有互换性。冲模的规格以冲头直径或中模孔径表示，例如 ZP 系列压片机标准冲模一般为 6～12mm。冲头的类型多样，片剂的形状决定了所选冲头的形状。按冲头和中模孔的结构形状可分为圆形、异形（三角形、椭圆形等）。圆形冲头端面的形状有平面性、浅凹形、深凹形（糖衣片）、圆柱形等。有的冲头端面上刻有文字、数字、字母、线条等，以表明产品的名称、规格、商标等。压片机的冲头和药片的形状如图 3－23 所示。

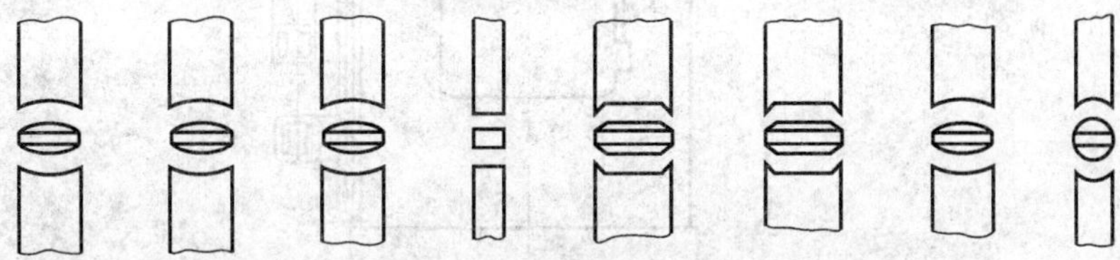
图 3－23　冲头和片剂的形状

课堂互动

小王是一名新压片工，他发现在他所处的车间有多台压片机，有的压片机转一圈压片的个数是冲模数的两倍，这些压片机的冲模数都为奇数；而另外一些压片机转一圈压片的个数等于冲模数，这些压片机的冲模数有奇数有偶数，这是为什么呢？你能帮小王解答吗？

二、常用压片设备

（一）旋转式压片机

旋转式压片机是目前国内制药企业广泛应用的压片机。这种压片机压片时上、下冲头同时均匀地加压，使颗粒中的空气有比较充裕的时间排出模孔，便于压片成型，从而保证了片剂的质量和产量。旋转式压片机外观如图 3－24 所示。

1. 旋转式压片机的压片过程

旋转式压片机是一种连续操作的设备，在其旋转时连续完成充填、压片、出片等动作，其工作过程可以分为如下步骤：①下冲的冲头部位（其工作位置朝上）由中模孔下端伸入中模孔中，封住中模孔底；②利用加料器向中模孔中填充药物；③上冲冲头（其工作位置朝下）自中模孔上端落入中模孔，上、下冲冲头在上、下压轮的作用下同时对颗粒施加压力，将颗粒压制成片；④上冲提升出孔，下冲上升将药片顶出中模孔，完成一次压片过程；⑤下冲降到原位，准备下一次填充。

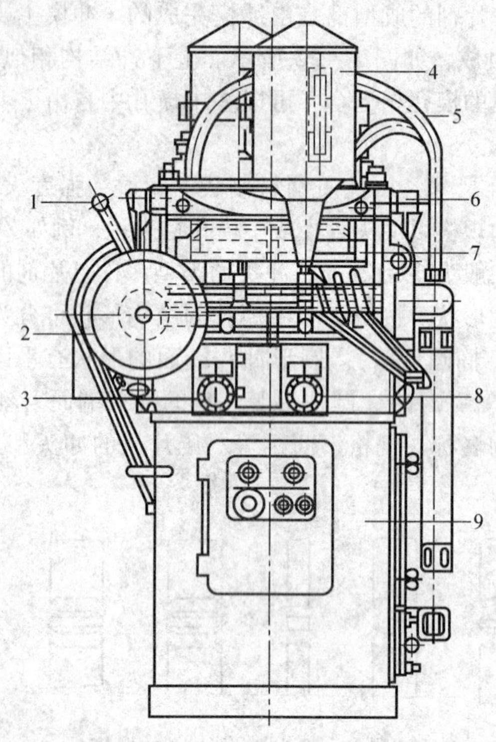

图 3－24 旋转式压片机

1. 离合器手柄；2. 转轮；3. 后片重调节器；4. 加料斗；5. 吸尘管；6. 上压轮安全调节装置；7. 中盘；8. 前片重调节器；9. 机座

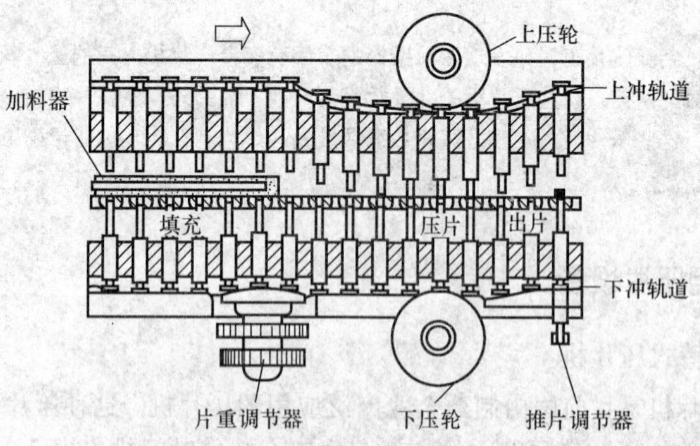

图 3－25 旋转式压片机的压片过程

2. 旋转式压片机的主要工作部件

（1）动力及传动部分 旋转式压片机的传动部分如图 3－26 所示。电动机 10 的输出轴固定无级变速转盘 9，输出的动力经无级变速后输送给小皮带轮 6，小皮带轮通过皮带将动力输送给大皮带轮 1，大皮带轮通过摩擦离合器 2 使传动轴 3 转动，传动轴 3 上的蜗杆与工作转盘 4 下层外缘的蜗轮相啮合，带动工作转盘做旋转运动。传动轴 3 装在轴承托架内，一端装有试车手轮 5，供手动试车用，另一段装有圆锥形摩擦离合器 2，并设有离合器手柄，控制开车和停车。

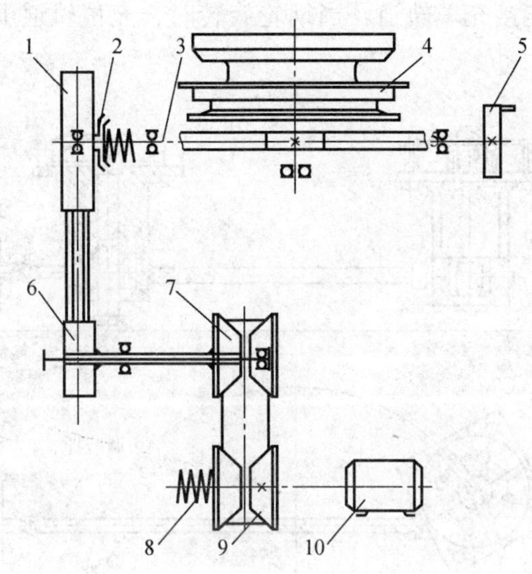

图 3－26 旋转式压片机传动系统示意图

1. 大皮带轮；2. 摩擦离合器；3. 传动轴；4. 转盘；5. 手轮；6. 小皮带轮；7、9. 变速转盘；8. 弹簧；10. 电动机

（2）加料部分 旋转式压片机的加料装置为月形栅式加料器，如图 3－27 所示。月形栅式加料器固定在机架上，工作时它相对机架不动。其底面与固定在工作转盘上的中模上表面保持一定间隙（约 0.05～0.1mm），当旋转中的中模从加料器下方通过时，栅格中的药物颗粒落入模孔中，弯曲的栅格板对药物进行多次填充。加料器的最末一个栅格上装有刮粉板，它紧贴于转盘的工作表面，可将转盘及中模上表面的多余

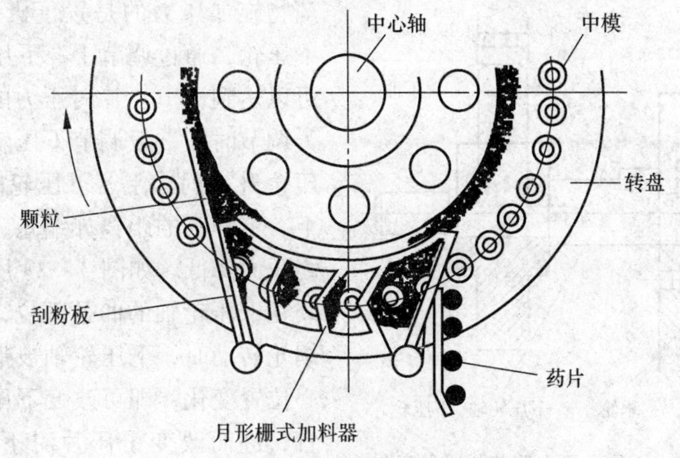

图 3－27 旋转式压片机加料装置示意图

颗粒刮平和带走。由于月形栅式加料器是靠颗粒的自由下落而填充的，因此当颗粒流动性差或颗粒中细粉量太多易分层时，片剂的重量差异大。

（3）充填调节装置　旋转式压片机的充填量的调节主要是靠填充轨道，调节填充轨的高低可以调节加料器刮粉时下冲在中模孔内的位置，从而达到调节中模孔内的颗粒填充量。如图 3－28 所示，当旋转手柄，通过调节杆带动蜗杆，从而带动蜗轮旋转，而蜗轮的轴通过螺纹连接充填轨道。当蜗轮旋转时，充填轨道上下移动，从而改变了充填量。

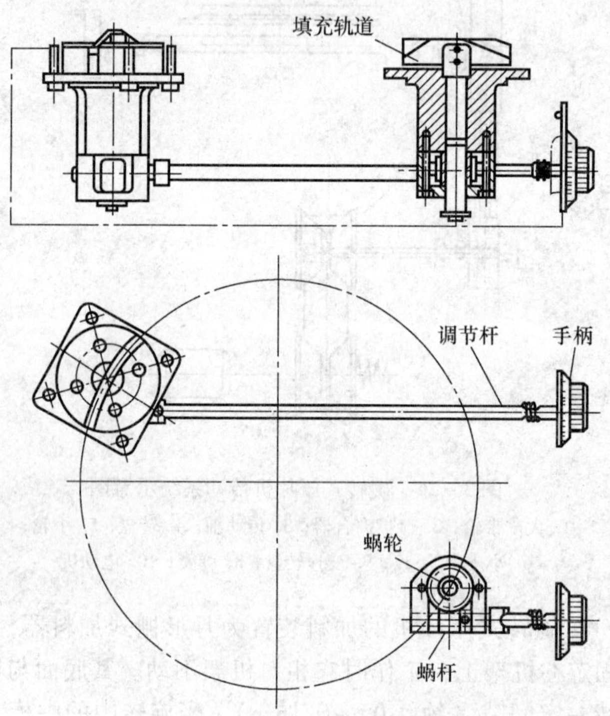

图 3－28　旋转式压片机充填装置示意图

（4）压力调节装置　旋转式压片机对药物施加压力的是置于机架上的一对上、下压轮，通过调节上、下压轮的相对位置可以达到调节压片时压力的目的。进行压力调节时，一般调节下压轮的位置，当下压轮升高时，上、下压轮间的距离缩短，上、下冲头的距离亦缩短，压力加大；反之压力降低。如图 3－29 所示，下压轮安装在下压轮轴的曲颈部位，当手旋蜗杆使蜗轮转动时，下压轮轴被带动使曲轴的偏心位置变化，即可改变下压轮最高点的位置，进而改变了压片时下冲上升的最高位置。

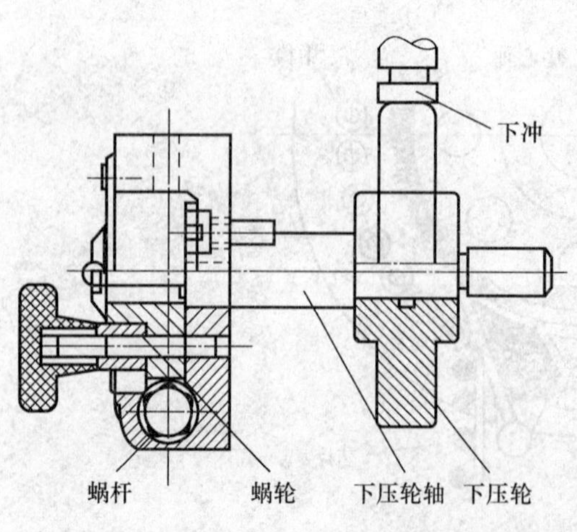

图 3－29　旋转式压片机压力调节装置示意图

知识拓展

压片机结构的集成化、模块化使压片机获得巨大进步。比利时的世界著名压片机制造商Courtoy公司的ModulD型压片机采用集成组合设计技术，压片机上靠近转台所有接触成品的零部件都可装在一个可以更换的压缩模块化组件ECM上（Exchangeable Compression Module）。一批产品加工完成之后操作工可简单迅速断开一个ECM，用另一个清洁的ECM来替换它。整个更换过程不超过30min，而传统的压片机需8h。这种压片机使加工小批量，高附加值或高毒性的产品更加经济。德国Fette公司研发了一款新的压片机，其核心在于用冲盘组件来代替传统的中模台板，而后者在压片时需要逐一把每一只中模装入中模台板中，再用螺钉逐一紧固，如此在更换产品或清洗时非常耗时。Fette公司的新型压片机只需要3～5个冲盘组件，每个组件只需2个卡箍和2个螺钉紧固即可，用这种技术大大节约了拆卸装配所需的时间，据统计可节约88%的时间且清洁效果更佳。

3. 压片时的常见问题及解决方法

在生产实践中，压片时常出现松片、裂片、黏冲、片重差异超限、崩解迟缓等质量问题，严重影响了片剂质量，甚至损坏生产设备。造成这些问题的原因是多样的，有的属于处方设计的缺陷，有的属于压片机的问题，也有的是几种因素共同作用的结果。现仅从压片机的角度，分析常见质量问题产生的原因，并提出解决方法。

（1）松片　片剂压成后，硬度不够，表面有麻孔，用手指轻轻加压即碎裂，这种现象称为松片。压力过小、多冲压片机冲头长短不齐、转盘转速过快或加料斗中颗粒时多时少等因素都可能引起松片。可通过调节压力、检查冲模是否配套完整、调节转盘转速、勤加颗粒使料斗内保持一定的存量等方法克服。

（2）裂片　片剂受到震动或经放置时，有从腰间裂开的称为腰裂；从顶部裂开的称为顶裂，腰裂和顶裂统称为裂片。压片机压力过大、转盘转速过快或冲头不符合要求、冲头有长有短、冲头向内卷边、中模磨损或安装不到位等原因均可造成裂片。可通过调节压力与转盘转速，改进冲模配套，及时检查调换等方法克服。

（3）黏冲　片剂的表面被冲头黏去一薄层或一小部分，造成片面粗糙不平或有凹痕的现象称为黏冲，刻字冲头更容易出现黏冲。冲头表面不干净、锈蚀、粗糙不光滑或刻字太深有棱角等因素都可能造成黏冲。可通过清洁、调换冲头等方法避免黏冲现象。

（4）片重差异超限　片重超过药典规定的要求，这种现象称为片重差异超限。加料斗或加料器堵塞，加料斗高低位置不对，加料斗内颗粒时多时少，冲头长短不齐，下冲升降不灵活，冲头与中模孔吻合度不好等都可能造成片重差异超限。可通过调节加料斗高度，控制加料斗内物料量，更换冲头、中模等方式克服片重差异超限现象。

（5）崩解迟缓　片剂在规定时间内不能完成崩解，影响药物的溶出吸收和发挥药效的现象称为崩解迟缓。崩解迟缓产生的原因主要是压片时压力大小不合适。在一般情况下，压力越大，片剂越硬，崩解越慢。但是，也有些片剂的崩解时间随压力的增加而缩短。例如，非那西丁片剂以淀粉为崩解剂，当压力较小时，难于崩解。因此，可根据具体情况调节压片压力的大小，以解决崩解迟缓问题。

4. 旋转式压片机的安全操作注意事项

(1) 启动前检查确认各部件完整可靠，故障指示灯处于不亮状态。

(2) 检查各润滑点润滑油是否充足，压轮是否运转自如。

(3) 检查冲模是否上下运动灵活，与轨道配合良好。

(4) 启动主机时确认调速钮处于零位。

(5) 安装加料斗时应注意高度，必要时使用塞规，以保证安装精度。

(6) 机器运转时操作人员不得离开，经常检查设备运转情况，发现异常及时停车检查。

(7) 生产将结束时，注意物料余量，接近无料应及时降低车速或停车，不得空车运转，否则易损坏模具。

(8) 拆卸模具时关闭总电源，并且只能一人操作，防止发生危险。

(9) 紧急情况下按下急停按钮停机，机器故障灯亮时机器自动停下，检查故障并加以排出。

5. 旋转式压片机的维护

(1) 保证机器各部件完好可靠。

(2) 各润滑油杯和油嘴每班加润滑油和润滑脂，蜗杆箱加机械油，油量以浸入蜗杆一个齿为好，每半年更换一次机械油。

(3) 每班检查冲杆和导轨润滑情况，用机械油润滑，每次加少量，以防污染。

(4) 每周检查机件（蜗轮、蜗杆、轴承、压轮等）是否灵活，上、下导轨是否磨损，发现问题及时和维修人员联系，进行维修，正常后方可继续生产。

（二）高速旋转式压片机

旋转式压片机已逐步发展成为高速度压片的机器，高速旋转式压片机转台的转速一般为每分钟 50 ~90 转左右，生产量大概为每小时 20 万 ~50 万片。高速压片最主要的问题是如何确保中模的填料符合要求以及如何把压片过程中带入的空气排出。高速旋转式压片机是通过二次加压、强迫式加料等方式实现高速压片工艺的。由于具有转速快、产量高、片剂质量好、全封闭、低噪音、自动化程度高等明显优于普通旋转式压片机的优点，高速旋转式压片机已经成为当前压片机发展的主要方向。

1. 工作原理

高速旋转式压片机的主电机通过调速，并经蜗轮减速后带动转台旋转。转台的转动使上、下冲头在导轨的作用下产生上、下相对运动。颗粒经充填、预压、主压、出片等工序被压成片剂。在整个压片过程中，控制系统通过对压力信号的检测、传输、计算、处理等实现对片重的自动控制，废片自动剔除，以及自动采样、故障显示和打印各种统计数据。

2. 主要结构

(1) 加料部件　为了适应高速压片工艺的要求，高速旋转式压片机多采用强迫式加料器，如图 3 -30 所示。强迫式加料器是近代发展的一种加料器，为密封型加料器，于出料口处装有两组旋转刮料叶，当中模随转盘进入加料器覆盖的区域内时，刮料叶迫使药物颗粒多次填入中模孔中，使颗粒填充均匀。这种加料器适用于高速旋转式压片机，尤其适用于压制流动性较差的颗粒物料，可提高剂量的精确度。

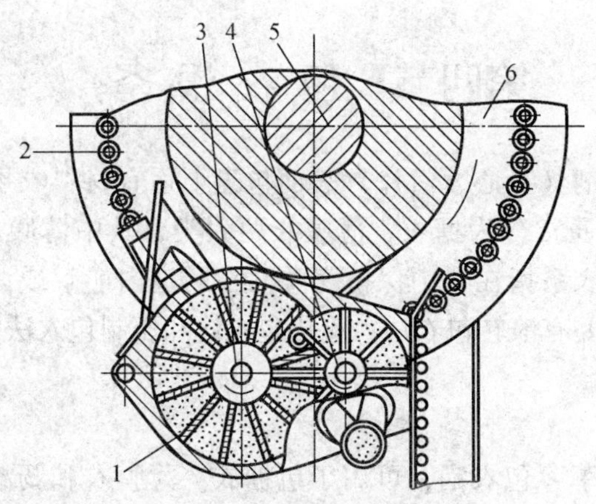

图 3-30　高速旋转式压片机强迫式加料装置示意图

1. 加料器；2. 中模孔；3. 第二道刮料叶；4. 第一道刮料叶；5. 中心轴；6. 转盘

（2）加压装置　高速旋转式压片机加压方式为二次压片，分为预压和主压两部分，并各有相对独立的调节和控制装置，如图 3-31 所示。压片时颗粒先经预压后再进行主压。预压的目的是为了使颗粒在压片过程中排出空气，对主压起到缓冲作用，这样能得到质量较好的片剂。预压和主压的压力可分别通过手柄进行调节，且压力部件中有安全保护装置及压力传感器，可实现过载保护及自动控制。

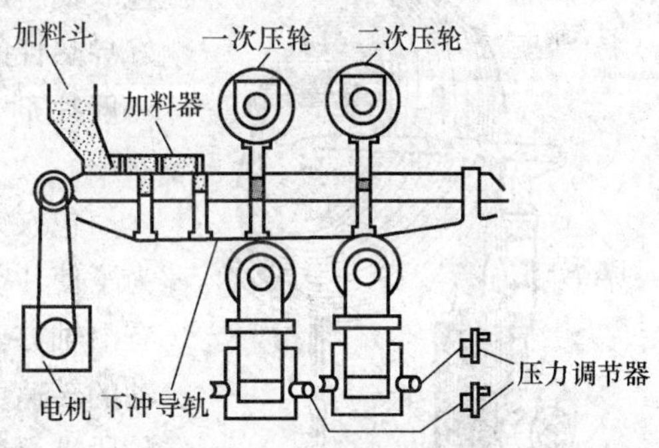

图 3-31　二次压片示意图

（3）填充调节装置　高速旋转式压片机的填充量的调节采用了 PLC 自动控制系统，可对压片过程进行在线控制。自动控制系统从压轮所承受的压力值取得检测信号，通过运算偏差后发出指令，使步进电机正反旋转，步进电机通过齿轮带动充填调节手轮旋转，由万向联轴器经相关传动部件带动充填轨上下移动使充填深度发生变化。

除了上述的主要结构外，高速旋转式压片机通常还配备单片（批量）剔废、自动计数、数据上传、冲模超载保护、充填超限保护、自动润滑等自动控制系统，为片剂生产满足 GMP 要求提供了良好的设备保障。

知识链接

高速高产量是压片机生产厂商多年以来始终追求的目标，目前世界上主要的压片机厂商都已拥有产量达每小时 100 万片的压片机。如：英国 Manestry 公司生产的 Xpress700 型压片机最高产量达每小时 100 万片；德国 Korsch 公司生产的 XL800 型压片机最高产量达每小时 102 万片；比利时 Courtoy 公司生产的 ModulD 型压片机最高产量达每小时 107 万片；德国 Fette 公司生产的 3090i 型压片机最高产量达每小时 100 万片，4090i 型压片机最高产量达每小时 150 万片。

第四节 包衣设备

片剂包衣系指在片剂（片心、素片）表面包裹上适宜材料衣层的操作。根据包衣材料不同，片剂的包衣通常分为糖衣、薄膜衣两大类，其中薄膜衣又可分为胃溶衣、肠溶衣和控释衣。肠溶衣系指在胃中保持完整而在肠道内崩解或溶解的薄膜衣。目前国内常用的包衣方法主要有滚转包衣法、流化包衣法和压制包衣法。

一、普通包衣锅

普通包衣锅又称为荸荠包衣锅，可用于包糖衣、薄膜衣和肠溶衣，是最基本、最常用的滚转包衣设备，如图 3－32 所示。该设备由四部分组成：包衣锅、动力系统、加热系统和排风系统。包衣锅一般用不锈钢或紫铜衬锡等性质稳定并具有良好导热性的材料组成，常见的形状有荸荠形或莲蓬形，一般片剂包衣多采用荸荠形，微丸包衣时多采用莲蓬形。

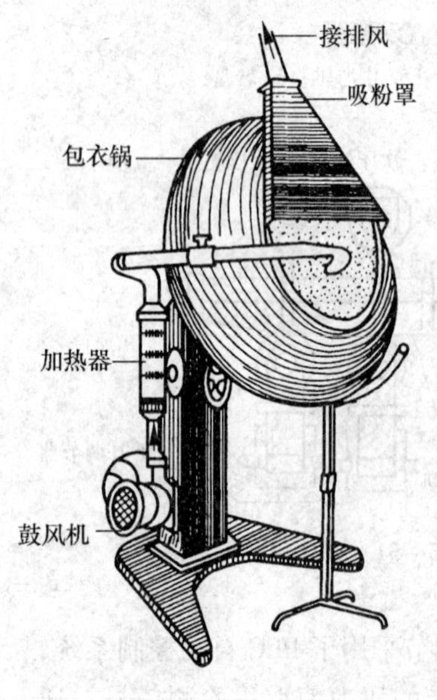

图 3－32 普通包衣机

包衣锅安装在轴上，由动力系统带动轴一起转动，为了使片剂在包衣锅中既能随锅的转动方向滚动，又有沿轴方向的运动，该轴常与水平呈一定角度倾斜；轴的转速可根据包衣锅的体积、片剂性质和不同包衣阶段进行调节。加热系统主要对包衣锅表面进行加热，加速包衣溶液中溶剂的挥发。常用的加热方法为电热丝加热和干热空气加热。采用干热空气加热时，根据包衣过程调节通入热空气的温度和流量，干燥效果迅速，同时采用排风装置帮助吸除湿气和粉尘。

包衣时，将药片置于转动的包衣锅内，加入包衣材料溶液，使之均匀分散到各片剂的表面，必要时加入固体粉末以加快包衣过程。有时加入包衣材料的混悬液，加热、通风使之干燥。按上法包若干次，直到达到规定要求。

普通包衣机虽然在制药企业中有着广泛的应用，但其也存在着以下缺点：劳动强度大、效率低、生产周期长、对操作技术要求高、包衣质量难以一致等缺点。高效包衣机克服了普通包衣锅的上述缺点，包衣质量稳定，效率大幅度提高，既可以包糖衣，也可以包薄膜衣，广泛应用于药品生产中。

二、高效包衣机

高效包衣机的结构、原理以及制剂工艺与传统的普通包衣锅完全不同。普通包衣锅敞口包衣工作时，热风仅吹在片心层表面，就被反面吸出。热交换仅限于表面层，且部分热量由吸风口直接吸出而没利用，浪费了部分热源。而高效包衣机干燥时热风是穿过片芯间隙，并与表面的水分或有机溶剂进行热交换。这样热源得到充分的利用，片芯表面的湿液被充分挥发，因而干燥效率很高。

根据锅体结构的不同，高效包衣机可分为：网孔式、间隔网孔式、无孔式三类，其中网孔式高效包衣机和间隔网孔式高效包衣机统称为有孔高效包衣机。

（一）网孔式高效包衣机

网孔式包衣机如图 3－33 所示，包衣锅整个圆周都带有圆孔，经过滤并加热的热空气从包衣锅的右上部通过网孔进入锅内，热空气穿过运动状态的片芯间隙，穿过包衣锅左下部的网孔后经排风管排出。图 3－33 中热空气的流向为右上角进入左下角排出这种称为直流式；热空气的流向也可以是逆向的，即从左下角进入右上角排出，称为反流式。这两种方式使片芯分别处于“紧密”和“疏松”的状态，可根据品种不同进行选择。

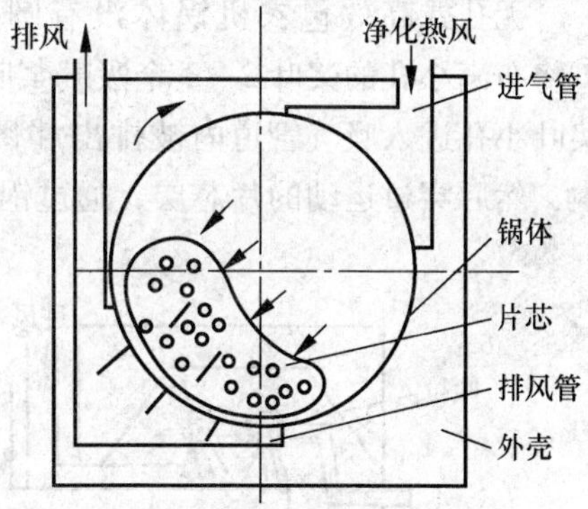

排风
净化热风
进气管
锅体
片芯
排风管
外壳

图 3－33　网孔式包衣机

（二）间隔网孔式高效包衣机

间隔网孔式高效包衣机的开孔部分不是整个圆周，而是沿圆周的几个等份的区域，如图3－34 所示。图中是4 个等份，即沿着每隔 90°开一个网孔区域，并与四个风管连接。工作时 4 个风管与锅体一起转动，由于 4 个风管分别与 4 个风门（图 3－35）连通，风门旋转时分别间隔地被出风口接通每一管道

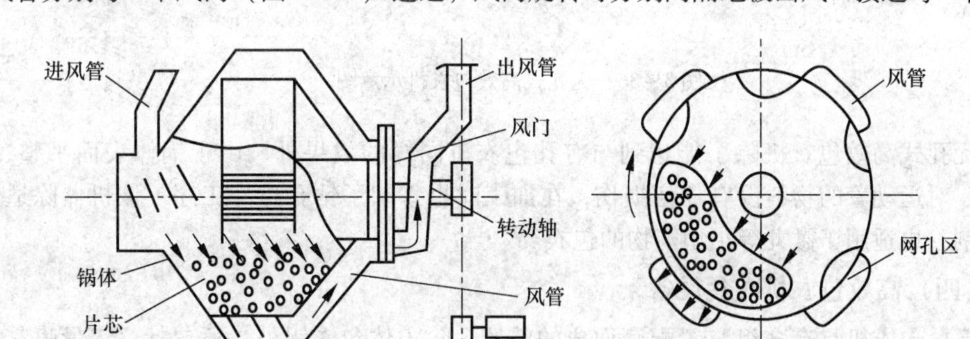

图 3－34　间隔网孔式高效包衣机示意图

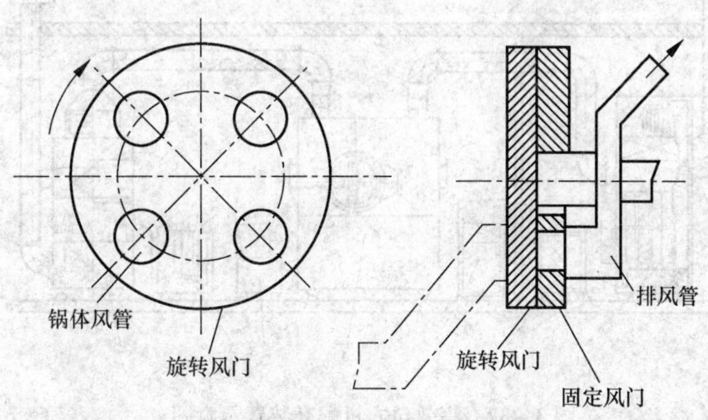

图 3－35　间隔网孔高效包衣机风门结构

而达到排湿的效果。这种间歇的排湿结构使锅体减少了打孔的范围，减轻了工作量。同时热量也得到了充分的利用，节约了能源，不足之处是风机负载不均匀，对风机有一定的影响。

（三）无孔式高效包衣机

无孔式高效包衣机锅体没有圆孔，其热交换通过主要通过以下两种形式实现：①将布满小孔的桨叶2－3个吸气桨叶浸没在片床内，使热空气穿过片芯间隙后再穿过桨叶小孔进入吸气管道内被排出［图3－36（1）］；②热风由旋转轴的部位进入锅体内，然后穿过运动的片芯层，通过锅体下部两侧而被排出［图3－36（2）］。

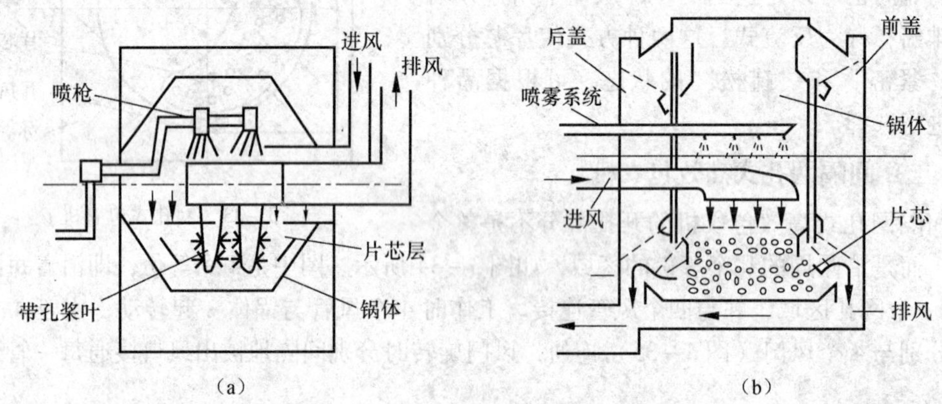

图3－36 无孔式高效包衣机示意图

无孔式高效包衣机除了能达到与有孔包衣机同样的效果外，由于锅体表面平整、光洁、对运动着的物料没有任何损伤，在加工时也省却了钻孔这一工序。该机器除适于片剂，也适用于微丸等小型药物的包衣。

（四）高效包衣机成套设备

高效包衣机是有多组装置配套而成的整体，除主体包衣锅外，还包括：定量喷雾系统、送风系统、排风系统以及程序控制部分，其组合简图如图3－37所示。

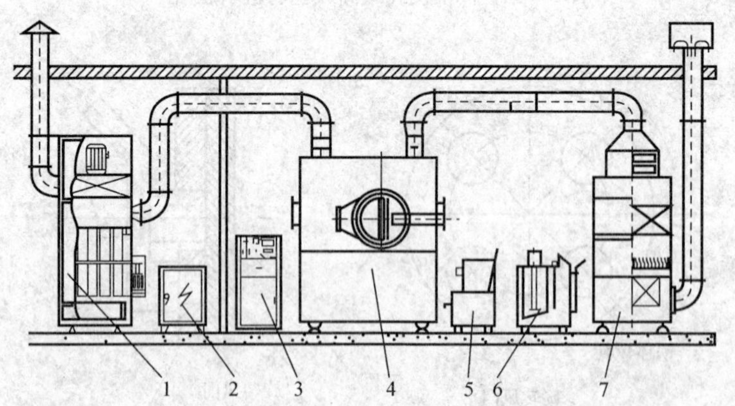

图3－37 高效包衣机配套装置示意图

1. 排风系统；2. 强电柜；3. 程序控制系统；4. 包衣机主体；5. 泵；6. 液缸；7. 送风系统

定量喷雾系统是将包衣液按照程序要求定量送入包衣锅，并通过喷枪雾化喷到片芯表面。该系统由储液桶、泵、计量器和喷枪组成。喷枪可按照有气喷雾和无气喷雾选择不同结构的喷枪，并按锅体大小和物料多少放入 2～6 只喷枪，以达到均匀喷洒的效果。选择有气喷雾时包衣液应采用蠕动泵输送，若无气喷雾则应采用高压无气泵输送包衣液。

送风系统是由中效和高效过滤器、预热器组成。由于排风系统产生的锅体负压效应，使外界的空气通过过滤器，并经预热后到达锅体内部。预热器有温度检测，操作者可根据情况选择适当的进风温度。

排风系统由吸尘器、鼓风机等组成。从锅体内排出的湿热空气经吸尘器后再由鼓风机排出。系统中可以安装空气过滤器，并将部分过滤后的热空气返回到送风系统中重新利用，以达到节约能源的目的。

程序控制系统的核心是可编程控制器或微处理器。它一方面接受来自外部的各种检测信号，另一方面向各执行元件发出指令，以实现对锅体、喷枪、泵以及温度、湿度、风量等参数的控制。

三、流化包衣机

流化包衣机是一种利用喷嘴将包衣液喷到悬浮于空气中的药物表面，以达到包衣目的的装置，如图 3－38 所示。工作时，经净化预热的空气以一定的速度经气体分布装置进入包衣室，从而使药物悬浮于空气中，并上下翻动。喷枪将包衣液雾化后喷入包衣室内，药物表面被喷上包衣液后，被热空气干燥使溶剂挥发，并在药物表面形成一层薄膜。流化包衣机具有包衣速度快、不受药物形状限制等优点，是一种常用的薄膜包衣设备，可用于片剂、微丸、颗粒等的包衣。其缺点是包衣层较薄，且药物做悬浮运动时碰撞较强烈，外衣易碎，颜色不佳。

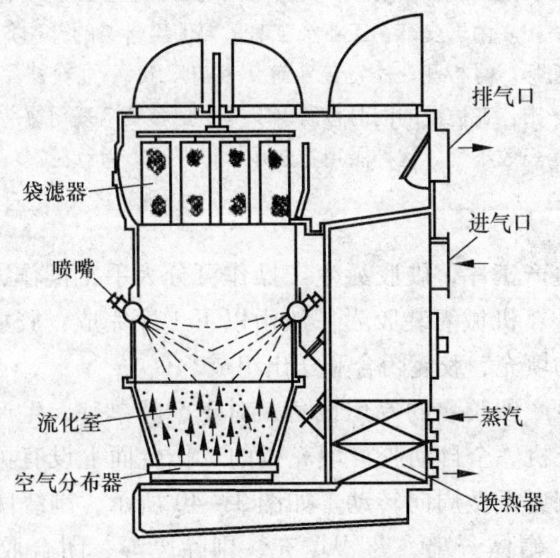

图 3－38　流化包衣机工作原理示意图

第五节 胶囊剂生产设备

胶囊剂是将药物装入空心胶囊而制成的制剂，是目前应用最为广泛的剂型之一。根据胶囊的硬度和分装方法的不同，胶囊剂可分为硬胶囊剂和软胶囊剂两种。其中硬胶囊剂是将药物粉末、颗粒、小片或微丸等直接装填于胶壳中而制成的制剂；软胶囊剂是利用滴制法或滚模压制法将加热熔融的胶液制成胶皮或胶囊，并在囊皮未干之前包裹或装入药物而制成的制剂。

一、硬胶囊剂生产设备

如图 3－39 所示，硬胶囊一般为圆筒形，由胶囊体和胶囊帽套合而成。胶囊体的外径略小于胶囊帽的内径，两者套合后可通过局部凹槽锁紧。

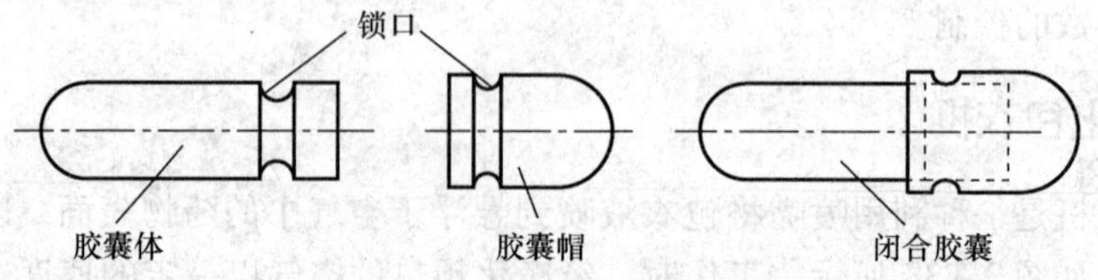

图 3－39 硬胶囊结构示意图

课堂互动

2012 年 4 月 15 日，央视《每周质量报告》节目《胶囊里的秘密》，曝光河北一些企业，用生石灰处理皮革废料，熬制成工业明胶，卖给绍兴新昌一些企业制成药用胶囊，最终流入药品企业，进入患者腹中。由于皮革在工业加工时，要使用含铬的鞣制剂，因此这样制成的胶囊，往往重金属铬超标。经检测，修正药业等 9 家药厂 13 个批次药品，所用胶囊重金属铬含量超标。此事件一出，在愤慨的同时也有网友提出把胶囊打开用馒头或面包把里边填充的药物包裹起来服用，药效不变。这种服用方法是否可取呢？为什么？

根据硬胶囊灌装生产工序，硬胶囊生产操作可分为手工操作、半自动操作、全自动操作。除手工操作外，机械灌装胶囊一般由以下工序完成：胶囊供给、排列、方向校准、帽体分离、药物填充、胶囊闭合和送出组成。

硬胶囊填充机是生产硬胶囊的专用设备，对于产品单一，生产量较大的硬胶囊剂多采用全自动胶囊填充机。全自动胶囊填充机的工作台面上设有可绕主轴旋转的工作转盘，工作转盘带动胶囊板做周向转动。如图 3－40 所示，围绕间歇运动的工作转盘设有胶囊排序与定向、帽体分离、药物填充、剔除废囊、闭合胶囊、出料及清洁等机构。

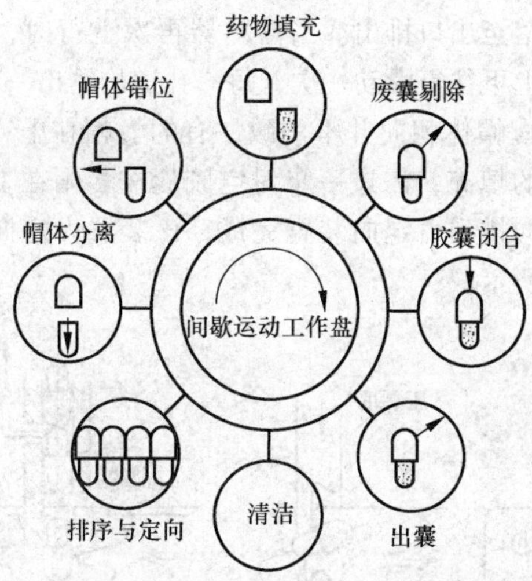

图3-40　全自动胶囊填充机工艺过程示意图

（一）全自动硬胶囊填充机各机构的作用

（1）空胶囊排序与定向　自贮囊斗落下的杂乱无序的空胶囊经排序定向后，均被排列成囊帽在上的状态，并逐个落入主工作盘的上囊板孔中。

（2）帽体分离　利用真空吸力使胶囊体落入下囊板孔中，而胶囊帽则留在上囊板孔中。

（3）帽体错位　上囊板连同胶囊帽向外移开，使胶囊体的上口置于填充装置的下方，为药物填充做准备。

（4）药物填充　药物由药物定量填充装置填充入胶囊体中。

（5）废囊剔除　将帽体未分离的胶囊从上囊板中剔除。

（6）胶囊闭合　上、下囊板孔的轴线对正，并通过外加压力使囊帽与囊体闭合。

（7）出囊　闭合胶囊被出囊装置顶出囊板孔，并经出囊滑道进入包装工序。

（8）清洁　将上、下囊板孔中的药粉，胶囊皮屑等污染物清除。随后，进入下一个工作循环。

（二）全自动硬胶囊填充机各机构分析

1. 空胶囊排序与定向装置

为防止胶囊变形，出厂的空心硬胶囊均为帽体合一的空心套合胶囊。使用前，首先要对空心胶囊进行排序。空胶囊排序装置结构与工作原理如图3-41所示。

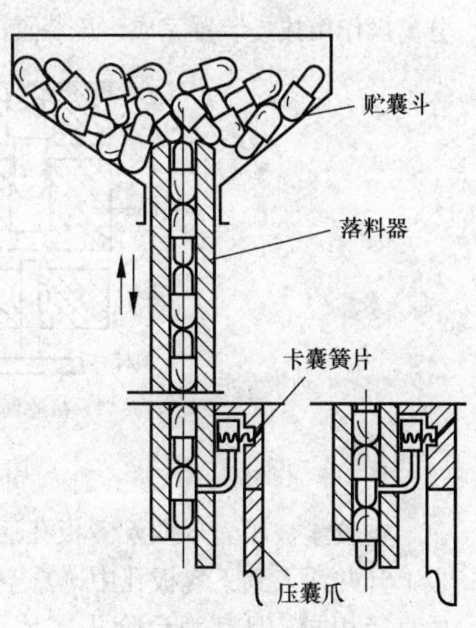

图3-41　空胶囊排序装置示意图

落料器上部与贮囊斗相通，内部设有多个圆形孔道，每一孔道下部均设有卡囊簧片。工作时，落料器做上下往复运动，是空胶囊进入落料器的孔中，并在重力作用下下落。当落料器上行时，卡囊簧片将一个胶囊卡住。落料器下行时，卡囊簧片松开，胶囊下落至出口排出。当落料器再次上行时，卡囊簧片又将下一粒胶囊卡住。这样，落料器上下往复滑动一次，每一孔道均输出一粒胶囊。

由落料器输出的胶囊帽体朝向并不一致，有的囊帽在上，有的囊体在上。为了便于空胶囊的分离及药物的填充，需进一步对空胶囊按囊帽在上、囊体在下的方式进行定向排列。空胶囊的定向排列由定向装置完成，该装置由定向滑槽、顺向推爪、压囊爪等组成，如图 3－42 所示。

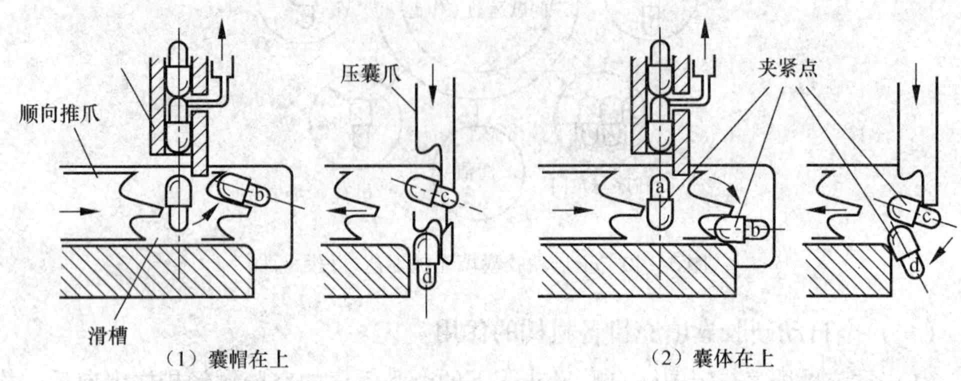

图 3－42　空胶囊定向装置示意图

工作时，胶囊依靠自重落入定向滑槽中。由于定向滑槽的宽度（与纸面垂直方向）略大于胶囊体的直径而略小于胶囊帽的直径，因此滑槽对胶囊帽有一个夹紧力，但并不接触胶囊体。又由于结构上的特殊设计，顺向推爪只作用于胶囊体中部。因此，当顺向推爪推动胶囊体运动时，胶囊体将围绕滑槽与胶囊帽的夹紧点转动被推成水平状态，完成水平定向并被推向定向器座的边缘。接着，垂直运动的压囊爪下移使胶囊体翻转 90°，完成垂直定向并使胶囊以帽在上体在下的状态推入囊板孔中。

2. 帽体分离装置（拔囊装置）

经定向排序后的空胶囊还需将囊体与囊帽分离开来，以便药物填充。空胶囊的帽体分离操作由拔囊装置完成。该装置由上、下囊板以及真空系统组成，如图 3－43 所示。

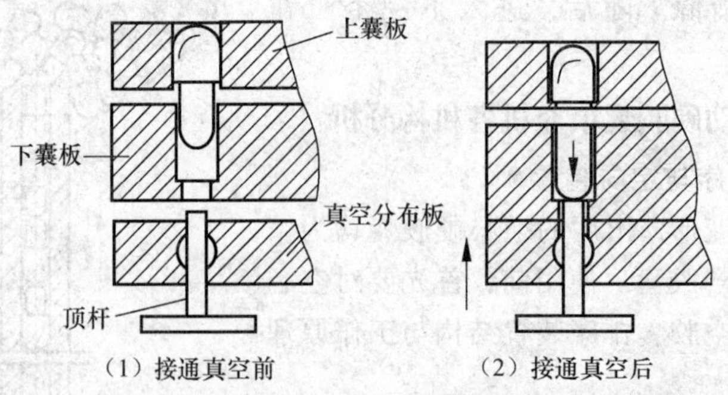

图 3－43　拔囊装置示意图

空胶囊被压囊爪推入囊板孔后，真空分布板上升至紧贴下囊板，顶杆随真空分布板上升并深入到下囊板孔中，真空接通，产生的吸力使帽体分离。由于上、下囊板孔的直径相同，且都为台阶孔，上、下囊板的台阶孔直径分别小于囊帽和囊体的直径。因此，当囊体被真空吸至下囊板孔中时，上囊板孔中的台阶可挡住囊帽下行，下囊板孔中的台阶可使囊体下行至一定位置时停止，从而达到帽体分离的目的。

3. 药物定量填充装置

空胶囊帽体分离后，上、下囊板的轴线错开，接着药物定量填充装置将定量药物填入下方的胶囊体中，完成药物的填充过程。

药物定量填充装置的类型有很多，如填塞式定量装置、插管式定量装置、活塞-滑块定量、真空定量等。不同的填充方式适用于不同药物的分装，需按药物的流动性、吸湿性、物料状态（粉状或颗粒、固态或液态）选择填充方式和机型，以确保生产操作和分装重量差异符合现行版《中国药典》的要求。

（1）填塞式定量装置　如图3-44所示，填塞式定量装置是用填塞杆逐次将药物夯实在定量杯中完成定量填充过程的。定量盘沿圆周设有多组定量杯（图中每一单孔代表一组定量杯）。药物进入定量杯后，填塞杆经多次将落入定量杯中的药物夯实，最后一组将已达到定量要求的粉末充入胶囊体中。调节压力和填塞杆升降高度可调节填充量。

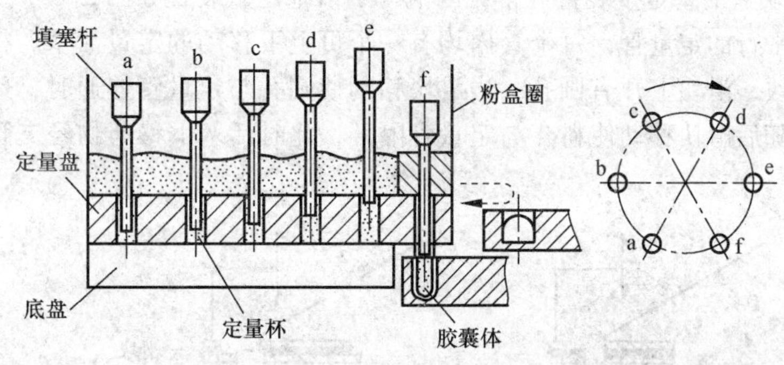

图3-44　填塞式定量装置示意图

（2）间歇插管式定量装置　如图3-45所示，间歇插管式定量装置是将空心定量管插于药粉斗中，由管内的活塞将药粉压紧形成药粉柱，然后定量管升离粉面，并旋转180°至胶囊体上方。随后，活塞下降将药粉柱压入胶囊体，完成药粉填充过程。由于机械动作是间歇式的，所以称为间歇式插管定量。调节药粉斗中的药粉高度以及定量管内活塞的行程，可调节填充量。

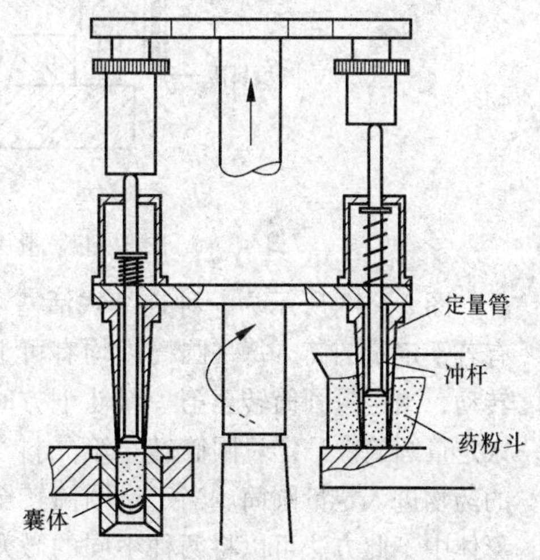

图3-45　间歇插管式定量装置示意图

（3）真空定量装置　如图3-46所示，真空定量装置主要是利用真空将药物吸入定量管中进行定量，随后利用压缩空气将经定量的药物吹入胶囊体中，它是一种连续式药物填充装置。定量管中设有活塞，活塞下部安装有尼龙过滤器，调节定量活塞的位置可控制药物的装量。取料时，定量管插入料槽中并与真空系统接通，在真空的作用下，药物被吸入定量管。填充时，定量管位于胶囊体上方，在压缩空气作用下将定量管中的药物吹入胶囊体。

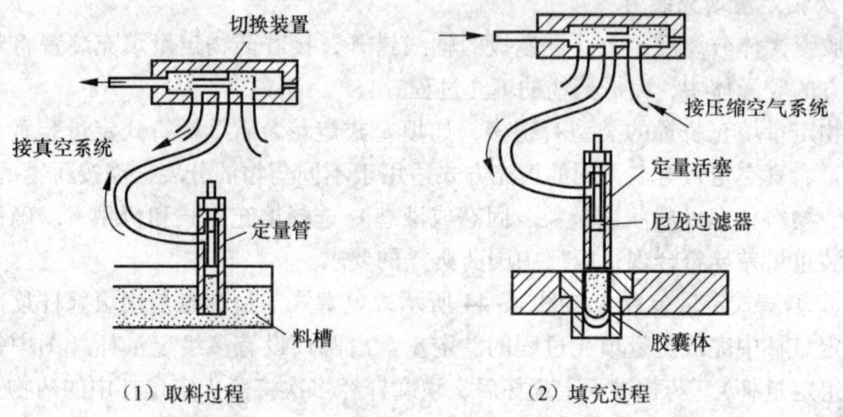

图3－46　真空定量装置示意图

（4）滑块－活塞定量装置　常见的滑块－活塞定量装置如图3－47所示。料斗的下方有多个平行的定量管，每个管内均有一个可上下移动的定量活塞。料斗与定量管之间设有滑块，滑块上开有圆孔。当滑块移动使圆孔与定量管连通时，药物经圆孔进入定量管。随后滑块移动使料斗与定量管隔开，此时活塞下移药物经支管和专用通道进入囊体。

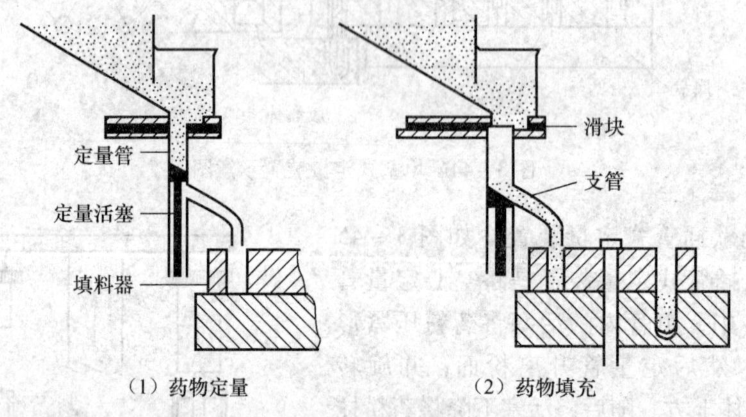

图3－47　滑块－活塞式定量装置示意图

图3－48所示为一种连续式活塞－滑块定量装置，又称圆筒定量装置。转盘上设有若干定量圆筒，每一圆筒内均有可上下移动的定量活塞。工作时，圆筒随转盘一起转动，当定量圆筒转至第一料斗下方时，活塞下行一定距离，使第一料斗中的药物进入定量圆筒。当定量圆筒转至第二料斗下方时，活塞又下行一定距离，使第二料斗中的药物进入定量圆筒。当定量圆筒转至胶囊体上方时，活塞下行时药物经支管进入胶囊体中。此方法可以将两种不同的微丸填入胶囊体中，如将速释微丸和控释微丸装入同一胶囊中，以便于药物在体内较快地达到有效治疗浓度并维持较长的作用时间。

4. 剔除废囊装置

个别空胶囊可能会因某种原因而使帽、体未能分开，这些空胶囊一直滞留在上囊板孔中且并未填充药物。为防止其混入成品，应在胶囊闭合前将其除去，剔除废囊装置如图 3－49 所示。工作时，顶杆架可上下移动，当顶杆架上行时，顶杆深入上囊板中，若囊板孔中仅有胶囊帽则顶杆对胶囊帽不产生影响。若囊板孔中存有未拔开的空胶囊，则顶杆将其顶出囊板孔。

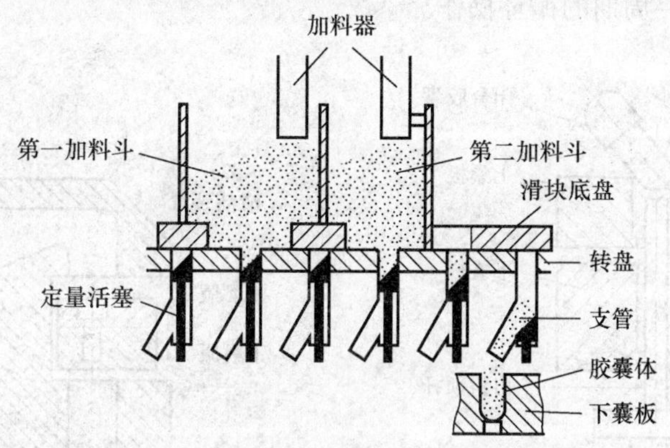

图 3－48　连续式活塞－滑块定量装置示意图

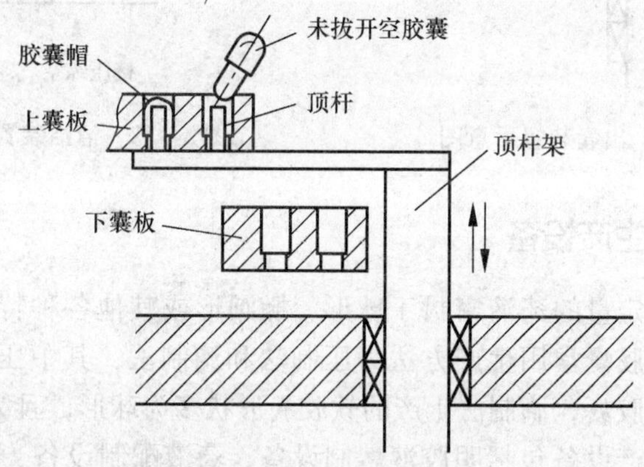

图 3－49　剔除废囊装置示意图

5. 胶囊闭合装置

胶囊闭合装置由弹性压板和顶杆组成，其工作原理如图 3－50 所示。当上下囊板的轴线对中后，弹性压板下行，将胶囊帽压住。同时，顶杆上行伸入下囊板孔中顶住胶囊体下部，随着顶杆的上升，胶囊帽、体闭合并锁紧。

6. 出囊装置

出囊装置如图 3－51 所示，当携带闭合胶囊的上、下囊板转至出囊装置上方并停止时，顶杆上升，其顶端自下而上伸入囊板孔中，将闭合的胶囊顶出囊板孔，进入出囊滑到中，并被输送至包装工序。

7. 清洁装置

上、下囊板经过帽体分离、药物填充、胶囊闭合、出囊等工序后，囊板孔中可能会残留药物、胶囊

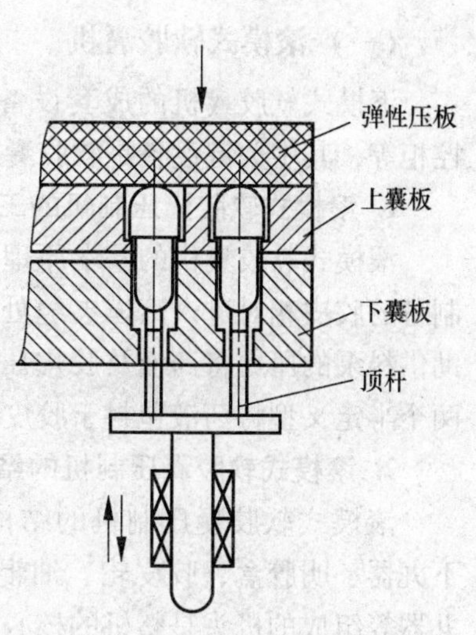

图 3－50　胶囊闭合装置示意图

皮屑等污染物，因此在进入下一周期的操作之前需对囊板孔进行清洁。清洁装置工作原理如图3-52所示，当上、下囊板转至清洁装置的缺口处时，压缩空气接通，囊板孔中的污染物被压缩空气自下而上吹出囊孔，并被吸尘系统吸走。随后，上下囊板离开清洁区，进入下一周期的循环操作。

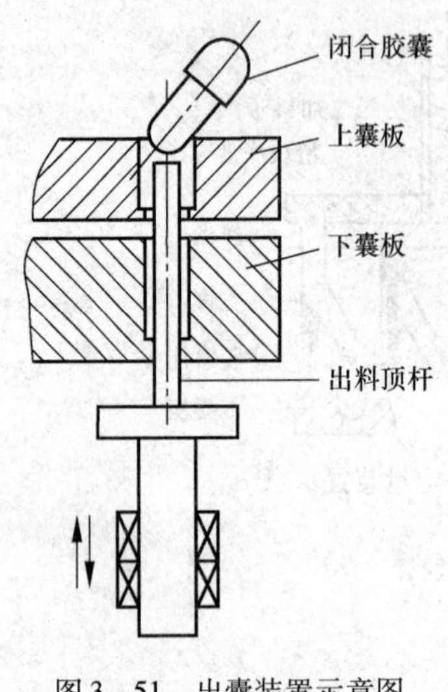

图3-51 出囊装置示意图

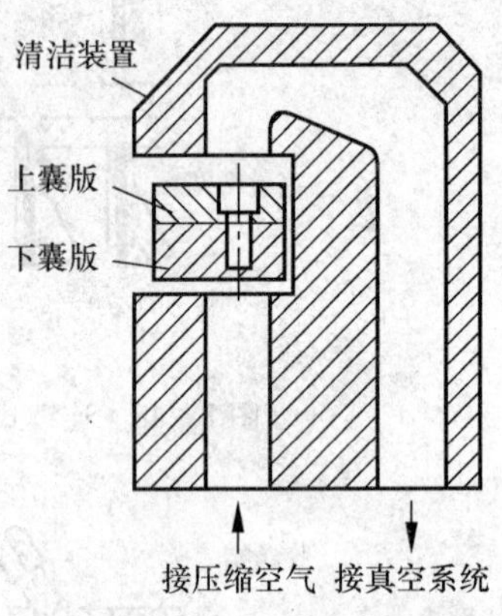

图3-52 清洁装置示意图

二、软胶囊剂生产设备

软胶囊剂系指一定量的药液密封于球形、椭圆形或其他各种特殊形状的软质囊材中，亦称胶丸剂。软胶囊常用生产方法为压制法和滴制法，其中压制法生产的软胶囊形状多样，且为有缝胶囊，滴制法生产的软胶囊形状多为球形，且为无缝软胶囊。

成套的软胶囊生产设备包括明胶液熔制设备、药液配制设备、软胶囊压（滴）制设备、软胶囊干燥设备、回收设备等。本节主要介绍滚模式软胶囊机和滴制式软胶囊机。

（一）滚模式软胶囊机

滚模式软胶囊机的成套设备包括软胶囊压制主机、输送机、干燥机、明胶桶、电控柜等，其中关键设备是软胶囊压制主机。

1. 滚模式软胶囊压制机的工作原理

滚模式软胶囊机的基本原理如图3-53所示。由主机两侧的明胶盒和胶皮轮共同制备的胶皮相对进入滚模夹缝处，药液通过供料泵定量后经导管注入楔形喷体内，借助供料泵的压力将药液及胶皮压入滚模的模孔中，由于滚模连续转动，使两条胶皮成两个半定义型将药液包封于胶皮内，剩余的胶皮被切断，分离成网状。

2. 滚模式软胶囊压制机的结构

滚模式软胶囊压制机的结构如图3-54所示，其主要由供料系统、滚模、喷体、下丸器、明胶盒、胶皮轮、油辊润滑系统、机身、机座等组成。其中滚模、喷体、下丸器等组成的机头是整机的核心。以下介绍主要机构的结构及原理。

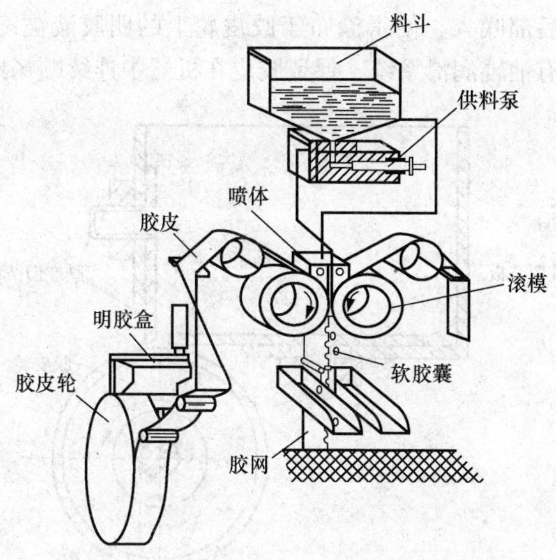

图 3-53　滚模式软胶囊机的工作原理

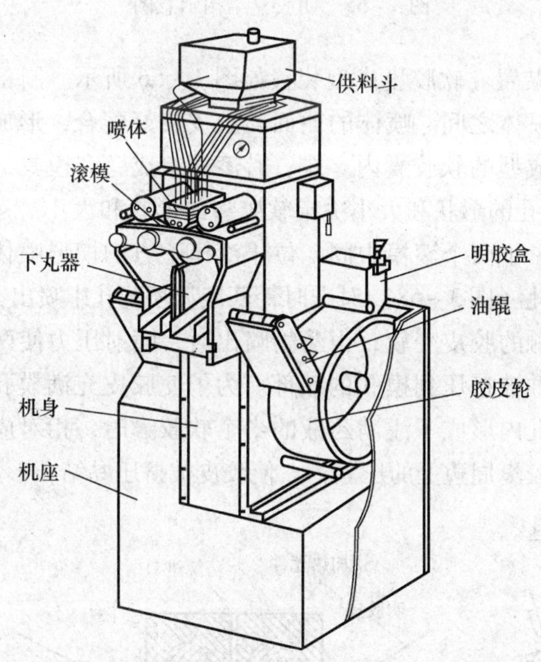

图 3-54　滚模式软胶囊主机结构示意图

（1）胶皮成型装置　由明胶、甘油、水、防腐剂、着色剂等附加剂热熔而成的明胶液通过保温导管输送至机身两侧的明胶盒中。明胶盒结构如图 3-55 所示，明胶盒上装有电加热管，可对胶液进行加热保温使胶液保持恒温，既能保证胶液的流动性，又能防止明胶液冷却凝固，从而有利于胶皮的生产。在明胶盒的后面和底部各有一块可调节的活动板，通过调节两个活动板，使明胶盒底部形成一个开口。通过前后移动流量板可调节胶液的流量，通过上下移动厚度调节板可调节胶皮成型的厚度。明胶盒的开口位于旋转的胶皮轮的上方，随着胶皮轮的平稳转动，胶液通过明胶盒下方的开口，依靠自重涂布于胶皮轮的外表面上。胶皮轮的宽度与滚模的长度相同，外表面光滑，并有冷风动主机后部吹入，使得涂布于胶皮轮上的明胶液被冷却而形成胶皮。在胶皮成型过程中还设有油辊润滑系统，保证胶皮在机器中连续顺畅地运行。

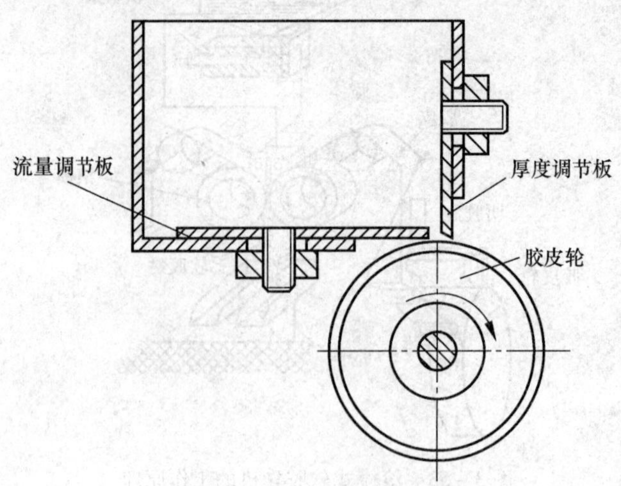

图3－55 明胶盒结构示意图

（2）软胶囊成型装置 软胶囊成型装置如图3－56所示。制备成型的连续胶皮被送到两个滚模与楔形喷体之间。喷体的曲面与胶皮良好配合，形成密封状态，从而使空气不能够进入到已成型的软胶囊内。左、右滚模组成一套模具，滚模上均匀分布着模孔（图3－57），模孔的形状和大小决定软胶囊的形状和大小。运行时，两个滚模相对转动，胶皮均匀压紧于两个滚模中间，位于滚模上方的楔形喷体静止。当滚模上的模孔与喷体上的喷药孔（图3－58）对准时，药液从喷药孔中喷出。因喷体上加热元件的加热使得与喷体接触的胶皮变软，当药物喷出时，喷射压力使两条变软的胶皮中与模孔对应的部位变形并被挤压到模孔的底部。为了使胶皮充满模孔，模孔的底部开有通气小孔。当每个模孔内形成了注满药液的半个软胶囊时，相对应的模孔周边的回形凸台两两对合，形成胶囊周边上的压紧力，使胶皮被挤压黏结，形成一颗颗软胶囊。

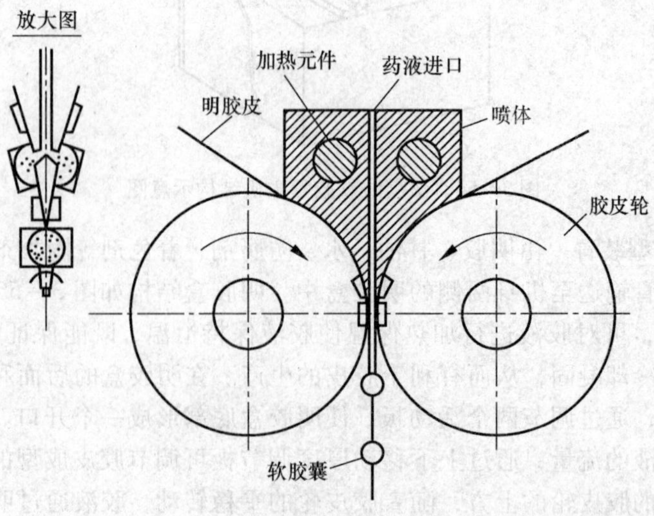

图3－56 软胶囊成型装置示意图

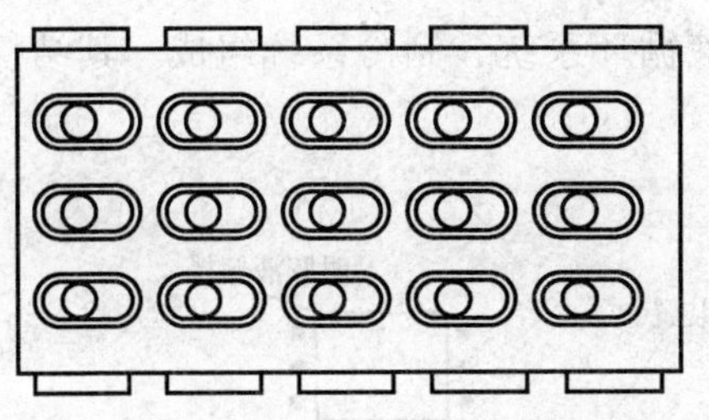
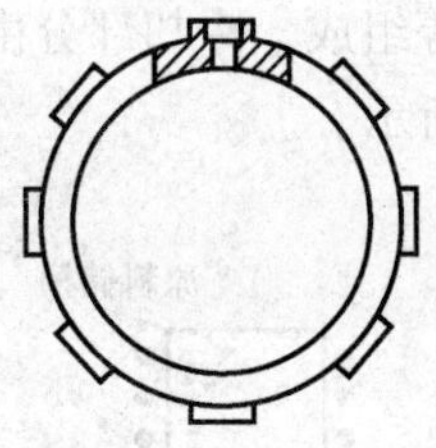

图 3-57　滚模结构示意图

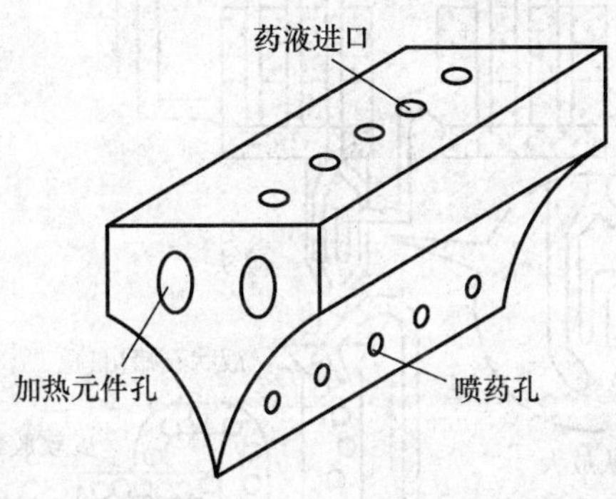

图 3-58　喷体结构示意图

（3）药液计量装置　制成合格软胶囊的另一项重要技术指标是药液装量差异的大小，要得到装量差压较小的软胶囊产品，首先需要保证向胶囊中喷送的药液量可调；其次保证供药系统密封可靠，无漏液现象。滚模式软胶囊机中使用的药液计量装置是柱塞泵，其利用凸轮带动 10 个柱塞泵，在一个往复运动中向楔形喷体供药两次，调节柱塞的行程，即可调节供药量的大小。

3. 滚模式软胶囊机组的其他组成

（1）输送机　输送机用来输送成型后的软胶囊，它由机架、电机、输送带、调整机构等组成。输送带向左运动时可将压制合格的胶囊送入干燥机内，向右运动时则将废囊送入废胶囊箱中。

（2）干燥机　干燥机用来对合格的软胶囊进行第一阶段的干燥和定型。干燥机由用不锈钢丝制成的转笼、电机等组成。转笼正转时胶囊留在笼内滚动，反转时胶囊可以从一个转笼自动进入下一个转笼。干燥机的端部安装有鼓风机，通过风道向各个转笼输送净化风。

（3）明胶桶　明胶桶系用不锈钢（316）焊接而成的三层容器，桶内盛装制备好的明胶液，夹层中盛软化水并装有加热器和温度传感器，外层为保温层。打开底部球阀，胶液可自动流入明胶盒。

（二）滴制式软胶囊机

滴制式软胶囊机是将胶液与油状药液通过喷头按不同速度喷出，当一定量的明胶液将定量的油状药液包裹后，滴入另一种不相混溶的冷却液中。胶液接触冷却液后，由于表面张力作用而使之形成球形，并逐渐凝固成软胶囊。滴制式软胶囊机其主要由四部分组成：滴制部分、冷却部分、电气自控系统及干燥部分。其中滴制部分由储槽、计量、喷头等组成，冷却部分由冷却液循环系统、制冷系统组成。其结构及工作原理如图 3－59 所示。

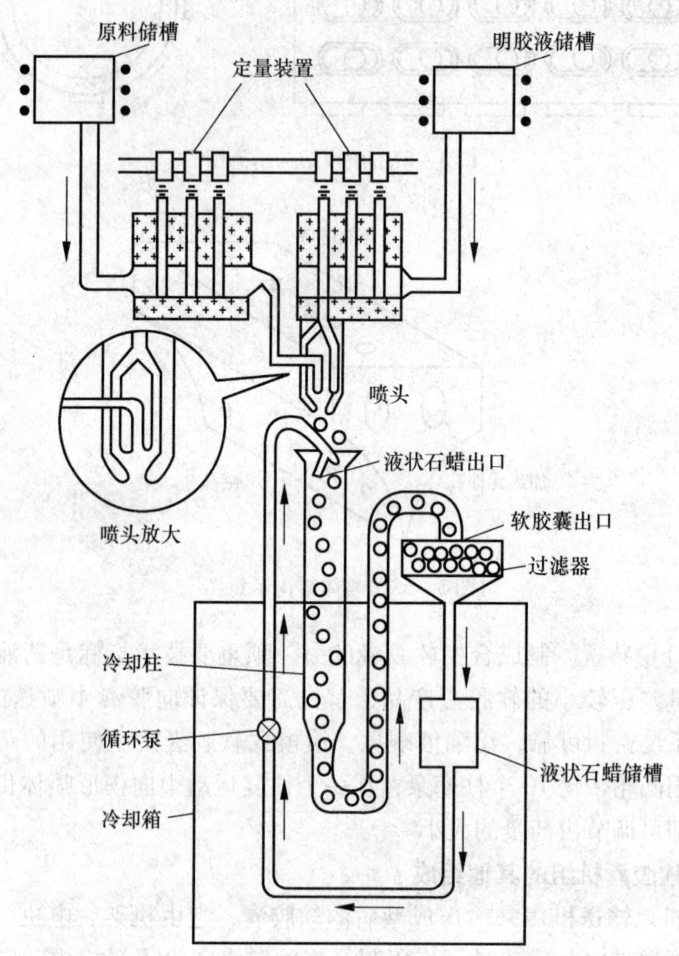

图 3－59　软胶囊滴制机结构与工作原理示意图

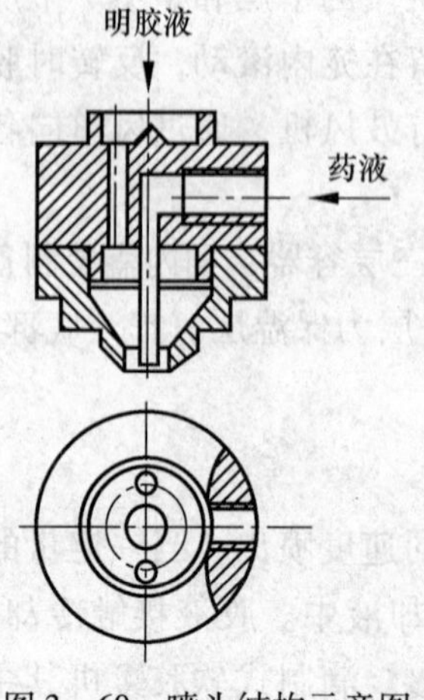

图 3－60　喷头结构示意图

在软胶囊制备过程中，明胶液与油状药物分别由柱塞泵定量并压出，将药物包裹到明胶液中以形成球形胶囊，这两种液体应分别通过喷头套管的内、外侧，在严格同心条件下，先后有序地喷出才能形成正常的胶囊，而不致产生偏心、拖尾、破损等不合格现象。喷头的结构如图 3－60 所示，药液由侧面进入喷嘴由套管中心喷出，明胶液由上部进入喷嘴，通过两个通道，在套管的外侧喷出，在喷体内互不相混。从喷出顺序上看，明胶先喷出，随后药液喷出，依靠明胶的表面张力将药滴完整包裹。

第六节　包装设备

一、瓶装设备

瓶装机一般包括理瓶机构、输瓶机构、数片头、封口机构、理盖机构、旋盖机构、贴标签机构、打批号机构、电器控制部分等。

（一）计数机构

数粒（片、丸）计数机构主要由圆盘计数机构、光电计数机构。

1. 圆盘计数机构

圆盘计数机构也叫圆盘式数片机。如图3－61所示，一个与水平呈30°倾角的带孔转盘，盘上开有3～4组小孔，每组的孔数依每瓶的装量数决定。在转盘的下面装有一个固定不动的扇形（落片处有缺口）托板，托板不是一个完整的圆盘，而是具有一个扇形缺口，其扇形面积只容纳转盘上的一组小孔。缺口下紧连一落片斗，落片斗的下口直抵装药瓶口。转盘的围墙具有一定高度，其高度要保证倾斜转盘内可存积一定量的药片或胶囊。转盘上小孔的形状应与待装药粒形状相同，且尺寸略大，转盘的厚度要满足小孔内只能容纳一粒药的要求。转盘转速不能过高（约每分钟0.5～2转），这是因为：①要与输瓶带上瓶子的移动速度相匹配；②如果太快将产生过大离心力，不能保证转盘转动时，药粒在盘上靠自重滚动。

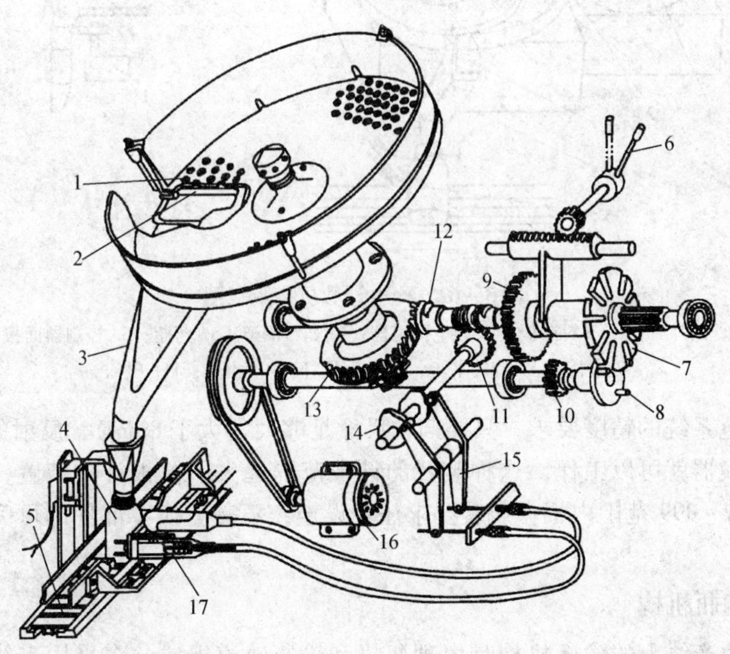

图3－61　圆盘式数片机示意图

1. 带孔转盘；2. 托板；3. 落片斗；4. 药瓶；5. 输送带；6. 变速手柄；7. 槽轮；8. 主动拨销；9. 大直齿轮；10. 小直齿轮；11. 凸轮轴蜗轮；12. 传动蜗杆；13. 转盘轴蜗轮；14. 控制凸轮；15. 摆动从动杆；16. 电动机；17. 定瓶器

工作时，当每组小孔随转盘转至最低位置时，药粒埋住小孔，并落满小孔。当小孔随转盘转向高处时，未落孔的药粒靠自重滚落到转盘的最低处。为了保证每个小孔均落满药粒和使多余的药粒自动滚落，转盘不能保持匀速转动。为此利用图 3－58 中的手柄 6 扳向实线位置，使槽轮 7 沿花键滑向左侧，与拨销 8 配合，同时将直齿轮 9 及小直齿轮 10 脱开。拨销轴受电机驱动匀速旋转，而槽轮 7 则间歇变速旋转，因此引起转盘抖动着旋转，以利用计数准确。此外，为了使输瓶带上的瓶口与落片斗下口准确对位，利用凸轮 14 带动一对定瓶器钢丝，经软管传力，使定瓶器 17 动作，将到位的药瓶挡住定位，以防药粒散落瓶外。当凸轮凸缘驱动时，挡针内缩，放行负荷药瓶。

当需改变装瓶粒数时，需更换带孔转盘，调整落片斗下口位置和定瓶器位置。

2. 光电技术机构

光电计数机构是利用一个旋转平盘，将药粒抛向转盘周边，在周边围墙缺口处，药粒被抛出转盘。如图 3－62 所示，当药粒由转盘滑入药粒溜道时，溜道上设有光电传感器，通过光电系统将信号放大并转换成脉冲电信号，输入到具有“预先设定”及“比较”功能的控制器中。当输入的脉冲数等于预设的数目时，控制器向磁铁发出脉冲电压信号，磁铁得电动作，将通道上的翻板翻转，药粒通过光电传感器并被引导入瓶。

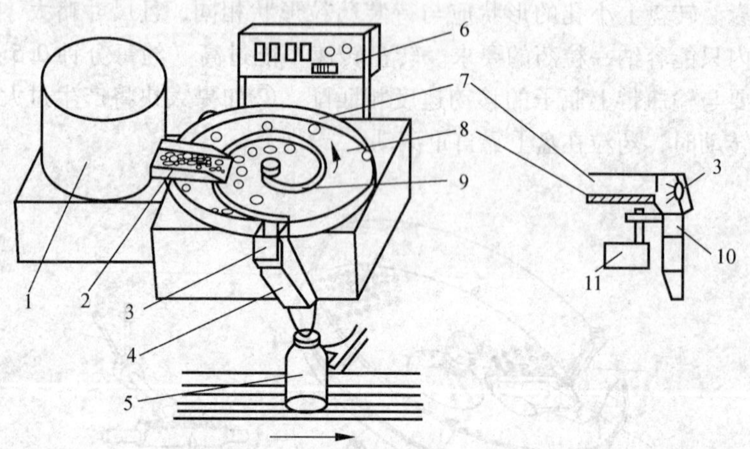

图 3－62　光电计数机构示意图

1. 储片筒；2. 下料溜板；3. 光电传感器；4. 药粒溜道；5. 药瓶；6. 控制器面板；7. 围墙；8. 旋转平盘；9. 回形拨杆；10. 翻板；11. 磁铁

根据光电系统的精度要求，只要药粒尺寸足够大（大于 8mm），反射的光通量足以启动信号转换器就可以工作。这种装置的计数范围远大于模板计数装置，在预选设定中，可以在 1～999 范围内根据瓶装要求任意设定，不需更换零部件即可完成不同装量的调整。

（二）输瓶机构

在瓶装生产线上的输瓶机构是由理瓶机和输瓶轨道组成，多采用直线、匀速输送带，带速可调。由理瓶机送至输送带上的药瓶相互之间有间隔，在落料口前不会堆积。在落料口处设有挡瓶定位装置，间歇地挡住待装的空瓶和放走装完药物的满瓶。

也有许多装瓶机是采用梅花轮间歇转动输送机构输瓶的，如图 3－63 所示。灌装时弹簧顶住梅花轮不运动，使空瓶静止装药，装药后数片盘上的凸块通过钢丝控制弹簧松开梅花轮使其运动，带走瓶子。

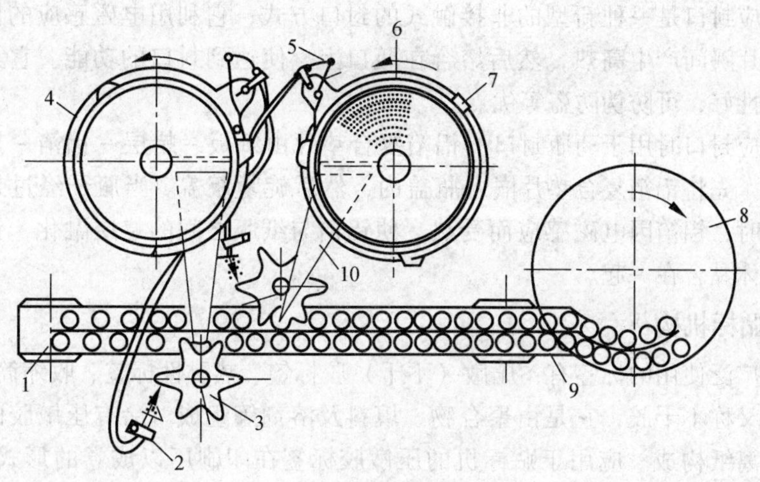

图 3－63　梅花轮间歇旋转进瓶机构示意图

1. 输送带；2. 弹簧棘爪；3. 梅花轮；4. 数片盘；5. 钢丝；6. 摆杆；7. 凸块；8. 理瓶盘；9. 挡瓶板；10. 落料斗

（三）拧盖机构

拧盖机是在输瓶轨道旁设置机械手将到位的药瓶抓紧，由上部自动落下扭力扳手衔住对面机械手送来的瓶盖，再快速将瓶盖拧在药瓶上。当拧到一定松紧时，扭力扳手自动松开并回升到上停位。该机构也可以实现无瓶不工作，当输瓶轨道上没有药瓶时，机械手抓不到瓶子，则扭力扳手和送盖机械手无动作，直到机械手抓到瓶子时，下一周期才重新开始。

（四）封口机构

药瓶封口的常用方式为压塞封口和电磁感应封口。

1. 压塞封口装置

压塞封口是将具有弹性的瓶内塞在机械力作用下压入瓶口，依靠瓶塞与瓶口间挤压变形而达到瓶口密封的目的。瓶塞常用的材质有塑料和橡胶等。压塞过程分两步，首先将瓶塞送入瓶口，然后由压头将瓶塞压入瓶口。瓶塞的压入可利用凸轮或滚轮压塞装置进行，滚压式压塞装置如图 3－64 所示。

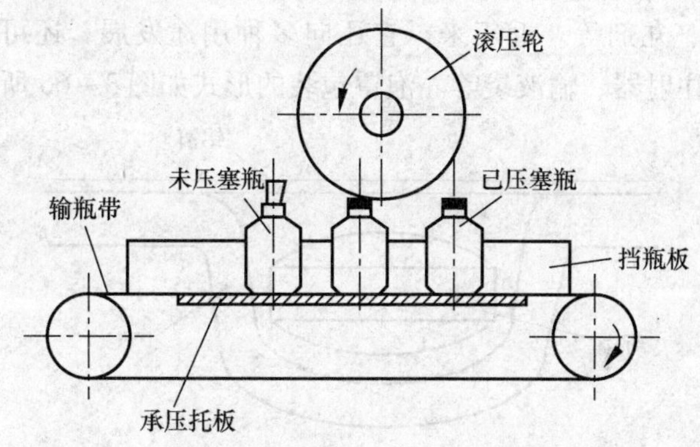

图 3－64　滚压式压塞示意图

2. 电磁感应封口装置

电磁感应封口是一种新型的非接触式的封口方式，它利用电磁感应的原理，使瓶口上的铝箔片瞬间产生高热，然后熔合在瓶口上，使达到封口的功能。它具有封口速度快，密封性好，可防伪防盗等优点。

电磁感应封口时用于药瓶封口的铝箔复合垫片由纸板－蜡层－铝箔－聚合胶层组成。封口时，先将铝箔复合垫片嵌入瓶盖内，然后旋紧瓶盖。当瓶子经过封口机的电磁感应探头时，铝箔因电磁感应而受热，使铝箔与纸版之间的蜡层融化，铝箔与纸板分离并与瓶体黏合在一起。

（五）贴标机构

目前较广泛使用的标签有：压敏（不干）胶标签、热黏性标签、收缩筒形标签等。

压敏胶又称不干胶，它是由聚合物、填料及溶剂等组成。涂有压敏胶的标签由黏性纸签和剥离纸构成。应用于贴标机的压敏胶标签在印刷厂以成卷的形式制作完成，即在剥离纸上定距排列标签，然后绕成卷状，使用时将标签与剥离纸分开，标签即可贴到瓶上。贴标原理如图 3－65 所示，贴标时，剥离刃将剥离纸剥开，标签由于较坚挺不易变形，与剥离纸分离，径直前行与容器接触，经滚压被贴到容器表面。

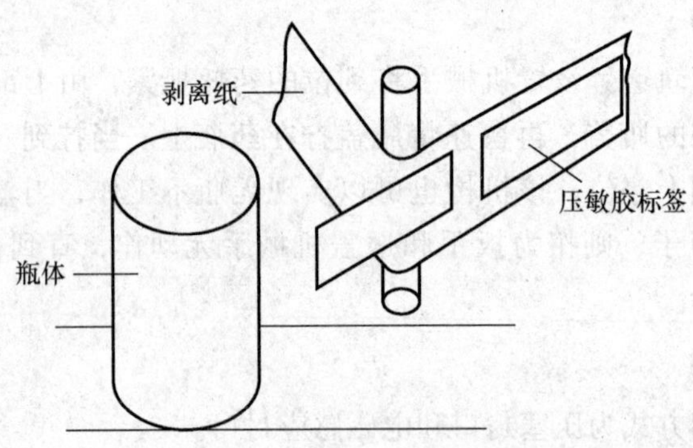

图 3－65　压敏胶贴标示意图

二、铝塑泡罩包装机

药用铝塑泡罩包装机是将透明塑料薄膜或薄片制成泡罩，用热压封合、黏合等方法将产品封合在泡罩与底板之间的机器。它可用来包装各种形状的固体口服药品如素片、糖衣片、胶囊、丸剂等。近年来，它还向多种用途发展，还可以用于包装安瓿、抗生素瓶、药膏、注射器、输液袋等。泡罩包装的形式如图 3－66 所示。

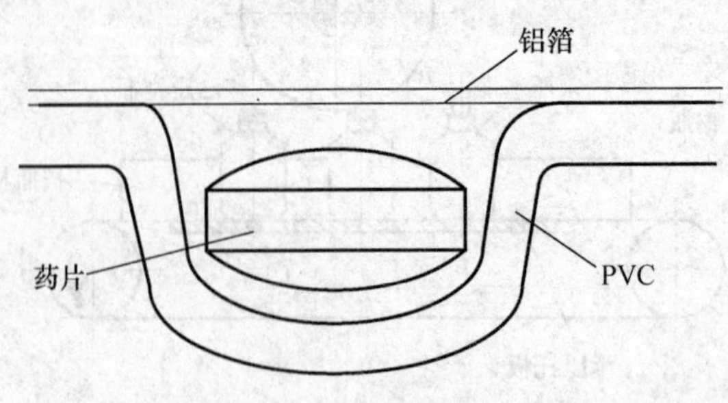

图 3－66　泡罩包装形式

（一）泡罩式包装机的工艺流程

1. 泡罩包装的工艺流程

在泡罩包装机上需完成 PVC 硬片输送、加热、凹泡成型、加料、盖材印刷、压封、压痕、冲裁等工艺流程，如图 3－67 所示。在成型模具上加热使 PVC 硬片变软，利用真空或压缩空气，将其吸（吹）塑成与待装药物外形相近的形状和尺寸的凹泡，再将药物放置于凹泡中以铝箔覆盖后，用压辊将无药处（无凹泡处）的塑料片与贴合面涂有热熔胶的铝箔挤压黏结成一体。然后根据药物的常用剂量，按若干粒药物的组合单元切割成一个板块，就完成了铝塑包装的过程。

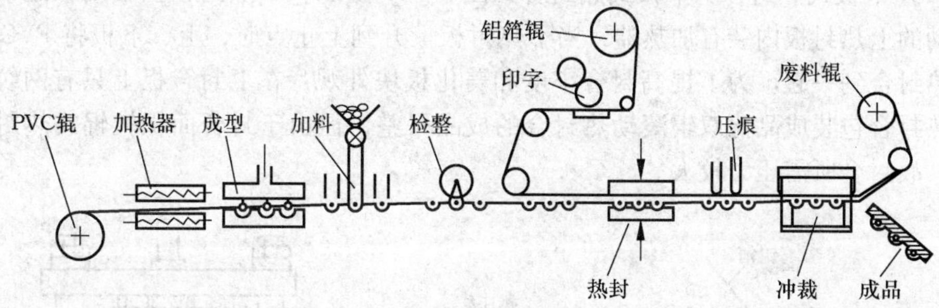

图 3－67　泡罩包装机工艺流程

2. PVC 片的热成型方法

PVC 片的成型是泡罩包装过程中的重要工序。泡罩成型的方法主要由两种。

（1）真空吸塑成型（负压成型）　如图 3－68 所示，真空吸塑成型是利用抽真空将加热软化了的 PCV 吸入成型模具的泡窝内成一定几何形状，从而完成泡罩成型。成型力较小，一般采用辊式模具，成型泡窝尺寸较小，形状简单，泡罩顶部和圆角处较薄，用于包装较小的药品。

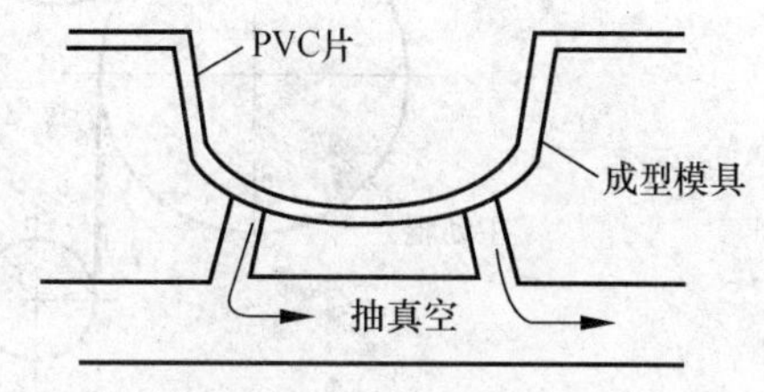

图 3－68　真空吸塑成型

（2）吹塑成型（正压成型）　如图 3－69 所示，吹塑成型是利用压缩空气将软化了的 PVC 吹入成型模具的泡窝形成需要的几何形状的泡罩，这种成型的方法又可分为无辅助冲头正压成型和有辅助冲头正压成型两种。对被包装物品厚度较大或形状复杂的泡罩，要安装机械辅助冲头进行预拉伸，单独依靠压缩空气是不能完全成型的。吹塑成型方法形成的泡罩比真空负压成型要均匀，可形成较大的泡罩，多采用平板式模具。

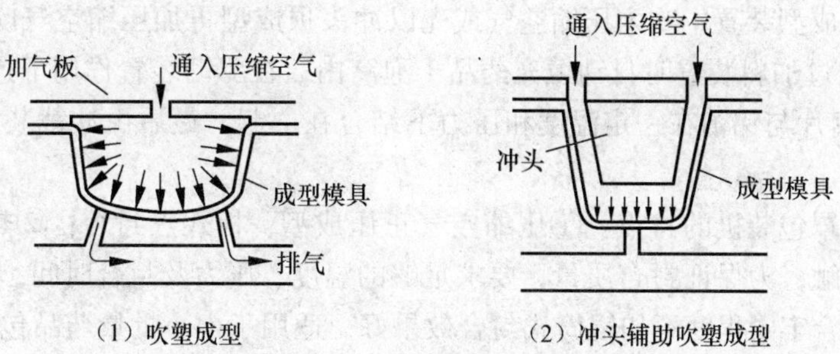

图 3－69　吹塑成型

3. 热封合方法

封合是将铝箔与已装填药物的 PVC 泡窝板牢固结合在一起的操作。其基本原理是通过加热使铝箔内表面的热熔性胶黏剂发挥黏性，再施加压力从而使铝箔和 PVC 泡窝板结合在一起。泡罩包装的热封合有两种方法：双辊滚动热封合和平板式热封合。

（1）双辊滚动热封合　滚动热封合如图 3－70 所示，主动辊利用表面制成的模孔拖动充满药片的 PVC 泡窝片一起转动。表面有网纹的热压辊具有一定的温度并压到主动辊上与主动辊同步转动，将 PVC 片与铝箔封合到一起。这种封合是两个辊的线接触，两辊间接触面积很小，故热封合所需正压力较低，封合比较牢固，效率高。

（2）平板式热封合　平板式热封合如图 3－71 所示，下热封板上下间歇运动，固定不动的上热封板内装有加热器，当下热封板上升到上止点时，上、下板将 PVC 片与铝箔热封合到一起。为了提高封合牢度和美化板块外观，在上封合板上只有网纹。平板式热封合包装成品比双辊滚动热封合的成品平整，但由于封合面积较辊式热封合大很多，故封合所需压力较大。

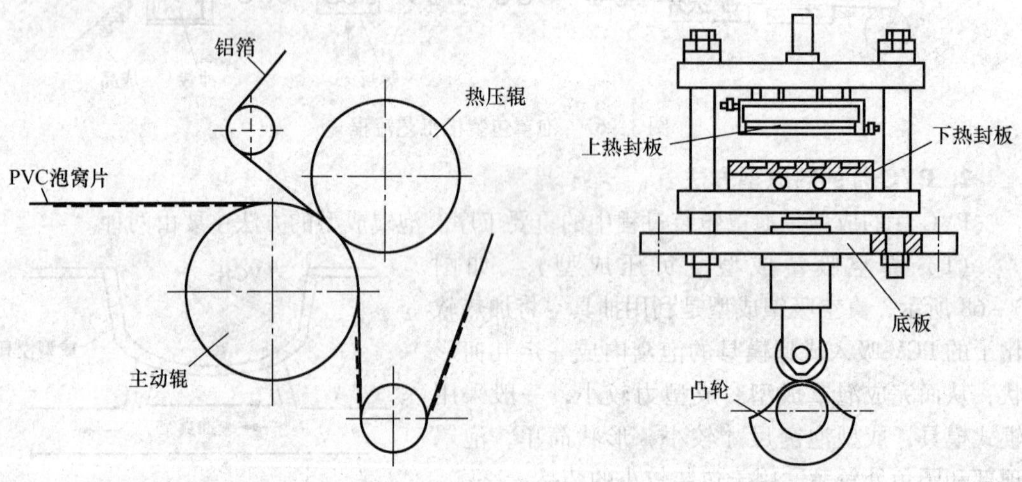

图 3－70　双辊滚动热封合示意图　　图 3－71　平板式热封合示意图

（二）泡罩包装机的结构

泡罩包装机按结构形式可分为平板式、辊筒式和辊板式三大类。

1. 平板式泡罩包装机

平板式泡罩包装机是目前应用较为广泛的铝塑包装机。这类设备的泡罩成型和热封合模具均为平板形，如图 3－72 所示。工作时，PVC 片通过预热装置预热软化至 120°左右，在成型装置中吹入压缩空气或先以冲头顶成型再加压缩空气吹塑成型泡窝；PVC 泡窝片通过加料装置时自动填充药品于泡窝内；在驱动装置作用下进入热封装置，使得 PVC 泡窝片与铝箔在一定温度和压力下结合在一起，最后由冲裁装置冲剪成规定尺寸的板块。

平板式泡罩包装机的特点：①压缩空气正压成型，板式热封合；②热封合时，上、下模具平面接触，为保证封合质量，要求足够的温度、压力及封合时间，不易实现高速运转；③热封合牢固程度不如辊筒式封合效果好，适用于中小批量药品包装和特殊形状物品包装；④泡窝拉伸比大，泡窝深度可达 35mm，满足大蜜丸、医疗器械行业的需求。

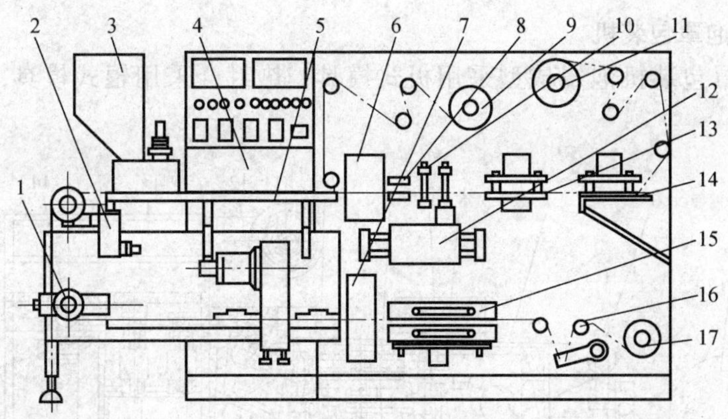

图 3－72　平板式泡罩包装机

1. 双铝成型压膜；2. 压紧轮；3. 下料器；4. 配电、操作盘；5. 平台；6. 封台站；7. 成型站；8. 导向板；9. 铝箔辊；10. 气动夹头；11. 废料辊；12. 进给装置；13. 压痕装置；14. 冲裁站；15. 加热装置；16. 张紧轮；17. PVC 辊

2. 辊筒式泡罩包装机

辊筒式泡罩包装机泡罩成型和热封合都采用辊式模具，如图 3－73 所示。其工作流程可总结为：PVC 片匀速防卷→PVC 片受热软化→真空吸泡→药片入泡窝→线接触式热封合→打字印号→冲裁成块。

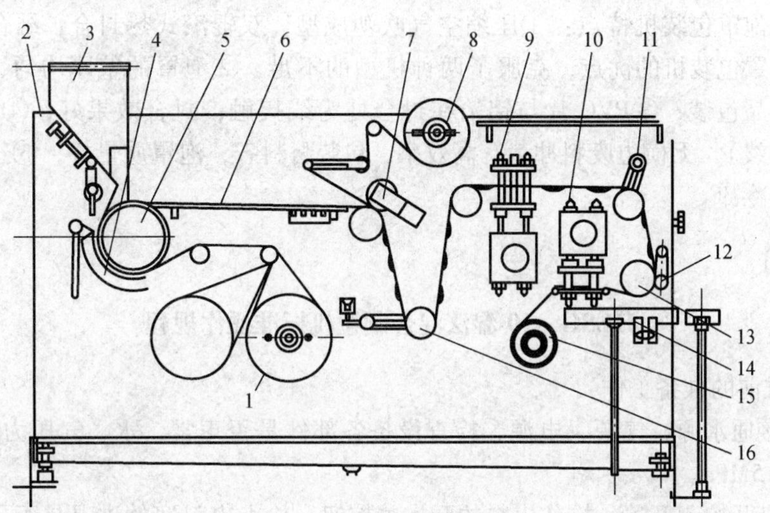

图 3－73　辊筒式泡罩包装机

1. PVC 辊；2. 机体；3. 料斗；4. 远红外加热器；5. 成型装置；6. 监视平台；7. 热封合装置；8. 铝箔辊；9. 打字装置；10. 冲裁装置；11. 可调式导向辊；12. 压紧辊；13. 间歇进给辊；14. 输送机；15. 废料辊；16. 游辊

辊筒式泡罩包装机的特点：①真空吸塑成型，双辊滚动热封合；②瞬间线接触式封合，封合效率高，消耗动力少，传导到药片上的热量少，封合效果好；③真空吸塑成型难以控制壁厚、泡罩壁厚不匀、不适合深泡窝成型；④适合片剂、胶囊剂、胶丸等剂型的包装。

3. 辊板式泡罩包装机

辊板式泡罩包装机泡罩成型采用板式模具，热封合采用辊式模具，如图 3－74 所示。

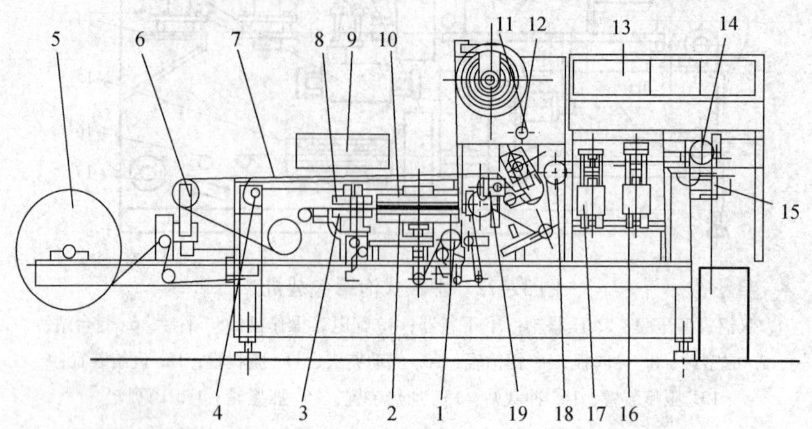

图 3－74 辊板式泡罩包装机

1. PVC 辊；2. 加热工作台；3. 成型下模；4、14. 步进辊；5. PVC 支架；6、18. 张紧辊；7. 充填台；8. 成型上模；9. 上料机；10. 上加热装置；11. 铝箔支架；12. 热压辊；13. 仪表盘；15. 冲裁装置；16. 压痕装置；17. 打字装置；19 机架

辊板式泡罩包装机特点：①压缩空气吹塑成型，双辊滚式热封合，结合了平板式和滚筒式泡罩包装机的优点，克服了两种机型的不足；②泡罩的壁厚均匀、坚固，适合于各种药品包装；③PVC 片与铝箔在封合处为线接触，封合效果好；④高速打字、打孔（断裂线），无横边废料冲裁，高效率，包装材料省，泡罩质量好；⑤进行热封合的双辊均需冷却。

【SOP 实例】

HLSG－10 湿法混合制粒机标准操作规程

1. 开机前的准备工作

1.1 接通水源、气源、电源，检查设备各部件是否正常，水、气压力是否正常，气压调至 0.5MPa。

1.2 打开控制开关，操作出料的开、关按钮，检查出料塞的进退是否灵活，运动速度是否适中，如不理想可调节气缸下面的接头式单向节流阀。

1.3 开动混合搅拌和制粒刀运转无刮器壁，观察机器的运转情况，无异常声音情况后，再关闭物料缸和出料盖。

1.4 检查各转动部件是否灵活，安全联锁装置是否可靠。

2. 开机运行

2.1 把气阀旋转到通气的位置，检查气的压力（$P \geq 0.5$MPa），所有显示灯红灯亮，检查确认“就绪”指示灯亮。

2.2 温度设定打开电器箱，调节温度按键，一般调至比常温高出 10℃左右（如果物料搅拌后会升温的，将温度调至比常温低 4℃左右）。

2.3　如果物料的搅拌要冷却，设定温度后，在启动制粒的时候把进水、出水阀都打开。

2.4　打开物料缸盖，将原辅料投入缸内，然后关闭缸盖。

2.5　把操作台下旋钮旋至进气的位置。

2.6　通过控制面板上旋钮手动启动搅拌桨，将转速由最小调至中低速，1～2min后再调至中高速。

2.7　在调速的同时通过物料盖的加料口往缸内倒入黏合剂，搅拌约5min。

2.8　启动制粒刀，中速转动制粒约2min。

2.9　制粒完成后，将料车放在出料口，按“出料”按钮，出料时黄灯亮，搅拌桨、制粒刀继续转动至物料排尽为止。

3. 停机

3.1　松开“出料”按钮，关闭出料阀门。

3.2　将搅拌桨、制粒刀调速旋钮分别调至0，再关闭搅拌桨、制粒刀。

4. 清洁

4.1　把三通球阀旋转至通水位置，观察水位接近混合器的制粒刀部位，再转换至通气位置。

4.2　关闭物料缸盖，启动搅拌桨和制粒刀运转约2min，再打开物料缸盖，用饮用水刷洗内腔。

4.3　打开出料活塞放尽水，如此反复洗涤两至三次，至无残留药粉。

4.4　用纯化水冲洗物料缸2次。

4.5　先用饮用水、后用纯化水冲洗出料口各2次。

4.6　用饮用水、纯化水湿润的抹布分别擦拭出料口及设备表面。

4.7　如更换品种须卸下搅拌桨及制粒刀，送至清洗间清洗，待物料缸内壁擦干净后，再将搅拌桨、制粒刀安装回原位。

4.8　清洁完毕挂上“已清洁”状态标志。

4.9　清洁天花板、墙壁、地面。

ZP35B旋转式压片机标准操作规程

1. 开机前准备工作

1.1　冲模的安装

1.1.1　中模安装：将转台圆周中模紧固螺丝旋出部分（勿使中模转入与螺丝头部相碰）放平中模，用中模打棒由上孔穿入，用锤轻轻打入。（注意：中模进入模孔，不可高出转台工作面）将螺丝紧固。

1.1.2　上冲安装：将上导轨盘缺口处嵌舌掀起，将上冲插入模圈内，用大拇指和食指旋转冲杆，检验头部进入中模后转动是否灵活，上下升降无硬摩擦为合格，全部装妥后，将嵌舌扳下。

1.1.3　下冲安装：取下主体平面上的圆孔盖扳，通过圆孔将下冲杆装好，检验方法如上冲杆，装妥后将圆孔盖好。

1.2　安装月形加料器：月形加料器装于模圈转盘平面上，用螺丝固定。安装时应注意它与模圈转盘的松紧，太松易漏粉，太紧易与转盘产生摩擦出现颗粒内有黑色的金属屑，造成片剂污染。注意2个月形加料器的安装有方向性（底部有空隙让片剂通过的加料器装在左侧；底部无空隙的加料器装在右侧，片剂全部被导向至出片槽）。

1.3 安装加料斗：加料斗高低会影响颗粒流速，安装时注意高度适宜，控制颗粒流出量与填充的速度相同为宜。

各部件装毕，将拆下的零件按原位安装好。检查储油罐液位是否适中，上下压轮是否已加黄油。

1.4 检查机器零件安装是否妥当，机器上有无工具及其他物品，所有防护、保护装置是否安装好。

1.5 用手转动手轮，使转台旋转1～2圈，观察上、下冲进入模圈孔及在导轨上的运行情况，应灵活，无碰撞现象。

2. 开机压片

2.1 旋转电器柜左侧电源主开关，给机器送电；按“吸尘开关”启动吸尘机，按压片机“启动”开关，使空车运转2～3min平稳正常方可投入生产。

2.2 用少量空白淀粉颗粒加入料斗，调至低转速、低压力，启动机器使转台运转数圈，清洗冲头和冲模上黏附油渍，将压片机上剩余物料清理干净。

2.3 试压前，将片厚调节至较大位置，填充量调节至较小位置，将颗粒加入料斗内，点动2～3周，试压时先调节填充量，调至符合工艺要求的片重，然后调节片厚，使产品硬度符合工艺要求。

2.4 启动设备正式压片，根据物料情况和冲模规格选择合适转速，并保持料斗颗粒存量一半以上。

2.5 换状态标志，挂上“正在运行”状态标志。

2.6 机器运转中必须关闭所有防护罩，不得用手触摸运转件。

2.7 运行时，注意机器是否正常，不得开机离岗。

3. 压片结束

3.1 压片完成后，将调速旋钮调至零。

3.2 关闭吸尘器。

3.3 关闭主电机电源、总电源、真空泵开关。

4. 清洁

4.1 每批生产结束后，用真空管吸出机台内粉粒。

4.2 拆除上冲，再用真空管吸净中转盘上的粉粒。

4.3 拆除下冲。

4.4 依次用饮用水、纯化水擦拭冲模，为防止生锈，也可用无水乙醇进行清洁。

4.5 冲模擦净后，待其干燥后涂上防锈油，放模具保存柜保存。

4.6 依次用饮用水、75%乙醇擦拭加料斗和月形加料器。

4.7 用湿布擦拭压片机的各部分，待其干燥后盖上防护罩。如较长时间不使用设备，应在转盘上涂黄油防锈。

5. 操作注意事项

5.1 启动前检查确认各部件完整可靠，故障指示灯处于不亮状态。

5.2　检查各润滑点润滑油是否充足，压轮是否运转自如。

5.3　观察冲模是否上下运动灵活，与轨道配合良好。

5.4　启动主机前应确认调速旋钮处于零。

5.5　安装加料器注意高度，必要时使用塞规，以保证安装精度。

5.6　机器运转时操作人员不得离开，经常检查设备运转情况，发现异常及时停车检查。

5.7　生产将结束时，注意物料余量，接近无料应及时降低车速或停车，不得空车运转，否则易损坏模具。

5.8　拆卸模具时应关闭总电源，并且只能一人操作，防止因不协调而发生危险。

5.9　紧急情况时按下急停按钮停机，机器故障灯亮时机器自动停下，检查故障并加以排除。

6. 保养

6.1　保证机器各部件完好可靠。

6.2　各润滑油杯和油嘴每班加润滑油和润滑脂，蜗轮箱加机械油，油量以浸入蜗杆一个齿为好，每半年更换一次机械油。

6.3　每班检查冲杆和导轨润滑情况，用机械油润滑，每次加少量，以防污染。

6.4　每周检查机件（蜗轮、蜗杆、轴承、压轮等）是否灵活，上、下导轨是否磨损，发现问题及时与维修人员联系，进行维修，正常后方可继续生产。

7. ZP35B 旋转式压片机常见故障及排除方法

ZP35B 旋转式压片机常见故障及排除方法见下表。

旋转式压片机常见故障及排除方法

故障现象	发生原因	排除方法
机器不能启动	故障灯亮表示有故障待处理	根据各灯显示故障分别给予维修
压力轮不转	1. 润滑不足 2. 轴承损坏	1. 加润滑油 2. 更换轴承
上冲或下冲过紧	上下冲头或冲模清洗不干净或冲头变形	拆下冲头清洁或换冲头冲模
机器震动过大或有异常声音	1. 车速过快 2. 冲头没装好 3. 塞冲 4. 压力过大、压力轮不转	1. 降低车速 2. 重新装冲 3. 清理冲头、加润滑油 4. 调低压力

NJP－1000A 全自动胶囊填充机标准操作规程

1. 开机前的准备工作

1.1　检查电源连接正确。

1.2　检查润滑部位，加注润滑油。

1.3　检查机器各部件是否有松动或错位现象，若有加以校正并坚固。

1.4　将吸尘器软管插入填充机吸尘管内。

1.5　检查真空泵水箱水位是否足够。

1.6　转动手摇离合机构中的拨钗离合手轮使两锥齿轮处于啮合位置（注：此时主

电机处于不启动保护状态，以防止摇手柄尚未取出而主电机启动后摇手柄甩出伤及人员或损坏机器)，并用摇手柄转动手摇轴套使主电机带动机器运转 1 ~3 个循环后再转动拨钗离合手轮使两锥齿轮处于脱开位置，确认无异常情况取下手柄接通电源。

2. 开机

2.1 合上主电源开关，将电源总开关从“0”位置转至“1”位置，吸尘机电机运转。

2.2 旋动显示屏上的钥匙开关旋至“开”位置，接通主机电源，悬挂操作箱面板上的显示屏显示出“欢迎使用”页面，在该页面上首先点击语言选择，然后操作控制页面。

2.3 进入操作控制页后，在〈模式选择〉栏里按“操作模式”上的“→”键，可以进行手动和自动切换，而只有在主机和真空泵处于停止状态才能切换；按“加料切换”上的“→”键，可以进行手动加料和自动加料切换，而只有在加料系统处于非工作状态时才能切换。

2.4 “操作模式”选择手动，按住〈手动操作〉栏里面的主机键（点动），空机试运行 8 ~10 个循环，运转正常后，进行加料、加空心胶囊。

2.5 在〈模式选择〉栏里选择“手动”，按“真空泵”、“主机”、“加料”键进行填充，装量合格后选择“自动工作”。

2.6 按下“自动工作”、“加料开始”键，进行胶囊填充生产。

2.7 按“定量控制”键，根据物料性质设置产量（粒/分钟）。

3. 停机

3.1 按“全线停止”键，真空泵电机、主电机、加料电机停止运转；

3.2 将显示屏上的钥匙开关旋至“关”位置，主机电源切断，显示屏关闭；

3.3 将电源总开关从“1”转至“0”位置，吸尘机电机停止运转；

3.4 关闭电气箱总电源；

3.5 紧急情况时可按下“急停开关”停机。

4. 更换或安装模具

胶囊规格改变时，必须更换计量盘、上下模块、顺序叉、拨叉、导槽等物件，每次换完物件在开机前都必须用手扳动主电机手轮运转 1 ~2 个循环，如果感到异常阻力就不能再继续转动，需对更换部分进行检查，并排除故障。

4.1 上、下模块的更换和安装

4.1.1 松开上、下模具的紧固螺钉，取下上、下模块。

4.1.2 下模块由两个圆柱销定位，装完下模块后再把螺钉拧紧。

4.1.3 装下模块时，先将调试杆分别插入到两个外侧载囊孔中使上、下模块孔对准，再把螺钉上紧，定位好后两个模块调试杆应能灵活转动。

4.1.4 更换模块时用手扳动主电机手轮旋转盘，注意旋转时必须取出模块调试杆。

4.2 胶囊分送部件的更换和安装

4.2.1 松开胶囊料斗的两个紧固螺钉，并取下螺钉和料斗。

4.2.2 用手柄搬运主电机轴，使送囊板运行至最高位置。

4.2.3　拧下送囊板上的四个固定螺钉，取下送囊板。

4.2.4　拧下矫正块上的两个紧固螺钉，取下矫正块。

4.2.5　拧下水平叉上的螺钉，取下水平叉。

4.2.6　将更换的胶囊分送部件按相反顺序装上，并拧紧各固定螺钉即可。

4.3　计量盘及充填杆的更换和安装

4.3.1　升起药粉料斗。

4.3.2　用吸尘器吸去盛粉槽内的药粉。

4.3.3　用手柄转动主动电机轴轮，是充填杆支座处于最高位置。

4.3.4　拧松取下盖形螺母，拧松旋钮螺杆，将压板、夹持器和充填杆向上提起拿下。

4.3.5　将夹持体下方有长孔的小压板螺钉松开，取下充填杆。注意不能让弹簧掉出来，更换充填杆后压上小压板拧紧螺钉即可。

4.3.6　拧下盖板两端的两个紧固螺钉，再取下盛粉环外的挡板，松开盛粉环周边的四个紧固螺钉，将盛粉环和盖板慢慢提离计量盘一起从侧面取出，不必卸掉充填杆底盘。

4.3.7　用专用扳手卸下三个紧固计量盘的螺钉，取下计量盘。

4.3.8　将托座内的药粉清除干净后，装上要更换的计量盘，三个紧固螺钉装上后不能拧紧。

4.3.9　计量盘校正杆分别插入充填座盘多个位置的孔中，稍微转动计量盘，使校正杆顺利的插入孔中，然后轮换拧紧三个螺钉，紧固后如调试不能顺利通过计量盘孔，则需重新调整，直至顺利通过为止。

4.3.10　将盛粉环和盖板一起从侧面进入安装到位，拧紧四个固定盛粉环的螺钉，如更换的计量盘比原盘厚时，则先将刮粉器往上调整，再把固定盖板的两个螺钉拧紧。

4.3.11　盖板固定好后，需仔细调整刮粉器的高度，使刮粉器下平面与计量盘的间隙在0.005～0.1mm之间，然后拧紧固定螺母。

4.3.12　按原位将充填杆、夹持器体及压板装上，并将盖形螺母拧紧。

5. 清洁

5.1　用吸尘机除去盛粉槽内、上下模块、设备台面的残留药粉。

5.2　依次拆下计量及充填装置各部件、胶囊分送装置各部件、上下模块用纯化水洗净后吹干，再用75%乙醇消毒。

5.3　用湿布抹干净设备表面及不能拆卸的部件，再用75%乙醇消毒。

5.4　用湿布抹干净设备外罩有机玻璃面板。

5.5　将真空泵水箱的水排出，并清洗干净。

5.6　除去吸尘机内部收集袋的物料，并清洗干净。

6. NJP－1000A全自动胶囊填充机操作注意事项

6.1　启动前检查确认各部件完整可靠，电路系统是否安全完好。

6.2　检查各润滑点润滑情况，各部件运转是否自如顺畅。

6.3　检查各螺钉是否拧紧，有松动应及时拧紧。

6.4　检查上下模具是否运动灵活顺畅，配合良好。

6.5　在机器运转时，手不得接近任何一个运动的机器部位，防止因惯性带动造成人身伤害。

6.6　安装或更换部件时，应关闭总电源，并一人操作，防止发生危险。

6.7　机器运转時操作人员不得离开，经常检查设备运转情况，机器有异常现象应立即停机，并排除故障。

7. NJP－1000A 全自动胶囊填充机保养规程

7.1　每班保养项目：检查设备紧固螺栓及各连接件有无松动，需保持设备内外清洁，更换真空泵水箱的水，清理吸尘机内部收集袋的粉尘，清除传动链、链轮、凸轮、轴承、滚轮的油污，并加注润滑油（脂）。

7.2　每月保养项目：检查主传动减速器的油量是否足够，清洗真空度过滤器。

7.3　每半年保养项目：卸下转台盘的凸轮，清除油污，检查凸轮轮廓线，涂润滑脂；检查安装在滑动架上的轴承，更换松动、磨损的轴承；检查、修理胶囊分送机构，更换损坏的轴承及零部件；检查、修理送粉机构，更换损坏件；检查、修理计量装置的充填杆、夹持器，更换失效的夹持器弹簧；检查清洗传动链、链轮、齿轮，修理或更换损坏件；检查、修理真空泵、管路及其他附件，更换损坏件。

7.4　每年保养项目：解体检查、修理六工位分度箱，检查分度定位机械，更换磨损件；解体检查、修理计量装置，更换磨损件及轴承；检查、修理或更换主轴凸轮、链轮、齿轮；检修吸尘器等附属设备。

8. NJP－1000A 全自动胶囊填充机常见故障及排除方法

NJP－1000A 全自动胶囊填充机常见故障及排除方法见下表。

NJP－1000A 型全自动胶囊填充机常见故障及排除

序　号	故障状态	故障原因	排除方法
1	胶囊未能正常分离	1. 真空度过小 2. 模孔积垢 3. 模孔同轴度不对 4. 胶囊碎片堵塞吸囊头气孔 5. 模块损坏 6. 真空管路堵塞	1. 调整真空阀适量增加真空度 2. 清洗上、下模孔 3. 用上、下模块芯棒校正同轴度 4. 用小钩针清理胶囊碎片 5. 更换模块 6. 疏通真空管路
2	不自动加料	1. 电路接触不良 2. 料位传感器或供料电器损坏 3. 上料开关跳闸	1. 检查电路，排除故障 2. 检查传感器灵敏度，清理传感器接近开关，调整传感器灵敏度 3. 将上料开关复位
3	胶囊锁合出现擦皮、凹口	1. 模孔同轴度不对 2. 锁囊顶针弯曲 3. 顶针端面积垢 4. 顶针高度偏高 5. 模孔损坏或磨损	1. 用上、下模块芯棒校正同轴度 2. 调整或更换锁囊顶针 3. 清洗顶针端面 4. 调整顶针高度 5. 更换模块
4	锁紧不到位	1. 锁囊顶针偏低 2. 充填过量	1. 调整锁囊顶针高度 2. 调整工艺
5	主机故障停机	1. 离合器摩擦片过松 2. 剂量盘下平面与铜环上平面摩擦力增大	1. 调整摩擦片压力 2. 降低生产环境相对湿度；调整剂量盘下平面间隙

目标检测

一、选择题

（一）单项选择题

1. 干法粉碎时物料的含水量是（　　）

A. 一般不应少于30%　　B. 一般应少于5%

C. 一般应少于8%　　D. 控制在5%～8%之间

2. 球磨机工作转速为临界转速的（　　）

A. 25%～35%　　B. 35%～50%　　C. 50%～60%　　D. 60%～80%

3. 气流式粉碎机的原理是（　　）

A. 高速流体使药物颗粒之间或颗粒与器壁之间的碰撞作用

B. 不锈钢齿的研磨与撞击作用

C. 圆球的研磨与撞击作用

D. 机械面的相互挤压与研磨作用

4. 使用齿式粉碎机粉碎药物时，正确的操作过程是（　　）

A. 先加料后开粉碎机　　B. 同时加料与开机

C. 开机后立即加料　　D. 开机后待其转速恒定时再加料

5. 关于V型混合机的叙述错误的是（　　）

A. 即可混合湿物料也可混合干物料

B. 属于回转型混合设备

C. 最适宜的转速为其临界转速的30%～40%

D. 最适宜的容积装量比为30%～40%

6. 物料在全容器内产生旋涡和上下的循环运动的设备是（　　）

A. 三维运动混合机　　B. V型混合机

C. 槽型混合机　　D. 锥形混合机

7. 以下不属于快速混合制粒机的功能的是（　　）

A. 混合　　B. 制软材　　C. 制湿颗粒　　D. 干燥

8. 在通一台设备内可完成混合、制粒、干燥，甚至包衣等操作的是（　　）

A. 摇摆式颗粒机　　B. 快速混合制粒机

C. 流化床制粒机　　D. V型混合机

9. 旋转式压片机采用的加料器是（　　）

A. 月形栅式加料器　　B. 强迫式加料器

C. 主动式加料器　　D. 全自动加料器

10. 高速压片机通常采用的加料器是（　　）

A. 月形栅式加料器　　B. 强迫式加料器

C. 主动式加料器　　D. 全自动加料器

11. 旋转式压片机压片时（　　），片剂的重量越重

A. 上、下冲头的距离越大　　　　B. 填充轨位置越高
C. 上、下冲头的距离越小　　　　D. 填充轨位置越低

12. 旋转式压片机压片时（　　），片剂的硬度越大
A. 上、下压轮的距离越大　　　　B. 填充轨位置越高
C. 上、下压轮的距离越小　　　　D. 填充轨位置越低

13. 下列不属于旋转式压片机压片过程的是（　　）
A. 填充　　B. 压片　　C. 出片　　D. 剔废

14. 硬胶囊填充机中胶囊定向排列的原理是（　　）
A. 利用囊身与囊帽的直径差和滑槽的尺寸
B. 真空定向原理
C. 利用囊身与囊帽的重量差
D. 压缩空气定向原理

15. 全自动胶囊填充机的工作流程正确的是（　　）
A. 胶囊和药粉的供给→帽体分离→胶囊定向排列→药粉填充→剔废→帽体闭合→成品排出
B. 胶囊和药粉的供给→胶囊定向排列→帽体分离→药粉填充→帽体闭合→剔废→成品排出
C. 胶囊和药粉的供给→胶囊定向排列→帽体分离→药粉填充→剔废→帽体闭合→成品排出
D. 胶囊和药粉的供给→帽体分离→胶囊定向排列→剔废→药粉填充→帽体闭合→成品排出

16. 下列设备中，配有冷却装置的是（　　）
A. 软胶囊压制机　　　　B. 高效包衣机
C. 旋转式压片机　　　　D. 快速混合制粒机

17. 压制法生产软胶囊时，药液装量的调节可通过改变（　　）来完成
A. 压力的大小　　　　B. 柱塞泵的行程
C. 药液的黏度　　D. 设备运行速度

18.（　　）可将两种不同药物的颗粒或微丸，如速释微丸和控释微丸，装入同一胶囊中，从而使药物在体内迅速达到有效治疗浓度并维持较长的作用时间
A. 连续式滑块－活塞定量填充装置　　B. 间歇插管式定量填充装置
C. 填塞式定量填充装置　　　　D. 真空定量填充装置

19. 泡罩包装机的工作过程是（　　）
A. 成型——加料——检整——密封——压痕——冲裁
B. 检整——成型——加料——密封——压痕——冲裁
C. 加料——成型——检整——密封——压痕——冲裁
D. 压痕——成型——加料——检整——密封——冲裁

20. PVC 硬片软化成型的温度范围为（　　）
A. 100～110℃　　B. 110～120℃　　C. 110～130℃　　D. 100～120℃

（二）多项选择题

1. 关于粉碎设备使用注意和维护的叙述正确的是（　　）
   A. 高速转动的粉碎机应空机启动，运转平稳后再加料
   B. 应控制进料量和进料速度
   C. 及时将已符合粒度的细粉分离出来
   D. 操作间内应有吸尘装置
   E. 粉碎操作中出现温度过高也属正常现象
2. 三维运动混合机的组成部件包括（　　）
   A. 传动系统　　B. 电机控制系统
   C. 多项运动结构　　D. 混合筒
   E. 真空系统
3. 既有混合作用又有制粒作用的设备室有（　　）
   A. 槽型混合机　　B. 摇摆式颗粒机
   C. 快速混合制粒机　　D. 流化床制粒机
   E. 锥型混合机
4. 以下属于旋转式压片机组成部件的是（　　）
   A. 上转盘　　B. 下压轮
   C. 加料斗　　D. 填充轨
   E. 冲模
5. 高速压片机是通过（　　）等装置来实现高速压片工艺的
   A. 二次加压　　B. 强迫式加料
   C. 压力安全保护装置　　D. 单片剔废装置
   E. 自动润滑
6. 根据锅型的不同，高效包衣机主要由（　　）三类组成
   A. 荸荠式　　B. 滚筒式
   C. 无孔式　　D. 网孔式
   E. 间隔网孔式
7. 软胶囊压制主机中需要加热的部分有（　　）
   A. 明胶盒　　B. 胶皮轮
   C. 楔形喷体　　D. 下丸器
   E. 滚模
8. 高效包衣机成套设备包括（　　）
   A. 包衣锅　　B. 定量喷雾系统
   C. 送风系统　　D. 排风系统
   E. 程序控制系统
9. 滚模式软胶囊机的成套设备包括（　　）
   A. 软胶囊压制主机　　B. 输送机
   C. 干燥机　　D. 明胶桶
   E. 电控柜

10. 滴制式软胶囊机其主要组成是（　　）

A. 滴制部分

B. 冷却部分

C. 电气自控系统

D. 干燥部分

E. 输送部分

二、简答题

1. 摇摆式颗粒机与快速混合制粒机哪种设备更符合 GMP 要求？为什么？
2. 旋转式压片机的工作过程原理是什么？
3. 旋转式压片机中调节片剂重量和硬度的装置名称是什么？并简述其工作原理。
4. 全自动胶囊填充机填充胶囊的工艺流程是什么？
5. 铝塑泡罩包装机的成型方法和封合方法各有哪些？

第四章 注射剂生产设备

知识目标

1. 掌握注射剂相关生产设备的结构、原理及使用方法。
2. 熟悉注射剂相关生产设备的维修与保养。
3. 了解注射剂相关生产设备的现状及未来发展方向。

技能目标

通过本章的学习，培养阅读与注射剂设备相关的技术资料的能力。能利用本章所学知识去解决药物制剂工程实际问题。学会典型注射剂生产设备的操作、维护及保养方法。

注射剂系指药物制成的供注入体内的无菌溶液（包括乳浊液和混悬液）以及供临用前配成溶液或混悬液的无菌粉末或浓溶液。

注射剂通常又称针剂，是由药物和附加剂、溶媒及特制的容器所组成，并需采用避免污染或杀灭细菌等工艺制备的一种剂型。注射剂的出现虽然比较晚，迄今仅有一百多年的历史，尤其中药注射剂则更晚一些，距现在只有二三十年的历程。但是，由于注射剂具有它剂型不可比拟的独特优点，故到目前注射剂在全世界已发展成为一种普遍应用的大剂型。

注射剂具有以下优点。

（1）药效迅速，作用可靠。无论何种注射剂到临床应用时均以液体状态直接注射入人体，所以吸收快，作用迅速。并且因注射剂不经胃肠道，故不受消化系统及食物的影响。

（2）适用于不宜口服给药的患者。在临床上常遇到神昏、抽搐、消化系统障碍等状态的病人，均不能口服给药，采用注射剂则是有效的给药途径。

（3）适于不宜口服的药物。某些药物由于本身的性质不宜口服，如制成注射剂可解决之，其中，中药天花粉的结晶蛋白制成粉针剂便是一例。

（4）可使个别药物发挥定位药效。如盐酸普鲁卡因注射液可用于局部麻醉。

（5）可以穴位注射发挥特有的疗效。如当归注射液等。

（6）注射剂是将药液或粉末密封于特制的容器之中与外界空气隔绝，且在制造时经过灭菌处理或无菌操作，故较其他液体制剂耐贮存。

当然，注射剂也有它的缺点。例如，注射剂研制和生产过程复杂，安全性及机体适应性差，成本较高等。这些不足随着医药科学的不断发展，生产技术的不断革新，产品质量的不断提高已能逐渐得到克服。例如现已应用的无针注射剂、无痛注射术以及生产上实现自动化、联动化等，对克服其缺点、促进其发展创造了有利的条件。

注射剂按剂型的物态分类可分为以下三大类。

（1）液体注射剂　亦称注射液，俗称“水针”。药物制剂生产中按工艺特点通常分为最终灭菌小容量注射剂和最终灭菌大容量注射剂两种。

液体注射剂系将药物配制成溶液（水性或非水性）、悬液或乳浊液，装入不同容量的容器中而成的制剂。装入安瓿中制成的注射剂称为最终灭菌小容量注射剂，装在大容量容器（如大容量玻璃或塑料瓶、软袋等）中制成的注射剂称为最终灭菌大容量注射剂。一般水溶性药物要求在注射后达到速效，故多配成水溶液或水的复合溶液（如水溶液中另加乙醇、丙二醇、甘油等）。有些药物不宜制成水溶液，如在水中难溶或为注射后能延长药效等，可制成油溶液、水或油混悬液、乳浊液，但这些注射液一般仅供肌肉注射用。

（2）注射用粉剂　俗称“粉针”。药物制剂生产中按工艺特点通常分为无菌分装粉针剂和冻干粉针剂两种。

某些药物稳定性较差，制成溶液后易于分解变质。这类药物一般可采用无菌操作法，将供注射用的灭菌粉状药物装入西林瓶或其他适宜容器中，临用时用适当的溶媒溶解或混悬，这类药物在制剂生产中通常称为无菌分装粉针剂。如青霉素、链霉素、苯巴比妥钠等均可制成“粉针”。近年来国内外已研制成功一批中药粉针剂，如将人参提取物制备成注射用粉针剂。

还有一些药物，如酶制剂，为了保持稳定亦常在无菌操作下冷冻干燥后制成注射用粉针剂；有的生物制品亦采用冻干法制成粉针剂，如胎盘白蛋白注射用粉针剂等。这类药物在制剂生产中通常称为冻干粉针剂。

（3）注射用片剂　系指药物用无菌操作法制成的模印片或机压片，临用时用注射用水溶解，供皮下或肌肉注射之用，如盐酸吗啡注射用片。但此类制剂目前应用极少，故本章不做重点介绍。

注射剂的质量要求是十分严格的。注射剂的用药方式是直接注入人体，虽然疗效迅速，但是其质量要求也比其他剂型更加严格，质量控制不好很容易出现严重不良反应甚至危及患者生命。所有各种注射剂，除应有制剂的一般要求外，还必须符合下列各项质量要求。

（1）无菌　注射剂内不应含有任何活的微生物，必须符合《中国药典》无菌检查的要求。

（2）无热原　注射剂内不应含有热原。

（3）澄明　溶液型注射剂内不得含有可见的异物或混悬物，应符合澄明度检查的有关规定。

（4）安全　注射剂必须对机体无毒性反应和刺激性。

（5）等渗　对用量大、供静脉注射的注射剂应具有与血浆相同的或略偏高的渗透压。

（6）pH　注射剂应具有与血液相等或相近的 pH。

（7）稳定　注射剂必须具有必要的物理稳定性和化学稳定性，以确保产品在贮存期安全、有效。

（8）此外，有些注射剂还应检查是否有溶血作用、致敏作用等，对不合要求的严禁使用。

注射剂制备的工艺设备流程：注射剂制备主要包括制药工艺用水制备、原辅料的准备与处理、配制、灌封、灭菌、检查和包装等过程。注射剂生产设备主要包括制药用水生产设备、配液过滤设备、包装容器清洗设备、溶液灌封设备、干燥灭菌设备、质检及包装设备等。

第一节 制药用水生产设备

制药生产中根据工艺质量要求会使用各种不同的水，例如溶解药品、洗涤包装容器等，这些水统称为制药工艺用水。制药工艺用水主要包括饮用水、纯化水和注射用水。

（1）饮用水　供人类日常饮用和日常生活用水，包括自来水和天然水，是制备纯化水的原料水。饮用水不能直接作为制剂的制备或实验用水。

（2）纯化水　为原水经蒸馏法、离子交换法、反渗透法或其他适宜的方法制得的不含任何附加剂的制药用水，可作为配制剂用的溶剂或实验用水，不得用于注射剂的配制。

（3）注射用水　指符合《中国药典》注射用水项下规定的水。注射用水为蒸馏水或去离子经蒸馏所得的水，故又称重蒸馏水。蒸馏水为通过蒸馏法制得符合《中国药典》2010 年版纯化水项下规定的水；去离子水为经离子交换法制得的 25℃时电阻大于 0.5MΩ · cm 的水。

制药工艺用水的具体水质要求和用途见表 4－1。

表 4－1　工艺用水的要求和用途

水质类别		用　途	水质要求
饮用水		1. 制备纯化水的水源 2. 口服剂瓶子初洗 3. 设备、容器的初洗 4. 中药材、中药饮片的清洗、浸润和提取	应符合生活饮用水卫生标准（GB 5749－85）
纯化水	去离子水	1. 制备注射用水（纯蒸汽）的水源 2. 非无菌药品直接接触药品的设备、器具和包装材料最后一次洗涤用水 3. 注射剂、无菌药品瓶子的初洗 4. 非无菌药品的配料 5. 非无菌药品原料精制	应符合《中国药典》标准
	蒸馏水	1. 制备注射用水（纯蒸汽）的水源 2. 非无菌药品原料精制 3. 溶剂 4. 口服制剂外用药配料	应符合《中国药典》标准
注射用水		1. 无菌产品直接接触药品的包装材料最后一次精洗用水 2. 注射剂、无菌冲洗剂配料 3. 无菌原料药精制 4. 无菌原料药直接接触无菌原料的包装材料的最后洗涤用水	应符合《中国药典》标准

以下，主要对制药生产中最主要的两种工艺用水，即纯化水和注射用水的生产工艺设备作详细介绍。

一、纯化水设备

纯化水的制备方法主要有蒸馏法、离子交换法、电渗析法、反渗透法等。

（一）纯化水制备工艺流程

纯化水制备有以下 4 种流程。

（1） 原水→预处理→阳离子交换→阴离子交换→混床→纯化水

（2） 原水→预处理→电渗析→阳离子交换→阴离子交换→混床→纯化水

（3） 原水→预处理→弱酸床→反渗透→阳离子交换→阴离子交换→混床→纯化水

（4） 原水→预处理→弱酸床→反渗透→脱气→混床→纯化水

其中第（1）种工艺又称全离子交换法，用于符合饮用水标准的原水，常用于原水含盐量 <500mg/L 的原水。

第（2）种工艺常用于含盐量 >500mg/L 的原水，离子交换前增加了电渗析工序，能先去除 75% ~85% 的离子，以减轻离子交换负担，减少离子交换树脂的频繁再生，使树脂制水周期延长，也可减少再生时酸、碱用量，提高生产效率、降低成本、减少排污污染。

第（3）种工艺是以反渗透法代替电渗析法，反渗透能除去 85% ~90% 的盐类，脱盐率高于电渗析；此外，反渗透还具有除菌、去热原、降低 COD（化学耗氧量）作用；但反渗透设备投资和运行费用较高。当原水含盐量超过 800mg/L 时，反渗透装置前应增设钠离子交换或弱酸床，以消除水中钙镁离子，减少反渗透膜表面结垢。

第（4）种工艺是以反渗透直接作为混床的前处理，此时为了减轻混床再生时碱液用量，在混床前设置脱气塔，以脱去水中的二氧化碳。

（二）纯化水设备

1. 预处理设备

制备纯化水的水源应为饮用水。水有时受到污染，含有悬浮物、重金属、有机物、余氯等，在制备纯化水前，原水根据情况需经预处理，如加絮凝剂、过滤、吸附等，以保证纯化水设备的正常运行。

预处理设备可据水质情况进行以下几种配备。

（1）水源中悬浮物含量较高，需设置砂滤（多介质）。

（2）水源中硬度高，需增加软化工序。

（3）水源中有机物含量较高，需增加絮凝剂凝聚、活性炭吸附。

（4）水源中氯离子较高，为防止对后工序离子交换，反渗透的影响，需加氧化-还原处理（通常加 $NaHSO_3$）。

（5）水源中 CO_2 含量高时，需采用脱气装置。

（6）水源中细菌较多，需采用加氯或臭氧，或紫外灭菌。

2. 离子交换柱

去离子法制水原理是利用离子交换树脂将水中溶解的盐类、矿物质及溶解性气体等杂质去除。由于水中杂质种类繁多，故在做离子交换除杂质时，既备有阴离子树脂也备有阳离子树脂，或是在装有混合树脂的离子交换柱中进行。基本过程原理是，以包含磺酸根的苯乙烯和二乙烯苯制成的阳离子交换树脂会以氢离子交换碰到的各种阳离子（例如 Na^+、Ca^{2+}、Al^{3+}）。同样的，以包含季铵盐的苯乙烯制成的阴离子交换树脂会以氢氧根离子交换碰到的各种阴离子（如 Cl^-）。从阳离子交换树脂释出的氢离子与从阴离子交换树脂释出的氢氧根离子相结合后生成纯水。

离子交换柱也称混床，是去离子法制水的关键设备。所谓的离子交换柱，就是把一定比例的阳、阴离子交换树脂混合装填于同一交换装置中，对水中的离子进行交换、脱除。由于颗粒状的离子交换树脂多是装在细长管柱内使用，所以通常俗称为离子交换柱。图 4－1 是离子交换柱的结构示意图。离子交换柱一般用有机玻璃或内衬橡胶的钢板制成。一般，产水量 $5m^3/h$ 以下常用有机玻璃制造，其柱高与柱径之比为 5～10；产水量较大时，材质多为钢衬胶或复合玻璃钢的有机玻璃，其高径比为 2～5。树脂层高度约占圆筒高度的 60%。离子交换柱的附属管道一般用 PP 或 ABS 制造。

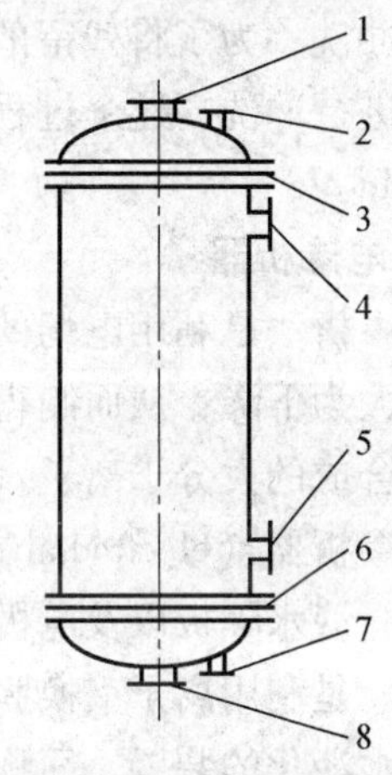

图 4－1　离子交换柱的结构示意图

1. 入水口；2. 上排污口；3. 上布水器；4. 装树脂口；5. 出树脂口；6. 下布水器；7. 下排污口；8. 出水口

离子交换柱（混床）的分类：混床按再生方式分可分为体内再生混床、体外再生混床、阴树脂外移再生混床三种。

（1）体外再生混床适合小流量、对环保有严格要求的企业。但由于体外再生式混床配套设备多，操作复杂，现在已很少使用。

（2）体内再生混床和阴树脂外移再生混床适合大流量，有专门的水处理操作人员及废水处理的场合。体内再生混床在运行及整个再生过程均在混床内进行，再生时树脂不移出设备以外，且阳、阴树脂同时再生，因此所需附属设备少，操作简便。

（3）阴树脂外移再生混床：阴树脂外移再生式混合床及其配套的阴树脂再生柱基本构造与小型逆流再生固定床大致相同，阴树脂再生柱厚度较混合床小，所需的膨胀高度为树脂层高度的 50%～60%，故再生柱可较低，但一般为统一起见做成与混合床相同。

离子交换法制水的标准工作流程主要有制水、反洗、再生（吸盐）、慢冲洗（置换）、快冲洗五个过程。任何以钠离子交换为基础的软化水设备都是在这五个流程的基础上发展来的（其中，全自动软化水设备会增加盐水重注过程）。

反洗：工作一段时间后的设备，会在树脂上部拦截很多由原水带来的污物，把这些污物除去后，离子交换树脂才能完全暴露出来，再生的效果才能得到保证。反洗过程就是水从树脂柱的底部流入，从顶部流出，这样可以把顶部拦截下来的污物冲走。这个过程一般需要 5～15min 左右。

再生（吸盐）：即将盐水注入树脂罐体的过程，传统设备是采用盐泵将盐水注入，全自动的设备是采用专用的内置喷射器将盐水吸入（只要进水有一定的压力即可）。在实际工作过程中，盐水以较慢的速度流过树脂的再生效果比单纯用盐水浸泡树脂的效果好，所以软化水设备都是采用盐水慢速流过树脂的方法再生，这个过程一般需要30min左右，实际时间受用盐量的影响。

慢冲洗（置换）：在用盐水流过树脂以后，用原水以同样的流速慢慢将树脂中的盐全部冲洗干净的过程叫慢冲洗，由于这个冲洗过程中仍有大量的功能基团上的钙镁离子被钠离子交换，根据实际经验，这个过程中是再生的主要过程，所以很多人将这个过程称作置换。这个过程一般与吸盐的时间相同，即30min左右。

快冲洗：为了将残留的盐彻底冲洗干净，要采用与实际工作接近的流速，用原水对树脂进行冲洗，这个过程的最后出水应为达标的软水。一般情况下，快冲洗过程为5～15min。

3. 电渗析器

电渗析法是利用电场的作用，强行将离子向电极处吸引，致使电极中间部位的离子浓度大为下降，从而制得纯水的。一般情况下水中离子都可以自由通过交换膜，除非人工合成的大分子离子。

电渗析器（electrodialyzer）是电渗析法制水的关键设备，是一种阴、阳离子交换膜，浓、淡水隔板以及电极板等按一定规则排列，用夹紧装置夹紧组装成的脱盐或浓缩设备。是利用离子交换膜和直流电场，使水中电解质的离子产生选择性迁移，从而达到使水淡化的装置。简称ED。

电渗析器的构造，由膜堆、极区和压紧装置三大部分构成。

（1）膜堆　其结构单元包括阳膜、隔板、阴膜，一个结构单元也叫一个膜对。一台电渗析器由许多膜对组成，这些膜对总称为膜堆。隔板常用1～2mm的硬聚氯乙烯板制成，板上开有配水孔、布水槽、流水道、集水槽和集水孔。隔板的作用是使两层膜间形成水室，构成流水通道，并起配水和集水的作用。电渗析膜，与离子交换树脂具有相同化学结构的有机高分子聚合物为骨架，与一定数量的交联剂通过横键架桥作用构成的空间网状结构树脂膜。

（2）极区　极区的主要作用是给电渗析器供给直流电，将原水导入膜堆的配水孔，将淡水和浓水排出电渗析器，并通入和排出极水。极区由托板、电极、极框和弹性垫板组成。电极托板的作用是加固极板和安装进出水接管，常用厚的硬聚氯乙烯板制成。电极的作用是接通内外电路，在电渗析器内造成均匀的直流电场。阳极常用石墨、铅、铁丝涂钉等材料；阴极可用不锈钢等材料制成。极框用来在极板和膜堆之间保持一定的距离，构成极室，也是极水的通道。极框常用厚5～7mm的粗网多水道式塑料板制成。垫板起防止漏水和调整厚度不均的作用，常用橡胶或软聚氯乙烯板制成。

（3）压紧装置　其作用是把极区和膜堆组成不漏水的电渗析器整体。可采用压板和螺栓拉紧，也可采用液压压紧。

电渗析器工作原理，如图4－2所示，电渗析器中交替排列着许多阳膜和阴膜，分隔成小水室。当原水进入这些小室时，在直流电场的作用下，溶液中的离子就作定向迁移。阳膜只允许阳离子通过而把阴离子截留下来；阴膜只允许阴离子通过而把阳离子截留下来。结果使这些小室的一部分变成含离子很少的淡水室，出水称为淡水。而与淡水室相邻的小室则变成聚集大量离子的浓水室，出水称为浓水。从而使离子得到了分离和浓缩，水便得到了净化。

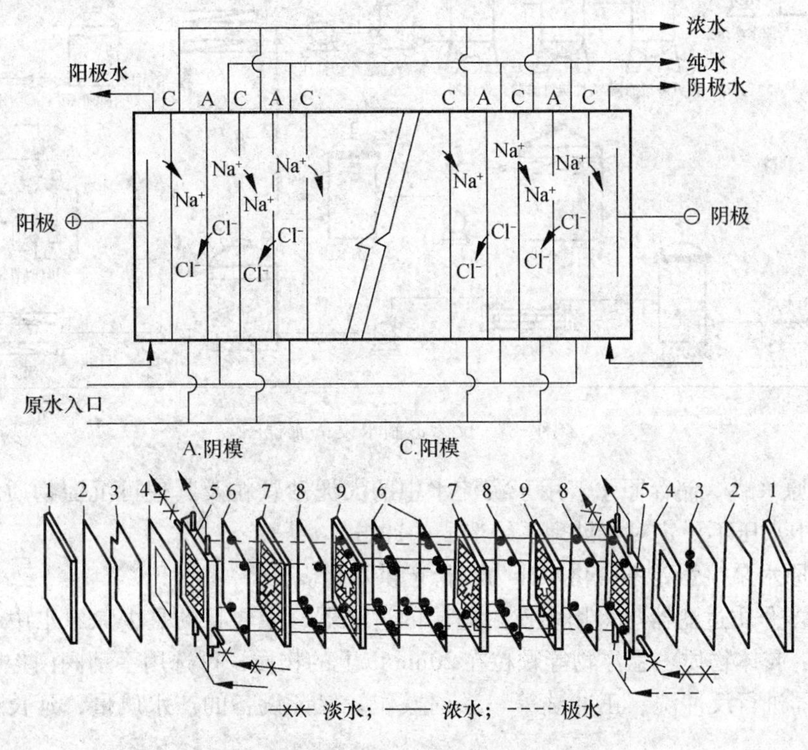

图4－2　电渗析法原理图

电渗析和离子交换相比，有以下异同点。

(1) 分离离子的工作介质虽均为离子交换树脂，但前者是呈片状的薄膜，后者则为圆球形的颗粒。

(2) 从作用机制来说，离子交换属于离子转移置换，离子交换树脂在过程中发生离子交换反应。而电渗析属于离子截留置换，离子交换膜在过程中起离子选择透过和截阻作用。所以更精确地说，应该把离子交换膜称为离子选择性透过膜。

(3) 电渗析的工作介质不需要再生，但消耗电能；而离子交换的工作介质必须再生，但不消耗电能。

电渗析法制水的特点是，不需要消耗化学药品，设备简单，操作方便。

4. 反渗透装置

反渗透是一种借助于选择透过（半透过）性膜的工力能以压力为推动力的膜分离技术，当系统中所加的压力大于进水溶液渗透压时，水分子不断地透过膜，经过产水流道流入中心管，然后在一端流出水中的杂质，如离子、有机物、细菌、病毒等，被截留在膜的进水侧，然后在浓水出水端流出，从而达到分离净化目的。

如图4－3反渗透制水设备流程图所示，反渗透制水系统主要由以下设备组成。

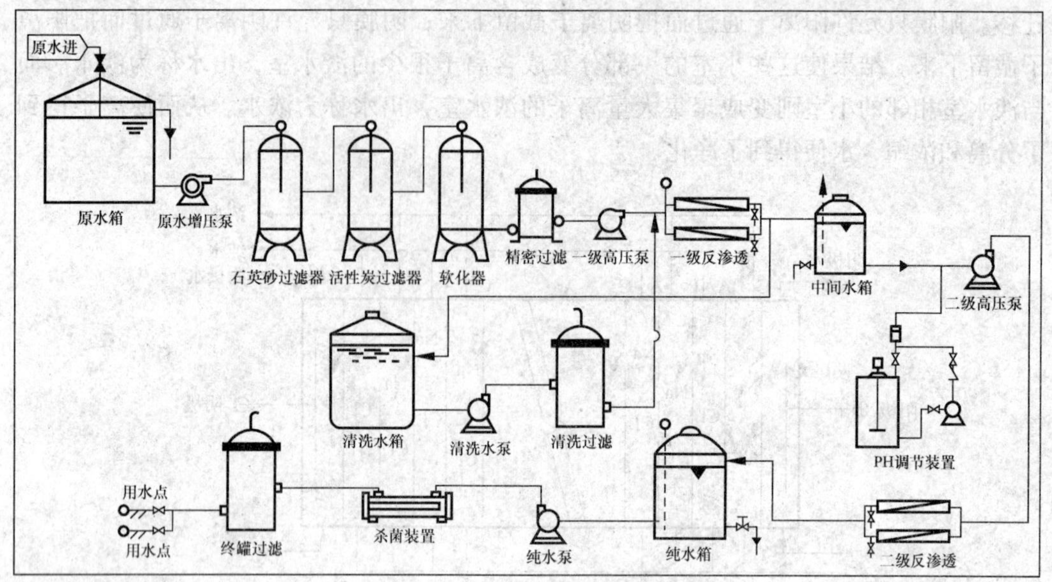

图4-3 反渗透制水设备流程图

（1）原水罐 储存原水，用于沉淀水中的大泥沙颗粒及其他可沉淀物质。同时缓冲原水管中水压不稳定对水处理系统造成的冲击。

（2）原水泵 恒定系统供水压力，稳定供水量。

（3）多介质过滤器 采用多次过滤层的过滤器，主要目的是去除原水中含有的泥沙、铁锈、胶体物质、悬浮物等颗粒在20um以上的物质，可选用手动阀门控制或者全自动控制器进行反冲洗、正冲洗等一系列操作。保证设备的产水质量，延长设备的使用寿命。

（4）活性炭过滤器 系统采用果壳活性炭过滤器，活性炭不但可吸附电解质离子，还可进行离子交换吸附。由于吸附作用使表面被吸附复制的浓度增加，因而还起到催化作用，去除水中的色素、异味、大量生化有机物，降低水的余氯值及农药污染物和除去水中的三卤化物（THM）以及其他的污染物。可选用手动阀门控制或者全自动控制器进行反冲洗、正冲洗等一系列操作。保证设备的产水质量，延长设备的使用寿命。同时，设备具有自我维护系统，运行费用很低。

（5）离子软化系统/加药系统 R/O装置为了溶解固体形物的浓缩排放和淡水的利用，为防止浓水端特别是RO装置最后一根膜组件浓水侧出现$CaCO_3$，$MgCO_3$，$MgSO_4$，$CaSO_4$，$BaSO_4$，$SrSO_4$，$SiSO_4$的浓度积大于其平衡溶解度常数而结晶析出，损坏膜原件的应有特性，在进入反渗透膜组件之前，应使用离子软化装置或投放适量的阻垢剂阻止碳酸盐、硫酸盐的晶体析出。

（6）精密过滤器 采用精密过滤器对进水中残留的悬浮物、非曲直粒物及胶体等物质去除，使RO系统等后续设备运行更安全、更可靠。滤芯为5μm熔喷滤芯，目的是把上级过滤单元漏掉的大于5μm的杂质除去。防止其进入反渗透装置损坏膜的表面，从而损坏膜的脱盐性能。

（7）反渗透系统 是用足够的压力使溶液中的溶剂（一般是水）通过反渗透膜（或称半透膜）而分离出来。反渗透法能适应各类含盐量的原水，尤其是在高含盐量的水处理工程中，能获得很好的技术经济效益。反渗透法的脱盐率提高，回收率高，运行稳定，占地面积小，操作简便，反渗透设备在除盐的同时，也将大部分细菌、胶体及大分子量的有机物去除。

（8）臭氧杀菌器/紫外线杀菌器（可选）杀灭由二次污染产生的细菌彻底保证成品水的卫生指标。

通常情况下，渗透是指一种浓溶液向一种稀溶液的自然渗透，但是在这里是指靠外界压力使原水中的水透过膜，而杂质被膜阻挡下来，原水中的杂质浓度将越来越高，故称做反渗透。反渗透原理如图 4-4，图中 π 为溶液渗透压，p 为所加外压。反渗透膜不仅可以阻挡截留住细菌、病毒、热原、高分子有机物，还可以阻挡盐类及糖类等小分子。反渗透法制纯水时没有相变，故能耗较低。

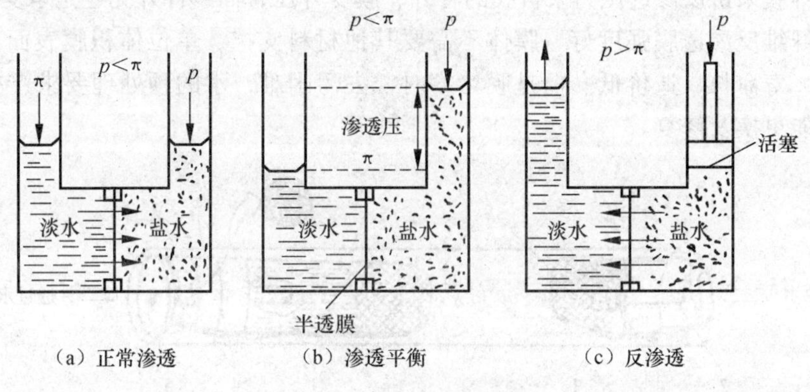

图 4-4 反渗透原理图

反渗透装置（RO）与一般微孔膜过滤装置的结构完全一样，只是由于它需要较高的压力，所以结构强度要求高。由于水透过膜的速率较低，故一般反渗透装置中单位体积的膜面积要大。因而工业中使用较多的反渗透装置型式是螺旋卷绕式及中空纤维式结构。

螺旋卷绕式组件如图 4-5 所示，是将两张单面工作的反渗透膜相对放置，中间夹有一层原水隔网，以提供原水流道。在膜的背面放置有多孔支撑层，以提供纯水流道。将这样四层材料一端固封于开孔的中心管上，并以中心管为轴卷绕而成。在卷轴的一

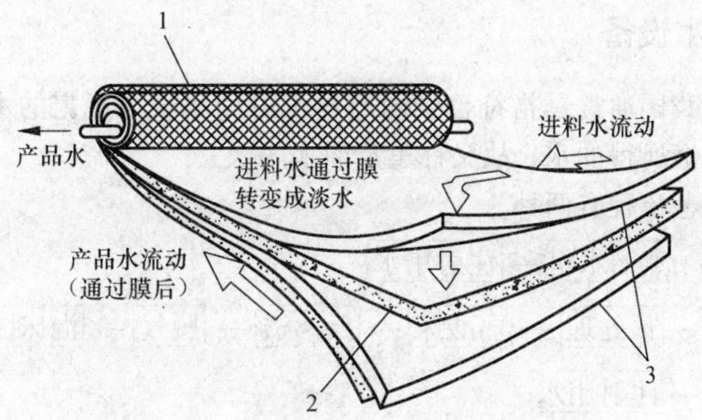

图 4-5 螺旋卷反渗透膜示意图

1. 进料水-盐水隔离网；2. 多孔支持层；3. 膜

端保留原水通道，密封膜与支撑材料的边缘，而另一端保留纯水通道，密封膜与隔网的边缘。将整个卷轴装入机壳中即成组件。利用高压力迫使原水以较高的流速沿隔网空隙流过膜面，纯水透过膜而汇集于中心管，带有截留物的浓缩水则顺隔网空隙自组件另一端汇集引出。

中空纤维反渗透组件如图4－6所示，是由许多根中空的细丝状反渗透膜束集在一起用环氧树脂固封，并用其成型为管板，再将整束纤维装在耐压管壳内，构成组件。内压式组件是自一端管内通入原水，透过纤维壁渗出，在壳内汇集并引出纯水，浓缩水由纤维另一端引出。原水自管壳一端引到中心的原水分布管后，进入中空纤维膜的纤维之间，在流体压力推动下反渗透到纤维中心，再于树脂管板端部汇集引出为纯水。被中空纤维膜截留的浓缩水在纤维外汇集并穿过隔网，自管壳上的浓缩水引出管引出。就中空纤维膜来讲反渗透压力来自膜的管外，膜受外压，而组件外壳还是承受的内压。

中空纤维反渗透膜强度好，膜体不需要其他材料支撑，单位体积膜表面积大。设备体积小、寿命长、造价低。但是膜堵塞时，去污困难，水的预处理要求严格。膜一旦破坏不能更换及修复。

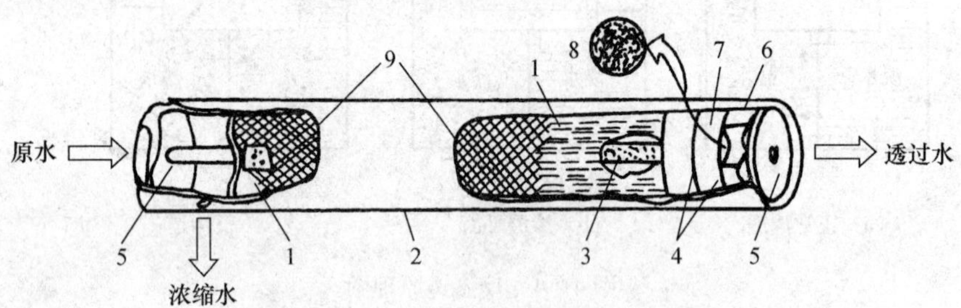

图4－6　中空纤维式反渗透膜示意图

1. 中空纤维；2. 外壳；3. 原水分布管；4. 密封隔圈；5. 端板；6. 多孔支撑板；7. 环氧树脂管板；8. 中空纤维端部示意；9. 隔网

反渗透膜使用条件较为苛刻，比如原水中悬浮物、有害化学元素、微生物等均会降低膜的使用效果，所以原水的预处理较为严格。

在注射用水中，常以纯化水、去离子水、电渗析水再经蒸馏才能使用。当水源水质较好时，反渗透法制得的水可以直接作为注射用水。

二、注射用水设备

注射用水，在我国通常是指符合中国药典注射用水项下规定的水。注射用水为蒸馏水或去离子经蒸馏所得的水，故又称重蒸馏水。

常用的生产工艺流程有两种。

（1）纯化水→蒸馏水机→注射用水

（2）自来水→预处理→弱酸床→反渗透→脱气→混床→紫外线杀菌→超滤→微孔滤膜→注射用水

第（1）种工艺流程是纯化水经蒸馏所得的注射用水，为各国药典（包括《中国药典》）所收载。第（2）种工艺流程为《美国药典》采用，操作费用较低，但受膜技术水平的影响。

以下主要介绍我国普遍使用的第一种制备流程的工艺设备。这种工艺主要的设备就是注射用水的蒸馏设备和贮存设备。

（一）蒸馏水机

蒸馏水机可分为压气式蒸馏水机和多效蒸馏水机二大类，其中多效蒸馏水机又可分为列管式、盘管式、和板式 3 种型式。板式尚未广泛使用。

1. 压气式蒸馏水机

如图 4－7 所示，压气式蒸馏水机主要由自动进水器、蒸馏水换热器、不凝性气体换热器、加热室、蒸发室、冷凝器、蒸汽压缩机、泵等组成。

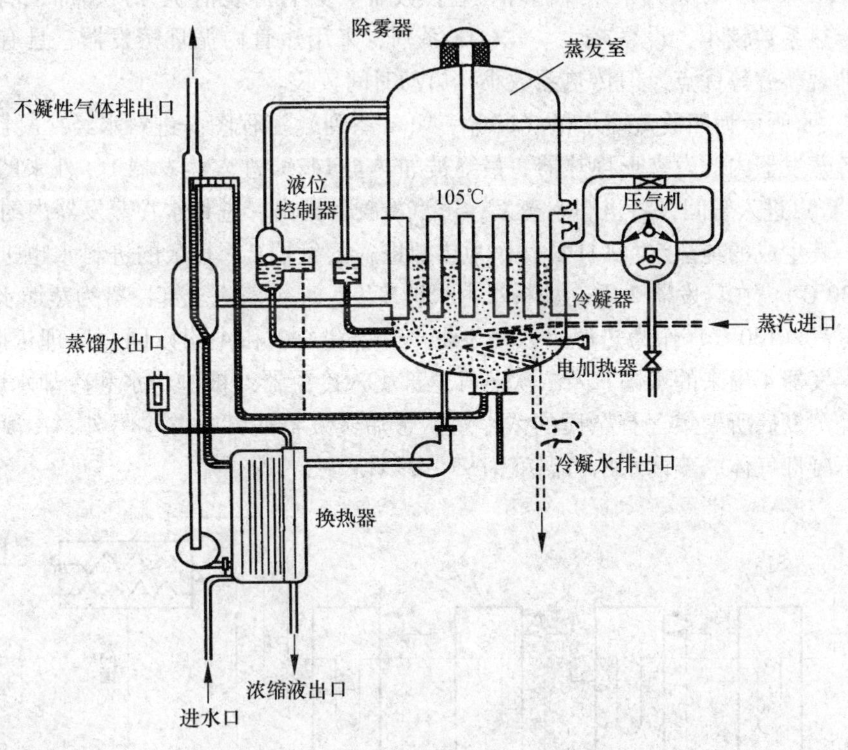

图 4－7　压气式蒸馏水机原理流程示意图

工作原理流程：去离子水→蒸馏水换热器（预热并将热蒸馏水冷却）→不凝性气体换热器进一步预热→加热室管内→受热沸腾→二次蒸汽→蒸发室除沫→蒸汽压缩机压缩→高温高压二次蒸汽→加热室管间→加热原水至沸腾并被冷凝成热蒸馏水→经不凝性气体换热器、蒸馏水换热器进一步冷却，并预热原水。

优点是不用冷却水，耗汽量很少，具有很高的节能效果；气压式蒸馏水器运转正常后即可实现自动控制，产水量大，能满足各种类型的制药生产的需要；但价格较高。

2. 列管式多效蒸馏水机

列管式蒸馏水机是采用列管式的多效蒸发制取蒸馏水的设备。蒸发器的结构有降膜式蒸发器、外循环长管蒸发器及内循环短管蒸发器。

多效蒸馏水机的效数多为 3 ~ 5 效，效数越多越节能，但是 5 效以上时蒸汽耗量降低不明显，所以基本不采用。我国列管式蒸馏水机多为 Finn - Aqua 式，也有 Olsa 式。Olsa 式多为中小型机，价格较低。

列管式多效蒸馏水机主要包括以下几个系列：①Finn - Aqua 系列，是我国采用较多的列管式蒸馏水机的结构。内部为传热管束与管板、壳体组成的降膜式列管蒸发器，生成的蒸汽自下部排出，再沿由内胆与分离筒间的螺旋叶片旋转向上运动，蒸汽中夹带的液滴被分离，在分离筒内壁形成水层，在疏水环流至分离筒与外壳构成的疏水通道，下流汇集于器底，蒸汽继续上升至分离筒顶端，从蒸汽出口排出。蒸发器内还有发夹形换热器，用以预热加料水。②Stilmas 系列，也采用降膜蒸发器，具有传热系数大、设备紧凑等优点，分离器置于下部，并有丝网除沫器。此种型式管长较短。③Barnstead 系列，该系列采用外循环长管蒸发器，具有拆装清洗方便、加工精细等优点，但传热系数较小，设备较大。④Olsa 系列，采用短管内循环蒸发器，具有设备管路少、外观整齐等优点，但传热系数小，启动时间较长。

图 4 - 8 所示为四效蒸馏水机（Finn - Aqua 系列）流程图。进料水经冷凝器 5，并依次经各蒸发器内的发夹形换热器，最终被加热至 142℃进入蒸发器 1，外来的加热蒸汽（165℃）进入管间，将进料水蒸发，蒸汽冷凝后排出。进料水在蒸发器内约有 30% 被蒸发，其生成的纯蒸汽（141℃）作为热源进入蒸发器 2，其余的进料水也进入蒸发器 2（130℃）。在蒸发器 2 内，进料水再次被蒸发，而纯蒸汽全部冷凝为蒸馏水，所产生的纯蒸汽（130℃）作为热源进入蒸发器 3，蒸发器 3 和 4 均以同一原理依此类推。最后从蒸发器 4 出来的蒸馏水及二次蒸汽全部引入冷凝器，被进料水和冷却水所冷凝。进料水经蒸发后所聚集含有杂质的浓缩水从最后蒸发器底部排除。另外，冷凝器顶部也排出不凝性气体。蒸馏水出口温度为 97 ~ 99℃。

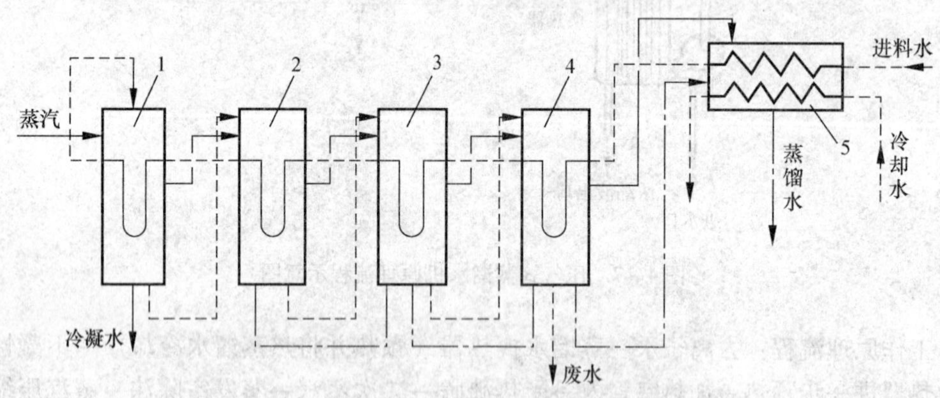

图 4 - 8 Finn - Aqua 式四效蒸馏水机流程

1、2、3、4. 蒸发器；5. 冷凝器

3. 盘管式多效蒸馏水机

盘管式多效蒸馏水机主要由进水泵、冷凝器、预热器、多效蒸发器、汽液分离器（分离不凝性气体）、除沫装置等装置组成。盘管式多效蒸馏水机一般 3 ~ 5 效。

盘管式多效蒸馏水机系采用盘管式多效蒸发来制取蒸馏水的设备。因各效重叠排列，又称塔式多效蒸馏水器。此种蒸发器是属于蛇管降膜蒸发器，蒸发传热面是蛇管结构，蛇管上方设有进料水分布器，将料水均匀地分布到蛇管的外表面，吸收热量后，部分蒸发，二次蒸汽经除沫器分出雾滴后，由导管送入下一效，作为该效的热源；未蒸发的水由底部节流孔流入下一效的分布器，继续蒸发。这种蒸馏水机具有传热系数大、安装不需支架、操作稳定等优点。其蒸发量与蛇管加工精度关系很大。

如图4－9所示为三效盘管式多效蒸馏水机工作原理流程示意图，工作原理：去离子水→冷凝器（预热并将蒸汽冷却）→预热器进一步预热→第一效蒸发→二次蒸汽进入第二效加热，余水流向第二效被加热→二次蒸汽与加热蒸汽合并进入第三效加热，余水流向第三效被加热→加热蒸汽和第三效所产生的二次蒸汽直接进入冷凝器冷凝成蒸馏水，第三效的余水弃去。特点是充分地利用了热源，节约了能源消耗成本，经济指标较好。

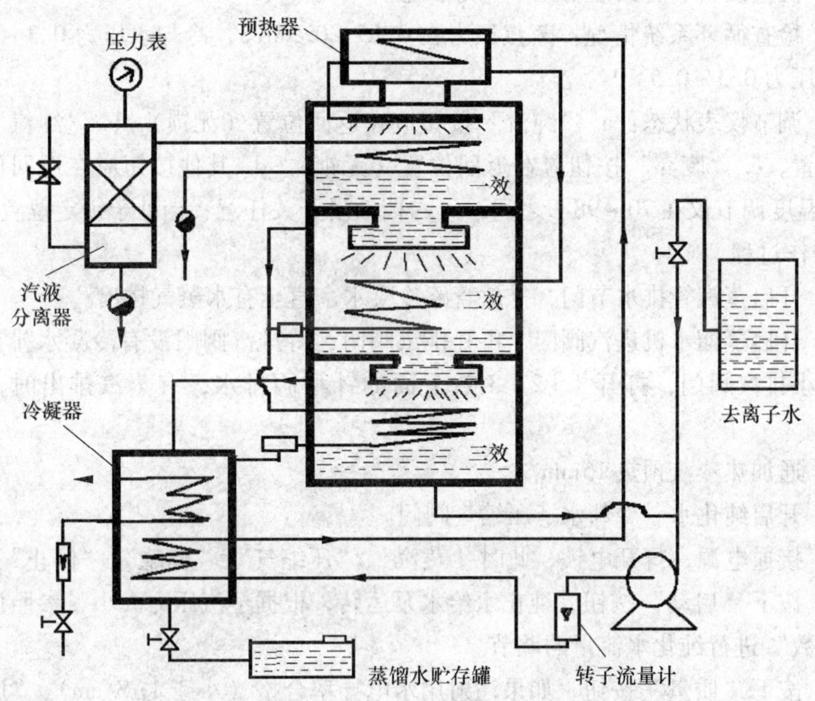

图4－9　三效盘管蒸馏水器原理流程图

（二）注射用水的贮存设备

注射用水可采用70℃以上保温循环。保温循环时，用泵将注射用水送经各用水点，剩余的经加热器加热，回至贮罐。若有些品种不能用高温水，在用水点可设冷却器，使水降温。可灭菌大容量、小容量注射剂使用的注射用水在80℃以上保温下的贮存时间不宜超过12h。

用水系统中广泛采用的贮罐可分为立式贮罐与卧式贮罐两种类型。在大多数情况下，当贮罐的容积不十分大时，采用立式贮罐是比较合理的，因为这种情况下，贮罐容积的利用率较高，比较容易满足输送泵对水位的要求。

当制药用水系统拟采用纯蒸汽灭菌作在线灭菌时，必须使用耐压的贮罐。在此情况下，贮罐应安装安全阀。贮罐还应有防止蒸汽在系统中过滤器积存冷凝水后长菌的措施，应对过滤器定期进行检查。注射用水贮罐常见的管道配件一般有进水管、出水管、溢流管、水位指示装置、排水管、呼吸过滤器及喷淋装置等。

注射用水贮罐罐体材料应采用耐腐蚀、无污染、无毒、无味、易清洗、耐高温的材料制造。通常，工艺用水贮罐采用316L不锈钢材料制造，而不直接与工艺用水接触的部品、零件则可以使用304L或1Cr18Ni9Ti不锈钢材料制造。

【SOP实例】

LDZ列管式多效蒸馏水机操作维护规程

1. 操作前准备

1.1 检查设备、管路是否处于完好状态。

1.2 检查循环系统情况：蒸汽压力在0.15～0.3MPa，冷却水压力0.3～0.5MPa，压缩空气压力0.3～0.5MPa。

1.3 调节仪表状态：a. “纯汽”按钮应在返回位置（无锁），b. “纯汽”按钮应在自锁位置，c. “废弃”按钮应在返回位置（无锁），d. 其他按钮应在返回位置（无锁），e. 温度调节仪在70～98℃之间，f. 六档油浸开关任意一挡处于锁定位置。

2. 操作过程

2.1 开启蒸汽管排水节门，排放管路冷凝水，直至有水蒸气排出。

2.2 开启蒸馏水机进汽阀门，再开排汽阀门，待排汽阀门没有冷凝水排出只排蒸汽时，关小排汽阀门，打开1、2、3效下面的针型阀排水，有蒸汽排出时，关闭针型阀。

2.3 通加热蒸汽预热15min。

2.4 开启纯化水、冷却水、压缩气阀门。

2.5 接通电源，打开电锁，此时“蒸汽”、“压缩气”、“储罐”、“停止”灯亮。

2.6 按下“启动”按钮，纯化水给水泵运转，根据蒸汽压力大小，参照设备“各工况点参数”进行纯化水流量的调节。

2.7 按下“质量”按钮，如果注射用水电导率合格（小于1μS/cm），“废弃”按钮亮，注射用水从合格口流出，否则从不合格口排出。

注：蒸馏水机启动后的8～10min内：①若“蒸汽”或“压缩”压力低于设定值，讯响器报警，主机不停机；此段时间后，主机停机，待“蒸汽”、“压缩”压力达到设定值时，主机自动恢复运行。②此时间段注射用水出口小于85℃时，主机停机且不能恢复运行，注射用水从不合格口排出。开启蒸汽管排水节门，排放管路冷凝水，直至有水蒸气排出。

2.8 生产结束停机

2.8.1 按“停车”按钮，返回原位，“停止”灯亮，纯化水泵停止运转。

2.8.2 温度调节仪温度指示值降至70℃时，冷却水泵自动停转。

2.8.3 关闭进汽阀门。

2.8.4 冷却水泵停转后，关闭电锁。

2.8.5 关闭冷却水进水阀门。

3. 维护保养

3.1　每天维护保养的内容：检查设备紧固螺栓及连接件有无松动，及时紧固；检查连接管路有无跑冒滴漏现象，及时排除异常情况，保持设备表面的清洁。

3.2　定期维护保养的内容：计量仪器、仪表定期校验；安全装置定期校验（安全阀：一次/年）。

3.3　每年一次保养项目：检查液位控制器、自控系统、继电连接点、呼吸过滤器、电磁阀、气动阀、单向阀、疏水器，检查清洗原料水及蒸汽的过滤器、流量计，更换蒸馏水机配用多级泵的填料检修机械密封，检查轴承、校正联轴器，更换润滑油（脂）。

3.4　每两年一次保养项目：更换或检修电磁阀、气动阀、单向阀等损坏部件，清洗蒸发器、预热器、冷凝器内水垢，更换密封垫，调整配用多级泵的各部位间隙，检查或检修轴瓦，校正联轴节，更换轴承垫片及其易损部件，检查或检修平衡盘、平衡环、叶轮、轴套等主要零件。

4. 生产中常见问题及排除方法

LDZ 列管式多效蒸馏水机常见故障发生原因及排除方法

故障现象	发生原因	排除方法
开机气堵	进料水管泵或冷却水泵的外部管路没有符合技术要求，造成出水管路内含的空气无处排放	拧松进水管路连接见或打开旁路阀门排除所有气体
未达到给定生产能力	①供给的加热蒸汽质量不符合要求，即有可能蒸汽中含有过多的空气和冷凝水 ②出口背压过高疏水器排泄不畅 ③进料水流量压力与加热蒸汽压力不相适应 ④蒸馏水机蒸发面可能积有污垢	①将加热蒸汽的进口管路合输汽管路适当保温，以改善供气质量 ②排除疏水器出口处的背压因素 ③参照本机输入管路技术要求及工况点控制表重新调整进料流量与初级蒸汽压力 ④按照产品说明书内的技术要求清洗
蒸馏水温度过低，电导率大于1μS/cm	①冷却水管路内因压力变动造成冷却水流量变化 ②进料水不符合要求	①通过冷却水调节阀降低冷却水流量；冷却水泵旁路阀稳定进水压力 ②对水的预处理设备，酌情予以修理和再生，以改善原料水条件
操作中断	①开机时，当冷水高速进入蒸馏水机，蒸汽消耗太高，通过来自压力开关（PC211）的脉冲信号，中断蒸馏 ②进料水压力不足 ③冷凝器温度波动（甚至低于85℃） ④水的预处理设备处于再生，供水的交替期间使进料水水质的水质波动	①属初始状态，待1～2min就会恢复操作平衡，无需调节 ②按接管技术重新调整进料水压力 ③检查蒸馏水机质量控制系统各元件的工作状态是否正常 ④改善水质预处理设备运转工况，使供水质量稳定

第二节　最终灭菌小容量注射剂设备

小容量注射剂又称为水针剂，系指药物制成的供注入体内的灭菌液，其每支装量在1～20ml范围内。它具有药效迅速、作用可靠的特点，适用于不宜口服的药物及不能口服给药的病人，还可产生局部定位作用，但制造过程复杂、使用不便且注射疼痛。

水针剂的生产过程有灭菌工艺及无菌工艺两种。无菌工艺生产，其特点是：由原料及辅料制成成品的每个工序都实行无菌处理，处于这种工段的人员及设备也必须有严格的无菌消毒措施，以确保产品无菌、可靠。对热敏感性药物及生物制剂注射用药均需采用无菌工艺生产。无菌工艺生产，其特点是：原辅料及管道容器在生产过程中都是带菌的，只是将最后的成品经过高温灭菌从而达到成品无菌的要求。灭菌工艺生产的药品应该能承受高温灭菌而不影响药效。本节主要介绍目前我国水针剂生产大多采用的灭菌生产工艺设备。

最终灭菌小容量注射剂的生产工艺过程见图 4－10 所示。

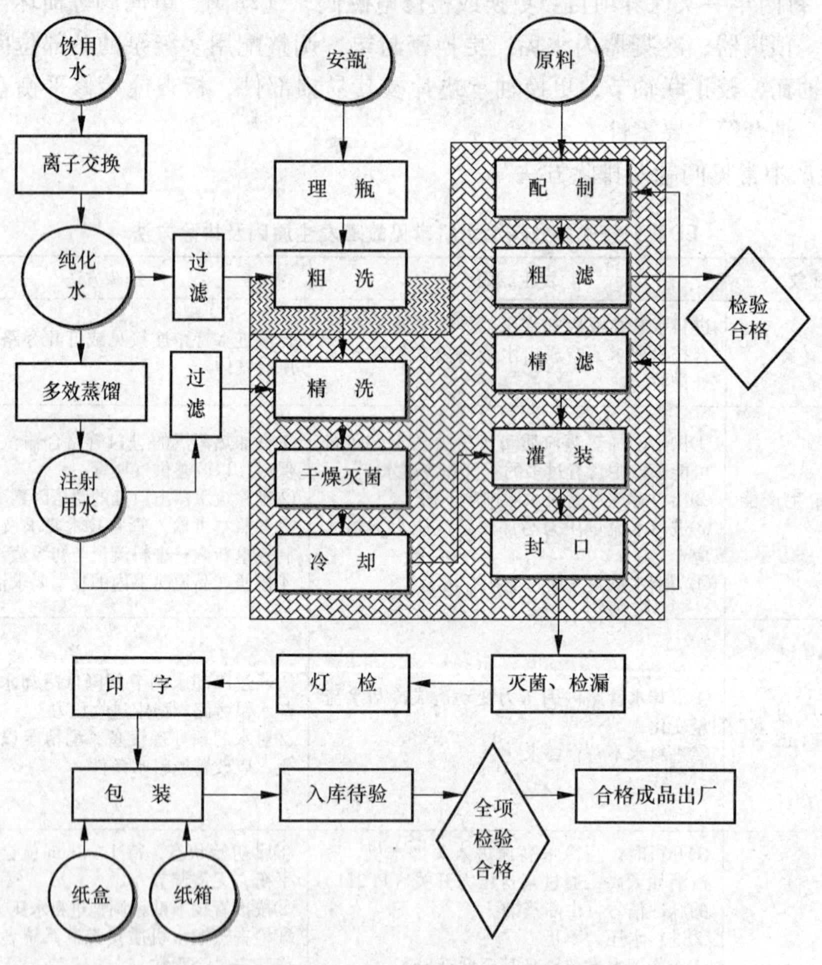

图 4－10　最终灭菌小容量注射剂的工艺流程图

一、配液系统

小容量注射剂的生产首先要进行配液，也就是根据生产品种的工艺规程把药物配制成溶液。配制方法主要有浓配法和稀配法两种。大部分水针剂产品，厂家都是直接采用稀配法生产的，只是某些品种特殊，其澄明度，也就是可见异物指标在生产中很难控制，最后成品的合格率很低，才采用浓配法的。

（1）稀配法　将原料加入所需的溶剂中一次配成注射剂所需浓度。本法适用于原料质量好，小剂量注射剂的配制。

（2）浓配法　将原料先加入部分溶剂配成浓溶液，加热溶解过滤后，再将全部溶剂加入滤液中，使其达到规定浓度。本法适用于原料质量一般，大剂量注射剂的配制。①配成浓溶液可用热处理与冷藏法保证质量，亦称变温法，注射液中的某些高分子杂质，如树脂、鞣质等如未除尽，在水中呈胶体状态，不易凝聚和沉淀，但经加热处理，煮沸 30min 或 115℃加热 15～20min，能破坏其胶体状态而使之凝聚，再在 0℃～4℃冷藏 24h，又能降低其动力学稳定性，使沉淀析出，即可滤过除去杂质。②几种原料的性质不同，溶解要求有差异，配液时可分别溶解，在混合，最后加溶剂至全量。

配液系统设备主要由浓稀配罐和过滤装置组成。

（一）浓稀配罐

浓稀配罐是具有搅拌、加热和保温功能的罐体设备，主要结构见图 4－11 所示。有各种不同的容积规格。搅拌轴的密封一般采用进口卫生级机械密封，经减速机减速搅拌转速一般为每分钟 36～53 转，也可采用变频调速器控制。接口多采用国际通用 ISO 标准快装卡盘式，内胆一般选用 316L 不锈钢，罐体设有液位计（无角点超声波、静压变送式或玻璃管式）、CIP 万向洗罐装置、视孔灯、视镜、若干进出液工艺管口、人孔等辅助装置。

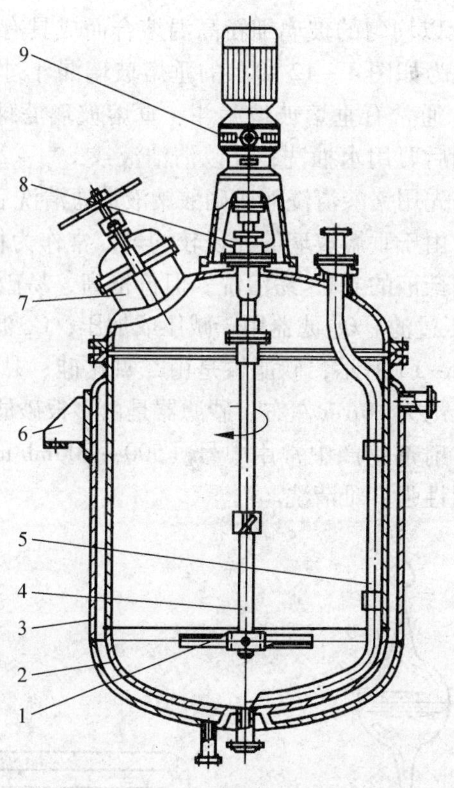

图 4－11　浓稀配罐结构示意图

1. 搅拌器；2. 罐体；3. 夹套；4. 搅拌轴；5. 压出管；6. 支座；7. 人孔；8. 轴封；9. 传动装置

（二）过滤装置

配液完成后药液要经过过滤处理，过滤是保证注射液澄明的重要操作，一般分为初滤和精滤。如药液中沉淀物较多时，特别加活性炭处理的药液须初滤后方可精滤，以免沉淀堵塞滤孔。

常用于初滤的滤材有：滤纸、长纤维脱脂棉、绸布、绒布、尼龙布等。

滤过方式有三种。

（1）常压滤过装置　通常采用高位静压滤过装置。该装置适用于楼房，配液间和储液罐在楼上，待滤药液通过管道自然流入滤器，滤液流入楼下的贮液容器。利用液位差形成的静压，促使经过滤器的滤材自然滤过。此法简便、压力稳定、质量好，但滤速慢；

（2）减压滤过装置 是在滤液贮存器上不断抽去空气，形成一种负压，促使在滤器上方的药液经滤材流入滤液贮存器内；

（3）加压滤过装置　系用离心泵输送药液通过滤器进行滤过。其特点是：压力稳定、滤速快、质量好、产量高。由于全部装置保持正压，空气中的微生物和微粒不易侵入滤过系统，同时滤层不易松动，因此滤过质量比较稳定。适用于配液、滤过、灌封在同一平面工作。此法生产中比较常见。

不论采用何种滤过方式和装置，由于滤材的孔径不可能完全一致，故最初的滤液不一定澄明，需将初滤液回滤，直至滤液澄明度完全合格后，方可正式滤过，供灌封。

常用滤器的种类和选择。

（1）垂熔玻璃滤器　以均匀的玻璃细粉高温熔合而成具有均匀孔径的滤板，再将此滤板粘接于漏斗中即成为如图 4－12 所示的垂熔玻璃漏斗过滤器。此种滤器多见于小型制药实验或生产中。通常有垂熔玻璃漏斗、垂熔玻璃滤球和垂熔玻璃滤棒三种。此类滤器可热压灭菌，用后要用水抽洗，并以清洁液或 1% ~2% 硝酸钠硫酸液浸泡处理。使用新的器具时，需先用铬酸清洗液或硝酸钠液抽滤清洗后，再用清水（蒸馏水）及去离子水抽洗至中性。由于垂熔玻璃的孔径较均匀，常作为精滤或膜滤前的预滤用。特点是吸附性低，不影响药液的 pH，易清洗，但价格高，易破。根据孔径大小分成若干型号，G_3 滤器用于常压过滤、G_4 滤器用于减压或加压，G_6 滤器用于无菌滤过。

（2）砂滤器　如图 4－13 所示，砂滤棒是由二氧化硅、黏土等材料高温焙烧而成的空心滤棒，棒的微孔径约为 10μm 左右。砂滤器是由多根砂滤棒组成的过滤内芯，适用于大生产中的初滤。注射剂生产中常用中号（500 ~300ml/min）。特点是价廉易得，但易脱砂，对药液的吸附性强，难清洗。

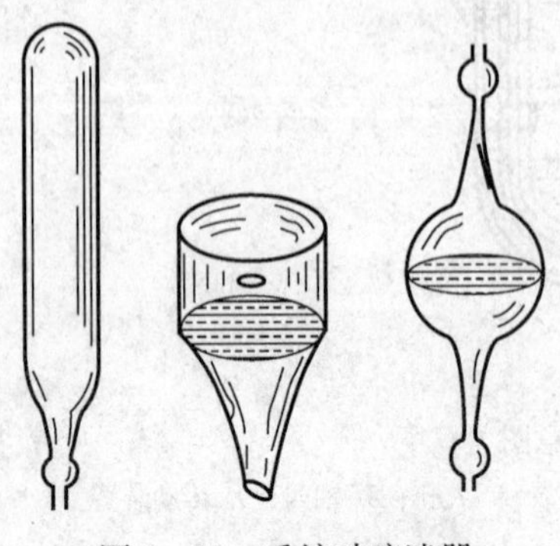

图 4－12　垂熔玻璃滤器

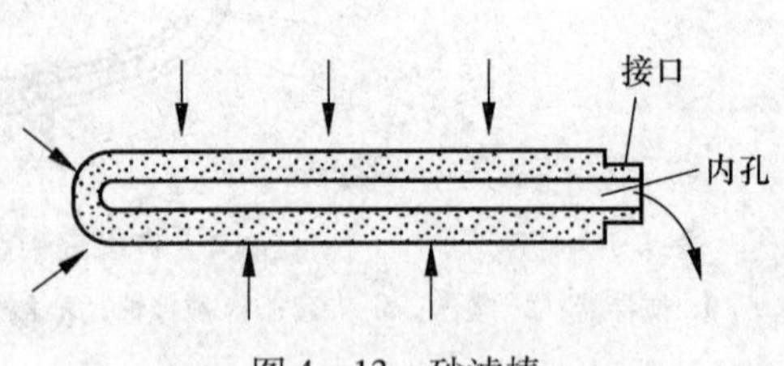

图 4－13　砂滤棒

（3）板框式压滤机　板框式压滤机由多块滤板与滤框相间重叠排列组成，是水针注射液过滤的常见设备。该设备过滤面积大，截留量多，可用于黏性大、滤饼可压缩的各种物料的过滤，特别适用于含少量微粒的待滤液，在注射剂生产中多用于预滤，缺点是装配和清洗麻烦，容易滴漏。

如图4－14所示，滤框的作用积集滤渣和承挂滤布。滤板表面制成各种凹凸形，以支撑滤布和有利于滤液的排除。过滤时悬浮液由右上角进料孔道→滤框内部空间→滤液通过滤框两侧的滤布→顺滤板表面的凹槽流下→由滤液的出口阀排出。滤渣积集于滤框内部，当滤渣充满滤框后松开丝口→取出滤框→用水冲去滤渣→框、板及滤布经洗涤、装合后再次使用。

（4）微孔滤膜器　药用微孔膜滤器的结构如图4－15所示，微孔滤膜采用高分子材料（如醋酸纤维素等）制作，滤膜安放时，反面朝向被滤过液体，有利于防止膜的堵塞。安装前，滤膜应放在注射用水中浸渍润湿12h（70℃）以上，安装时，滤膜上还可以加2～3层滤纸，以提高滤过效果。

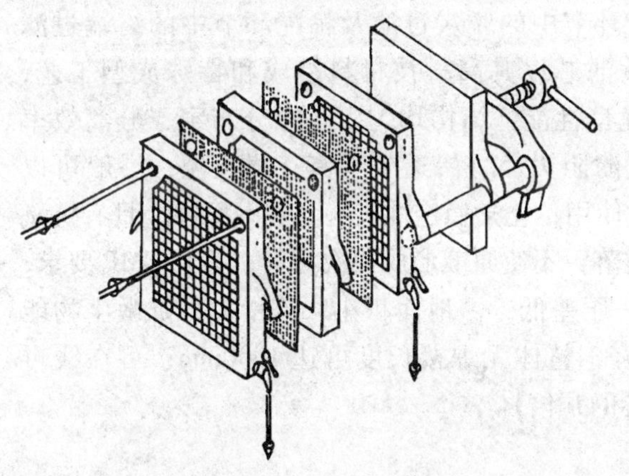

图4－14　板框式压滤机

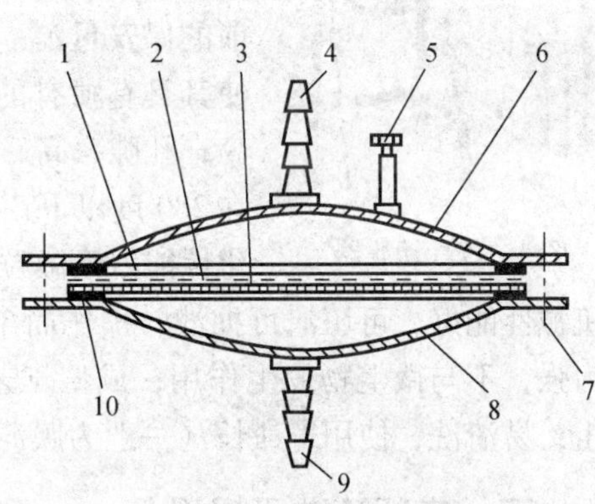

图4－15　微孔滤膜器

1. 硅胶圈；2. 滤膜；3. 滤网托板；4. 进液嘴；5. 排气嘴；6. 上滤盖；7. 连接螺栓；8. 下滤盖；9. 出液嘴；10. 硅胶圈

优点是微孔孔径小，截留能力强；孔径大小均匀，无颗粒泄露；滤速快；没有介质迁移，不影响药液的pH；吸附性小，不影响主药的含量；用后弃去，无污染。但易堵塞，有些滤膜化学性质不理想。微孔滤膜用于精滤（0.45～0.8μm）或无菌过滤（0.22～0.3μm）。

（5）折叠式微孔膜滤芯　为了增大过滤单位体积的过滤面积，常将高分子平板微孔膜折叠成手风琴状后再围成圆筒形，结构如图4－16所示。加压的原药液自管外向管内过滤后，可作为成品药液去灌装。主要种类有聚丙烯（PP）滤芯，尼龙膜滤芯，聚偏二氟膜滤芯，聚偏四氟膜滤芯。

由于欲截留的杂质粒子量较少，所以一般使用周期较长。当操作一段时间后过滤阻力增大，则停止向管内供料，过滤器进行清洗再生。微孔滤膜是作为末端精滤使用的过滤介质，所以对其前置的预过滤要求极为严格，否则极易发生堵塞。

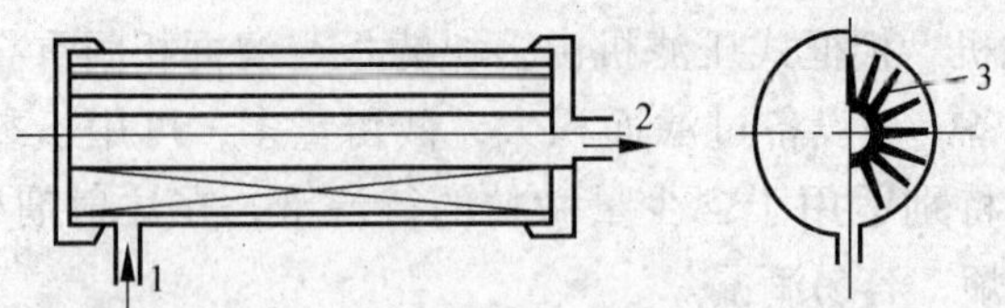

图 4－16　折叠式微孔膜滤芯

1. 原药液进口；2. 滤液出口；3. 微孔膜波折管

膜滤器中经常使用的微孔滤膜孔径（0.2～1.2μm）：

0.2～0.45μm　用于滤除细菌

>0.45～1.2μm　用于滤除不溶微粒

<0.01μm（超滤膜）　用于滤除病毒和热原

图 4－17　钛滤器

（6）钛滤器　钛滤芯（包括管式和板式）如图 4－17 所示，是以工业高纯钛粉（99.4%）为原料，经分筛、冷等静压成型后，高温、高真空烧结而成。广泛应用于大输液、小针剂、滴眼液、口服液浓配环节中的脱炭过滤及稀配环节中的终端过滤前的保安过滤。钛滤芯以其高科技材料组成和特殊成型工艺，使其具有独有的优良性能：结构均匀、孔径分布窄、分离效率高；孔隙率高、过滤阻力小、渗透效率高；耐高温，一般可以在 280 度以下正常使用；化学稳定性好、耐酸碱腐蚀、具有抗氧化性能；无微粒脱落，不使原液形成二次污染，符合 GMP 要求；机械性能好，可压滤可抽滤，操作简单；压差低，占地面积小，流量大；抗微生物能力强，不与微生物发生作用；成型工艺好，整体无焊接长度可达 1000mm；可在线再生，易清洗，使用寿命长（一般为膜滤芯的几倍）。

二、安瓿清洗干燥设备

我国目前水针剂生产所使用的容器均为安瓿，如图 4－18 所示。其特点是通过玻璃烧熔封口，可做到容器绝对密封并保证无菌。新国标 GB 2637－1995 规定水针剂使用的安瓿一律为曲颈易折安瓿，以前使用的直颈安瓿、双联安瓿等均已淘汰。安瓿的规格有 1ml、2ml、5ml、10ml、20ml 五种。制作安瓿一般采用中性玻璃。含锆的中性玻璃具有较高的化学及热稳定性，其耐酸、耐碱、耐腐蚀，内表面耐水性较高。多数安瓿用无色玻璃制成，有利于检查药液澄明度。对需遮光药品的水针剂，采用棕色玻璃制造安瓿。

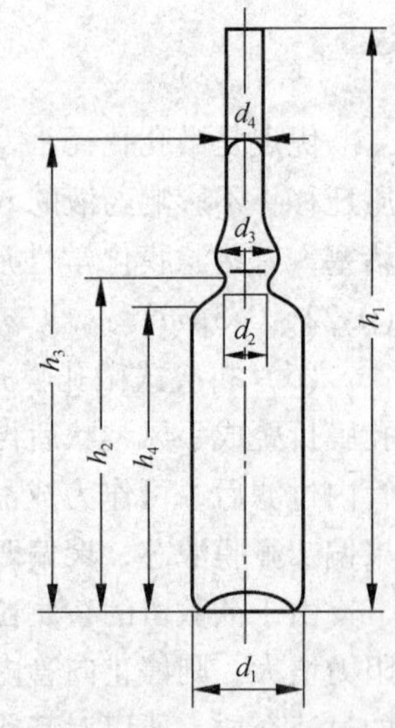

图 4－18　曲颈易折安瓿

易折安瓿分色环易折安瓿和点刻痕易折安瓿二种：色环易折安瓿是将一种膨胀系数高于安瓿玻璃二倍的低熔点粉末熔固在安瓿颈部成环状，冷却后由于两种玻璃膨胀系数不同，在环状部位产生一圈永久应力，用力一折即平整断裂，不易产生玻璃碎屑和微粒；点刻痕易折安瓿是在曲颈部分刻有一微细刻痕的安瓿，在刻痕上方中心标有直径为 2mm 的色点，折断时，施力于刻痕中间的背面，折断后，断面应平整。

（一）安瓿清洗设备

水针剂生产中配制的注射药液是经过过滤净化处理的，安瓿作为盛放纯净注射药液的容器，也必须保证清洁。但是市场上买到的安瓿是在非无菌条件下生产的，在其制造、储存过程中难免会被微生物及尘埃粒子所污染，为此在灌装注射药液前安瓿必须按相关规程进行反复清洗，然后再经灭菌干燥达到相关洁净标准，才能用于灌注药液。

目前生产水针剂常用的安瓿清洗设备主要有以下几种。

1. 喷淋式安瓿洗瓶机组

喷淋式安瓿洗瓶机组主要由喷淋机、蒸煮箱、甩水机、水过滤器及水泵等机件组成。

喷淋式安瓿洗瓶机组生产流程：

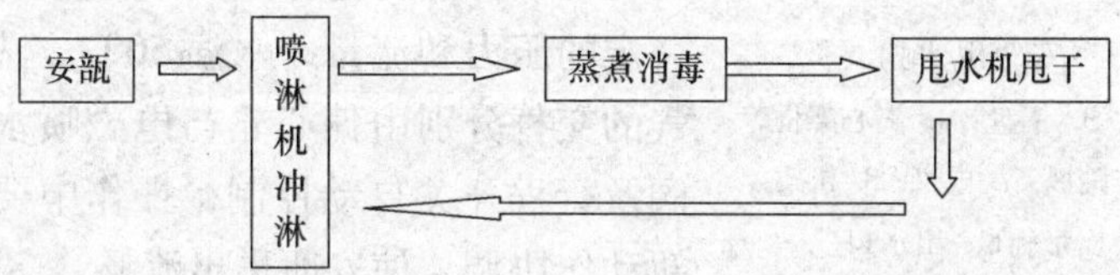

第一步，安瓿在喷淋机内冲淋、注水；第二步，安瓿在蒸煮箱内通入蒸汽加热约30min；第三步，趁热将蒸煮后的安瓿送入甩水机甩干；第四步，再返回第二步进行循环操作。如此反复洗涤2～3次即可达到清洗要求。

喷淋式洗瓶机组生产效率较高，尤其5ml以下小安瓿洗涤效果好，而且设备简单，故曾被广为采用。但是洗涤时会因个别安瓿内部注水不满而影响洗瓶质量，此外本机组体积庞大，占地面积多，耗水量大，所以该清洗设备的使用现在已逐步减少。

（1）喷淋机　主要由传送带、淋水喷嘴及水循环系统三部分组成，如图4－19所示。很多待清洗安瓿口朝上排列在在安瓿盘2内，在传送带的传送下逐一通过各组淋水喷嘴3下方，经过过滤器8过滤的冲淋水，由泵7加压后，通过淋水喷嘴3上的直径为1～1.3mm的小孔强劲喷出，将安瓿瓶内外污物冲净，并将瓶内注满水。冲淋后的水可收集重复过滤使用，但是要注意定期补充更换新水。

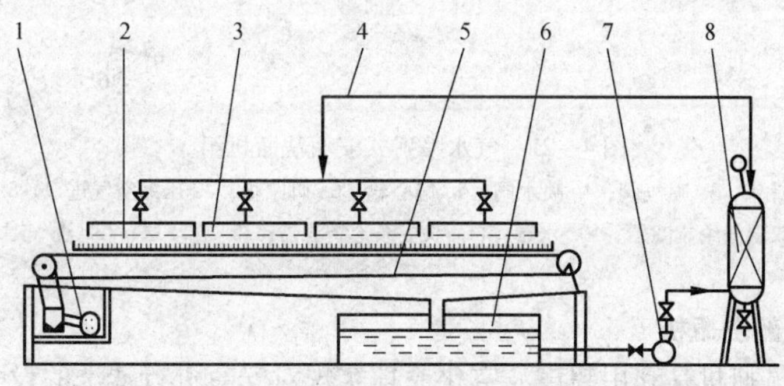

图4－19　安瓿喷淋机

1. 电机；2. 安瓿盘；3. 淋水喷嘴；4. 进水管；5. 传送带；6. 集水箱；7. 泵；8. 过滤器

（2）蒸煮箱　主要用于将注满水的安瓿加热蒸煮，可由一般消毒箱改制而成。

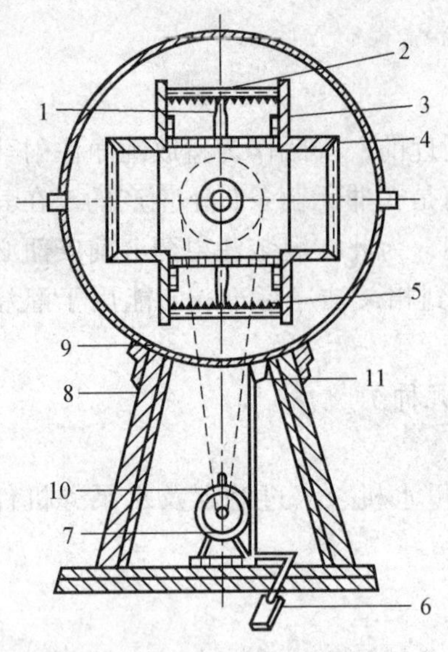

图4－20　安瓿甩水机

1. 安瓿；2. 固定杆；3. 铝盘；4. 离心架框；5. 丝网罩盘；6. 刹车踏板；7. 电机；8. 机架；9. 外壳；10. 皮带；11. 出水口

（3）甩水机　主要由外壳、离心架框、固定杆、不锈钢丝网罩盘、机架、电机及传动机件组成，如图4－20所示。离心架框上焊有两根固定安瓿盘的压紧栏杆，机器开动后利用安瓿盘离心力原理将水甩脱干净。

2. 气水喷射式安瓿洗瓶机组

气水喷射式安瓿洗瓶机组由供水系统、压缩空气及其过滤系统、洗瓶机等三大部分组成。工作原理是如图4－21所示，利用洁净的洗涤水及过滤的压缩空气，通过喷嘴交替喷射安瓿内外部，将安瓿喷洗干净。使用该机组需要注意洗涤用水和压缩空气预先必须经过过滤处理，压缩空气压力约为0.3MPa。洗涤水由压缩空气压送，并维持一定的压力和流量，水温50℃。洗瓶过程中水和气的交替分别由偏心轮与电磁喷水阀或电磁喷气阀及行程开关自动控制，操作中要保持喷头与安瓿动作协调，使安瓿进出流畅。

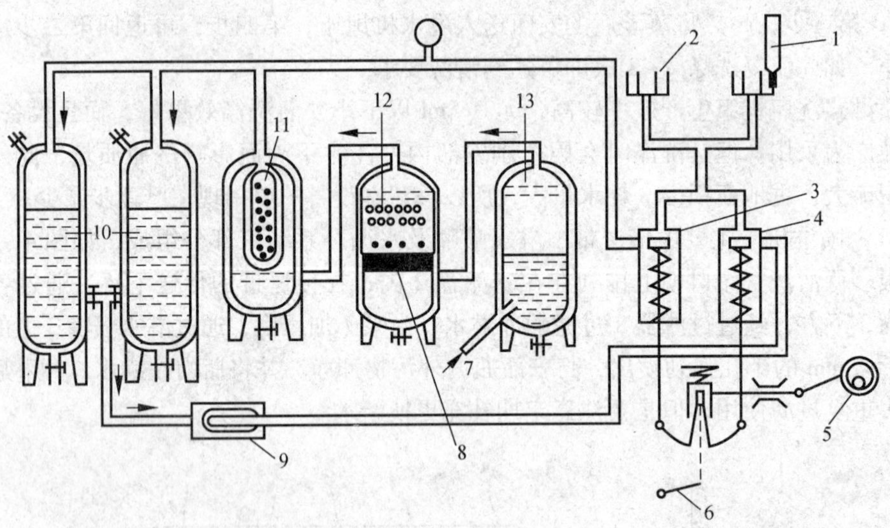

图4－21　气水喷射式安瓿洗瓶机组

1. 安瓿；2. 针头；3. 喷气阀；4. 喷水阀；5. 偏心轮；6. 脚踏板；7. 压缩空气进口；8. 木炭层；9. 双层涤纶袋滤器；10. 水罐；11. 双层涤纶袋滤器；12. 瓷环层；13. 洗气罐

3. 超声波安瓿洗瓶机

超声波安瓿洗瓶机是利用超声波空化原理实现对安瓿进行清洗的设备，实现了连续生产，生产效率大大提高而且清洗质量很好，是目前制药工业界较为先进的安瓿洗瓶设备，得到广泛的应用。

超声波安瓿洗瓶机的工作原理是，浸没在清洗液中的安瓿在超声波发生器的作用下，使安瓿与液体接触的界面处于剧烈的超声振动状态时所产生的一种“空化”作用，将安瓿内外表面的污垢冲击剥落，从而达到清洗安瓿的目的。所谓空化是在超声波作用下，液体中产生微气泡，小气泡在超声波作用下逐渐长大，当尺寸适当时产生共振而闭合。在小泡湮灭时自中心向外产生微驻波，随之产生高压、高温，小泡涨大时会摩擦生电，于湮灭时又中和，伴随有放电、发光现象，气泡附近的微冲流增强了流体搅拌及冲刷作用，从而完成了对安瓿的清洗。这种效果是其他清洗方法不能比拟的，将安瓿浸没在超声波清洗槽中，不仅可保证外壁洁净，也可保证安瓿内部的洁净指标。

运用针头单支清洗技术与超声技术相结合的原理设计制造的连续回转超声清洗机，较好地实现了大规模清洗安瓿的功能，其工作原理如图4－22所示。

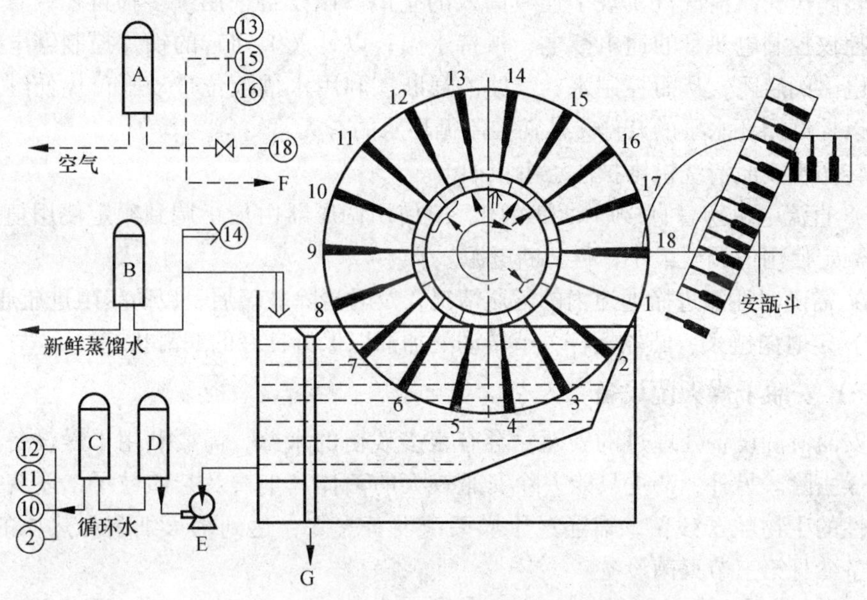

图4－22　18工位连续回转超声波洗瓶原理图

1. 引瓶；2. 注循环水；3、4、5、6、7. 超声清洗；8、9. 空位；10、11、12. 循环水冲洗；13. 吹气排水；14. 注新蒸馏水；15、16. 压气吹净；17. 空位；18. 吹气送瓶；A、B、C、D. 过滤器；E. 循环泵；F. 吹除玻璃屑；G. 溢流回收

利用一个水平卧装的轴，拖动有18排针管的针鼓转盘间歇旋转，每排针管有18支针头，共有324个针头的针鼓。与转盘相对的固定盘上，于不同工位上配置有不同的水、气管路接口，在转盘间歇转动时，各排针头座依次与循环水、压缩空气、新鲜蒸馏水等接口相通。安瓿排放在45°倾斜的安瓿斗中，安瓿斗下口与清洗机的主轴平行，并开有18个通道。利用通口的机械栅门控制，每次放行18支安瓿到传送带的V形槽搁板上。传送带间歇地将安瓿送到洗涤区。

连续回转超声波洗瓶图示各工序如下。

(1) 安瓿在1工位被引进针管后，在2工位先灌满循环水。

(2) 而后与60℃的超声水槽中经过5个工位，3、4、5、6、7工位，共停留25s左右受超声波空化清洗，使污物振散、脱落或溶解。

（3）当针鼓旋转带出水面后的安瓿空 8、9 两个工位。

（4）再经 10、11、12 三个工位的循环水倒置冲洗。

（5）在 13 工位进行一次空气吹除。

（6）于第 14 工位接受新鲜蒸馏水的最后倒置冲洗。

（7）而后再经 15、16 两个工位的空气吹净，即可确保洁净质量。

（8）最后处于水平位置的安瓿由推送器推出清洗机。

一般安瓿清洗时以蒸馏水作为清洗液。清洗液温度越高，清洗液的黏度越小，振荡空化效果越好，越能加速污物溶解。但温度也不能太高，因为温度增高会影响压电陶瓷及振子的正常工作，易将超声能转化成热能，做无用功，所以通常将温度控制在 60～70℃为宜。

回转超声安瓿清洗机实现了连续高效的生产。该设备采用了多种自控装置，例如利用温控仪控制电热管的通电断电，保持水温；以针鼓上回转的铁片控制继电器触点来带动电磁阀启闭，从而控制水、气路的通断；利用水槽液位带动限位棒使继电器启闭，用以控制循环水泵的开停，从而控制循环水的有无。

回转超声安瓿清洗机维护注意事项如下。

（1）直流电机切忌直接启动和关闭。应使用调压器由最小调到额定使用值，关闭时先由额定使用值调至最小，再切断电源。

（2）需随时注意进瓶通道内的落瓶情况，及时清除玻璃屑，以防卡阻进瓶通道。

（3）定时向链条、凸轮摆杆关节转动处加油以保持良好的润滑状态。

（二）安瓿干燥灭菌设备

经安瓿清洗设备处理过的安瓿，会有很多残留的水分，需要利用干燥设备进行水分的干燥去除。另外，清洗只能去除安瓿较大的菌体、尘埃及杂质粒子，还有一部分具有活性的生物粒子残留，需通过干燥灭菌设备去除，达到杀灭细菌和热原的目的。具体设备参见第三节灭菌设备。

三、安瓿拉丝灌封机

将过滤洁净的药液定量地灌注到经过清洗、干燥及灭菌处理的安瓿内，并加以封口的过程称为灌封。为保证灌封过程中的洁净，药液暴露部位均需在一百级层流空气下操作。对于易氧化的药品，在灌装药液时，充填惰性气体以取代安瓿内药液上部的空气。

目前国内药厂所采用的安瓿灌封设备主要是拉丝灌封机，共有三种：1～2ml 安瓿灌封机、5～10ml 安瓿灌封机和 20ml 安瓿灌封机。现以应用最多的 LAG1－2 型 1～2ml 安瓿拉丝灌封机为例对其结构及作用原理作一介绍分析。

图 4－23 所示为 LAGI－2 安瓿拉丝灌封机的结构示意图。传动路线是，整机原动力为一台电动机，电动机主轴转动通过带动皮带轮转动，再经蜗轮、过桥轮、凸轮、压轮及摇臂等传动构件转换为设计所需的 13 个构件的动作，各构件之间均能满足设定的工艺要求，按控制程序协调动作。LAG1－2 拉丝灌封机的执行机构主要可分为三部分：送瓶机构、灌装机构及封口机构。现分别对这三个机构的组成及工作原理分析介绍如下。

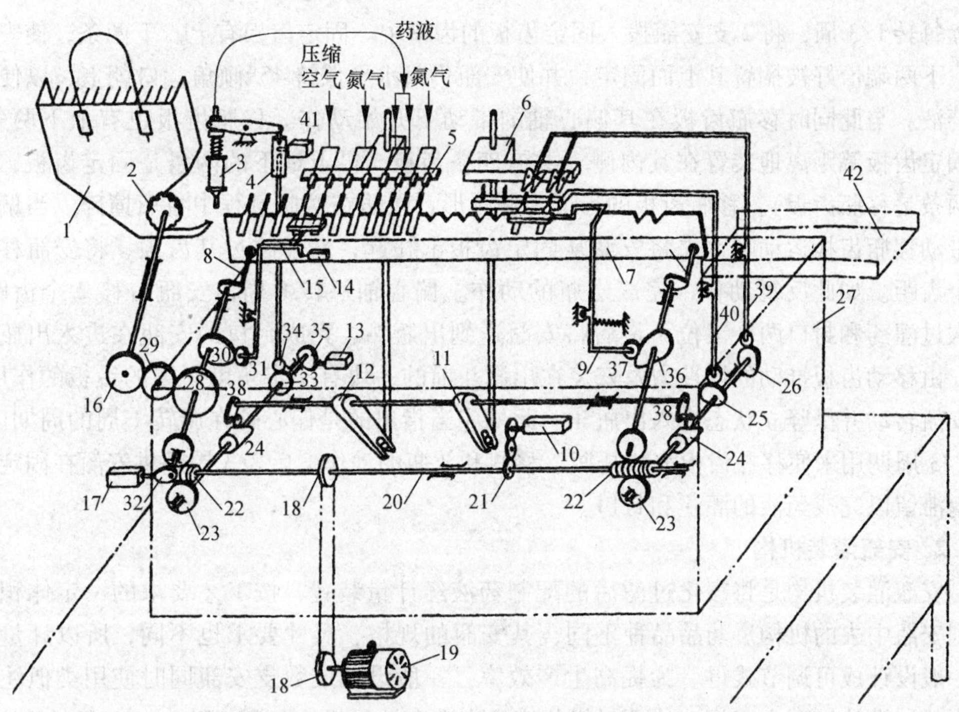

图4-23　LAG1-2安瓿拉丝灌封机结构图

1. 进瓶斗；2. 梅花盘；3. 针筒；4. 导轨；5. 针头架；6. 拉丝钳架；7. 移瓶齿板；8. 曲轴；9. 封口压瓶机构；10. 移瓶齿轮箱；11. 拉丝钳上、下拨叉；12. 针头架上下拨叉；13. 气阀；14. 行程开关；15. 压瓶装置；16、21、28. 圆柱齿轮；17. 压缩气阀；18. 皮带轮；19. 电动机；20. 主轴；22. 蜗杆；23. 蜗轮；24、30、32、33、35、36. 凸轮；25、26. 拉丝钳开口凸轮；27. 机架；29. 中间齿轮；31、34、37、39. 压轮；38. 摇臂压轮；40. 火头让开摇臂；41. 电磁阀；42. 出瓶斗

1. 安瓿送瓶机构

安瓿送瓶机构是将密集堆排的灭菌安瓿依照灌封机的要求，即在一定的时间间隔（灌封机动作周期）内，将定量的（固定支数）安瓿按一定的距离间隔排放在灌封机的传送装置上。图4-24为LAGI-2拉丝灌封机送瓶机构的结构示意图。

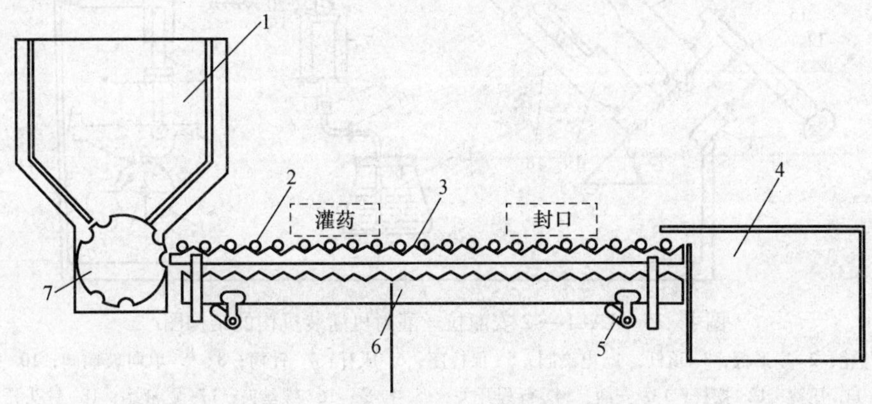

图4-24　LAGI-2安瓿拉丝灌封机送瓶机构结构示意图

1. 进瓶斗；2. 安瓿；3. 固定齿板；4. 出瓶斗；5. 偏心轴；6. 移瓶齿板；7. 梅花盘

将前工序洗净灭菌后的安瓿放置在与水平成45°倾角的进瓶斗内，由链轮带动的梅

花盘每转1/3周，将2支安瓿拨入固定齿板的齿槽中。固定齿板有上、下两条，使安瓿上、下两端恰好被搁置其上而固定，并使安瓿仍与水平保持45°倾角，口朝上，以便灌注药液。与此同时移瓶齿板在其偏心轴的带动下开始动作。移瓶齿板也有上下两条，与固定齿板等距离地装置在其内侧（共有四条齿板，最上最下的两条是固定齿板，中间两条是移瓶齿板）。移瓶齿板的齿形为椭圆形，以防在送瓶过程中将瓶撞碎。当偏心轴带动移瓶齿板运动时，先将安瓿从固定齿板上托起，然后越过其齿顶，将安瓿移过两个齿距。如此反复动作，完成送瓶的动作。偏心轴每转1周，安瓿右移2个齿距，依次过灌药和封口两个工位，最后将安瓿送到出瓶斗。完成封口的安瓿在进入出瓶斗时，由移动齿板推动的惯性力及安装在出瓶斗前的一块有一定角度斜置的舌板的作用，使安瓿转动并呈竖立状态进入出瓶斗。此外应当指出的是偏心轴在旋转1周的周期内，前1/3周期用来使移瓶齿板完成托瓶、移瓶和放瓶的动作，后2/3周期供安瓿在固定齿板上滞留以完成药液的灌注和封口。

2. 安瓿灌装机构

安瓿灌装机构是将净化过滤后的配制药液经计量装置，按工艺要求的一定体积灌注到安瓿中去的机构。药品品种不同，其安瓿的规格、尺寸要求也不同，所以计量机构一般设计成可调节式得。为提高生产效率，一般设计成数支安瓿同时使用类似注射针头状的灌注针灌入安瓿，故灌封机相应地有数套计量机构和灌注针头。

安瓿灌装机构有一部分是完成相应充氮功能的。充氮是为了防止药品氧化，原理是向安瓿内药液上部的空间充填氮气以取代空气。充氮的功能也是通过氮气管线端部的针头来完成的。有时设计成二次充氮，即在灌注药液前进行预充氮，提前以氮置换空气。

图4－25所示为LAGI－2安瓿拉丝灌封机灌装机构的结构示意图。由图可知，该灌装机构的执行动作由以下四个分支机构组成。

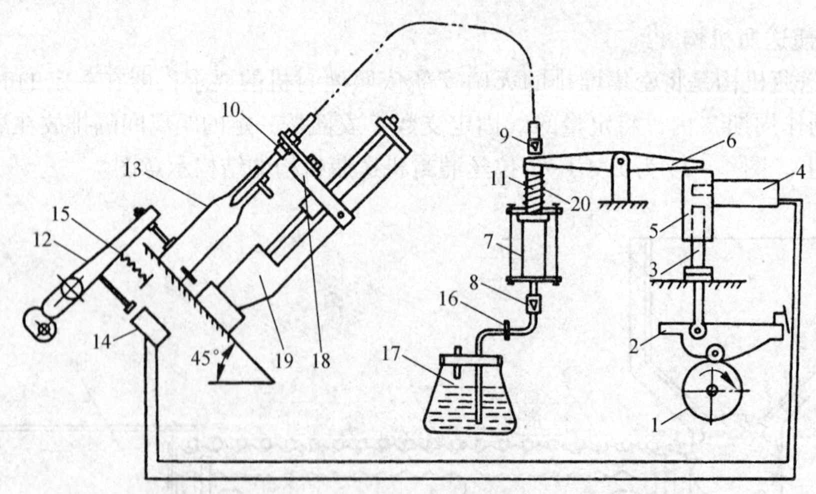

图4－25 LAGI－2安瓿拉丝灌封机灌装机构的结构图

1. 凸轮；2. 扇形板；3. 顶杆；4. 电磁阀；5. 顶杆座；6. 压杆；7. 针筒；8、9. 单向玻璃阀；10. 针头；11. 压簧；12. 摆杆；13. 安瓿；14. 行程开关；15. 拉簧；16. 螺丝夹；17. 贮液罐；18. 针头托架；19. 针头托架座；20. 针筒芯

（1）注射灌液机构　它的功能是提供针头进出安瓿灌注药液的动作。针头10固定在针头架18上，随它一起沿针头架座19上的圆柱导轨作上下滑动，完成对安瓿的药液灌装。

（2）注射充气机构　一般针剂在药液灌装后尚需注入某些惰性气体如氮气或二氧化碳以增加制剂的稳定性。充气针头与灌液针头并列安装在同一针头托架上，一起动作。充气时安瓿先通气，再灌注药液，最后又通气。所有充气过程都是在充气针头插入安瓿内的瞬间完成的，这时针头的动作要求快速进退及短时停留，气阀同时快速启闭。

（3）凸轮、杠杆传动机构　该机构功能是完成将药液从贮液罐中吸入针筒内并输向针头进行灌装。它的整个传动过程如下。

凸轮 1 的连续转动，通过扇形板 2，转换为顶杆 3 的上、下往复移动，再转换为压杆 6 的上下摆动，最后转换为筒芯 20 在针筒 7 内的上下往复移动。当筒芯 20 在针筒 7 内向上移动时，筒内下部产生真空；下单向阀 8 开启，药液由贮液罐 17 中被吸入针筒 7 的下部；当筒芯向下运动时，下单向阀 8 关阀，针筒下部的药液通过底部的小孔进入针筒上部。筒芯继续上移，上单向阀 9 受压而自动开启，药液通过导管及伸入安瓿内的针头 10 而注入安瓿 13 内，与此同时，针筒下部因筒芯上提而造成真空再次吸取药液，如此循环，完成安瓿的灌装。

（4）缺瓶止灌机构　其功能是当送瓶机构因某种故障致使在灌液工位出现缺瓶时，能自动停止灌液，以免药液的浪费和污染。当灌装工位因故致使安瓿空缺时，拉簧 15 将摆杆 12 下拉，直至摆杆触头与行程开关 14 触头相接触，行程开关闭合，致使开关回路上的电磁阀 4 动作，使顶杆 3 失去对压杆 6 的上顶动作，从而达到了自动止灌的功能。

3. 安瓿拉丝封口机构

已灌注药液且充氮后的安瓿需要立即密封，密封方式是将安瓿颈部玻璃用火焰加热至熔融后封口。加热时安瓿需自转，使颈部均匀受热熔化。为确保封口不留毛细孔隐患，一般均采用拉丝封口工艺。拉丝封口不仅是瓶颈玻璃自身的融合，而且用拉丝钳将瓶颈上部多余的玻璃靠机械动作强力拉走，加上安瓿自身的旋转动作，可以保证封口严密不漏，且使封口处玻璃厚薄均匀，而不易出现冷爆现象。

图 4－26 所示为 LAGI－2 安瓿拉丝灌封机气动拉丝封口机构的结构示意图。

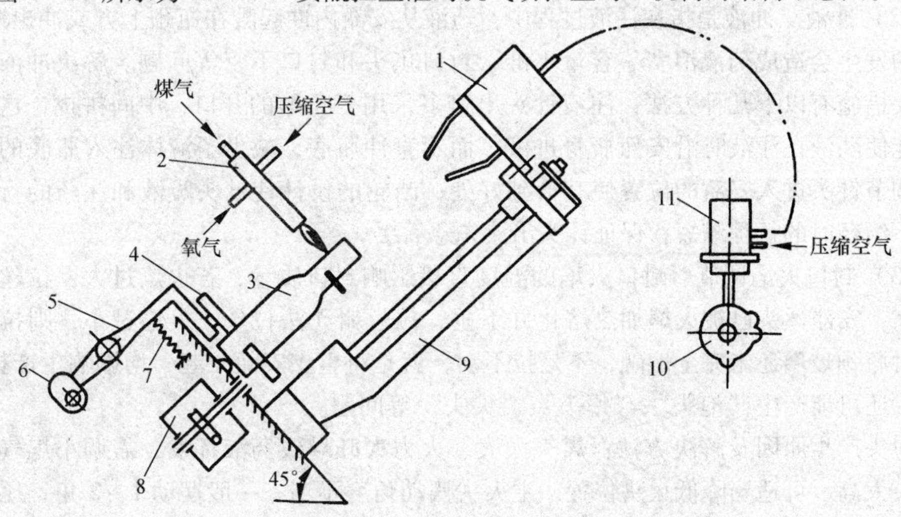

图 4－26　安瓿拉丝灌封机气动拉丝封口机构结构示意图

1. 拉丝钳；2. 喷嘴；3. 安瓿；4. 压瓶滚轮；5. 摆杆；6. 压瓶凸轮；7. 拉簧；8. 蜗轮蜗杆箱；9. 钳座；10. 凸轮；11. 气阀

拉丝封口机构主要由拉丝机构、加热部件及压瓶机构三部分组成。

拉丝机构按其传动形式有气动拉丝和机械拉丝两种，两者不同之处在于如何控制钳口的开闭，气动拉丝通过气阀凸轮控制压缩空气经管道进入拉丝钳使钳口开闭，而机械拉丝则由钢丝绳通过连杆和凸轮控制拉丝钳口开闭。气动拉丝结构简单，造价低，维修方便。机械拉丝结构复杂，制造精度要求高，适用于无气源的地方，并且不存在排气的污染。

拉丝封口机构的工作原理是，灌好药液的安瓿经移瓶齿板作用进入图示位置时，安瓿由压瓶滚轮压住以防止拉丝钳拉安瓿颈丝时安瓿随拉丝钳移动。蜗轮转动带动滚轮旋转，从而使安瓿旋转，同时压瓶滚轮也旋转。加热火焰由煤气、压缩空气和氧气混合组成，火焰温度为1400℃左右。对安瓿颈部需加热部位圆周加热到一定火候，拉丝钳口张开向下，当达到最低位置时，拉丝钳收口，将安瓿头部拉住，并向上将安瓿熔化丝头抽断而使安瓿闭合。当拉丝钳到达最高位置时。拉丝钳张开、闭合两次，将拉出的废丝头甩掉，这样整个拉丝动作完成。拉丝过程中拉丝钳的张合由气阀凸轮控制压缩空气完成。安瓿封口完成后，由于凸轮作用，摆杆将压瓶滚轮拉起，移瓶齿板将封口安瓿移至下一位置，未封口安瓿送入火焰进行下一个周期动作。

4. 灌封过程中常见问题及解决方法

（1）束液　束液是指注液结束时，针头上不得有液滴沾留挂在针尖上，若束液不好则液滴容易弄湿安瓿颈，既影响注射剂容量，又会出现焦头或封口时瓶颈破裂等问题。

解决束液不好现象的主要方法有：灌药凸轮的设计，使其在注液结束时快速返回；单向玻璃间设计有毛细孔，使针筒在注液完成后对针筒内的药液有微小的倒吸作用；另外，一般生产时常在贮液瓶和针筒连接的导管上夹一只螺丝夹，靠乳胶管的弹性作用控制束液。

（2）冲液　冲液是指在注液过程中，药液从安瓿内冲起溅在瓶颈上方或冲出瓶外，冲液的发生会造成药液浪费、容量不准、封口焦头和封口不密等问题。解决冲液现象的主要措施有以下几种方法：注液针头出口多采用三角形的开口，中间拼拢，这样的设计能使药液在注液时沿安瓿瓶身进液，而不直冲瓶底，减少了液体注入瓶底的反冲力；调节针头进入安瓿的位置使其恰到好处；凸轮的设计使针头吸液和注药的行程加长，不给药时的行程缩短，保证针头出液先急后缓。

（3）封口火焰调节　封口火焰的温度直接影响封口质量，若火焰过大，拉丝钳还未下来，安瓿丝头已被火焰加热熔化并下垂，拉丝钳无法拉丝；火焰过小，则拉丝钳下来时瓶颈玻璃还未完全熔融，不是拉不动，就是将整支安瓿拉起，均影响生产操作。此外，还可能产生“泡头”、“瘪头”、“尖头”等问题。

泡头产生原因及解决方法：煤气太大、火力太旺导致药液挥发，需调小煤气；预热火头太高，可适当降低火头位置；主火头摆动角度不当，一般摆动1~2角；压脚没压好，使瓶子上爬，应调整上下角度位置；钳子太低，造成钳去玻璃太多，玻璃瓶内药液挥发，压力增加，而成泡头，需将钳子调高。

瘪头产生原因及解决方法：瓶口有水迹或药迹，拉丝后因瓶口液体挥发，压力减少，外界压力大而瓶口倒吸形成平头，可调节灌装针头位置和大小，不使药液外冲；回火火焰不能太大，否则使已圆好口的瓶口重熔。

尖头产生原因及解决方法：预热火焰太大，加热火焰过大，使拉丝时丝头过长，可把煤气量调小些；火焰喷枪离瓶口过远，加热温度太低，应调节中层火头，对准瓶口，离瓶 3 ~4mm；压缩空气压力太大，造成火力急，温度低于软化点，可将空气量调小一点。

由上述可见，封口火焰的调节是封口好坏的首要条件，封口温度一般调节在1400℃，由煤气和氧气压力控制。火焰头部与安瓿瓶颈间最佳距离为 10mm，生产中拉丝火头前部还有预热火焰，当预热火焰使安瓿瓶颈加热到微红，再移入拉丝火焰熔化拉丝。

5. 拉丝灌封机的使用注意事项

（1）安瓿和机器的选择。不同规格的安瓿灌封机是不能通用的，因此，产品品种固定了，要根据安瓿直径大、小、长、短的要求选择机器；机器固定了，要选择相应规格的安瓿。

（2）每次开机前必须先用摇手柄转动机器，察看其转动是否有异状，确实判明正常后，才可开车。但一定要注意：开机前要先将摇手柄拉出，使手柄脱离机器，保证操作安全。

（3）每当机器进行调整后，一定要将松过的螺钉全部检查是否紧好，使用摇手柄转动机器，察看其动作是否符合要求的，方可以开机。

（4）燃气头应该经常从火头之大小来判断是否良好，因为燃气头之小孔经过使用一定时间后，容易被积炭堵塞或小孔变形而影响火力。

（5）灌封机火头上面要装排气管，能排除热量及燃气中的少量灰尘，同时又能保持室内温度、湿度和清洁，对产品质量和工作人员的健康有好处。

四、安瓿洗烘灌封联动线

安瓿洗烘灌封联动线是将前面所述的安瓿清洗设备机组、干燥灭菌机组、拉丝灌封机组联合组装在一起，实现整个生产过程流水线作业，集安瓿以洗涤、烘干灭菌、灌封于一体，具有设备紧凑、生产能力高、符合 GMP 要求、产品质量高等优点。

联动机组工艺流程为：

安瓿上料→喷淋水→超声波洗涤→第一次冲循环水→第二次冲循环水→压缩空气吹干→冲注射用水→三次吹压缩空气→预热→高温灭菌→冷却→螺杆分离进瓶→前充气→灌药→后充气→预热→拉丝封口→计数→出成品。

安瓿洗、烘、灌封联动机结构原理如图 4 – 27 所示。

安瓿洗、烘、灌封联动机各组成单机，既能单独使用也能联合使用。联合使用时，各台机器的同步配合是个关键，这是由自控装置和同步传动机构共同完成的。以灭菌干燥机与跟它前后相衔接的清洗机及灌封机的速度匹配为例作以简要介绍。

由于箱体内网带的运送具有伺服特性，因而为安瓿在箱体内的平稳运行创造了条件。伺服机构是通过接近开关与满缺瓶控制板等相互作用来执行的，结构如图 4 – 28

所示。即将网带入口处安瓿的疏密程度通过支点作用反馈到接近开关上，使接近开关及时发出讯号进行控制并自动处理以下几种情况。

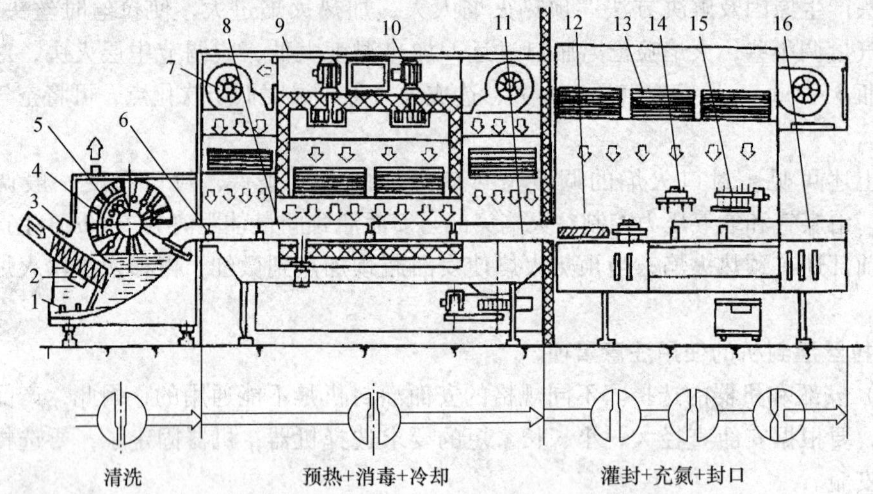

图4-27　安瓿洗、烘、灌封联动机工作原理图

1. 水加热器；2. 超声波换能器；3. 喷淋水；4. 冲水、气喷嘴；5. 转鼓；6. 预热器；7、10. 风机；8. 高温灭菌区；9. 高效过滤器；11. 冷却区；12. 不等距螺杆分离；13. 洁净层流罩；14. 充气灌药工位；15. 拉丝封口工位；16. 成品出口

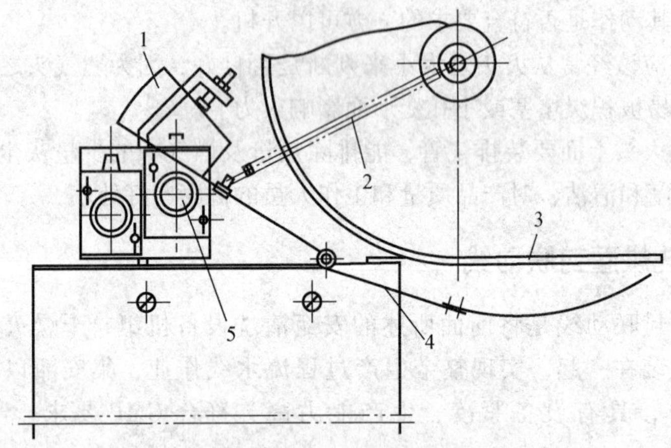

图4-28　烘箱网带的伺服机构图

1. 感应板；2. 拉簧；3. 垂直网带；4. 满缺瓶控制板；5. 接近开关

（1）当网带入口处安瓿疏松到感应板在拉簧作用下脱离后接近开关，此时能立即发出讯号，令烘箱电机跳闸，网带停止运行。

（2）当安瓿清洗机的翻瓶器间歇动做出瓶时，即在网带入口处的安瓿呈现“时紧时弛”状态，感应板亦随之来回摆动。当安瓿密集时，感应板覆盖后接近开关，于是发出讯号，网带运行，将安瓿送走；当网带运行一段距离后，人口处的安瓿又呈现疏松状态，致使感应板脑离后接近开关，于是网带停止运行。如此周而复始，两机速度匹配达到正常运行状态。

（3）当网带人口处安瓿发生堵塞，感应板覆盖到前接近开关时，此时能立即发出讯号，令清洗机停机，避免产生轧瓶故障（此时网带则照常运行）。

五、其他安瓿辅助设备

（一）灯检设备

澄明度是水针剂产品一项重要质量指标。装有药液的安瓿通过一定照度的光线照射，用人工或光电设备可进一步判别是否存在有异物、破裂、漏气、装量过满或不足等质量问题。空瓶、焦头、泡头或有色点、浑浊、结晶、沉淀以及其他异物等不合格的安瓿可通过这种途径得到剔除。这种设备称为灯检设备。

1. 人工灯检设备

国内厂家基本上采用人工目测法检查安瓿的澄明度。人工目测检查主要依靠待测安瓿被振摇后药液中微粒的运动从而达到检测目的。按照我国 GMP 的有关规定，一个灯检室只能检查一个品种的安瓿。检查时一般采用 40W 青光的日光灯作光源，并用挡板遮挡以避免光线直射入眼内；背景应为黑色或白色（检查有色异物时用白色），使其有明显的对比度，提高检测效率。检测时将待测安瓿置于检查灯下距光源约 200mm 处轻轻转动安瓿，目测药液内有无异物微粒。

2. 安瓿异物光电自动检查仪

安瓿异物自动检查仪的原理是利用旋转的安瓿带动药液一起旋转，当安瓿突然停止转动时，药液由于惯性会继续旋转一段时间。在安瓿停转的瞬间，以束光照射安瓿，在光束照射下产生变动的散射光或投影，背后的荧光屏上即同时出现安瓿及药液的图像。利用光电系统采集运动图像中（此时只有药液是运动的）微粒的大小和数量的信号，并排除静止的干扰物，再经电路处理可直接得到不溶物的大小及多少的显示结果。再通过机械动作及时准确地将不合格安瓿剔除。

图 4－29 所示为安瓿澄明度光电自动检查仪的主要工位示意图。待检安瓿放人不锈钢履带上输送进拨瓶盘，拨盘和回转工作台同步作间歇运动，安瓿 4 支一组间歇的进入回转工作转盘，各工位同步进行检测。第一工位是顶瓶夹紧。第二工位高速旋转安瓿带动瓶内药液高速翻转。第三工位异物检查，安瓿停止转动，瓶内药液仍高速运动，光源从瓶底部透射药液，检测头接收中异物产生的散射光或投影，然后向微机输

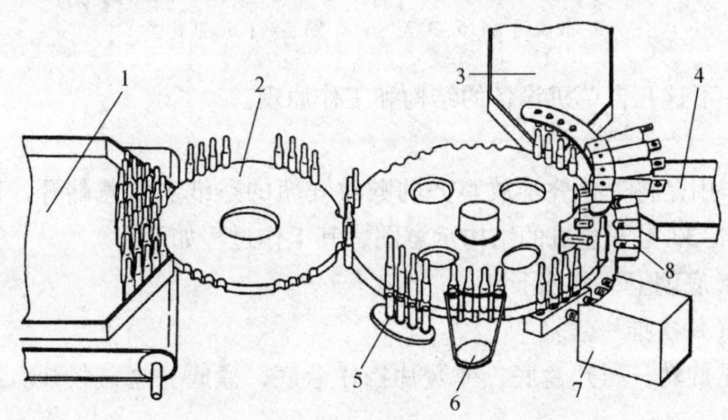

图 4－29　安瓿澄明度检查工位示意图

1. 输瓶盘；2. 拨瓶盘；3. 合格贮瓶盘；4. 不合格贮瓶盘；5. 顶瓶；6. 转瓶；7. 异物检查；8. 空瓶、液量过少检查

出检测信号。检测原理如图 4－30 所示。第四工位是空瓶、药液过少检测，光源从瓶侧面透射，检测头接收信号整理后输入微机程序处理，见图 4－31 所示。第五工位是对合格品和不合格品由电磁阀动作，不合格品从废品出料轨道予以剔除，合格品则由正品轨道输出。

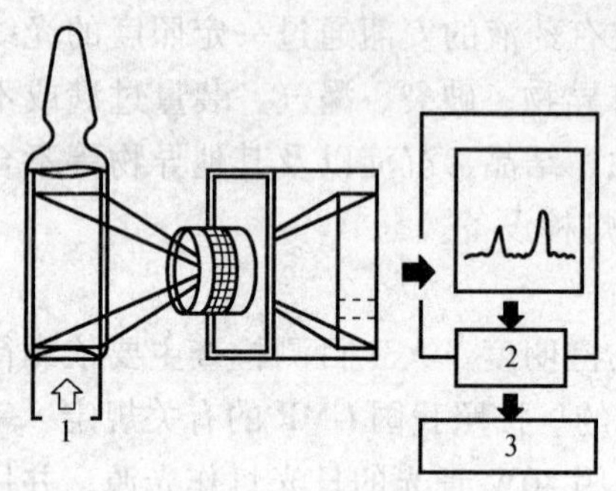

图 4－30 异物检查

1. 光；2. 处理；3. 合格品与不合格品的分选

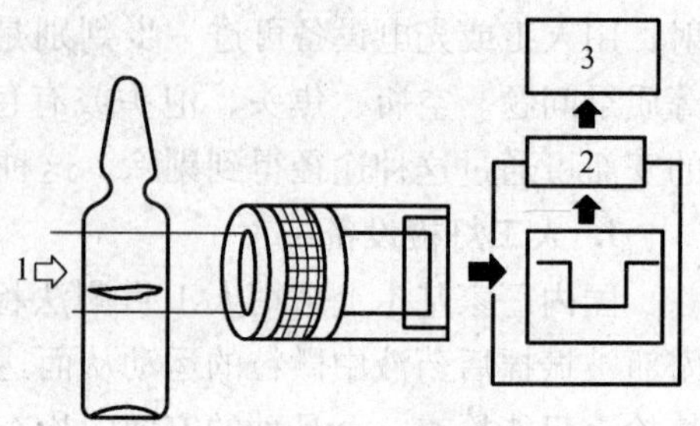

图 4－31 空瓶、药液量过少检测

1. 光；2. 处理；3. 合格品与不合格品的分选

（二）安瓿印字包装机

安瓿印字包装生产线的工作流程如图 4－32 所示，整个过程包括安瓿印字、装盒、加说明书三个工序。设备机组由开盒机、印字机、装盒关盖机、贴签机等四个单机联动而成。

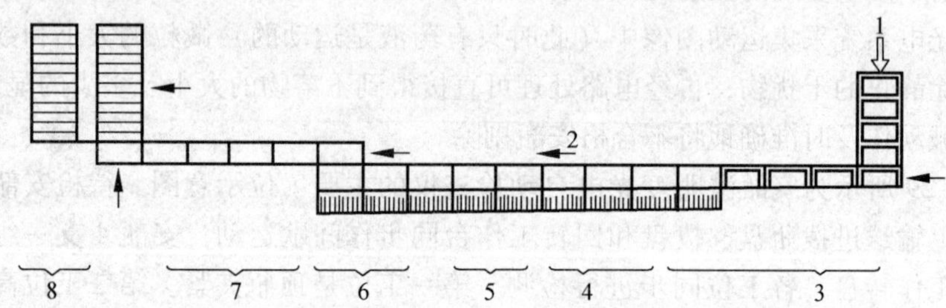

图 4－32 印包生产线流程图

1. 储盒输送带；2. 输送带；3. 开盒区；4. 安瓿印字理放区；5. 放说明书；6. 关盖区；7. 贴签区；8. 捆扎区

下面介绍一下这几台单机设备的结构和工作原理。

1. 开盒机

开盒机的作用是将一叠叠堆放整齐的贮放安瓿的空纸盒盒盖翻开，以供贮放印好字的安瓿。图 4－33 是开盒机的结构示意图，其工作过程如下。

（1）上盒（底朝上，盖朝下）。

（2）推盒（每次推一盒）。

（3）翻盒爪旋转、压开盒底、弹簧片挡住盒底，盒底、盒盖张开。翻盒爪与推盒板作同步转动。

（4）翻盒杆逐渐打开纸盒。

（5）光电管的作用是监控纸盒的个数并指挥输送带的动作。

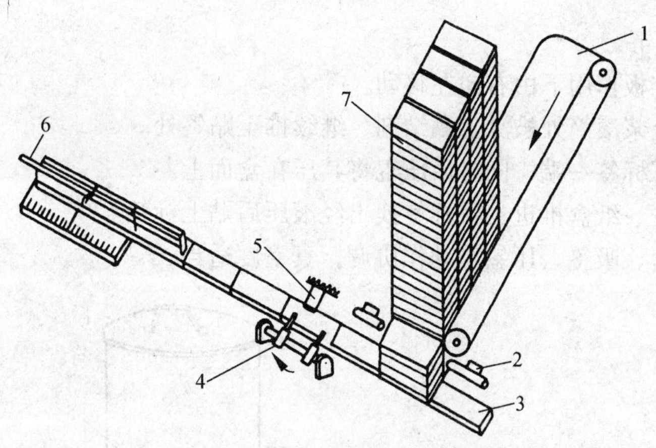

图 4－33　安瓿开盒机结构示意图

1. 输送带；2. 光电管；3. 推盒板；4. 翻盒爪；5. 弹簧片；6. 翻盒杆；7. 空纸盒

2. 安瓿印字机

成品水针剂按 GMP 要求，需在安瓿瓶体上用油墨印写清楚药品名称、有效日期、产品批号等。这道工序由安瓿印字机完成。

图 4－34 是安瓿印字机的结构示意图，其工作过程如下。

（1）安瓿由料斗到托瓶板上。

（2）推瓶板将托瓶板上的安瓿推至印字轮下。

（3）人工将油墨加在匀墨轮上，经转动的钢质轮 7、上墨轮 6、字模轮 5、将正字模印翻印在印字轮 4 上，安瓿被转动着的印字轮 4 压住并同时产生反向滚动，完成安瓿印字。

（4）印完字后的安瓿从末端滚入纸盒内。

（5）人工整理放上说明书、盖上盒盖由输送带送往贴签机贴签。

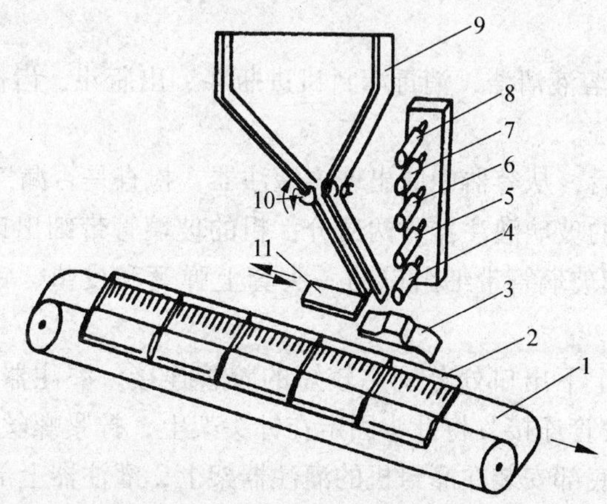

图 4－34　安瓿印字机结构示意图

1. 纸盒输送带；2. 纸盒；3. 托瓶板；4. 橡胶印字轮；5. 字轮；6. 上墨轮；

7. 钢质轮；8. 匀墨轮；9. 料斗；10. 送瓶轮；11. 推瓶板

3. 贴标签机

贴标签机的作用是向装有安瓿的纸盒上贴标签。图 4－35 是贴标签机的结构示意图，其工作过程如下。

（1）纸盒在推板作用下由右向左移动。

（2）纸盒在上浆滚筒处被涂上黏结剂、继续推至贴签处。

（3）真空吸下标签一端，同时由压辊将其压在盒面上。

（4）真空消失、纸盒推进、将标签拽出经滚压后贴上标签。

（5）要求送盒、吸签、压签等动作协调，真空度适当。

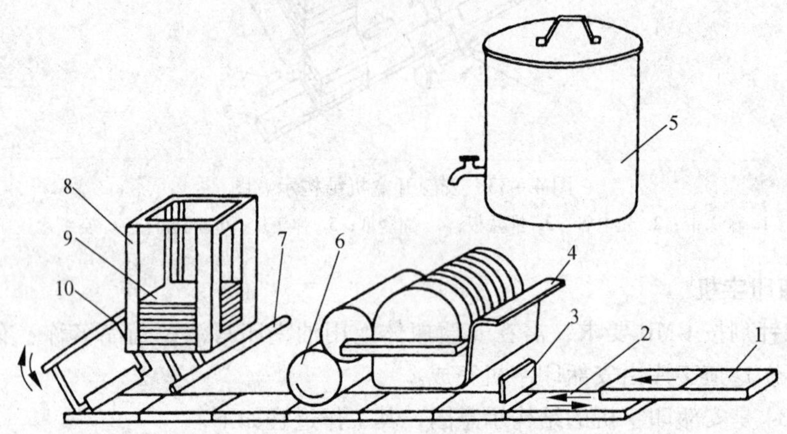

图4-35　安瓿贴签机结构示意图

1. 纸盒；2. 推板；3. 挡盒板；4. 匀浆搅拌机构；5. 黏结剂料桶；6. 上浆滚筒；7. 真空吸头；8. 标签架；9. 标签纸；10. 压辊

【SOP实例】

安瓿拉丝灌封机操作规程

1. 操作前准备

1.1　用75%乙醇溶液清洁、消毒灌封机进瓶斗、出瓶斗、齿板及外壁。

1.2　安装灌注系统。

1.2.1　手部消毒后，从容器中取出玻璃灌注器，检查是否漏气。

1.2.2　将不漏气的玻璃灌注器分两部分：粗的玻璃管带细出口的一头装入灌注器钢套中，放入皮垫，细玻璃管带细出口的一头套上弹簧和皮垫、钢套盖，将两部分组装，拧紧钢套盖。

1.2.3　灌注器的上下出口处分别用较短的胶管连接，灌注器上胶管连接上活塞，上活塞与针头之间用胶管连接，将针头固定在针头架上，拧紧螺丝。

1.2.4　将灌注器底部安装在灌封机的灌注器架上，灌注器上部卡在顶杆套上。

1.2.5　灌注器下部胶管连接下活塞，下活塞与玻璃三通一边出口处用胶管连接，玻璃三通另一边出口处用胶管连接另一个灌注器的下活塞，玻璃三通中间上出口处用胶管连接，并用止血钳夹住。

1.2.6　玻璃三通下部出口处，用较长的胶管连接下活塞，放入过滤后的注射用水瓶中，冲洗灌注系统。

1.3　用手轮顺时针转动，检查灌封机各部运转情况，有无异常声响、震动等，并在各运转部位加润滑油。

2. 操作过程

2.1 取灭菌的安瓿，用镊子挑出碎口及不合格的安瓿，将合格的安瓿放入进瓶斗，取少许安瓿摆放在齿板上。

2.2 打开燃气阀、点燃火焰并调整火焰，启动电机。进行试开机。

2.3 检查针头是否与安瓶口摩擦，针头插入安瓿的深度和位置是否合适。如果针头与安瓿口摩擦，必须重新调整针头位置，使操作达到灌装技术标准。

2.4 根据调剂下的装量通知单，用相应体积的干燥注射器及注射针头抽尽瓶内药液，然后注入标化的量筒，在室温下检视装量不得少于其标示量。

2.5 观查安瓿封口处玻璃受热是否均匀。如果安瓿封口处玻璃受热不均，将安瓿转瓶板中的顶针上下移动，使顶针面中心对准安瓿中心，安瓿顺利旋转，使封口处玻璃受热达到均匀。

2.6 观察拉丝钳与安瓿拉丝情况，如果钳口位置不正时，调节微调螺母，修正钳口位置，使拉丝钳的拉丝达到技术要求。

2.7 将灌封机各部运转调至生产所需标准，开始灌封。

2.8 将灌注系统的下活塞放入澄明度合格的滤液瓶内，密封瓶口，在出瓶斗处放洁净的钢盘装灌封后的安瓿。

2.9 灌封时，查看针头灌药情况，每隔20~30min检查一次装量。

2.10 更换针头、活塞等用器具，应检查药液澄明度，装量合格后，继续灌封。用镊子随时挑出灌封不良品。

2.11 调整灌封机各部件后，螺丝必须拧紧。

2.12 关机。灌封结束后，关闭燃气阀、关闭电源、拔下电源插头。

2.13 拆卸灌注系统。

2.14 灌封机按灌封机清洁、消毒规程清洁、消毒。

3. 安瓿拉丝灌封机维护保养程序

3.1 调整机器时，工具要使用适当，严禁野蛮拆卸机器零件，避免损坏机件或影响机器性能。

3.2 机器必须保持清洁，严禁机器上的油污、药液或玻璃碎屑，以免造成机器损蚀。

3.2.1 机器在生产过程中，及时清除药液或玻璃碎屑。

3.2.2 交班前应将机器各部清洁一次，并将各部加油一次。

3.2.3 每周应大擦洗一次，特别是将平常使用中不容易清洁到的地方擦净，并可以用压缩空气吹净。

4. 生产中常见问题及排除方法

4.1 安瓿泡头。煤气太大造成，需调小煤气；预热火头太高造成，可适当降低火头位置；主火头摆动角度不当造成，一般摆动1°~2°；压脚没压好造成，应调整上下角度位置；钳子太低造成，需将钳子调高。

4.2 安瓿瘪头。可调节灌装针头位置和大小，不使药液外冲；回火火焰调小。

4.3 安瓿尖头。预热火焰太大，加热火焰过大，可把煤气量调小些；火焰喷枪离瓶口过远，加热温度太低，应调节中层火头，对准瓶口，离瓶 3 ~ 4mm；压缩空气压力太大，造成火力急，温度低于软化点，可将空气量调小一点。

第三节　最终灭菌大容量注射剂设备

最终灭菌大容量注射剂简称大输液或输液，是指 50ml 以上的最终灭菌注射剂。输液剂包装目前中国常用的是玻璃瓶装或塑料瓶、软袋装 3 种，如图 4 - 36 所示。

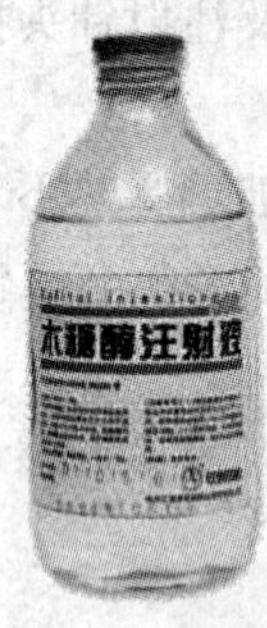

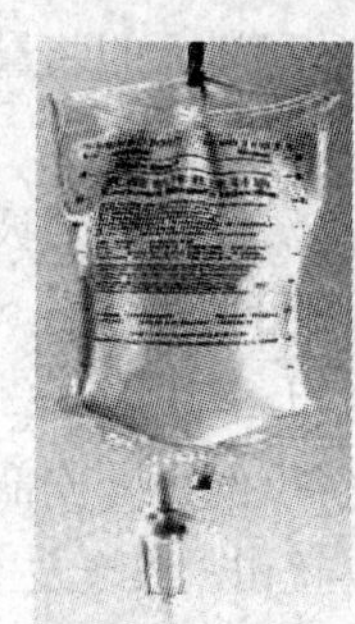

图 4 - 36　大容量注射剂（玻璃瓶、塑料瓶、软袋）

静脉输液应用于疾病治疗以来，其容器经历了三代变化。

第一代——全开放式。输液容器为广口玻璃瓶。用时需打开瓶盖倾注液体，液体大量暴露与空气中，微生物及微粒可严重污染液体。

第二代——半开放式。输液容器为玻璃瓶（或塑料瓶）。在使用过程中需插入空气针，建立空气通路，使得输液能够顺利滴注。

第三代——封闭式。输液容器为全封闭塑料软袋无需引入外界空气即可顺利滴注。加药口和输注口分开，防止污染。

其生产过程包括原辅料的准备、浓配、稀配、瓶外洗、粗洗、精洗、灌封、灭菌、灯检、包装等步骤。大输液有一些工艺设备与水针剂类似，本节不再赘述。

一、玻璃瓶大输液生产设备

玻璃瓶装大输液目前在我国使用的仍较为普遍。玻璃瓶装大输液包括玻璃瓶、隔离膜、橡胶塞和铝盖几部分。玻璃瓶装输液剂工艺流程如图 4 - 37 所示。

玻璃瓶装大输液主要用到以下几种生产包装材料。

（1）玻璃瓶 50ml、100ml、250ml、500ml、1000ml 分 A 型和 B 型两种，标准参见 GB 2639 - 90。

（2）医用翻边型橡胶塞标准参见 GB 9890—88。内衬涤纶膜防止添加剂进入药液中，使用前要消毒、硅化、洗涤。

（3）铝盖标准参见 GB 5197 - 96。有组合型、拉环型、不开花型等。

（4）丁基胶塞：不需硫化、不需加涤纶膜，但价格昂贵。

玻璃瓶大输液生产设备主要有胶塞清洗设备和大输液联动生产线两大机组构成，大输液联动生产线主要由理瓶机、外洗瓶机、洗瓶机、灌装机、加胶塞机、翻胶塞机、轧盖机等单机构成。

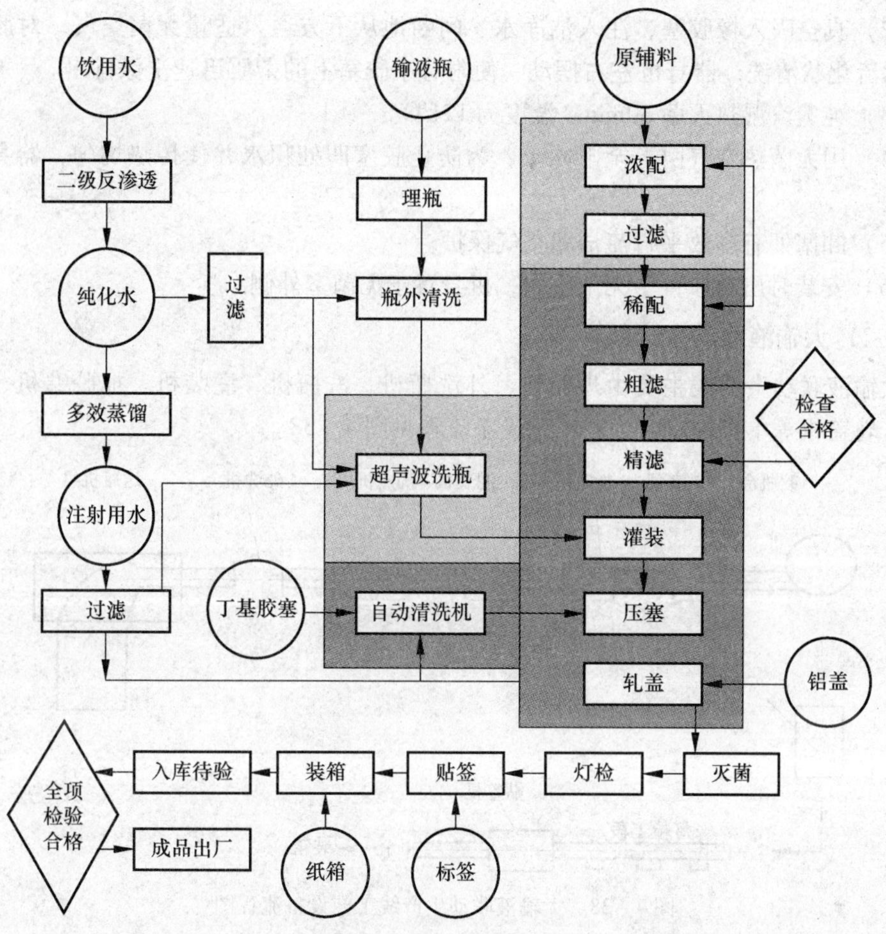

图 4－37　玻璃瓶大容量注射剂生产工艺流程图

具体生产工艺设备流程是，玻璃输液瓶由等速等差进瓶机（或进瓶转盘）送入外洗机，刷洗瓶外表面，然后由输瓶机进入滚筒式清洗机（或箱式洗瓶机），洗净的玻璃瓶直接进入灌装机，灌满药液立即封口（经胶塞机、翻胶塞机、轧盖机）和灭菌。灭菌完了贴标签、打批号、装箱，进入流通领域成为商品。

（一）胶塞清洗设备

1. 夹层罐

部分药厂采用夹层罐多次蒸煮漂洗胶塞，工艺过程：新胶塞→碱煮→酸煮→蒸馏水煮洗→注射用水浸泡。

新胶塞首先用 0.5% 氢氧化钠煮沸约 30min，用自来水和新沸开水洗去表面黏附的各种游离杂质；再用 1% 盐酸溶液煮沸约 30min，用蒸馏水洗去表层黏附的填充剂（如碳酸钙杂质），并洗去酸液；再用蒸馏水煮沸约 30min，最后用过滤注射用水浸泡过夜。临用前，用过滤注射用水反复清洗数次。

2. 胶塞清洗机

现代常用的胶塞清洗机具有以下功能特点。

（1）集胶塞的清洗、硅化、灭菌、干燥与一体，实行全程自动监控。

（2）真空吸入像胶塞、注入洁净水、间断地从下方通入适量无菌空气，对胶塞进行沸腾流化状清洗，器身也左右摆动，使附着于胶塞上的杂质迅速洗涤排出。

（3）纯蒸汽湿热灭菌30min，温度为121℃。

（4）用无菌热空气由上至下吹干，为防止胶塞凹处积水并使传热均匀，器身也进行摆动。

（5）卸塞处有高效平行流洁净空气保护。

（6）安装时出料口置于无菌室内，机身置于无菌室外侧。

（二）大输液联动生产线

大输液联动生产线主要由理瓶机、外洗瓶机、洗瓶机、灌装机、加胶塞机、翻胶塞机、轧盖机等单机构成。生产工艺设备流程见图4－38。

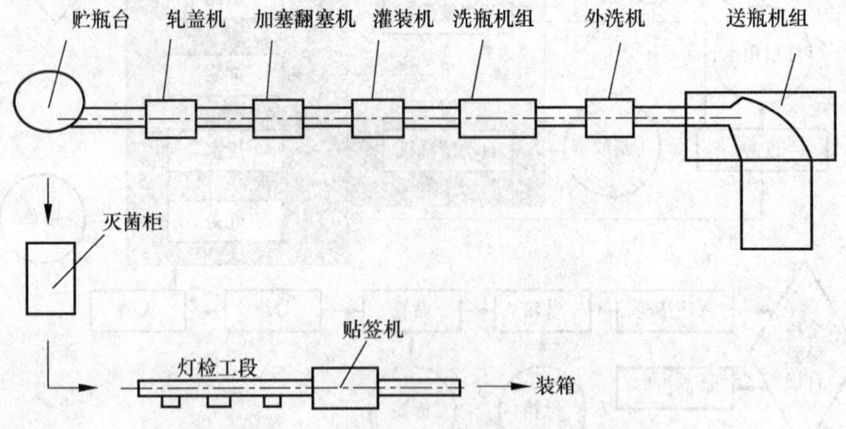

图4－38　大输液联动生产线工艺设备流程图

1. 理瓶机

理瓶机的形式较多，最常见的是圆盘式理瓶机，它结构简单，由电机带动转动的圆盘，靠离心力达到理瓶送瓶。图4－39为其平面示意图。

等差式理瓶机可用于输液瓶的理瓶，由等速和差速两台单机组成，如图4－40所示。等速进瓶机有7条速度相同、由同一动力带动的等速输送带输送，玻璃瓶随输送

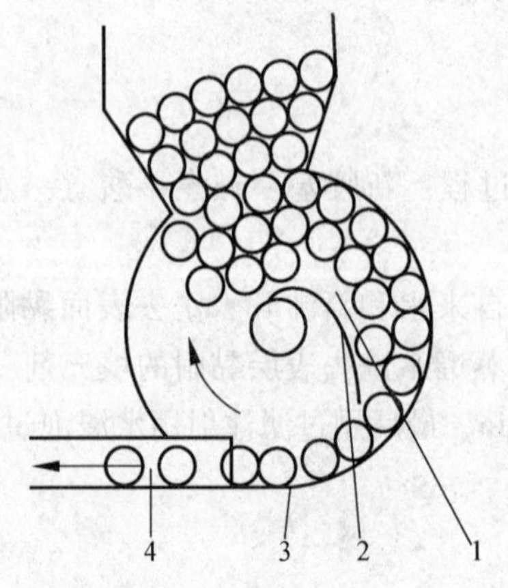

图4－39　圆盘式理瓶机

1. 转盘；2. 拨杆；3. 围沿；4. 输送带

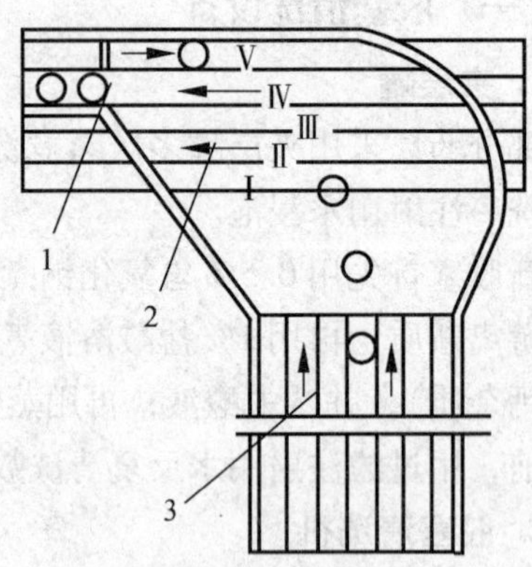

图4－40　等差式理瓶机

1. 玻璃瓶出口；2. 差速进瓶机；3. 等速进瓶机

带运动的方向移动，确保下工位有足够的瓶子供应。

差速进瓶机，有5条输送带，速度各不相同，其中第Ⅰ、Ⅱ条输送速度相等，第Ⅲ条速度加快，第Ⅳ条更快，第Ⅴ条较慢且方向相反，其目的是将卡在出瓶口的玻璃瓶松动并迅速带走。输液瓶在各输送带和挡板作用下，在第Ⅳ条带上成单列顺序输出。

2. 外洗瓶机

外洗瓶机是清洗输液瓶表面的设备。清洗方法为：毛刷固定两边，瓶子在输送带的带动下从毛刷中间通过，达到清洗目的。也有毛刷件旋转运动，瓶子通过时产生相对运动，使毛刷能全部洗净瓶子表面，毛刷上部按有喷淋水管，及时冲走洗刷的污物。图4－41和图4－42为这两种外洗方法简图。

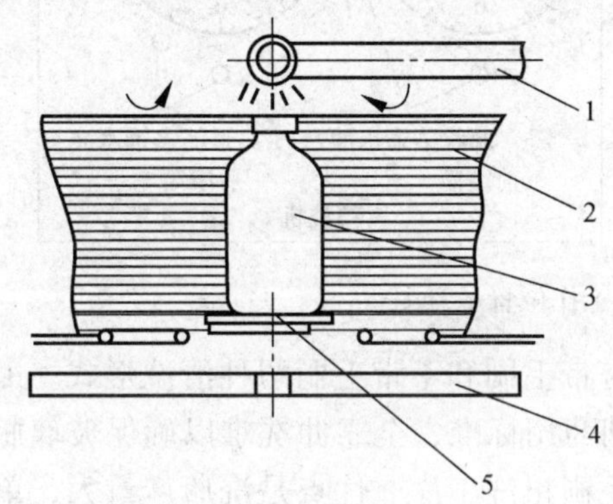

图4－41 毛刷固定外洗机

1. 毛刷；2. 瓶子；3. 输送链；4. 传动齿轮

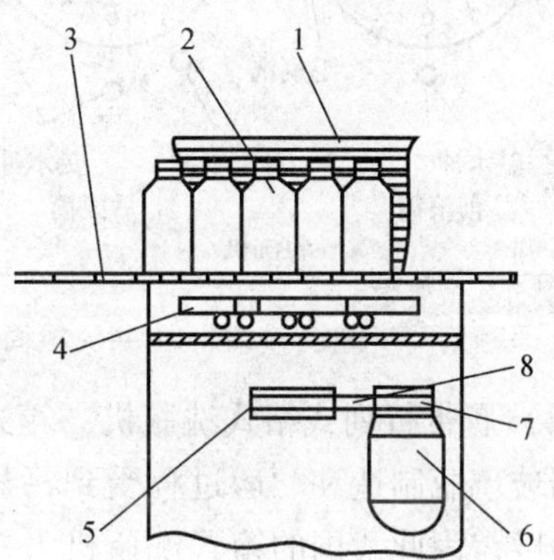

图4－42 毛刷转动外洗机

1. 淋水管；2. 毛刷；3. 瓶子；4. 传动装置；5. 输送链

3. 玻璃瓶清洗机

（1）滚筒式清洗机 滚筒式清洗机是一种带毛刷刷洗玻璃瓶内腔的清洗机，其设备外形如图4－43所示。此种洗瓶机的单位年产量约200万～600万瓶，适用于中小规模的生产厂。

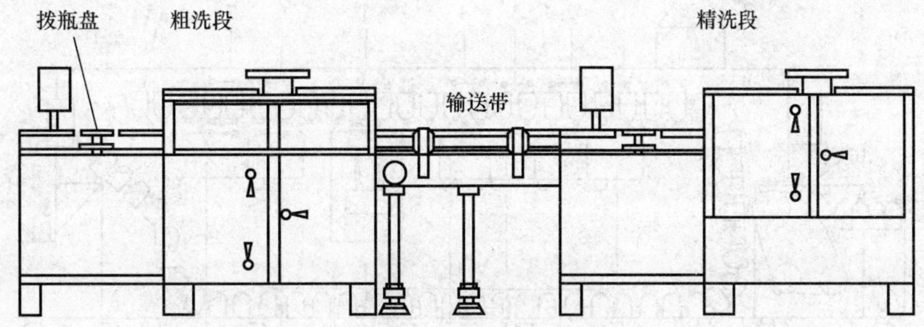

图4－43 滚筒式清洗机外形

该机由两组滚筒组成，一组滚筒为粗洗段，另一组滚筒为精洗段，中间用长2m的输送带连接。因此精洗段可置于洁净区内，洗净的瓶子不会被空气污染。

如图4－44工位图所示，载有玻璃瓶的滚筒转动到设定的位置1时，碱液注入瓶内；

当带有碱液的玻璃瓶处于水平位置时，毛刷进入瓶内带液刷洗瓶内壁约3s，之后毛刷退出。滚筒转到下两个工位逐一由喷液管对刷洗后的瓶内腔冲碱液。当滚筒载着瓶子处于进瓶通道停歇位置时，进瓶拨轮同步送来的待洗空瓶将冲洗后的瓶子推向设有常水外淋、内刷、常水冲洗后滚筒继续清洗。经粗洗后的玻璃瓶经输送带送入精洗筒进行精洗。

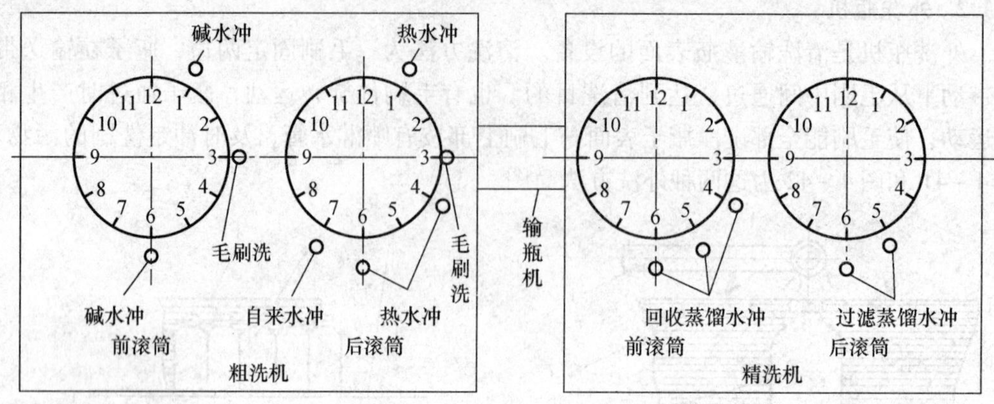

图4-44　滚筒式清洗机的工作位置示意图

（2）履带行列式箱式洗瓶机　箱式洗瓶机有带毛刷和不带毛刷两种清洗形式。由于我国玻璃瓶制造和贮运过程受到污染，达不到药用标准，全靠冲洗难以确保玻璃瓶的洁净度，因此我国的箱式洗瓶机大多配置了毛刷粗洗工序。优点是洗瓶产量大，单班年产量在1000万瓶左右。

带毛刷的履带行列式箱式洗瓶机洗瓶工序如图4-45所示。经外洗的玻璃瓶单列输入进瓶装置，分瓶螺杆将输入的玻璃瓶等距分成10个一排，由进瓶凸轮可靠地送入瓶套，瓶套随履带到各冲刷工位，即输瓶→进瓶（每次10瓶）→碱液冲洗2次→热水冲洗内外各3次→毛刷带常水内刷2次→回收注射用水冲洗内外各2次→注射用水内冲3次外淋1次→连续5个工位倒立滴水约37.5～60s→翻瓶送往水瓶输送带→送入灌装工序。

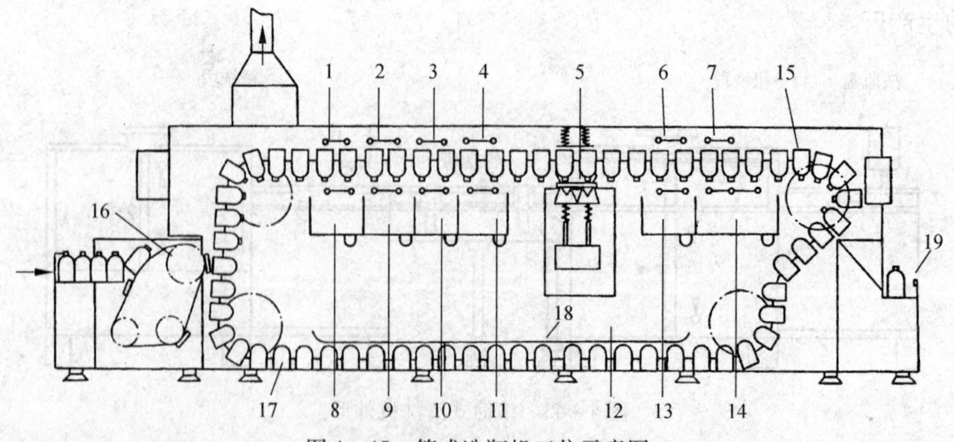

图4-45　箱式洗瓶机工位示意图

1. 碱水冲洗；2，3，4. 热水喷淋冲洗；5. 毛刷带冷水；6. 回收蒸馏水冲洗；7. 蒸馏水喷淋冲洗；8. 碱水收集槽；9、10、11. 热水收集槽；12. 残液收集盘；13. 回收蒸馏水收集槽；14. 蒸馏水收集槽；15. 沥水翻瓶；16. 进瓶凸轮；17. 瓶套；18. 隔板；19. 手控停转

随着国内包装材料制作设备的现代化和对包装材料生产 GMP 的实施，不带毛刷的冲洗式洗瓶机必将得到广泛使用。这种全自动箱式洗瓶机采用全冲洗方式工作过程是，待洗瓶子经预洗（自来水内外各喷射 1 次）、洗涤剂冲洗（洗涤剂内冲 22 次、外冲 20 次）、精洗、第一次温水冲洗（循环水内冲 4 次、外冲 3 次）、第二次温水冲洗（循环蒸馏水内冲内冲 4 次、外冲 2 次）、精洗（注射用水内冲 4 次、外冲 2 次）。全机采用变频调速、程序控制、自动停车报警。

（3）清洗机使用注意事项　清洗机开动前，仔细检查各机构动作是否同步，动作顺序是否准确，毛刷和冲水喷嘴的中心线是否对准瓶口中心线。拨盘进瓶、毛刷刷洗与喷水动作应在滚筒或掉蓝停止位置进行。如有错位，逐一检查调整复位，直到准确无误方能开车。

调整规格时，因玻璃瓶的尺寸发生了变化，相应的进瓶拨轮或绞龙、滚筒上的拦瓶架或履带上的瓶套、刷瓶毛刷等规格件必须更换。规格件更换后应重新调整所处的位置与间隙，以便洗瓶各工位都正常工作。

4. 输液剂灌装机

灌装机的功能是将经质量检查合格的药液灌入洁净的容器中。有多种机型，按运动形式分有直线式间歇运动、旋转式连续运动 2 种；按灌装方式分有常压灌装、负压灌装、正压灌装和恒压灌装 4 种；按计量方式分有流量定时式、量杯容积式、计量泵注射式 3 种。这几种机型的灌装设备其计量误差均在 2% 以内。

使用输液剂灌装设备需注意：与药液接触的零部件有摩擦可能产生微粒的灌装形式时，如计量泵注射式，须加终端过滤器；灌装易氧化的药液时，设备应有充氮装置。

（1）漏斗式灌装机　漏斗式灌装机是用时间和流量控制计量灌装容积的。该机的优点是结构简单，缺点是计量准确度不易调控；无瓶时仍处于灌装状态，所以浪费药液，又污染机器。这种形式的灌装机将逐渐淘汰，目前国内已较少采用。

（2）量杯式负压灌装机　量杯式负压灌装机由药液量杯、托瓶装置及无级变速装置三部分组成，结构如图 4－46 所示。量杯计量原理见图 4－47，误差调节是通过计量调节块在计量杯中所占的体积而定，旋动调节螺母使计量块上升或下降，从而达到装量。盛料桶中装有 10 个计量杯，量杯与灌装套用硅橡胶管连接，玻璃瓶由螺旋管式输瓶器经拨瓶星轮送入转盘的托瓶装置，托瓶装置由圆柱凸轮控制升降，灌装头套住瓶肩形成密封空间，通过真空管道抽真空，药液负压流进瓶内。

该机的优点是量杯计量、负压灌装，药液与其接触的零部件无相对机械摩擦，没有微粒产生，保证了药液在灌装机大多是十个充填头，产量约为每分钟 60 瓶；机械设有无瓶不灌装等自动保护装置。缺点是机器回转速度加快时，量杯药液产生偏斜，可能造成计量误差。

（3）计量泵注射式灌装机　计量泵注射式灌装机是通过注射泵对药液进行计量并在活塞的压力下将药液充填与容器中的灌装机。机型有直线式和回转式两种。直线式玻璃为间歇运动，产量不能很高，如八头的灌装机产量每分钟 60 瓶左右。回转式为连续作业，产量相对较高。充填头有二头、四头、六头、八头、十二头等。计量泵原理见图 4－48，是以活塞的往复运动进行充填，常压灌装。计量原理同样是以容积计量。首先粗调活塞行程，达到灌装量，装量精度由下部的微调螺母来调定。

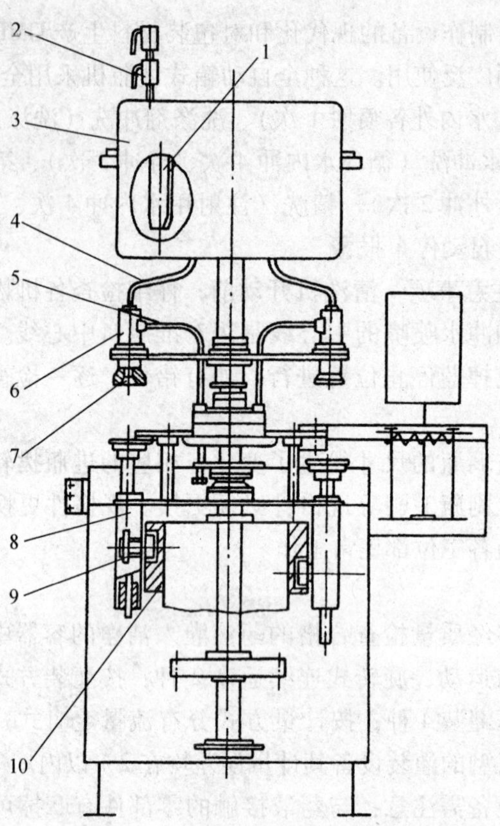

图 4－46　量杯式负压灌装机示意图

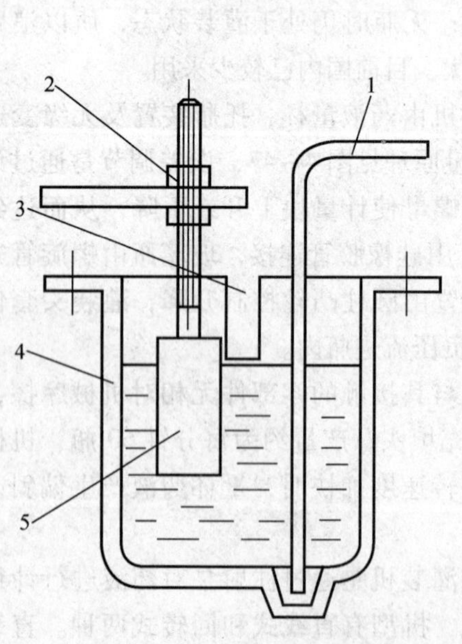

图 4－47　量杯计量示意图

1. 吸液管；2. 调节螺母；3. 量杯缺口；
4. 计量杯；5. 计量调节块

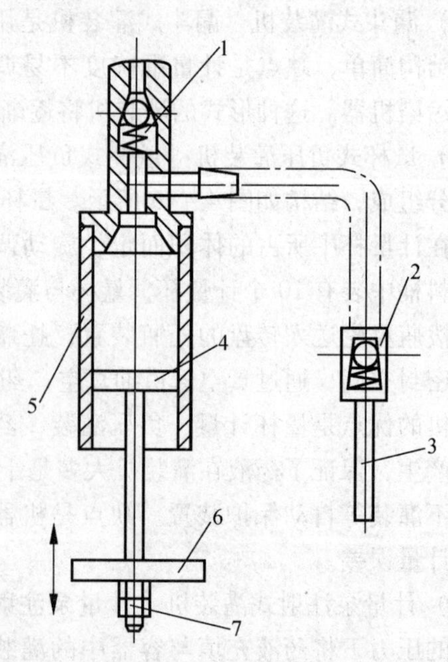

图 4－48　计量泵计量示意图

1、2. 单向阀；3. 灌装管；4. 活塞；5. 计量缸；
6. 活塞升降板；7. 微调螺母

如图 4－49 所示为八泵直线式灌装机结构原理图，由图可见，洗净的玻璃瓶在输送带上 8 个一组由两星轮分隔定位，V 型卡瓶板卡住瓶颈，使瓶口准确对准充氮头和进液阀出口。灌装前，先由 8 个充氮头想瓶内预充氮气，灌装时边充氮边灌液。充氮头、进液阀及计量泵活塞的往复运动都是靠凸轮控制。从计量泵送出来的药液先经终端过滤器在进入进液阀。由于采用容积式计量，计量调节范围较广从 100 ~ 500ml 之间可按需要调整，改变进液阀出口型式可对不同容器进行灌装，如玻璃瓶、塑料瓶、塑料袋及其他容器。因为是活塞式强制充填液体，可适应不同浓度液体的灌装。无瓶时计量泵转阀不打开，可保证无瓶不灌液。药液灌注完毕后激浪泵活塞杆回抽时，灌注头止回阀前管道中形成负压，灌注头止回阀能可靠地关闭，加之注射管的毛细管作用，可靠地保证了灌装完毕不滴液。注射泵式计量，与药液接触的零部件少，没有不易清洗的死角，清洗消毒方便。计量泵既有粗调定位，控制药液装量，又有微调装置控制装量精度。

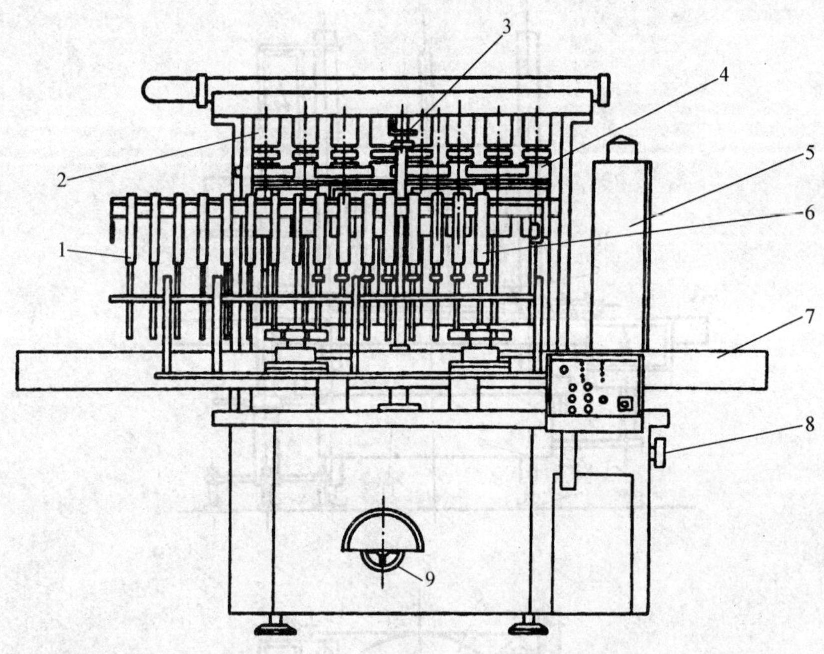

图 4 - 49 八泵直线式灌装机示意图

1. 预充氮头；2. 进液阀；3. 灌装位置调节手柄；4. 计量缸；5. 接线箱；6. 灌装头；7. 工作台；8. 产量调节手柄

5. 输液剂封口设备

输液剂封口设备包括塞胶塞机、翻胶塞机、轧盖机等。药液灌装后必须在洁净区内立即封口，避免药品暴露空气中遭到污染和氧化。

我国常用的封口方式是把翻边型橡胶塞或 T 型橡胶塞塞在药瓶嘴内，胶塞的外面再盖铝盖并扎紧。我国过去的翻边型橡胶塞和 T 型橡胶塞一般多采用天然橡胶制成，橡胶内添加剂常可能脱落微粒而影响输液质量，为了避免这类情况而在加塞前人工加盖涤纶薄膜，把胶塞与药液隔开。国外输液瓶封口都是采用合成橡胶的 T 型塞，其表面包涂有未经硫化的硅橡胶（即二甲硅烷聚化合物）膜，经高温灭菌仍保持优良的理化性质，不会导致小白点，因此瓶口与胶塞间不需衬垫薄膜。我国现在已基本淘汰天然橡胶塞，而采用合成橡胶塞。

（1）塞胶塞机　塞胶塞机主要用于 T 型胶塞对 A 型玻璃输液瓶封口，可自动完成输瓶、螺杆同步送瓶、理塞、送塞、塞塞等工序的工作。

如图4－50所示，该机为回转式，其工作流程为：灌好药液的玻璃瓶在输瓶轨道上经螺杆2按设定的节距分开来，在经拨轮5送入回转工作台的托盘9。T型塞在理塞料斗16中经垂直振荡装置18沿螺旋形轨道送入水平轨道15，在水平振荡的作用下，胶塞送至抓塞机械手17，机械手再将胶塞传递给扣塞头10，扣塞头由平面凸轮控制下降套住瓶肩，形成密封区间，此时真空泵经接口6向瓶内抽真空，同时扣塞头在凸轮控制下向瓶口塞入胶塞。如图4－52为T型塞塞塞原理图。进瓶时如遇缺瓶，缺瓶检测装置4发出信号，经PC机指令控制相应扣塞头不供胶塞。出瓶时输送带上如瓶子堆积太多，出瓶防堆积装置14发出信号，PC机控制自动报警停机。故障消除后，机器恢复正常运转。工业PC机和变频调速器都安装在电器控制箱中。

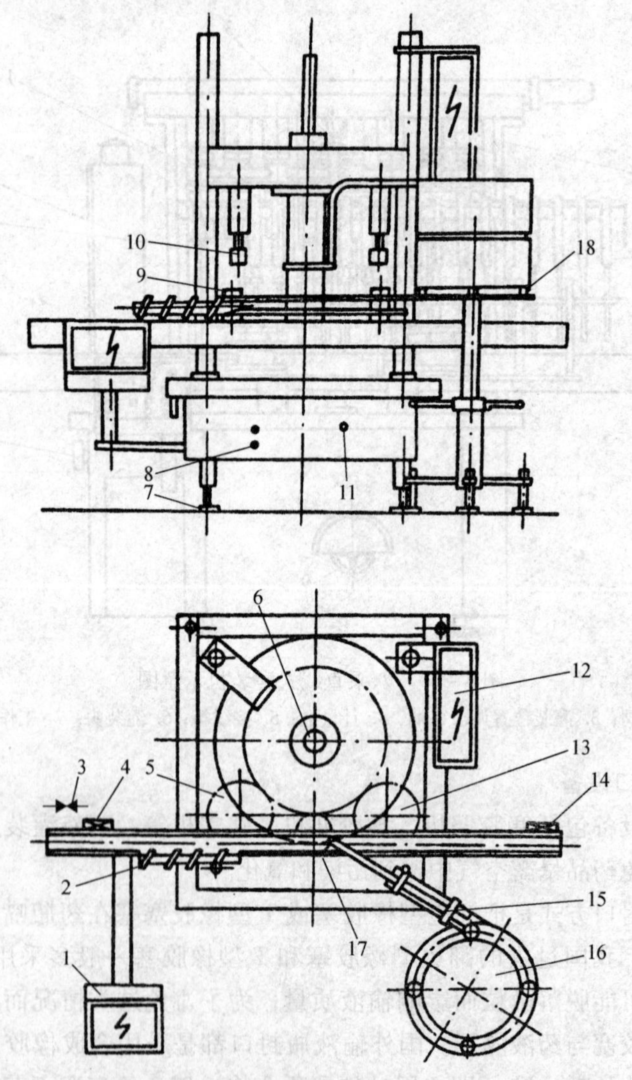

图4－50 塞胶塞机原理示意图

1. 操作箱；2. 进瓶螺杆；3. 压缩空气接口；4. 缺瓶装置；5. 进瓶拨轮；6. 真空泵接口；7. 调节螺栓及脚垫；8. 主轴加油口；9. 托瓶盘；10. 扣塞头；11. 减速机油窗；12. 接线箱；13. 出瓶拨轮；14. 堆积装置；15. 水平振荡装置；16. 料斗；17. 分塞装置；18. 垂直振荡装置

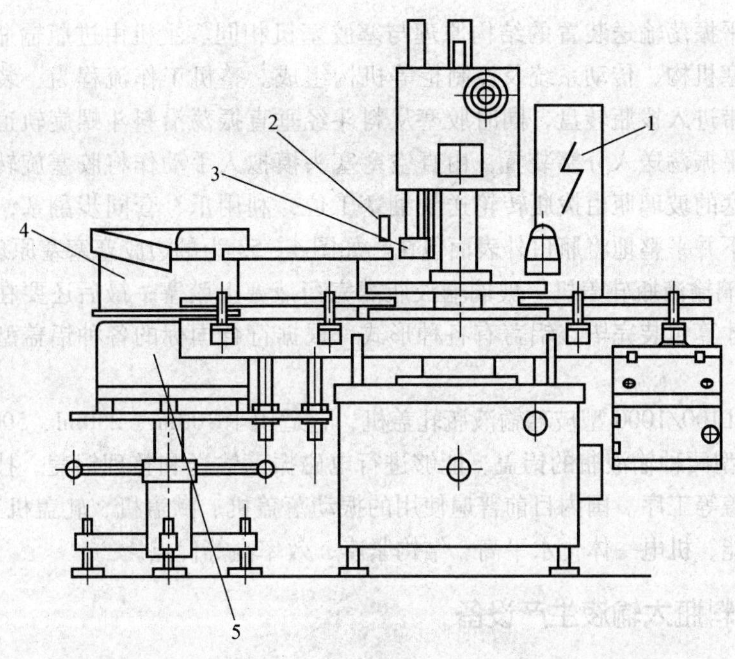

图4-51　塞塞翻塞机原理示意图

1. 电气箱；2. 光感器；3. 分塞装置；4. 料斗；5. 胶塞分送装置

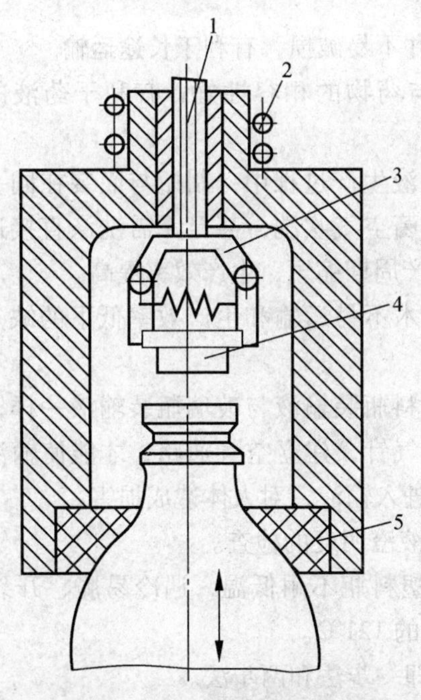

图4-52　T型塞塞塞原理图

1. 真空吸孔；2. 弹簧；3. 夹塞瓜；

4. T型塞；5. 密封圈

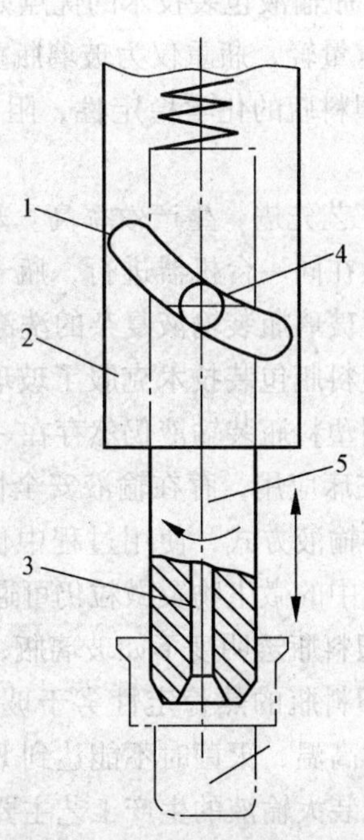

图4-53　翻边胶塞塞塞原理图

1. 螺旋槽；2. 轴套；3. 真空吸孔；

4. 销；5. 加塞头；6. 翻边胶塞

（2）塞塞翻塞机　塞塞翻塞机主要用于翻边形胶塞对B型玻璃输液瓶进行封口，能自动完成输瓶、理塞、送塞、塞塞、翻塞等工序的工作。

如图4-51所示，该机由理塞振荡料斗、水平振荡输送装置和主机组成。理塞振荡料斗和水平振荡输送装置的结构原理与塞胶塞机相同。主机由进瓶输瓶机、塞胶塞机构、翻胶塞机构、传动系统及控制柜等机构组成。整机工作流程为：装满药液的玻璃瓶经输送带进入拨瓶转盘，同时胶塞从料斗经垂直振荡沿料斗螺旋轨道上升到水平轨道，经水平振荡送入分塞装置，由真空塞塞头模拟人手动作将胶塞旋转的塞入瓶口内，塞好胶塞的玻璃瓶由拨瓶转轮送到翻塞工位，利用爪、套同步翻塞，机械手将胶塞翻边头翻下并平整地将瓶口外表面包住。如图4－53为翻边胶塞塞塞原理图。

（3）玻璃输液瓶轧盖机　玻璃输液瓶灌完药液塞上胶塞，最后还要在外面加一层铝盖压紧，才算包装完毕。铝盖有各种形式，根据符合国标的各种铝盖型式有相应形式的轧盖机。

例如FGL100/1000型玻璃输液瓶轧盖机，它适用于100ml、250ml、500ml、1000ml的A型和B型两种输液瓶的铝盖。能够进行电磁振荡输送和整理铝盖、挂铝盖、揿铝盖、轧紧铝盖等工序。国内目前普遍使用的振动落盖机、揿盖机、轧盖机三机合一机，具有一机多能、机电一体化水平高、结构紧凑、效率高等优点。

二、塑料瓶大输液生产设备

塑料瓶输液包装技术，主要是以聚丙烯（PP）和聚乙烯（PE）作为包装容器的材料。我国是在1984年引进聚丙烯塑料瓶包装生产技术，生产出我国第一瓶PP瓶装大输液。塑料瓶输液包装技术的优点如下。

（1）重量轻，瓶重仅为玻璃瓶重的1/5，并不易破损，有利于长途运输。

（2）塑料瓶的化学稳定性、阻隔性以及与药物的相容性好，有利于药液的长期保存。

（3）工艺先进，生产效率高。塑料瓶装输液生产过程中，制瓶与灌装在同一生产区域，甚至在同一台机器进行，瓶子只需用无菌空气吹洗，甚至无需洗涤直接进行灌装，省去了玻璃瓶装输液复杂的洗涤工序，生产周期缩短，生产效率提高。

虽然塑料瓶包装技术克服了玻璃瓶包装技术不易运输和生产效率低下的缺点，但是必须看到塑料瓶装输液仍然存在一些问题。

（1）临床应用，存在输液安全性问题，塑料瓶装输液与玻璃瓶装输液一样，都属于开放式的输液方式，使用过程中仍需插入空气针，建立空气通路，才能使输液顺利滴入，空气中的微生物及微粒仍可通过空气针进入输液，对人体造成损害。

（2）塑料瓶透明度不如玻璃瓶，不利于输液澄明度的检查。

（3）塑料瓶的热稳定性劣于玻璃瓶，PP塑料瓶不耐低温，遇冷易脆、开裂，PE塑料瓶不耐高温，灭菌时不能达到FDA所要求的121℃。

塑料瓶装大输液的生产工艺主要有两种，即一步法和两步法。

一步法生产工艺是由制瓶、灌装、封口三道工序合并在一台机器上完成，即塑料粒料经吹塑机吹塑成型制成空瓶，立即在同一磨具内进行灌装和封口，然后脱模出瓶。在灌装时有A级净化空气平行流装置局部保护，免受污染。此种设备可以免除洗瓶工序。主要设备包括吹/灌/封三合一设备或加焊外盖机。

两步法生产工艺是根据塑料瓶的型式而各异，一般情况是与玻璃瓶形式相似，线支撑塑料空瓶（制造空瓶有吹塑、注塑、注拉吹、挤拉吹等几种方式），制出的空瓶经过整形处理，并经过去除静电和高压净化空气吹净之后，再灌装药液。灌装形式与玻璃瓶相似，此处不再介绍。灌装后再进行封口。所用生产设备与玻璃瓶装输液设备有很多相似的地方，有很多设备甚至是通用或两用的。主要设备包括注塑机、加热器、吹瓶机、洗瓶机、灌装封口机。

（1）塑料瓶洗瓶机。塑瓶的洗瓶工艺过程一般包括吹离子风，抽真空，吹洁净空气（冲洁净水，冲注射用水），洁净空气吹干等工序。以国产设备 QCL20B（40B）型立式清洗机为例，该设备适用于大容量口服液玻璃瓶，塑料瓶的清洗。本机为立式回转结构，采用机械手夹瓶翻转 180°和喷针往复跟踪喷淋方式，利用经过过滤的水、气对容器的内外壁多次交替喷洗、吹干，使得容器内异物顺水气排出，达到清洗的目的，水气各管路独立分组分开，不存在交叉污染，符合 GMP 规范要求。采用平稳的输送轨道供瓶，螺杆分瓶和简洁的拨盘出瓶方式充分确保了进出瓶的流畅。

（2）塑料瓶热熔封口机。塑料瓶灌装完药液后须立即封口，这道工序与玻璃瓶封口是有本质区别的，主要是通过热熔焊接外盖的方式。国产设备 SF12 型塑料瓶热熔封口机是一种热熔式塑料瓶与瓶盖封口设备，在大输液塑料瓶瓶装封口中到广泛应用。封口部分采用夹持瓶口方式，对中性好定位准确，结构紧凑、变频无级调速，更换规格快捷，产量高，封口美观可靠。适用规格：50～500ml 塑料瓶，封口头数：12 头，生产能力：7200 瓶/小时。

（3）塑料瓶大输液洗灌封联动（水洗）设备。如图 4－54 所示，以 KGGF 型号塑料瓶大输液洗灌封联动（水洗）设备为例作以介绍。该系列联运机组分洗瓶、灌装与热封三个工作区，可自动完成瓶内外去离子、纯净水内外冲洗、蒸馏水内外冲洗、洁净气瓶内吹洗、（灌装前充氮）、计量灌装、（灌装后充氮）、理盖、输盖、加热、焊盖封口等工序，主要适用于制药企业医用塑料瓶（BOPP 瓶或非瓶袋软瓶）大输液的生产。该机组具有以下性能特点。

图 4－54　塑料瓶大输液洗灌封联动（水洗）设备

洗瓶、灌装与焊盖三工位集合于一体，结构紧凑，占地面积小。

机械手夹持瓶颈定位交接，绝不擦伤瓶身及瓶底。规格调整极为方便，稍作高度调即可，无须更换规格件。

独特的气动进瓶装置，完美地解决了与吹瓶机的联线。

独特的水、气交替跟踪洗瓶方式，保证了洗瓶的洁净度。

采用气动隔膜阀（或气动夹管阀）控制灌装时间，保证计量精确，实现无瓶不灌装，可在线清洗，消毒。

独特的热熔焊盖封口技术，瓶盖与瓶口加热温度可控可调。对中准确，受力均匀，可靠地保证了封口后的质量。

具有缺瓶不送盖、无瓶或无盖不加热等自动控制功能。

三、软袋大输液生产设备

袋装输液（多层非 PVC 共挤膜）代表输液产品最高水平，集制袋、灌装、封口一次成型，生产工艺流程见图 4－55 所示。软袋包装相对于玻璃瓶及塑料瓶包装具有很明显的优势，密闭系统注输、无回气不需进气孔、可加压输液、微粒较玻璃瓶少，存储空间小、不易破碎、可冰冻、价廉、质量轻、管理费用低。

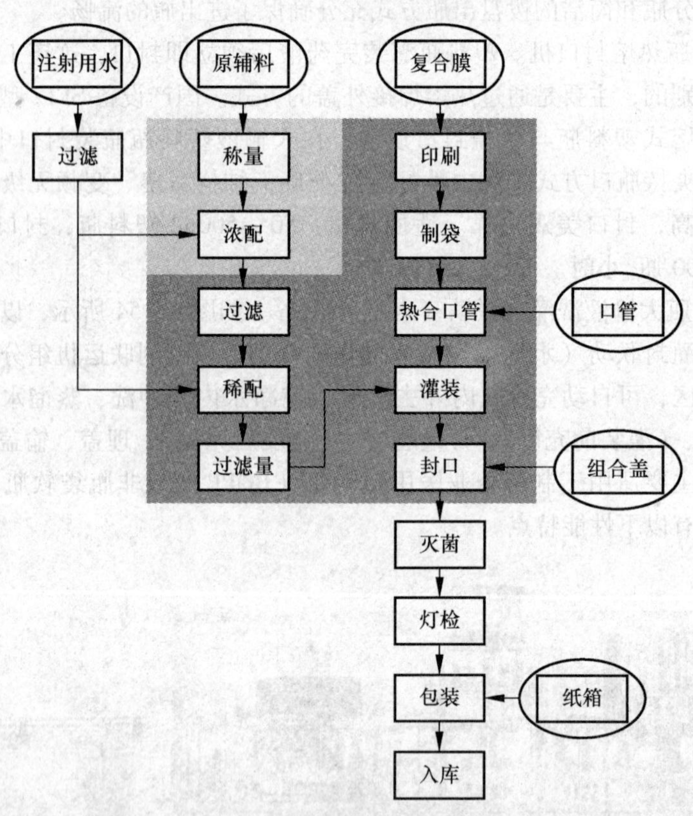

图 4－55 软袋装最终灭菌大容量注射剂生产流程

输液软包装现在主要分为 PVC 和非 PVC 两种。其中 PVC 是目前最常见的用来制造静脉注射袋薄膜的聚合体。但 PVC 输液软袋也存在着不可回避的缺点。生产时，为了使 PVC 变得透明、柔软需要加入增塑剂，这些增塑剂会渗入药物被人体吸收，高量的 DEHP 增塑剂的积聚对人体会造成伤害。而且 PVC 在燃烧时会产生毒性很强的二恶英类物质，对环境造成很大的危害。非 PVC 输液软袋为密闭性输液，无需引入外界空气就能维持人体循环的密闭系统，避免了空气污染的危险，具有自身平衡压力；在贮藏、运输过程中，不易破裂，节约贮存空间，更安全可靠；更简化输液器连接过程；容易检查液体，便于临床操作；稳定性好，非 PVC 多层共挤膜不含黏合剂和增塑剂；对环境无影响，容易处理，避免再次回收等优点，是静脉输液的发展方向。

非 PVC 膜软袋大输液采用制袋机 + 灌装/封口机分动生产，或采用制袋/灌装/封口生产线联动生产。联动生产线是集印字、制袋、灌装、封口为一体的全自动机电气一体化流水线，由于采用软包装技术，其制备工艺复杂，对其使用、操作和维修都提出了很高的要求。

塑料袋输液灌装机与玻璃瓶和塑料瓶灌装机有显著差异，其原因是塑料袋的进液管口很小，必须套住灌液嘴，另外塑料袋不能像瓶那样在输瓶机上行走定位灌装，必须由人工辅助将灌液嘴套住灌装针头，灌装完毕热合封口，半机械化生产，产量较低。

如图 4－56 所示为非 PVC 软袋大容量注射剂设备。其主要工位布置是遵循上述生产工艺进行的，依次为：送膜工位→印刷工位→袋口送入和开膜工位→袋口预热工位→袋身/袋口焊接和周边切割工位→袋口热合工位→袋口最终热合工位→传送工位→灌装工位→封口工位→送出工位。下面分别介绍各工位的作用和工作原理。

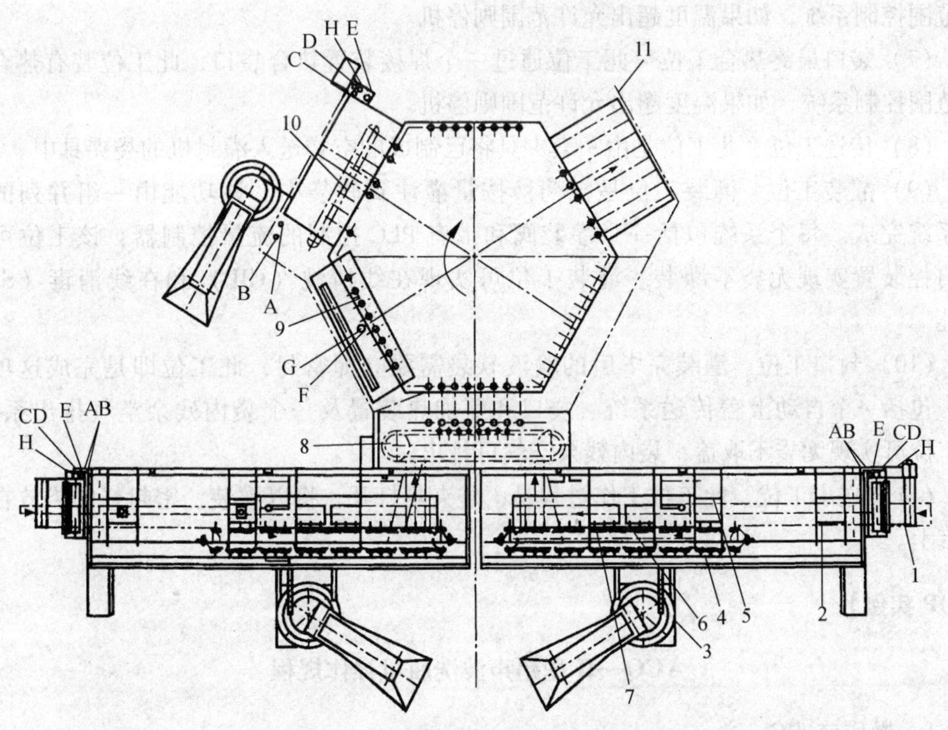

图 4－56　非 PVC 软袋大容量注射剂设备示意图

A. 压缩空气进气口；B. 压缩空气排气口；C. 冷却水人口；D. 冷却水出口；E. 电源接线口；F. 药液进入口；G. CIP/SIP 管道口；H. 洁净空气进入口

1. 送膜工位；2. 印刷工位；3. 袋口送入和开膜工位；4. 袋口预热工位；5. 袋身/袋口焊接和周边切割工位；6. 袋口热合工位；7. 袋口最终热合工位；8. 传送工位；9. 灌装工位；10. 封口工位；11. 送出工位

（1）送膜工位　此工位的功能是将成卷的非 PVC 膜展开后，分段送入下道工序即印刷工位，此自动送膜工作是在电机驱动下由一个开卷架完成的。

（2）印刷工位　每袋输液产品的生产数据（如批号和有效日期、生产日期等）需要按规定印在软袋表面，此工位是一套软包装印刷装置用于完成整面印刷。为保证印刷效果要经常调整印刷温度、速度、和压力等参数。

(3) 袋口送入和开膜工位　袋口从不锈钢槽自动送入传送系统，每个袋口从振荡槽排出位置通过夹具顺序排出，并放在送料链上的支柱上，放置在打开的薄膜片之间。

(4) 袋口预热工位　为了提高袋口与薄膜的热合质量，减少热合时间，袋口插入薄膜之前要在热合区域进行袋口外缘的预热。此工位装有热合温度范围控制系统，如果温度超出允许范围则停机。热合时间、压力、温度要随时根据产品质量进行调整。

(5) 袋身/袋口焊接和周边切割工位　此工位将袋周边热合，将袋口焊接并进行周边切割。热合时由一个可移动的热合模利用热合装置完成热合操作，热合时间、压力、温度要调整到匹配合适。此工位装有热合温度范围控制系统，如果温度超出允许范围则停机。

(6) 袋口热合工位　此工位通过一个接触热合系统热合袋口，此工位装有热合温度范围控制系统，如果温度超出允许范围则停机。

(7) 袋口最终热合工位　此工位通过一个焊接装置热合袋口，此工位装有热合温度范围控制系统，如果温度超出允许范围则停机。

(8) 传送工位　此工位是由一套夹具将已制成的空袋送入灌封机的袋夹具中。

(9) 灌装工位　灌装工位是把药液按量灌注到软袋中。该功能由一组并列的灌装系统完成。每个系统包括一个灌装阀和带有 PLC 控制的流量控制器，该工位可通过自控装置实现无袋不灌装。灌装工位可实现在线清洗（CIP）和在线消毒（SIP）功能。

(10) 封口工位　灌装完毕后的输液软袋需要立即密封，此工位即是完成这项功能。包括一个自动上盖传送系统、袋口和盖加热装置及一个袋内残余空气排出系统。该工位可实现无袋不取盖，袋内残余空气可排出。

(11) 送出工位　此工位工作过程是，袋夹具打开，将以灌装、密封好的袋放在传送带上。

【SOP 实例】

ACQ—II 型超声波洗瓶机操作规程

1　操作前准备

1.1　调整压缩空气压力：0.3～0.45MPa；调整蒸馏水压力：0.3～0.45MPa；水温：30～60℃之间。

1.2　开启运行总电源按钮，开启压缩空气气源。

1.3　把手自动开关指向手动位置。

1.4　开启进水阀向储水箱放入至规定水位后关闭。

1.5　打开控制阀，启动水泵按钮，启动水泵后，旋开过滤器顶部排气阀排气，出水后关闭。

1.6　打开外壁冲淋开关，向机内两水槽灌水至溢流口时关闭。

1.7　开启超声波电源，电源指示灯亮，启动超声波。

2　操作过程（清洗步骤）

2.1　开启进水阀，瓶盘由操作人员推入进瓶轨道至翻瓶工位。

2.2　打开翻盘开关，使瓶盘翻转180°，沉浸于水槽中超声波超洗清洗，约2min后关闭翻转开关，瓶盘翻回180°复位。

2.3　打开推盘开关，把瓶盘推入冲淋工位后，关闭推盘开关，使推盘装置复位。

2.4　打开针板上下开关，针板上升使针管插入瓶内，开、关外壁冲淋开关冲洗瓶外壁，交替开、关内壁水冲、气冲开关，进行水气交替冲洗，冲淋结束，关闭三个开关，关闭针板上下开关，针板下降复位。

2.5　打开出盘开关，把瓶盘推入二次翻瓶工位后，关闭出盘开关，使推瓶装置退回复位。

2.6　打开锁定开关，把瓶盘先锁定，再打开翻盘开关，使瓶盘翻转180°上升至出盘高度位置。关闭锁定开关，使锁定的瓶盘释放。打开推盘开关，把释放后瓶盘推入瓶盘分离工位。关闭推盘开关，使装置退回复位，关闭翻盘开关，使翻转装置复位。

2.7　打开锁定开关，先锁定盘子。打开分瓶盘开关，使瓶子随同托板下降，与盘分离至出瓶高度位置。打开出盘开关，推瓶装置从分离工位把瓶推入出瓶轨道中，关闭出盘开关使推瓶装置退回复位。关闭分离盘开关，托板上升复位。

2.8　使用前必须冲洗水槽，冲洗所有管道。工作结束后水槽和过滤器中的存水必须排净。

2.9　洗瓶结束后，关闭进水阀，关闭超声波电源，关闭压缩空气气源。

3　维护保养

3.1　设备清洁按ACQ—Ⅱ型超声波洗瓶机清洁规程清洁超声波洗瓶机。

3.2　设备要按照要求把各个润滑点按时加油，加油要注意按照加油点的润滑油型号选择加油。

3.3　电气设备要保持干燥，注意安全。

第四节　灭菌设备

临床上使用的注射剂是直接注入体内的，要求疗效准确、安全稳定，所以生产时必须进行灭菌以保证药品的无菌状态。灭菌是灭菌制剂最主要的操作步骤之一。

无菌是指某一物体或介质中没有任何活的微生物存在。灭菌是指采用物理或化学的方法杀灭或除去微生物及其芽孢的过程。灭菌后的物体呈无菌状态。

灭菌法分为物理灭菌法和化学灭菌法，具体见图4－57所示。

（1）火焰灭菌法　是指将需灭菌的物品直接在火焰中灼烧灭菌的方法。一般适用于金属、玻璃及瓷制等用具的灭菌。

（2）干热空气灭菌法　是指将需灭菌的物品置于高温干热空气中进行灭菌的方法。

一般是140℃灭菌3h以上，或者160～170℃灭菌2h以上，或者180℃灭菌0.5h以上。此法适用于耐高温的玻璃、金属制品以及不能让湿气穿透的油脂类和耐高温的粉末化学药品等，不适用于橡胶、塑料制品的灭菌。干热空气灭菌常用设备是烘箱。

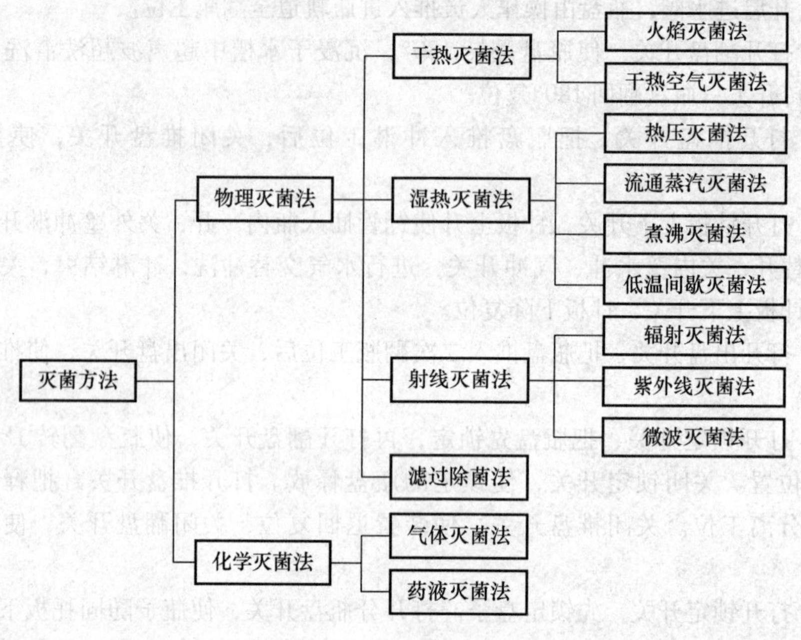

图4-57 灭菌方法分类

（3）热压灭菌法 是用高压饱和水蒸气杀灭微生物的方法。此法灭菌可靠、效果好、用时短，适用于耐热药物、用具等的灭菌。一般热压灭菌的温度（蒸气表压）与时间的关系是：115℃（67kPa），30min；121℃（97kPa），20min；126℃（139kPa），15min。热压灭菌器的种类很多，但其基本结构大同小异，主要有箱门或箱盖密封构成的耐压空室，以及排气口、安全阀、压力表、温度计等部件，用蒸汽、电热等加热。常用的有手提式、卧式和立式等热压灭菌器。

（4）流通蒸汽灭菌法 是指在常压下，于不密闭的容器内，用100℃流通蒸汽加热30～60min进行灭菌的方法。此法操作方便，设备简单，但不能保证杀灭所有的芽孢，一般只适用于不耐高温的制剂灭菌。

（5）煮沸灭菌法 是指将待灭菌物品放入沸水中加热灭菌的方法。一般煮沸30～60min。此法灭菌效果差，常用于注射器等器皿的灭菌。

（6）低温间歇灭菌法 将待灭菌的物品在60～80℃加热1h，将其中的细胞繁殖体杀死，然后在室温保持24h，再次加热灭菌，放置，如此连续操作三次以上。此法费时，效率低，一般用于需热力灭菌而又不耐高温的制剂的灭菌。

（7）紫外线灭菌法 是指用紫外线照射从而杀灭微生物的方法。一般用于灭菌的紫外线波长是200～300nm，其中灭菌力最强的波长是254nm。紫外线灭菌常用于空气灭菌、蒸馏水的灭菌以及固体表面的灭菌等。

（8）辐射灭菌法 是指以放射性同位素发出的射线杀灭微生物的方法。其特点是穿透性强，可不升高灭菌产品的温度，特别适合于不耐热药物的灭菌，如抗生素类、激素类、巴比妥类等的灭菌。对已包装产品也可以灭菌。

（9）微波灭菌法　是指用微波照射产生的热能来杀灭微生物的方法。微波通常是指大于300兆赫的高频振荡电磁波，照射时电磁波被物质吸收转化为分子热运动的能量，分子在高速运动时摩擦生热，使物质的温度升高。水具有强烈的微波吸收能力。能用于水性注射剂的灭菌。

（10）滤过除菌法　是使药液通过无菌滤器除去活的或死的微生物的方法。主要适用于对热不稳定的药物溶液的除菌。此法的优点是能同时将活菌、死菌及微粒杂质一并除去。滤过除菌器前面章节已经介绍过。

（11）气体灭菌法　是指利用环氧乙烷或甲醛的化学性能使菌体遭到破坏，从而杀灭细菌。应用时要注意劳动保护和安全。

（12）药液灭菌法　在制药工业中，有时要在已控制的环境中减少细菌，维持无菌状态，需进行表面消毒。常用灭菌药液有酚类、醇类、表面活性剂、卤素和卤素化合物等。

药物制剂过程中的灭菌既需要除去或杀灭所有微生物，又要保证药物的稳定性和有效性。因此，应结合药物的性质全面考虑，选择适当的灭菌方法，或几种方法配合使用。只要产品允许，应尽可能选用最终灭菌法（即产品分装至包装容器后再灭菌）灭菌。若产品不适合采用最终灭菌法，可选用过滤除菌法或无菌生产工艺达到无菌保证要求，只要可能，应对非最终灭菌的产品作补充性灭菌处理（如流通蒸汽灭菌）。

下面重点介绍水针剂和输液剂的灭菌设备。

一、安瓿灭菌设备

（一）安瓿瓶体干燥灭菌设备

经安瓿清洗设备处理过的安瓿，会有很多残留的水分，需要利用干燥设备进行水分的干燥去除。另外，清洗只能去除安瓿较大的菌体、尘埃及杂质粒子，还有一部分具有活性的生物粒子残留，需通过干燥灭菌设备去除，达到杀灭细菌和热原的目的。

干燥灭菌设备的类型较多，主要有间歇式电热干燥灭菌箱、煤气远红外隧道式烘箱和电热隧道灭菌烘箱，目前生产上常用的是后两种。干燥灭菌设备的加热方式有蒸汽、煤气及电热等。

1. 间歇式电热干燥灭菌箱

当产量少时，采用间歇式干燥灭菌。这种灭菌箱的壳体需按受压容器要求进行设计和制造，为了清洁卫生夹套常内衬不锈钢，外壳体一般用碳钢板制造。实验室用小型灭菌干燥箱多采用电热丝或电热管加热，并有热风循环装置和湿空气外抽功能。箱内四壁成夹套式，箱内装有加热排管，箱内温度决定于蒸汽压力和传热面积。

2. 连续式远红外煤气隧道式烘箱

红外隧道式烘箱是利用远红外线进行加热的隧道结构的连续式烘干设备。利用远红外线进行加热，加热快、热损小，能迅速实现干燥灭菌。

知识拓展

远红外线是指波长大于 5.6μm 的红外线，它是以电磁波的形式直接辐射到被加热物体上的，不需要其他介质的传递，加热快、热损小。任何物体的温度大于绝对零度（-273℃）时，都会辐射红外线。当物体的材料、表面状态及温度不同时，其产生的红外线波长及辐射率均不同。不同物质由于原子、分子结构不同其对红外线的吸收能力也不同，如显示极性的分子构成的物质就不吸收红外线，而水、玻璃及绝大多数有机物均能吸收红外线，特别是强烈吸收远红外线。对这些物质使用远红外线加热，效果也更好。作为辐射源材料的辐射特性应与被加热物质的吸收特性相匹配，而且应该选择辐射率高的材料做辐射源。

隧道式远红外烘箱是由远红外发生器、传送带和保温排气罩组成的，具体结构如图 4-58 所示。

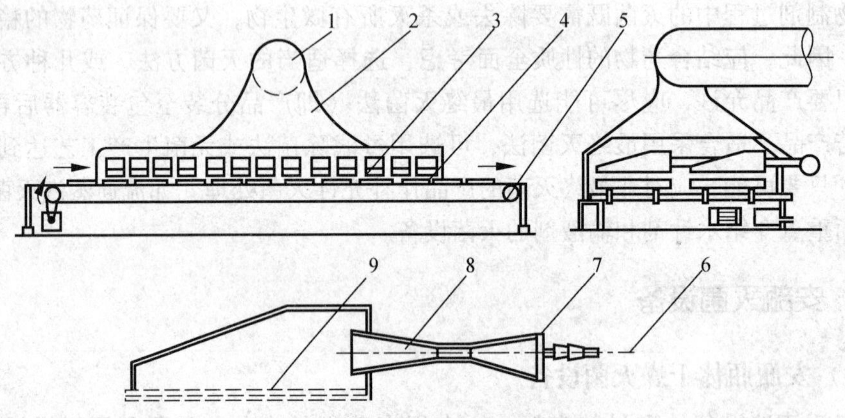

图 4-58　远红外隧道烘箱结构图

1. 排风管；2. 罩壳；3. 远红外发生器；4. 盘装安瓿；5. 传送链；6. 煤气管；7. 通风板；8. 喷射器；9. 铁铬铝网

瓶口朝上的盘装安瓿由隧道的一端用链条传送带送进烘箱。隧道加热分预热段、中间段及降温段三段，预热段内安瓿由室温升至 100℃左右，大部分水分在这里蒸发；中间段为高温干燥灭菌区，温度达 300～450℃，残余水分进一步蒸干，细菌及热原被杀灭；降温区由高温降至 100℃左右，而后安瓿离开隧道。

为保证箱内的干燥速率不致降低，在隧道顶部设有强制抽风系统，以便及时将湿热气排出；隧道上方的罩壳上部应保持 5～20Pa 的负压，以保证远红外发生器的燃烧稳定。

该机操作和维修时应注意以下几点。

（1）安瓿规格需与隧道尺寸匹配。应保证安瓿顶部距远红外发生器面为 15～20cm。此时烘干效率最高，否则应及时调整其距离。

（2）防止远红外发生器回火。压紧发生器内网的周边不得漏气，以防止火焰自周边缝隙（指大于加热网孔的缝隙）窜入发生器内部引起发生器内燃烧——即回火。

（3）调风板开启度的调节。根据煤气成分不同而异，每只辐射器在开机前需逐一调节调风板，当燃烧器赤红无焰时固紧调风板。

（4）定期清扫隧道及加油，保持运动部位润滑。

3. 连续式电热隧道灭菌烘箱

连续式电热隧道灭菌烘箱由传送带、加热器、层流箱、隔热机架、自控装置组成，如图4-59所示。其基本隧道结构和干燥灭菌原理与煤气式类似，加热方式为电加热，并设有层流装置起到净化和冷却的作用。

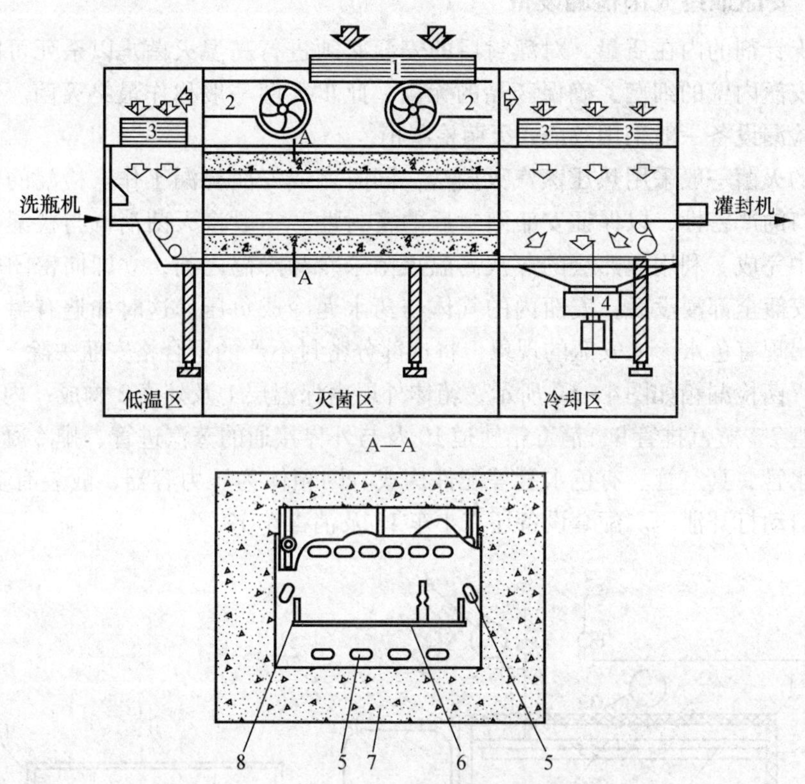

图4-59　连续式电热隧道灭菌烘箱基本结构图

1. 过滤器；2. 送风机；3. 精密过滤器；4. 排风机；5. 电热管；6. 水平网带；7. 隔热材料；8. 竖直网带

各部分的结构作用原理分述如下。

（1）传送带　由三条不锈钢丝编织网带6、8构成，这种结构设计可保证安瓿紧密排列在传送带上面而不掉落。水平传送带一般宽400mm，两侧垂直带高60mm，三者同步移动。

（2）加热器　加热器由数根电加热管5组成，沿隧道长度方向安装，在隧道横截上呈包围安瓿盘的形式。电热丝装在镀有反射层的石英管内，热量经反射聚集到安瓿上以充分利用热能。电热丝分两组，一组为电路常通的基本加热丝；另一组为调节加热丝，依箱内额定温度控制其自动接通或断电。

（3）层流箱　作用是在该机前后两端形成垂直百级洁净气流空气幕，一则保证隧道的进、出口与外部污染的隔离；二则保证出口处安瓿的冷却降温。外部空气经送风机2前后的两级过滤3达到A级净化要求。烘箱中段干燥区的湿热气经另一可调排风机4排出箱外，但干燥区应保持正压，必要时由A级净化气补充。

（4）隔热机架　如图中7所示机壳内部均有隔热层，作用是隔绝对环境的热污染及保证箱内的温度稳定。

（5）自控装置　为保证连续生产的质量、安全和效率，需安装多种自控装置。如层流箱送风未开或不正常时，电热器不能打开，保证安全；平行流风速低于规定时，自动停机，待层流正常时，才能开机；电热温度不够时，传送带电机打不开。

（二）安瓿最终灭菌检漏设备

为确保针剂的内在质量，对灌封后的安瓿必须进行高温灭菌，以杀死可能混入药液或附在安瓿内壁的细菌，确保药品的无菌，此步灭菌一般称作最终灭菌。针剂安瓿最终灭菌检漏设备一般采用双扉式灭菌检漏柜。

水针的灭菌一般采用热压蒸汽灭菌法，同时完成安瓿检漏工作。检漏的目的是检查安瓿封口的严密性，以保证安瓿灌封后的密封性。一般将灭菌消毒与检漏在同一个密闭容器中完成。利用湿热法的蒸汽高温灭菌未冷却降温之前，立即向密闭容器注入色水，将安瓿全部浸没后，安瓿内的气体与药水遇冷成负压。这时如遇有封口不严密的安瓿将出现有色水渗入安瓿的现象，将这部分密封不严的不合格安瓿去除。

安瓿灭菌检漏箱如图4-60所示，箱体外层由保温层1及外壳2构成；内层箱体内装有淋水管7、蒸汽排管9、消毒箱轨道10及与外界接通的蒸汽进管、排冷凝水管、进水管、排水管、真空管、有色水管等配件构成。因箱体为压力容器，故装有安全阀3，超压时可自动打开泄压。配套设备还有小车13及消毒车12。

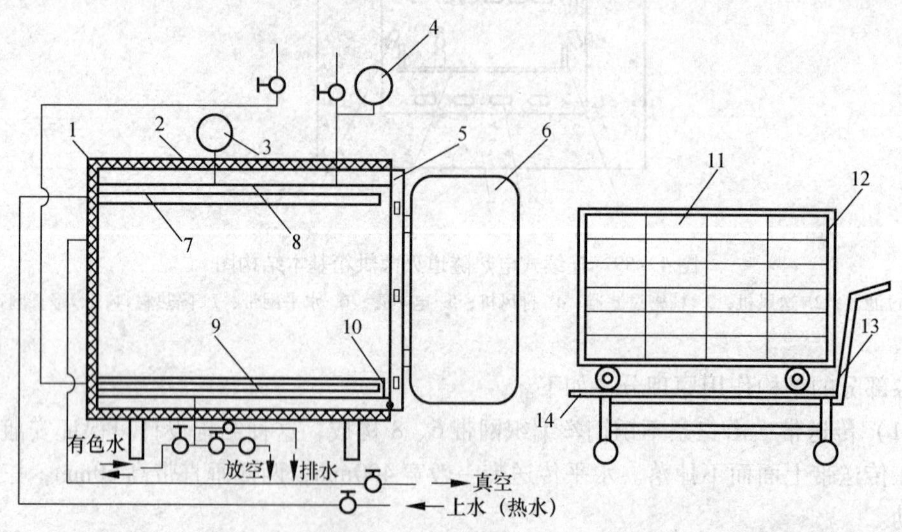

图4-60　安瓿灭菌检漏箱

1. 保温层；2. 外壳；3. 安全阀；4. 压力表；5. 高温密封圈；6. 门；7. 淋水管；8. 内壁；9. 蒸汽管；10. 消毒箱轨道；11. 安瓿盘；12. 消毒车；13. 小车；14. 小车轨道

安瓿灭菌检漏箱可完成以下三个功能。

（1）高温灭菌　操作过程如下，将灌封完毕的待灭菌针剂安瓿装在消毒车12上，用小车13推至灭菌箱前并使小车轨道14与灭菌箱轨道10对齐，然后将消毒车12推入箱体内再移走小车13，关上箱门6并确认锁紧，缓缓打开蒸汽管9阀门向箱内送蒸汽，当压力表读数上升并稳定到灭菌所需压力，箱内温度达到灭菌温度时开始计时，灭菌时间到达后，先关蒸汽阀，然后开排汽阀排除箱内蒸汽，灭菌过程结束。

（2）灌注有色水检漏　为了将安瓿灌封药液过程中出现的玻璃封口不严、冷爆及毛细孔等不合格的安瓿分辨检出，通常在安瓿于灭菌箱内完成蒸汽灭菌后即刻打开进水管阀门，向箱体内灌注有色水进行检漏。因为受高温蒸汽灭菌后的安瓿是热的，此时与有色的冷水相遇：凡是封口不好的安瓿产生真空时有色水即进入安瓿内，而封口好的安瓿有色水不会进入，从而完成了分辨安瓿封口好坏的检查作用。加入有色水的方法有两种：一是真空负吸法，另一种是用水泵压送法。

（3）冲洗色剂。安瓿经灌注有色水检漏后其表面不可避免留有色迹，所以必须在灌注有色水检漏后必须再打开淋水管 7 的进水阀门，对安瓿进行除迹冲洗。

二、输液剂灭菌设备

输液剂采用的灭菌方式有高压蒸汽灭菌和水浴式灭菌两种。

（一）高压蒸汽灭菌设备

1. 蒸汽灭菌柜

蒸汽灭菌柜的主体结构形式类似于图 4 – 60 所示的灭菌箱，具体工作原理是，把一定压力的饱和蒸汽从上部通入柜体内部对输液瓶进行直接加热，冷凝水经疏水器由柜体底部排出。升温、保温阶段靠人工控制蒸汽进口阀门来调节进入柜内的蒸汽量，降温时关闭蒸汽，随柜冷却到一定温度值才能开启柜门自然冷却。操作过程中要严密监控柜内蒸汽压力，保证产品质量和操作安全。它是我国使用最早的一种灭菌设备。

这种灭菌设备优点是结构简单，操作维护容易，价格低廉。但也有很多缺点，比如由于通蒸汽加热时柜内空气不能完全排净，因此传热慢，使柜体内温度分布不均匀，尤其是柜体的上下死角部分温度相对较低，极易造成灭菌不彻底。降温靠自然冷却，时间长，容易使药液变黄和产生有害物质。开启柜门冷却时，温差大容易引起爆瓶和不安全事故发生。

热压蒸汽灭菌柜使用注意事项如下。

（1）必须使用饱和蒸汽。

（2）必须将灭菌柜内空气排尽，否则压力表所示压力是柜内蒸汽与空气二者的总压而非单纯的蒸气压，这样柜内实际温度达不到显示的规定值，而且热蒸汽中含有空气时，传热系数降低。

（3）灭菌时间从全部药液温度真正达到所要求的温度时算起，若待灭菌物传热性差、体积大或容量大，则需先预热，且缓慢升温，适当延长灭菌时间。目前生产上已采用了灭菌温度和时间自动控制装置来监视和调节灭菌过程。

（4）灭菌完毕停止加热，必须排气待压力降至零刻度后，再逐渐缓缓地打开柜门。

2. 快冷式灭菌柜

如图 4 – 61 所示为快冷式灭菌柜。灭菌受热时间越长药液越容易产生杂质，为了避免这个不良后果，快冷式灭菌柜采用了以冷水喷淋冷却，快速降温的方式。加热保温仍和蒸汽灭菌柜方式相同。它的特点是柜门为移动式电动双门，并设有互锁及安全保护装置。柜内设有测温探头，可测任意两点灭菌无不内部的温度，并由双臂温度记录仪反映出来，全自动三档程序控制器能按预选灭菌温度、时间、压力自动检测、补

图4－61　快冷式灭菌柜

偿完成升温、灭菌、冷却等全过程。喷雾水冷却20min，瓶内药液温度可冷却到50℃。但是这种设备仍未解决柜内温度不均匀的问题，而且这种设备容易产生爆瓶。

（二）水浴式灭菌设备

1. 水浴式灭菌柜

水浴式灭菌柜由矩形柜体加热水循环泵、换热器及微机控制柜组成，见图4－62所示。灭菌原理是用锅炉生产的普通蒸汽加热循环的去离子水，以加热循环的去离子水为载热介质，再去加热输液瓶内的药液，并通过高温将药液中的微生物灭杀，达到灭菌。其中如果去离子水温度需要降温控制可用一般自来水冷却。对载热介质去离子水的加热和冷却都是在柜体外的板式热交换器中进行的。

水浴式灭菌柜的流程见图4－63所示。灭菌柜具体操作过程：装瓶入柜→手动关门→气密封→启动注水泵→将去离子水注入柜内→升温→蒸汽阀打开→热水循环泵打开→通过板式热交换器将去离子水加热至灭菌温度→保温灭菌→F_0值监控→降温→蒸汽阀关闭→冷水阀打开→通过板式热交换器将去离子水冷却到出瓶温度→冷水阀关闭→循环泵停止运行→排水阀打开→高排气动阀打开→使柜内压力降为常压→去离子水排尽→真空泵启动向门的密封槽抽真空→O型密封圈退回槽内→手动开门→灭菌玻璃瓶推出柜外，待灭菌过程完毕。灭菌全过程除开门和关门手动外，全过程均实行自动控制。

图4－62　水浴式灭菌柜

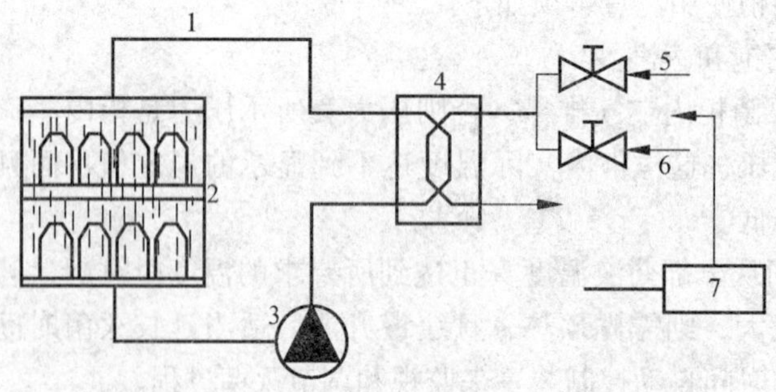

图4－63　水浴式灭菌柜工艺流程图

1. 循环水；2. 灭菌柜；3. 热水循环泵；4. 换热器；5. 蒸汽；6. 冷水；7. 控制系统

该设备具有下列优点。

（1）灭菌工艺和设备符合GMP要求　水浴式灭菌设备采用独立的循环去离子水，灭菌时对药品不会产生污染，保证了被灭菌药品外部的卫生符合GMP要求。

（2）自动化程度高　水浴式灭菌柜采用了PLC可编程控制器、四通道记录仪、智能打印机，温度、压力、F_0值等灭菌参数都由数字式仪表和F_0值监控仪予以显示，工作过程实现了全自动程序控制。灭菌结束或有故障发生均有讯响器发出信号，安全可靠。可以从计算机键盘中针对不同灭菌物的性质选择编入相应的灭菌工艺程序。

2. 回转水浴式灭菌柜

该灭菌柜工艺流程见图 4－64 所示。整台设备由柜体、旋转柜体、减速传动机构、热水循环泵、热交换器、工业计算机控制柜等组成。主要用于脂肪乳输液和其他混悬输液剂型的灭菌。工业计算机控制灭菌柜循环水通过热交换器加热、恒温、冷却。循环水从上面和两侧向液瓶喷淋，药液瓶随柜体内筒转，药液传热快，温度均匀，确保灭菌效果。全过程自动控制，温度、压力、F_0 值计算机屏幕显示，超限自动警报，灭菌参数自动实时打印。

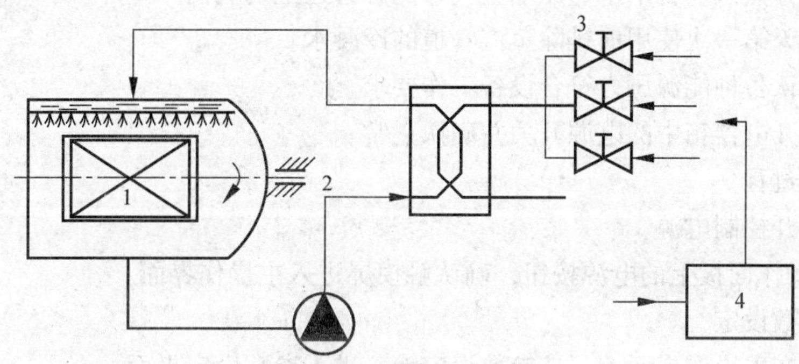

图 4－64　回转水浴式灭菌柜工艺流程

1. 回转内筒；2. 热交换器；3. 控制阀；4. 控制系统

灭菌操作过程：装瓶入柜，缩进灭菌小车→手动关门→气密封→启动供水泵→循环水注入柜内→升温→传动装置工作→内筒旋转→不锈钢循环泵启动→蒸汽阀打开→循环水通过热交换器加热到灭菌温度→保温→灭菌→F_0 值监控→计算机屏幕跟踪显示灭菌温度、压力、F_0 值→降温→蒸汽阀关闭→冷水阀打开→循环水通过热交换器循环冷却到 50℃左右→出瓶温度设定在 20℃以下，冷水阀关闭→循环水泵停止工作→旋转内筒准确停在出瓶位置→循环水排出阀打开→高排气动阀打开→使柜内压力降为常压→循环水排尽→真空泵启动，向门内密封槽抽真空→O 型密封圈退回槽内→手动开门，松开灭菌小车锁紧装置，灭菌装瓶车推出柜外，灭菌过程完毕。

回转灭菌柜既有水浴式灭菌柜的全部性能和优点，又有自身独特的优点。

（1）柜内设有旋转内筒，内筒的转速无级可调。

（2）装满药液的玻璃瓶随内筒转动，使瓶内药液不停地旋转翻滚，药液传热快，温度均匀，不能产生沉淀或分层。

（3）采用先进的密封装置——磁力驱动器。磁力驱动器把旋转内筒的动力输入部分和柜外动力输出部分完全隔离开来，可以将柜体外的减速机与柜体内筒的转轴无接触隔离，从根本上取消了旋转内筒密封结构，使动密封改变为静密封，灭菌柜处于完全封闭状态，灭菌过程无泄漏无污染。

回转灭菌柜使用注意事项如下。

（1）包装规格的调整　根据 100ml、250ml、500ml 等装量和包装容器的材质，更换与其相适应的装载小车。

（2）灭菌程序调整　更换包装容器材质或输液剂型，必须重新调整灭菌自动控制程序，如温度、压力、F_0 值的变更和模拟量的控制。

【SOP 实例】

QS 0.6 型纯蒸汽灭菌柜操作规程

1　操作前准备

1.1　检查设备标识牌为“正常”。

1.2　设备开启前确认各阀门位置正确，供水、供气、供汽、供电正常。

1.3　打开蒸汽、自来水、压缩空气等能源管道上的阀门。

1.4　每天第一次使用前排除蒸汽管道的冷凝水。

1.5　确认各种能源压力符合设备工作要求。

1.6　打开电器箱中的电源开关并确认正常。

2　操作过程

2.1　打开控制电源

按下主操作面板上的电源按钮，确认触摸屏进入主操作界面。

2.2　参数设定

2.2.1　在主操作界面上，按参数设定键，进入参数设定界面。

2.2.2　在参数设定界面上按工艺要求设定好工作压力、灭菌温度、灭菌时间、干燥时间等工作参数。

2.2.3　确认安全压力、系统时间等系统参数准确无误，参数设定完成并确认无误后，按该界面上的确认键，返回主操作界面。

2.3　物品装载

2.3.1　在主操作界面上，按门操作键进入门操作界面。

2.3.2　在门操作界面上，按开前门键，打开设备前门。

2.3.3　将待灭菌物品从前门进入灭菌室内，装载完后，关闭前门并按该界面上的关前门键。

2.3.4　确认前门已关好，且该界面上的前、后门关闭指示灯指示正常。

2.3.5　按该界面上的门密封键并确认门密封指示正常。

2.3.6　按返回键返回主操作界面。

2.4　启动灭菌程序

2.4.1　在主操作界面上，按自动/手动选择键，选择灭菌程序。

2.4.2　选择自动程序后，按自动界面键进入自动程序界面。

2.4.3　在该界面上，按启动键，设备开始按标准脉动真空程序控制运行，自动完成灭菌操作

2.4.4　程序运行状态在该界面指示，当结束指示灯点亮时，表示灭菌工作已经完成。

2.4.5　灭菌结束后，按该界面上的停止键，结束自动灭菌程序。

2.4.6　自动灭菌程序完成时，按该界面上的返回键返回主操作界面。

2.5　物品卸载

2.5.1　灭菌完成后，在主操作界面按门操作键进入门操作界面。

2.5.2　在该界面上或设备后操作面板上，按门真空键 3 ~ 5s，以解除门密封状态；磁石，灭菌报表自动打印。

2.5.3　在后操作面板上，按开门键，打开后门，取出灭菌后的物品。

2.5.4　在后操作面板上按关门键，关闭后门。

2.6　关机

2.6.1　按下主操作面板上的电源按钮和控制按钮。

2.6.2　清洗灭菌室。

2.6.3　关闭各种能源阀门。

2.6.4　关闭电源。

3　设备保养

3.1　日常清洗：每天使用结束后，必须清除灭菌室及设备外表面，确保清洁。

3.2　定期清洗：每星期定期清洗设备过滤器一次。

3.3　使用初期清洗：新设备使用初期，每 2 天清洗检查能源过滤器一次，直至一个月。

4　常见故障及排除方法

4.1　仪表检测

4.1.1　日常检测：每天开机后，观察各种仪表读数，确认正确才能使用，否则立即维修或更换。

4.1.2　定期检测：每年对压力表、测温探头等计量检测一次。

4.1.3　长期未使用的情况下，再次使用前对所有仪表进行一次检测才能使用。

4.2　电器检修

4.2.1　日常检查：每天开机前，检查确认电器线路正常才能开机。

4.2.2　定期检查：每月对电器线路、电器元件、接线端子进行一次全面检修。

4.2.3　故障检修：出现故障时，由专业维修人员到现场排除并全面检修后才能投入使用。

4.3　真空泵检修

设备长期不使用时，放尽真空泵中的积水。

4.4　设备主体检修

日常使用过程中，严禁超压作业，发现漏气、异常声响，立即停止使用，排除内压，确保安全，及时请专业人员到场检修。

4.5　门及锁紧装置检修

4.5.1　日常检查：每天检查一次门锁紧装置的运行情况，确保所有锁紧钩间隙均匀、受力平衡；检查锁紧螺母有无松动现场，若松动及时紧固后才能使用。

4.5.2　定期检修：每星期检查门铰链、门锁紧装置一次，发现异常及时调整才能使用。

第五节　粉针剂生产设备

粉针剂是指以固态形态封装，使用之前加入注射用水或其他溶剂，将药物溶解而使用的一类灭菌制剂。在水溶液中不稳定的药物，如某些抗生素及一些医用酶制剂及血浆等生物制剂，均需制成注射用无菌粉末。粉针剂容器主要有抗生素瓶（西林瓶）、直管瓶、安瓿瓶。

粉针剂属于无菌分装注射剂，所需无菌分装的药品多数不耐热，不能采用灌装后灭菌，故生产过程必须是无菌操作。制备方法主要有两种。

（1）无菌分装　将原料药精制成无菌粉末，在无菌条件下直接分装在灭菌容器中密封。

（2）冷冻干燥　将药物配制成无菌水溶液，在无菌条件下经过滤、灌装、冷冻干燥，再充惰性气体，封口而成。

粉针剂生产工艺流程如图4－65所示。

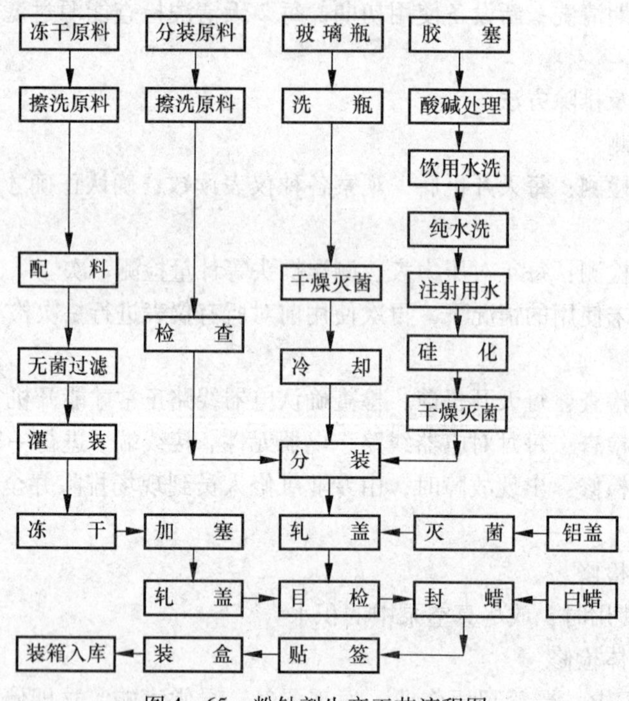

图4－65　粉针剂生产工艺流程图

一、冻干设备

冷冻干燥是将需要干燥的药物溶液预先冻结成固体，然后在低温低压条件下，从冻结状态不经过液态而直接升华，去除水分的一种干燥方法。凡是对热敏感，在水中溶解不稳定的药物可采用此法制备。

冷冻干燥具有以下优点。

（1）冷冻干燥在低温下进行，因此对于许多热敏性的药物特别适用，如蛋白质、微生物之类，不会发生变性或失去生物活力。

（2）在低温下干燥时，药品中的一些挥发性成分损失很小，药品不会因为干燥而改变成分。

（3）在冷冻干燥过程中，微生物的生长和酶的作用无法进行，因此能保持原来的性状。

（4）由于在冻结的状态下进行干燥，因此体积几乎不变，保持了原来的结构，不会发生浓缩现象。

（5）干燥后的物质疏松多孔，呈海绵状，加水后溶解迅速而完全，几乎立即恢复原来的性状。

（6）由于干燥在真空下进行，氧气极少，因此一些易氧化的物质得到了保护。

（7）干燥能排除95%～99%以上的水分，使干燥后产品能长期保存而不致变质。

冷冻干燥工艺流程：药液→预冻→升华干燥（有两种方法：一次升华法和反复冷冻升华法）→再干燥。

（1）预冻　制品在干燥之前必须进行预冻，预冻温度应低于产品共熔点10～20℃。预冻是在常压下使制品冻结，使之进入适于升华干燥的状态。预冻方法有速冻法和慢冻法。速冻法就是在产品进箱之前，先把冻干箱温度降到－45℃以，再将制品装入箱内，这样急速冷冻，形成细微冰晶，制得产品疏松易落。慢冻法形成结晶粗比较粗，但有利于提高冻干效率。

新产品冻干时，先应测出其共熔点，然后控制冷冻温度在共熔点以下，以保证冷冻干燥顺利进行。共熔点是在溶液冷却过程中，水和溶液同时析出结晶混合物（低共熔混合物）时的温度。测定共熔点的方法有热分析和电阻法。电阻法就是溶液通过离子导电，降温时测阻值，当电阻突然大幅增大则确定为共熔温度。

药品的冷冻干燥预冻方式有两种：静态预冻和旋转预冻。静态预冻是制品通过搁板的低温表面接触而冻结，常用于西林瓶、安瓿等。搁板温度和冻结速度应随不同制品而改变。一般冷冻干燥机均设计在－50℃，可满足各种制品的预冻要求。旋转预冻是将溶液冻结在容器内壁上，如输液瓶等，可减少冰层厚度，缩短干燥周期。

（2）升华干燥　制品预冻后，启动真空泵，冰的升华随即开始。冰的升华在表面进行，随着过程的进行，升华面进入制品内部，水汽需通过已干燥的表层，干燥过程依赖于水汽的传递排出速率及所必须地升华热。当制品中的冰全部升华完时，升华干燥阶段结束。升华干燥有两种方法：一次升华法和反复冷冻升华法。一次升华法，适用于共熔点－10℃～20℃的制品，而且溶液浓度、黏度不大的情况。反复冷冻升华法适用于某些熔点低，或结构比较复杂黏稠，如蜂蜜、王浆等产品。这些产品在升华过程中，往往冻块软化，产生气泡，易在制品表面形成黏稠状的网状结构，从而影响升华干燥、影响产品外观。为了保证产品顺利进行，可用反复预冻升华法。

（3）再干燥　再干燥目的是去除制品内以吸附形式结合的残余水分，以确保制品可长期贮存的状态。升华干燥完成后，物料内留下许多空穴，单物料的机制内还留有残余的未冻结水分10%左右，温度继续升高至0℃或室温，并保持一段时间，可使升华的水蒸气或残留水分被抽尽。在干燥可保证冻干制品含水量，并有防止回潮的作用。

冷冻干燥流程如图4－66所示，冷冻干燥机由冻干箱、冷凝器、加热系统、真空系统、制冷系统、电气控制系统组成。

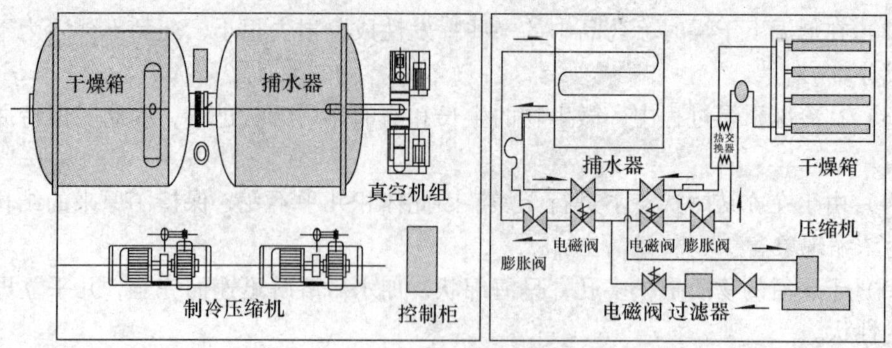

图 4-66 冷冻干燥流程图

（1）干燥箱 干燥箱是一能抽真空和加热的密闭器，物料的升华干燥过程是在干燥室内完成的，制品的冻干在冻干箱内有若干层搁板，搁板内可通入导热液，可进行对制品的冷冻或加温。每一层搁板上都有一个可供测量物料温度的探头，用以监测整个冻干过程中的物料温度，物料是放在干燥室内搁板上的不锈钢托盘内的。门采用橡胶密封条，应注意关门时要把门上的手柄拧紧，确保箱内密封。

（2）冷凝器（捕水器） 作用是将来自冻干箱中制品所升华的水汽进行冷凝，以保证冻干过程的进行。是凝结升华水气的密闭装置，内部有一个较大面积的金属吸附面，从干燥箱物料中升华出来的水蒸气可凝结吸附在其金属表面上，吸附面的工作温度可达 -45 ~ -55℃，冷凝器外形是不锈钢或铁制成的圆筒，内部盘有冷凝管，分别与制冷机组相连，组成制冷循环系统。冷凝器与干燥箱连接采用真空蝶阀；采用不锈钢管与真空泵组连接组成真空系统，筒内冷凝管上部装有化霜喷水管，它通过真空隔膜阀与水管连接，这是为了保证化霜水等不进入干燥箱和真空管道。在冷凝器外部采用泡沫塑料板保温绝热，最外层包以不锈钢板。

（3）加热系统 冻干机加热系统的作用是对干燥箱内物料进行加热，以便使物料不断地得到升华热，使物品以达到规定的含水率要求，冻干机加热系统有不同的加热方法，在接触式加热中，我们采用的是循环介质加热法。循环加热系统由管道泵、循环介质箱、加热器、进出管路、液温控制器等组成。循环液由水 4 份、乙醇 2 份，乙二醇 4 份配置成循环不冻液，其凝固点为 -120℃，在使用时液温最高不超过 60℃，当加热系统工作时，先对循环液进行加热，液温通过液箱控制调节仪选定的温度自动控制加热，管道泵开启后，可将循环液送入干燥箱内搁板中，对搁板加热，然后返回液箱进行加热循环。而在辐射或加热中我们采用蒸气加热最高温度为 120℃，由蒸气电磁阀自动控制温度。

（4）真空系统 真空系统有旋片真空泵或水环泵和罗茨真空泵组成，罗茨泵为增压泵不能单独使用，必须首先启动旋片泵或水环泵，使其工作一段时间，当系统中的真空度达到 1kPa 以下时，再自动启动罗茨泵。旋片泵结构、罗茨泵结构等见说明书。该真空系统的真空表可使用电接点真空表，可根据预先选定的真空度值，自动控制罗茨泵的启动。干燥箱与冷凝器之间真空管道中，装有真空蝶阀，可根据使用要求随时开、关。真空泵管路上，装有电磁放气截止阀，当真空泵停止工作时可自动关闭真空管路，同时将空气放入泵内，避免真空泵油因负压作用回放至真空管路中，真空泵的连接管路之间装有波纹软管，防止运转时的振动。

（5）制冷系统　制冷系统是冻干机的最重要的组成部分，被称为“冻干机的心脏”。当制冷系统工作时，冷凝盘管的表面温度可达 -35 ~ -55℃。理论上制冷系统由制冷压缩机、冷凝器、蒸发器和热力膨胀阀所构成，主要是为干燥箱内制品前期预冻供给冷量；以及为后期冷阱盘管捕集升华水汽供给冷量。在冻干机设计时，考虑到冻干机对制冷的要求特殊性，其制冷系统主要由以下部件组成：压缩机，制冷剂，油分离器，水冷凝器，干燥过滤器，中间冷却器，视液镜，电磁阀，手阀（顶盖阀），膨胀阀，蒸发器（板式交换器，后箱冷凝盘管），汽液分离器，回气过滤器，压力表，压力控制继电器，CPCE（能量调节器），安全阀，制冷管道等。压缩机是制冷系统的核心，压缩机主要是对气态氟利昂进行压缩，从吸气口吸入低温低压的气态氟利昂，经过活塞或螺杆压缩后，变成高温高压的气态氟利昂，通过排气管排出去。压缩机按照压缩的形式，可以分为活塞式压缩机和螺杆式压缩机。活塞式压缩机又可以分为开启式、半封闭式、全封闭式三种形式。根据压缩的级别，压缩机又可分为单级压缩机、双级压缩机和复叠式压缩机。现在选用的大都是活塞式半封闭双级压缩机。

（6）电气控制系统　本设备电气控制系统由电脑显示记录仪、控制台、控制仪表、调节仪表等自动装置和电路组成。它的功能是对冻干机进行手动或自动控制，控制设备正常运转。控制台是温度、真空度巡检仪的记录控制仪表及各机组开关的集中集团，控制台的仪表板装有温度，真空度巡检仪，干燥箱和真空泵的真空计，温度指示调节仪，液温控制调节仪，计时钟等。按钮板上装有各机组的开关等。冻干机还设有连锁保护装置，如：①前箱制冷时加热管不能工作；②真空表不到设定值，罗茨泵不能启动；③冷却水未提供，制冷机组不启动；④真空泵、电磁阀带放气截止阀与真空泵电源表连在一起，同时工作；⑤搁板加热恒温，由温度指示调节仪控制。

知识拓展

冻干曲线就是表示冻干过程中产品的温度、压力随时间变化的关系曲线。冻干曲线的形状与制品的性能、装量的多少、分装容器的种类、冻干机的性能等诸多因素有关。即使同一制品，生产厂家不同，其冻干曲线亦不完全一样。因此应根据各自的具体条件，用试验定出最佳的冻干曲线。

冻干曲线制定的过程是，根据所获取的制品的共熔点温度、崩解温度、最佳预冻速率和残水含量等参数，根据所用冻干机的性能，初步拟订出搁板温度曲线和冻干箱的压力曲线，用此曲线在实验冻干机上试验。根据测量并记录的搁板温度、制品冻层温度、制品干层温度、冻干箱压力、冷阱温度等参数，随时修改冻干曲线中不合理部分。由检测和观察确定升华阶段结束和解吸干燥结束的时间，冻干结束后，对产品质量和含水量进行检测。根据所得冻干过程参数的数据，重新拟订冻干曲线并进行试验，直到得到较为满意的曲线为止。结合生产用冻干机的性能，将上述曲线加以修改，直到获得成熟的冻干曲线（图4-67）。

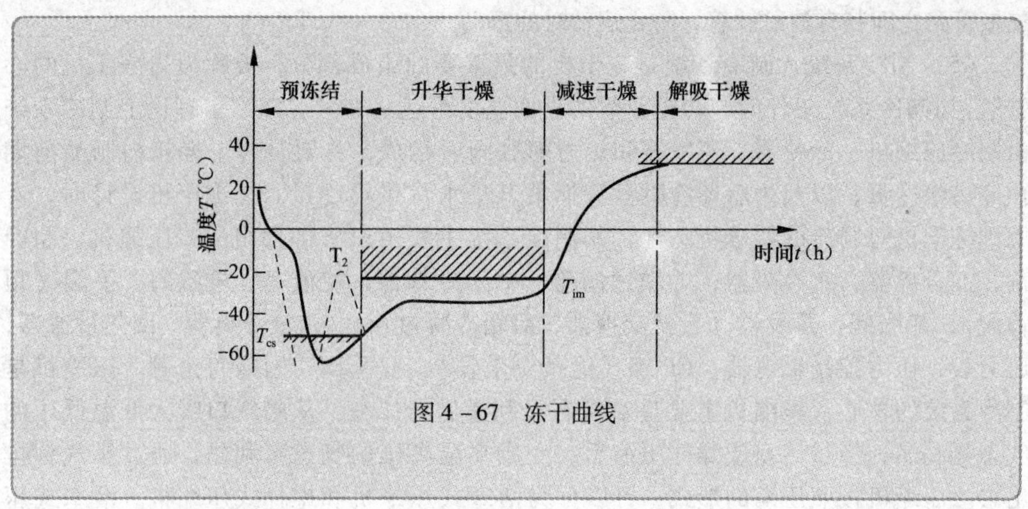

图4-67　冻干曲线

冻干机使用注意事项如下。

（1）含水量偏高　装入容器的药液过厚，升华干燥过剩中供热不足，冷凝器温度偏高或真空度不够，均可能导致含水量偏高。可采用旋转冷冻机及其他相应的方法解决。

（2）喷瓶　如果供热太快，受热不均匀或预冻不完全，则易在升华过程中使制品部分液化，在真空减压条件下产生喷瓶。为防止喷瓶，必须控制预冻温度在共熔点以下10~20℃，同时加热升华，温度不宜超过共熔点。

（3）产品外形不饱满或萎缩　一些黏稠的药液由于结构过于致密，在冻干过程中内部水分逸出不完全，冻干结束后，制品会因潮解而萎缩。遇到这种情况通常可在处方中加入适量的甘露醇、氯化钠等填充剂，并采取反复预冻法，以改善制品的通气性，产品外观即可得到改善。

二、粉针剂分装设备

（一）粉针剂生产工艺流程

粉针剂生产工艺流程参见图4-65所示，主要包括以下几个工序。

1. 瓶和塞的无菌处理

玻璃瓶——粉针剂用抗生素玻璃瓶（西林瓶）。目前由于制造方法不同有两种类型：一是管制抗生素玻璃瓶；二是模制抗生素玻璃瓶。这两种玻璃瓶都已列入国家标准。

（1）模制抗生素瓶是用于盛装抗生素粉剂药物的玻璃瓶，模制抗生素瓶按形状分为A型、B型两种。A型瓶5~100ml共10种规格，B型瓶5~12ml共3种规格。规格尺寸见GB 2640-90。这是目前大型生产普遍采用的一种瓶。

（2）管制抗生素玻璃瓶用于盛装一次性使用的粉针注射剂，其规格有3、7、10、25m1。规格尺寸见GB 2641-90。

按照GMP要求玻璃瓶需先经过循环水冲洗洗或超声波清洗，然后纯水冲洗，最后一次用孔径0.22μm微孔滤膜滤过的注射用水冲洗。在4h内灭菌和干燥，常见的干热灭菌条件是电烘箱于180℃加热1.5h，或是隧道式干热灭菌器于320℃加热5min以上，使玻璃瓶达到洁净、无菌、干燥、无热原。

胶塞需先用稀盐酸煮洗、饮用水及纯化水冲洗，最后用注射用水漂洗。洗净的胶塞进行硅化，硅油应经180℃加热1.5h去除热原，处理后的胶塞在8h内灭菌。胶塞可采用纯蒸汽灭菌，在121℃灭菌40min，并在120℃烘干。灭菌后的瓶子和胶塞应在A级层流下存放或存放在专用容器中。

2. 粉剂的充填及盖胶塞

采用容积定量或螺杆计量，通过装粉机构定量地将粉剂分装在玻璃瓶内，并在同一洁净等级环境下将经过清洗、灭菌、干燥的洁净胶塞盖在瓶口上。此过程是在专用分装机上完成。

3. 轧封铝盖

在玻璃瓶装粉盖胶塞后，将铝盖严密地包封在瓶口上，保证瓶内的密封，防止药品受潮、变质。

4. 半成品质量检查

其方式是目测，主要检查项目如下。

（1）玻璃瓶有无破损、裂纹。

（2）胶塞是否盖好。

（3）铝盖是否包封完好。

（4）瓶内药粉剂量是否准确，瓶内有无异物。

5. 贴产品标签

将印有规定内容字样的产品标签粘贴在玻璃瓶瓶身上。

6. 外包装

粉针剂制成成品后，为方便储运，以固定数量为一组装在纸盒里并加封，再固定数量装入大包装纸箱，成为最后出厂产品。

（二）粉针剂生产工艺设备

如图4－68所示是粉针剂生产设备联动生产线工艺流程，主要包括抗生素玻璃瓶

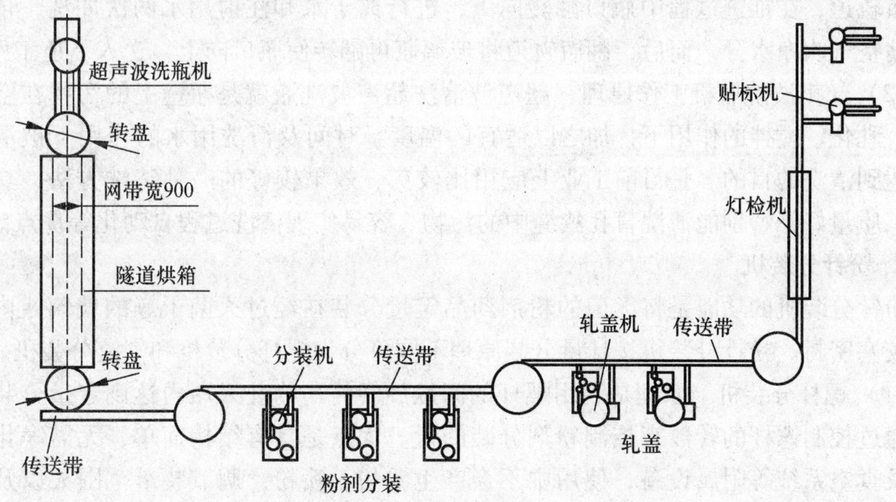

图4－68　粉针剂生产设备联动线工艺流程图

洗瓶机、隧道式干燥灭菌机、无菌粉针分装机、轧盖机、灯检机、贴签机、装盒机等设备。干燥灭菌机等设备前面已经介绍过，这里不再介绍。

1. 抗生素玻璃瓶洗瓶机

根据清洗原理可将洗瓶机分为两种类型：一是毛刷洗瓶机，二是超声波洗瓶机。

(1) 毛刷洗瓶机工作原理　通过设备上设置的毛刷，去除瓶壁上的杂物，实现清洗目的是粉针剂生产应用较早的一种洗瓶设备。如图 4－69 所示，毛刷洗瓶机主要由输瓶转盘、旋转主盘、刷瓶机构、翻瓶轨道、机架、水气系统、机械传动系统以及电气控制系统等组成。

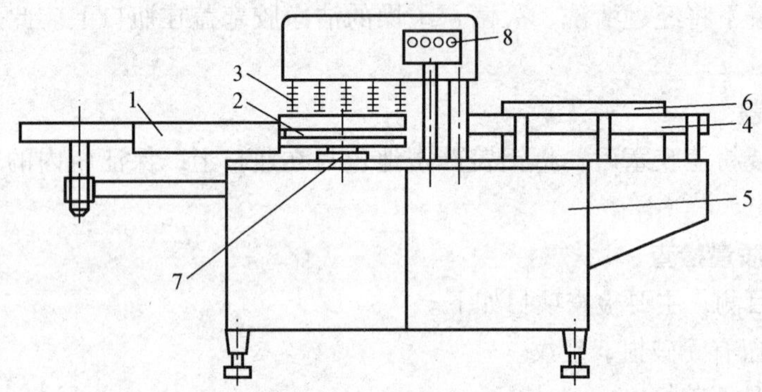

图 4－69　毛刷洗瓶机外形示意图

1. 输瓶转盘；2. 旋转主盘；3. 刷瓶机构；4. 翻瓶轨道；5. 机架；6. 水气系统；7. 机械传动系统；8. 电气控制系统

毛刷洗瓶机工作过程，通过人工或机械方法将需清洗的玻璃瓶成组瓶口向上送入输瓶转盘中，经过输瓶转盘整理排列成行输送到旋转主盘的齿轮槽中，经过淋水管时瓶内灌入洗瓶水，圆毛刷在轨道斜面的作用下伸入瓶内转动刷洗瓶内壁，此时瓶子在压瓶橡胶压力下自身不能转动，待瓶子随主盘旋转脱离压瓶橡胶，瓶子在圆毛刷张力作用下开始旋转，经过固定的长毛刷与底部月牙刷时，瓶外壁与瓶底得到刷洗，圆毛刷和旋转主盘同步旋转一段距离后，毛刷上升脱离玻璃瓶，玻璃瓶被旋转主盘推入旋转翻瓶轨道，在推进过程中瓶口翻转向下，进行离子水和注射用水两次冲洗，再经洁净压缩空气吹净水分，而后，翻瓶轨道将玻璃瓶再翻转使瓶口向上，送入下道工序。

(2) 超声波洗瓶机工作原理　超声波清洗超声波洗瓶就是瓶壁上的污物在空化的侵蚀、乳化、搅拌的作用下，加之以适宜的温度、时间及清洗用水的作用下被清洗干净，达到清洗的目的。是目前工业上应用比较广、效果较好的一种清洗方法，具有效率高、质量好、特别能清洗盲孔狭缝中的污物、容易实现清洗过程自动化等优点。

2. 粉针分装机

粉针分装机的功能是将无菌的粉剂药品定量分装在经过灭菌干燥的玻璃瓶内，并盖紧胶塞密封。粉针分装机按计量分装原理不同可分为螺杆分装机和气流分装机。

(1) 螺杆分装机　原理是利用螺杆的间歇旋转将药物装入瓶内达到定量分装的目的。通过控制螺杆的转数来控制粉剂分装的量。优点是具有结构简单，无需净化压缩空气及真空系统等附属设备，使用中不会产生漏粉、喷粉，调节装量范围大以及原料药粉损耗小等优点，缺点是速度较慢。

螺杆分装机一般由带搅拌的粉箱、螺杆计量分装头、胶塞振动料斗、输塞轨道、真空吸塞与盖塞机构、玻璃瓶输送装置、拔瓶盘及其传动系统、控制系统、床身等组成。双头螺杆分装机见图4-70。

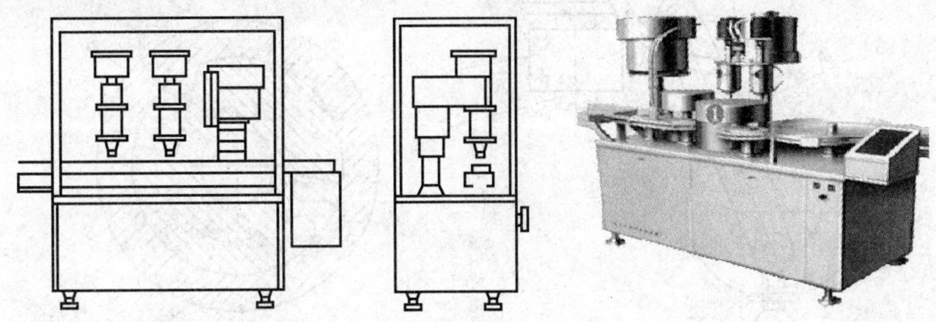

图4-70　双头螺杆分装机外形图

螺杆计量分装头中螺杆旋转的传动过去多为机械传动，近年来已将数控技术应用到螺杆分装机上，使螺杆转数控制更趋方便，提高了可靠性和稳定性。

图4-71表示一种螺杆分装头。粉剂置于粉斗中，在粉斗下部有落粉头，其内部有单向间歇旋转的计量螺杆，当计量螺杆转动时，即可将粉剂通过落粉头下部的开口定量地加到玻璃瓶中。为使粉剂加料均匀，料斗内还有一搅拌桨，连续反向旋转以疏松药粉。

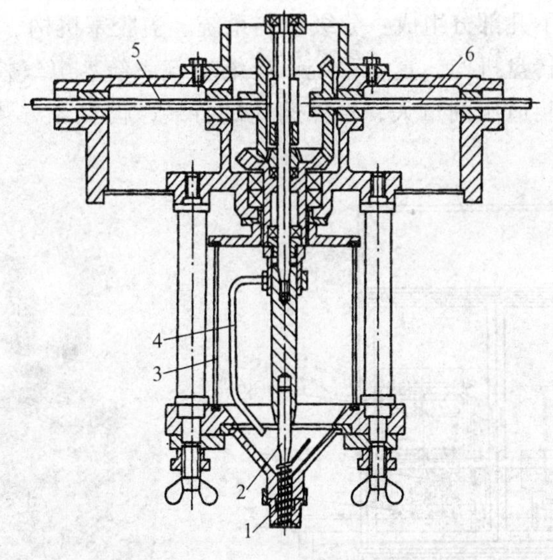

图4-71　螺杆分装头

1. 落粉头；2. 计量螺杆；3. 粉斗；4. 搅拌桨；5. 轴；6 轴

螺杆计量的控制与调节机构如图4-72所示。动力由主动链轮输入，分两路来传动搅拌桨及定量螺杆。其一，动力通过主动链轮由伞齿轮直接带动，使搅拌桨作逆时针连续旋转。另一路是由主动链轮通过从动链轮带动装量调节系统螺杆转数的调节。由从动链轮传递的动力带动偏心轮旋转，经连杆使扇形齿轮往复摇摆运动。扇形齿轮经过齿轮并通过单向离合器和伞齿轮使定量螺杆单向间歇旋转。分装量的大小由调节螺钉来改变偏心轮上的偏心距来达到。

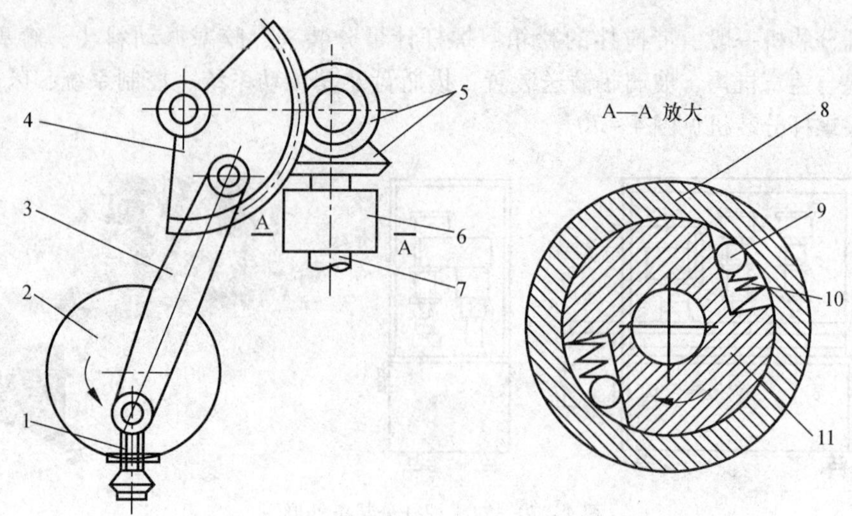

图 4－72　螺杆计量的控制与调节机构示意图

1. 调节螺丝；2. 偏心轮；3. 曲柄；4. 扇形齿轮；5. 中间齿轮；6. 单向离合器；
7. 螺杆轴；8. 离合器套；9. 制动滚珠；10. 弹簧；11. 离合器轴

（2）气流分装机　气流分装的原理是利用真空吸取定量容积粉剂，再通过净化干燥压缩空气将粉剂吹入玻璃瓶中。气流分装机外形如图 4－73 所示。气流分装的特点是装填速度快，装量精度高，自动化程度高，这种分装原理得到广泛使用。典型气流分装机结构主要由以下几部分组成：分级包装系统、盖胶塞机构、床身及主传动系统、玻璃瓶输送系统拨盘转盘机构、真空系统、压缩空气系统、电气控制系统、空气净化控制系统等。气流分装适用剂量大、轻体药粉的分装，但气流分装需要相应的真空及压缩空气设备。

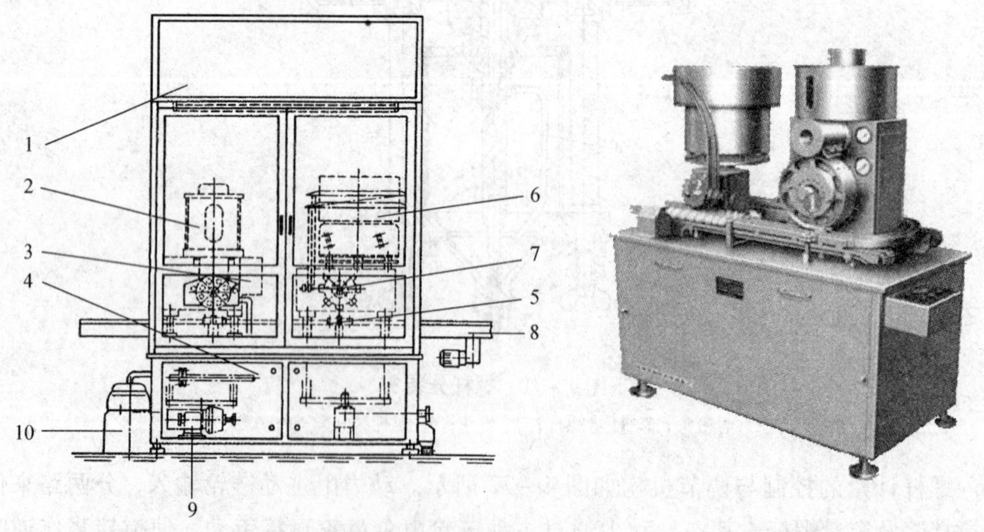

图 4－73　气流分装机外形图

1. 层流控制系统；2. 粉剂分装系统；3. 压缩空气系统；4. 电气控制系统；5. 拔瓶转盘机构；
6. 盖胶塞机构；7. 真空系统；8. 玻璃瓶传送系统；9. 床身及主传动系统；10. 吸粉器

（3）粉剂分装系统　主要由装粉桶、搅粉斗、粉剂分装头、传送装置、升降机构等组成。粉剂分装系统见图 4－74。功用是盛装粉剂，通过搅拌和分装头进行粉剂定量，在真空和压缩空气辅助下周期性地将粉剂分装于瓶里。

分装桶的作用是盛装用于分装的粉剂，由不锈钢圆柱形筒体和底部的双叶垂直搅拌器组成。搅粉斗作用是将装粉桶落下的药粉保持疏松并压进粉剂分装头的定量分装孔中。搅拌桨每吸粉一次旋转一次。粉剂气流分装头的作用是实现定量分装粉剂，如图 4－75 所示，主体是由不锈钢制成的圆柱体，分装盘上有八等分分布单排（或两排）直径一定的光滑分装孔。当与真空系统接通的分装孔正对着装粉锥斗时，利用真空吸满药粉；当装粉鼓 4 转过 180 度与压缩空气接通时，又将分装孔内的药粉吹到下部的药瓶中。计量的精度是通过调节滤粉片在药粉槽孔中的位置来保证的。通常真空度不低于 0.08MPa，压缩空气压力在 0.1MPa 左右。

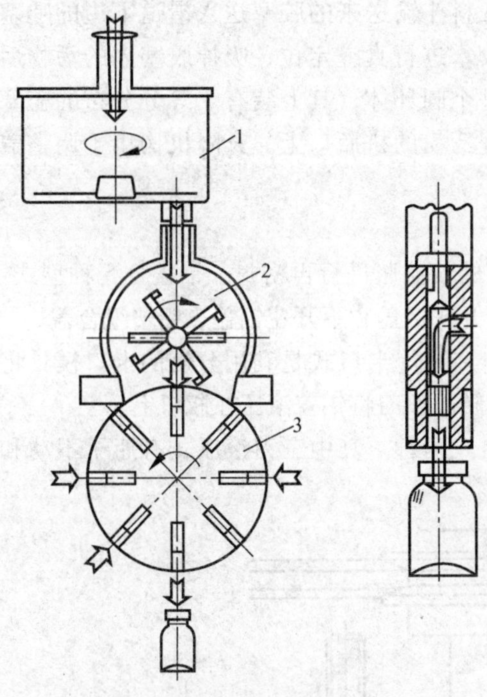

图 4－74　粉针气流分装系统示意图

1. 装粉桶；2. 搅粉斗；3. 粉剂分装头

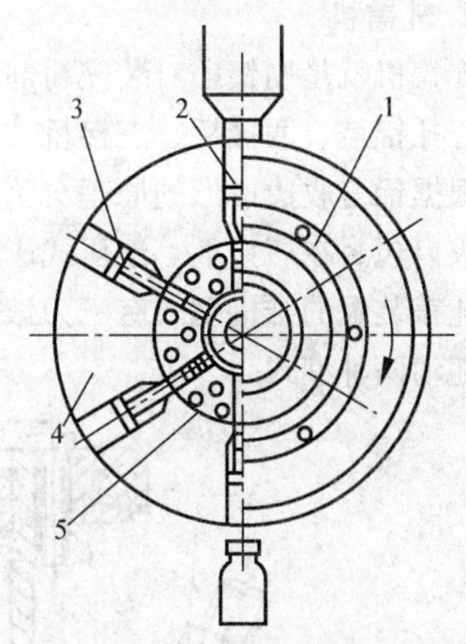

图 4－75　粉剂气流分装头示意图

1. 装量刻度盘；2. 药粉槽；3. 滤粉片；4. 装粉鼓；5. 装量调节器

分装盘后端面与装粉孔数相同且和装粉口相通的圆孔，靠分装盘与真空和压缩空气相连，实现分装头在间歇回转中的吸粉和卸粉。

粉针气流分装机粉剂分装时装药量如有误差主要从以下几个方面查找原因。

（1）分装头旋转时的径向跳动使分装孔药面不平。

（2）分装头后端面跳动使真空、压缩空气泄漏、串通。

（3）分装头外圆表面粗糙而黏附药粉。

（4）分装孔内表面粗糙而黏附药粉。

（5）分装孔分度不准使药粉卸在瓶口外。

（6）分装孔不圆使得装粉时药粉被吸走。

（7）分装头内腔八边形与轴线不垂直造成气体泄漏。

（8）粉剂隔离塞过于疏松或过密。

（9）压缩空气压力不稳使得流量过大或过小。

（10）药粉的粒径、含水量、流动性造成装量的变化。

3. 盖胶塞机构

盖胶塞机构主要由供料漏斗、胶塞料斗、振荡器、垂直滑道、喂胶塞器、压胶塞头及其传动机构和升降机构组成，作用是自动将胶塞盖在分装好药粉的瓶口上。

供料漏斗是个倒锥形筒件，用来贮存胶塞。胶塞料斗下部有振荡器，为料斗提供振荡力和扭摆力矩。胶塞料斗内壁焊有两条平行的螺旋上升滑道，并一直延伸至外壁有三分之二周长的距离，与垂直滑道相接。在螺旋滑道上有胶塞鉴别、整理机构，使胶塞成一致方向进入垂直滑道。垂直滑道将从料斗输送来的胶塞送入滑道下边的喂塞器。喂塞器主要功用是将垂直滑道送过来的胶塞进行真空定位，吸掉胶塞内的污物后送到压胶塞头体上的爪扣中。压胶塞头主体是个圆环体，其上装有 8 等分分布的盖塞头，在压头作用下将胶塞旋转地拧按在已装好药粉的拼瓶口上。升降机构用于调整盖塞头爪扣与瓶口距离。

4. 轧盖机

轧盖机就是用铝盖对装完粉剂、盖好胶塞的玻璃瓶进行再密封。铝盖分 5 种型式：有中心孔铝盖、两接桥、三接桥、开花铝盖撕开式铝盖和不开花铝盖、铝塑组合盖。

根据铝盖收边成形的原理分为滚压式和卡口式。卡口式是利用分瓣的卡口模具将铝盖收口包封在瓶口上。滚压式成形是利用旋转的滚刀将铝盖滚压在瓶口上。

轧盖装置的结构型式有三刀滚压式和卡口式两种。其中三刀滚压式有瓶子不动和瓶子随动两种型式。

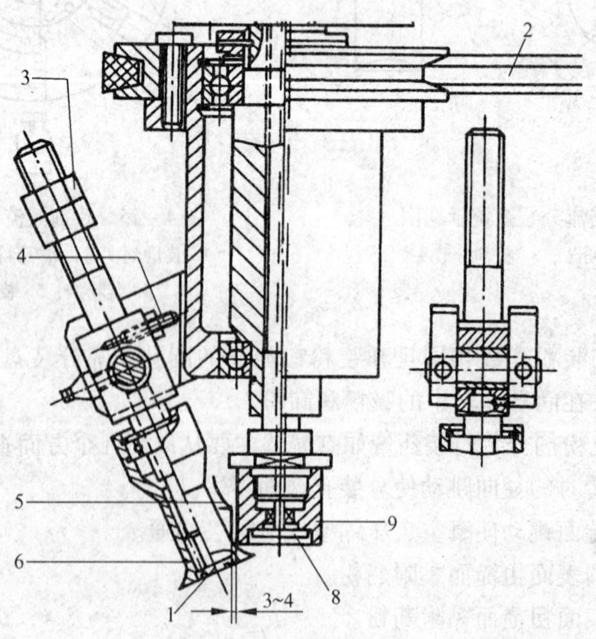

图 4－76　三刀头轧盖装置

1. 压紧弹簧；2. 导杆；3. 配重螺母；4. 止退螺钉；5. 刀头限定位置；6. 刀头；7. 螺塞；8. 直杆；9. 压套

（1）瓶子不动、三刀滚压型　轧盖过程：如图 4－76 所示，滚压刀头高速旋转、置继续下降，滚压刀头在沿压边套外壁下滑的同时，在高速旋转离心力作用下向心收拢滚压铝盖边沿使其收口。

（2）瓶子随动、三刀滚压型　轧盖过程为扣上铝盖小瓶在拨瓶盘带动下进入到滚压刀下，压边套先压住铝盖。在转动中，滚压刀通过槽形凸轮下降并借助自转在弹簧力作用下，将铝盖收边轧封在小瓶口上。

（3）卡口式轧盖装置（亦称开合式轧盖装置）　轧盖过程：扣上铝盖的小瓶由拨瓶盘送到轧盖装置下方间歇停止不动时；卡口模、卡口套向下运动（此时卡口模瓣呈张开状态），卡口模先到达收口位置，卡口套继续向下，收拢卡口模瓣使其闭合，就将铝盖收边轧封在小瓶口上。

5. 真空系统

真空系统是该机的重要辅助设备，用于装粉和盖塞。装粉真空系统由水环真空泵、真空安全阀、真空调节阀、真空管道、水电磁阀、过滤器、排水管组成，为吸粉提供真空。盖塞真空系统由真空泵、调节阀、滤气器等组成，其作用是吸住胶塞定位。

6. 压缩空气系统

压缩空气系统用于卸粉和清理装粉孔。经空气压缩机制成的压缩空气要经过过滤、干燥才能用于分装。过滤、干燥系统由油水分离器、调压阀、无菌过滤器、缓冲器、电磁阀及管道组成。

7. 局部净化系统

局部净化系统用于分装过程保证局部 A 级洁净度。主要由净化装置与层流罩组成。高效过滤器过滤后的空气洁净度可达到 A 级。

【SOP 实例】

DGS12A 冻干剂灌装加塞机标准操作规程

1　操作前准备

1.1　检查工作台面是否有与生产无关的杂物。

1.2　检查各转动部位是否需加注润滑油。

1.3　检查电源、供气、数控系统显示是否正常。

2　操作过程

2.1　取出已清洁、消毒并烘干灭菌的分装机零部件。

2.2　打开电源开关，检查灌装电机转动是否正常，如有异常情况，则需再进行调节，直至正常为止。开启网带电机，调整网带的张紧轮、网带速度，直至网带运转平衡方可。

2.3　装量调节。开动计量泵，调整“流量计”按钮来调节分装电机转速，调节“步数”按钮来改变装量。

2.4　调整理塞板与过塞板对中或上下位置对接，检查理塞斗的上塞速度和数量是否正常。

2.5　放入空瓶，将分瓶头和扣塞卡块与瓶口位置调整好，并检查瓶位检测是否准确。

2.6 开启进瓶电源开关，开启供液开关、搅拌开关，按下“运行”，开始正式灌装，注意不得有倒瓶进入分装转盘。

2.7 关机。

2.7.1 生产结束，待拨瓶盘上抗生素瓶全部分装完毕，按下“停止”按钮，关闭搅拌器、供液器、数控系统、进瓶及主电机电源。

2.7.2 拆下乳胶管及搅拌装置。

2.7.3 拆下供料罐。

2.7.4 按《DGS12A 灌装加塞机清洁规程》进行清洁。

2.7.5 拆下的分装部件按万级洁净区容器、器具清洁消毒规程清洁消毒。

3 维护保养

3.1 每天在各运动部位加注润滑油，槽凸轮及齿轮等部件可加钙基润滑脂进行润滑。

3.2 开机前应检查各部分是否正常，确实证明正常后方可进行操作。

3.3 调整机器时，工具要适当，严禁用过大的工具或用力过猛来装拆零件，以免损坏机件或影响机器性能。

3.4 经常检查设备运行情况，发现问题及时检修。

3.5 做清洁工作时，应用软布擦拭，严禁用水冲洗或淋洗。

3.6 应定期进行检修及时更换磨损的零件（一般每月小检修一次，每年大修一次）

3.7 每年进行的大修内容

3.7.1 检查各电器元件的完好情况，更换不灵敏部件。

3.7.2 检查传动部件并清洗换油，检查齿轮及槽凸轮的磨损，发现超差，立即更换。

3.8 维护保养完后，填写设备维护保养记录，并且注明日期。

4 常见故障及排除方法

4.1 盖胶塞时如发现跳塞，应及时予以清除，以防胶塞卡住输送带。

4.2 灌装过程如网带跑偏，应立即停机，调整网带，直至网带运转平衡方可重新开机。

4.3 在操作中应注意安全，不可随意用手触摸转动部件。

4.4 发现有异常噪音时，应立即停车检查，排除故障后才能继续生产。

4.5 发现产品装量出现连续不合格时，应停车检查调整。

目标检测

一、单项选择题

1. 下列哪一个不是注射剂的制剂生产设备（ ）

   A. 制药用水生产设备　　B. 配液过滤设备

   C. 包装容器清洗设备　　D. 压片设备

2. 我国制备注射用水时使用的主要工艺设备是（ ）

   A. 蒸馏水机　　B. 水泵　　C. 原水罐　　D. 多介质过滤器

3. 常用多效蒸馏水机的效数多为（ ）

A. 单效 B. 2效 C. 3~5效 D. 5~7效

4. 浓稀配罐是不具有以下哪项功能的罐体设备（ ）

A. 搅拌 B. 加热 C. 保温 D. 干燥

5. 目前国内药厂所采用的安瓿灌封设备主要是（ ）

A. 拉丝灌封机 B. 压盖机 C. 封口机 D. 洗瓶机

6. 安瓿拉丝封口设备热熔时使用的加热方式是（ ）

A. 电加热 B. 火焰加热 C. 水浴加热 D. 蒸汽加热

7. 塑料软袋大输液属于以下哪种包装类型（ ）

A. 开放式 B. 半开放式 C. 封闭式 D. 以上都不对

8. 胶塞清洗机纯蒸汽湿热灭菌温度和时间参数是（ ）

A. 121℃，30min B. 180℃，30min

C. 121℃，10min D. 180℃，10min

9. 非PVC. 软袋大容量注射剂联动设备主要工位数为（ ）

A. 8 B. 9 C. 10 D. 11

10. 连续式远红外隧道式烘箱是利用以下哪种方式进行加热的烘干设备（ ）

A. 微波 B. 紫外线 C. 远红外线 D. 以上都不是

11. 水针的最终灭菌一般采用以下哪种灭菌法（ ）

A. 热压蒸汽灭菌法 B. 火焰灭菌法

C. 辐射灭菌法 D. 紫外线灭菌法

12. 水浴式灭菌柜对载热介质去离子水的加热和冷却一般（ ）

A. 在柜体外进行 B. 在柜体内进行

C. 柜体内外同时进行 D. 以上都不是

13. 冻干机真空系统由旋片真空泵或水环泵和罗茨真空泵组成，开机顺序是（ ）

A. 先开罗茨真空泵 B. 后开罗茨真空泵

C. 不一定 D. 以上都不是

14. 粉针螺杆分装机控制控制粉剂分装的量是通过改变以下哪个量来实现的（ ）

A. 药粉密度 B. 容器大小 C. 螺杆的转数 D. 药粉种类

15. 粉针气流分装机吸粉和卸粉的完成主要靠与分装盘相连的（ ）

A. 真空和压缩空气 B. 压缩空气

C. 真空 D. 水蒸气

二、简答题

1. 叙述LDZ列管式多效蒸馏水机维护保养包括哪些程序内容。
2. 安瓿拉丝灌封机的使用注意事项有哪些?
3. 简述量杯式负压灌装机的结构组成及计量原理。
4. 安瓿灭菌检漏箱主要具有哪些功能?
5. 冻干设备主要由哪几部分组成?

第五章 口服液体制剂生产设备

知识目标

1. 了解口服液剂洗瓶设备、灭菌干燥设备的种类。

2. 熟悉超声波洗瓶机、隧道式灭菌干燥机灌封机的结构、工作原理和口服液洗烘灌封联动机组的组成。

3. 掌握超声波洗瓶机、隧道式灭菌干燥机、灌封机操作方法，常见故障及排除方法。

4. 了解糖浆剂的生产方法。

5. 了解糖浆剂灌装设备的种类、组成和工作原理。

6. 掌握糖浆剂灌装机的操作方法和维护保养。

技能目标

通过本章的学习，应培养学生查找并阅读口服液体制剂设备相关知识的能力；使学生能够操作洗瓶设备、灭菌设备、灌封设备等常见口服液体制剂设备，并具备对这些设备的维护、保养及常见故障处理的能力

第一节 口服液生产设备

一、口服液概述

（一）口服液简介

口服液是指药材用水或其他溶剂，采取适当的方法提取、经浓缩制成的单剂量包装的口服液体剂型。口服液以中药汤剂为基础，基本上按注射剂的工艺制成。

口服液结合了汤剂、糖浆剂、注射剂的特点，是将汤剂进一步精制、浓缩、灌封、灭菌而得到的。口服液保持了汤剂的特点，使得中药材中所含有的活性成分能很容易被提取出来。此外，提取工艺和制剂的质量标准容易固定。患者在服药后吸收快，奏效迅速，临床疗效可靠。服用剂量大大减少，适用于工业大生产，并且患者省去了煎煮汤剂的麻烦。口服液在制备时，加入了适宜的矫味剂，口感好，病人乐于服用。

口服液最早是以保健品的一种形式出现于市场的，如西洋参口服液、元能口服液、太太口服液等；随后，许多治疗性的口服液已在制剂中大量涌现，如柴胡口服液、玉屏风口服液、银黄口服液、抗病毒口服液、清热解毒口服液等。近年来，在制备工艺、

质量控制等方面均有提高，品种也迅速增加，特别是种类繁多的营养补剂和名贵中药多以此种剂型问世，如人参蜂王浆口服液等。很多常见病的中医治疗可采用口服液这种方便的剂型，市场需要更加促进了口服液的发展。

与汤剂相比较，口服液具有以下优点。

(1) 属于液体制剂，绝大部分为溶液型，吸收快，奏效迅速。

(2) 采用单剂量包装，携带和服用方便，易保存，安全有效。

(3) 省去煎药的麻烦，利于治疗急性病。

(4) 适合工业化生产，制备工艺控制严格，口服液质量和疗效稳定。

(5) 服用量小，口感好，易为患者，特别是儿童、婴幼儿所接受。

有些品种可适于中医急症用药，如四逆汤口服液、银黄口服液，故近几年来多将片剂、颗粒剂、丸剂、汤剂、中药合剂、注射剂等改制成口服液，使之成为药物制剂中发展较快的剂型之一。但是，口服液对生产设备和工艺条件要求都较高，成本较昂贵。

口服液生产时应做到下列要求。

(1) 应选用合理的工艺流程，从中药材中提取出大部分有效成分，以保证疗效。

(2) 为防止微生物的污染和滋长而使药液变质，应按注射剂工艺生产，达到半无菌或无菌状态。

(3) 药液应基本上澄明，并注意色、香、味。

(4) 加入的矫味剂等附加剂应不影响主药的疗效，并对人体无害。

（二）口服液制备工艺

国家中医药管理局发布的《中成药生产管理规范实施细则》列出了口服液生产的工艺流程及区域划分图，结合《药品生产质量管理规范》（2010 年修订）对口服液生产的要求，口服液生产工艺流程如图 5 - 1 所示。

1. 中药材提取

采用不同方法从中药材中提取有效成分，所选流程应当合理，既能除去大部分杂质以缩小体积，又能提取并尽量保留有效成分以确保疗效。根据所用溶剂性质、药材的药用部分、工艺条件和生产规模的不同，可采用不同的提取方法。常用的方法有煎煮法、渗漉法、浸渍法、回流法等。

(1) 煎煮法　是将经过处理过的药材，加入适量的水加热煮沸，使其有效成分煎出的一种方法。煎煮法是汤剂的制备方法，遵循传统的调制理论和方法，并应掌握好药材的处理、煎煮方法、煎煮时间、设备、温度、加水量等诸多因素，才能发挥预期的疗效。首先将中药材饮片洗净，适当加工成片、段或粉，一般按汤剂的煎煮方法进行提取，由于一次投料量较多，故煎煮时间每次为 1 ~ 2h，取汁留渣，通常煎 2 ~ 3 次，合并汁液，滤过备用。如果方中含有芳香挥发性成分的药材，可先用蒸馏法收集挥发性成分，药渣再与方中其他药材一起煎煮、过滤，收集滤液，并与挥发性成分分别放置、备用。此法适用于有效成分能溶于水，且对湿、热稳定的药材。

(2) 渗漉法　是将经过预处理的药材放在渗漉器，从上部连续加入溶剂，渗漉液不断地从底部流出，从而浸出药物的有效成分的方法。因其具有良好的浓度差，故提取效果较好。渗漉法适用于贵重药材、毒性药材和有效成分含量较低的药材。

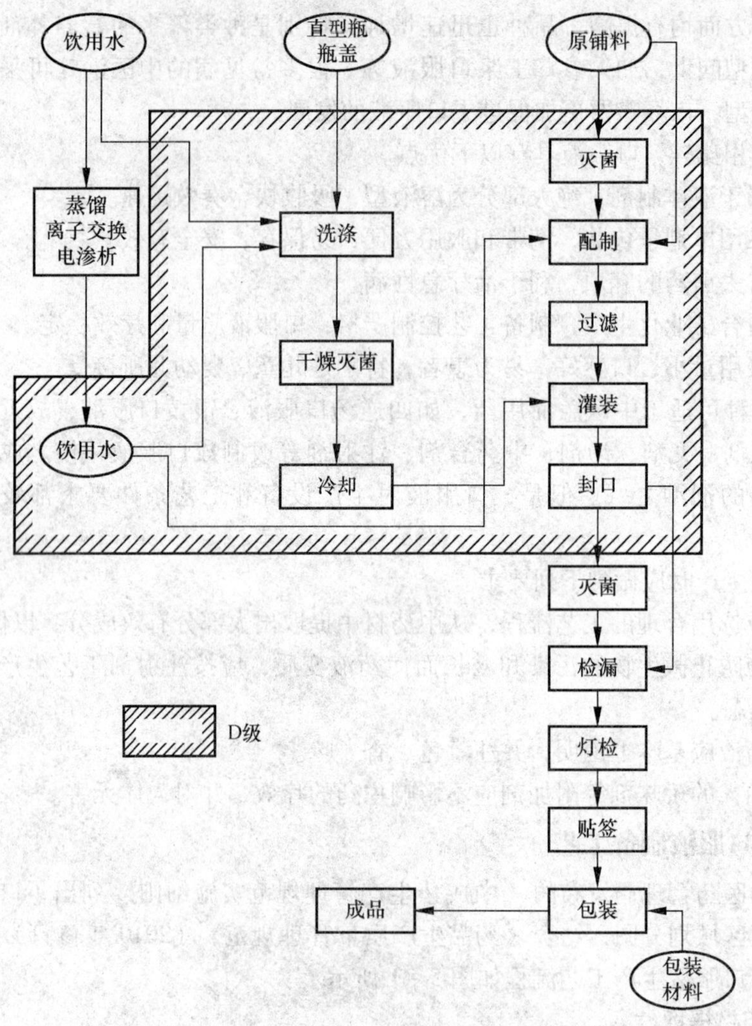

图5-1 口服液生产工艺流程图

（3）浸渍法 是用定量的溶剂，在选定的温度下，将药材饮片或颗粒浸泡一定时间，以浸出药材成分的方法。此法适用于黏性药物、无组织结构的药材、价格低廉的芳香性药材等的成分提取。

（4）回流法 是将药材饮片或粗粉用易挥发的有机溶剂提取药材成分，在提取过程中，对放出的提取液加热蒸发，蒸发出的挥发性溶剂蒸气被冷凝后，再回流到提取器中重复使用至有效成分被充分浸出的一种方法。

目前国内口服液的制备主要采用煎煮法、渗漉法，所得药汁有的需净化处理，如水提醇沉、醇提水沉等处理。

2. 中药提取液的净化、浓缩

为了减少口服液中的沉淀，需采用净化处理。口服液的制备，大多数采用水提醇沉净化处理方法除去提取液的杂质，但此种方法醇的使用量大，而且还会造成醇不溶性成分大量损失，影响药物疗效。目前采用酶处理方法，可降低成本，提高质量。例如制备生脉饮口服液时，用酶处理法代替原醇沉工艺，不仅节约工时，缩短生产周期，而且还大幅度降低了成本。

此外，还可以通过超滤的方法分离药液中不同分子量的组分，分离效率高，能耗低。

净化后的提取液再进行适当浓缩。其浓缩程度，一般以每日服用量在 30 ~ 60ml 为宜。

3. 配制

配制要求如下。

（1）配制口服液所用的原辅料应严格按质量标准检查，并由配制人员进行复核。

（2）按处方要求计称原料用量及辅料用量，并按工艺要求控制好原辅料的加入顺序、搅拌时间等参数。

（3）选加适当的添加剂，采用处理好的配液用具，严格按程序配液。可根据需要选择添加矫味剂和防腐剂。常用的矫味剂有蜂蜜、单糖浆、甘草酸和甜菊苷等；防腐剂有山梨酸、苯甲酸和丙酸等。

4. 过滤、精制

药液在提取、配制过程中，由于各种因素带入的各种异物，如提取液中所含的树脂、色素、凝质及胶体等均需滤除，以使药液澄明，再通过精滤以除去微粒及细菌。按工艺要求选用签适宜的过滤器材和过滤方法对溶液进行过滤。

5. 洗瓶

选择适宜的洗涤设备和方法，用饮用水将玻璃瓶内外壁洗涤干净。粗洗时加入清洁剂的，应用饮用水将清洁剂冲洗干净。粗细后再用纯化水清洗，然后干燥备用。干燥后的瓶子应在洁净室冷却、存放，其存放期限应做相应的规定。

胶塞应选择适宜方法依次用饮用水、纯化水洗净，洗净后进行干燥。

铝盖用饮用水漂洗，干燥。

6. 灌封

首先应完成包装物的洗涤、干燥、灭菌，然后按注射剂的制备工艺将药液灌封于小瓶中。配制好的溶液应在规定的时间内灌装完毕。

口服液的主要包装方式是装小瓶和封口，口服液瓶子有 4 种：安瓿瓶、管制口服液玻璃瓶、塑料瓶、易折塑料瓶。

（1）安瓿瓶包装兴于 20 世纪 60 年代初，由于其使用方便、可较长期保存、成本低，所以早年使用十分普及，但服用时需小砂轮割去瓶颈，极易使玻璃屑落入口服液中，现已淘汰。

（2）管制口服液玻璃瓶（YY 0056 - 91），有直口瓶和螺口瓶，现以直口瓶为主。其中，直口瓶是伴随着 20 世纪 80 年代初进口灌装生产线引进而发展起来的；螺口瓶是在直口瓶基础上发展起来的改进包装，其克服了封盖不严的隐患，且结构上取消了撕扯带这种启封形式，也可制成防盗盖形式。

（3）塑料瓶是伴随着意大利塑料瓶灌封生产线引进而采用的一种口服液包装形式。该联动机入口以塑料薄片为包材，将两片分别热成型且热压制成成排塑瓶，然后再灌装、热封封口、切割成成品。现使用极少。

（4）易折塑料瓶是近年来发展起来的新型包装形式，其分为瓶身与底盖两部分，采用瓶体倒置灌装后盖上底盖后，采用热熔封口技术使瓶身与底盖成为一体。

目前，在众多的治疗性药物、保健品中，口服液容器从易碎的安瓿转向管制口服液玻璃瓶，又逐步演变到撕拉盖棕色玻璃瓶。近年来，市场上又出现易折塑料瓶，但是对于这种新包装，传统口服液玻璃瓶的灌封设备已不能适应生产，适用于易折塑料瓶的灌封机的研发与制造在制药装备行业中悄然兴起。

7. 灭菌

口服液的灭菌是指对灌封好的瓶装口服液进行百分之百的灭菌，以求杀灭在包装物和药液中的所有微生物，保证药品稳定性。灌装好的口服液应在规定的时间内灭菌，等待灭菌的半成品应在规定的温度下存放，必要时低温冷藏。

（1）必要性的判断　不论前工序对包装物是否做了灭菌，只要药液未能严格灭菌则必须进行本工序——瓶装产品的灭菌。

（2）灭菌标准　微生物包括细菌、真菌、病毒等，微生物的芽孢具有极强的生命力和很高的耐热性，因此，灭菌效果应以杀死芽孢为标准。

（3）灭菌方法　有物理灭菌法、微波灭菌法、辐射灭菌法等，具体实施可视药物需要，适当采用一种或几种方法联合灭菌。灭菌方法需要进行验证。目前最通用的是物理灭菌法，其中更多应用热力灭菌法。对于口服液剂型，微波灭菌是一种很有前途的灭菌方式。

8. 检漏、贴签、装盒

封装好的瓶装制品需经真空检漏、异物灯检，对含糖浆类药液瓶还需对外壁清洗干燥，合格之后贴上标签，打印上批号和有效期，最后装盒和外包装箱。

知识拓展

超滤技术在中药液体制剂中的应用

超滤技术已开始逐渐代替中药液体制剂中的传统部分除杂工艺，应用于中药液体制剂的制备，超滤技术以下几方面的优点。

1. 超滤时无相变，有利于保存中药的生理活性，会尽量多地保留方剂中多种有效成分，能保持中药方剂配伍的特点。

2. 不耗用有机溶剂，超滤可减少工序，缩短生产周期，降低生产成本，且整个工艺可连续进行，利于大规模生产。

3. 提高中药制剂的质量。超滤能最大限度地除去高相对分子质量非药效成分或低药效成分，故可以降低服用剂量、改善制剂的口感和成品性质，从而提高制剂质量。

二、口服液生产设备

（一）洗瓶与干燥灭菌设备

1. 洗瓶与干燥灭菌设备概述

口服液瓶的洗瓶、干燥属于灌液前的重要准备工序。为保证产品达到无菌或基本无菌状态，防止微生物污染和滋长导致药液变质，除应确保药液无菌，还应对包装物清洗和灭菌。

药品包装物在生产及运输过程中污染是不可避免的，为防止交叉污染，瓶的内外壁均需清洗，而且每次冲洗后，必须充分除去残水，洗瓶后需对瓶做洁净度检查，合格后进行干燥灭菌，灭菌的温度、时间必须严格按工艺规程要求，并需定期验证灭菌效果，作好详细记录备查。

2. 常用洗瓶设备

（1）喷淋式洗瓶机　一般用泵将水加压，经过滤器压入喷淋盘，由喷淋盘将高压水分成多股激流将瓶内外冲净，这类属于国内低档设备，人工参与较多。

在《直接接触药品的包装材料、容器生产质量管理规范》实施以前，该设备较为流行，现已淘汰。

（2）毛刷式洗瓶机　这种洗瓶机既可单独使用，也可接联动线，以毛刷的机械动作再配以碱水、饮用水、纯化水可获得较好的清洗效果。

但以毛刷的动作来刷洗，粘牢的污物和死角处不易彻底洗净，还有易掉毛的弊病。

（3）超声波式洗瓶机　超声波洗瓶机的主要工作原理是将超声波电源产生的高频振荡电能转化成机械能，发射至槽内的清洗介质中，产生空化效应，气泡迅速剥离瓶体表面的杂物，从而达到对瓶体彻底清洗的目的。

空化效应可形成超过 1000MPa 的瞬间高压，其强大的能量连续不断冲撞被洗对象的表面，使污垢迅速剥离。实践证明，运用超声波洗瓶工艺后，瓶子目测光亮度，灯检澄明度都有明显的提高。

与传统毛刷式洗瓶机相比有以下优点。①传统毛刷式洗瓶机洗过的瓶体易出现划痕，对瓶体造成损坏，而利用超声波清洗的瓶体不会留下任何痕迹且干净彻底；②利用毛刷清洗的瓶体易出现毛刷沾在瓶壁上的现象，影响药品质量，给厂家和用户带来损失，超声波洗瓶机能杜绝此种现象；③超声波洗瓶机与传统毛刷式洗瓶机相比，结构简单、维修方便、易损件少。

由于以上优点，超声波洗瓶机越来越受各药品生产企业的欢迎，以下介绍几种常见的超声波洗瓶设备。

（1）简易超声波洗瓶机　以功率超声对水中的小瓶进行处理后，送至喷淋式或毛刷清洗装置。由于增加了超声预处理，大大改进了清洗效果。但由于未对机器结构做其他大的改进，故瓶子只能整盘清洗，不能提供联动线使用，工序间瓶子由工人传送，增加了污染概率。

（2）转盘式超声波洗瓶机　YQC8000/10－C 型是原 XP－3 型超声波洗瓶机的新的标准表示方法，其额定生产率为每小时 8000 瓶，适用于 10ml 口服液瓶。主要有送瓶机构、清洗机构、冲洗机构、出瓶机构、主传动机构、水气系统及电气控制部分组成。现将其工作原理介绍如下（图 5－2）。

玻璃瓶预先整齐码入储瓶盘中，整盘玻璃瓶放入洗瓶机的料槽中，以推板将整盘的瓶子推出，撤掉储瓶盘，此时全部玻璃瓶口朝下，且相互靠紧，留在料槽中。料槽与水平面成 30°夹角，料槽中的瓶子在重力作用下自动下滑，料槽上方置淋水器将玻璃瓶内淋满循环水（循环水由机内泵提供压力，经过滤后循环使用）。注满水的玻璃瓶下滑到水箱中水面以下时，利用超声波在液体中的空化作用对玻璃瓶进行清洗。

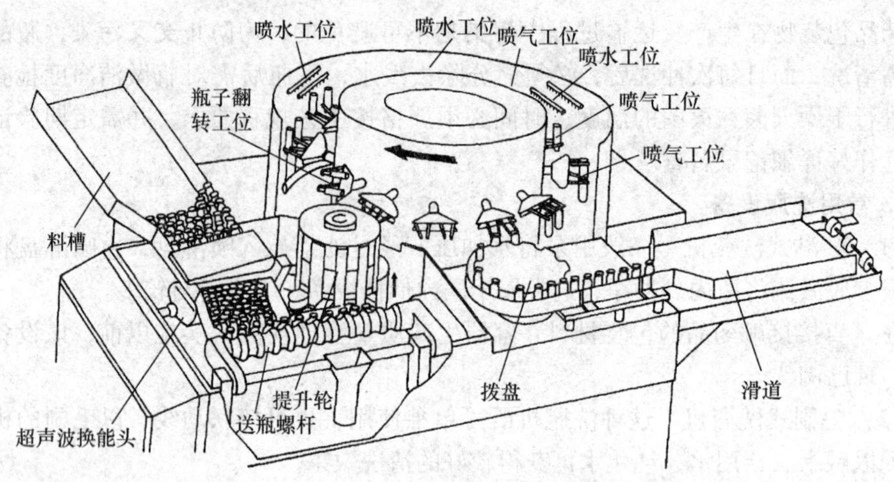

图5-2 YQC8000/10-C型超声波洗瓶机工作原理图

经过超声波初步洗涤的玻璃瓶，由送瓶螺杆将瓶子理齐并逐个送入提升轮的10个送瓶器中，送瓶器由旋转滑道带动做匀速回转的同时，作升降运动。旋转滑道运转一周，送瓶器完成接瓶、上升、交瓶、下降一个完整的运动周期。提升轮将玻璃瓶逐个交给大转盘上的机械手。

机到达瓶子翻转工位将玻璃瓶180°，从而使瓶口向下，然后随大盘旋转至喷水工位、喷气工位，完成对瓶子的三次水和三次气的内外冲洗。

洗净后的瓶子在机械手夹持下再经翻转凸轮作用翻转180°使瓶口恢复向上，送入拨盘，拨盘拨动玻璃瓶由滑道送入灭菌干燥隧道。

这种洗瓶机的突出特点是每个机械手夹持一个瓶子。在上下翻转中经多次水气冲洗，由于瓶子是逐个清洗，清洗效果更有保证。

（3）转鼓式超声波洗瓶机　工作原理如图5-3所示。该机的主体部分为卧式转鼓，其进瓶装置及超声处理部分基本与YQC8000/10相同，经超声处理后的瓶子继续下行，经排列和分离，以定数瓶子为一组，由导向装置缓缓推入作间歇回转的转鼓针管上。

随着转鼓的回转，在后续不同的工位上断续冲循环水、冲气、冲净水、再冲净气，瓶子在末工位从转鼓上退出，翻转使瓶口向上，从而完成洗瓶工序。

3. 口服液瓶的灭菌干燥设备

口服液瓶灭菌干燥设备是对洗净的口服液玻璃瓶进行灭菌干燥的设备，根据生产过程自动化程度的不同，需配备不同的灭菌设备。

最普通的是手工操作的蒸汽灭菌柜，利用高压蒸汽杀灭细菌是一种较可靠的常规湿热灭菌方式，一般需115.5℃（表压68.9kPa）、30min。

联动线中的灭菌干燥设备是隧道式灭菌干燥机，已有行业标准，可提供350℃的灭菌高温，以保证瓶子在热区停留时间不短于5min确保灭菌。

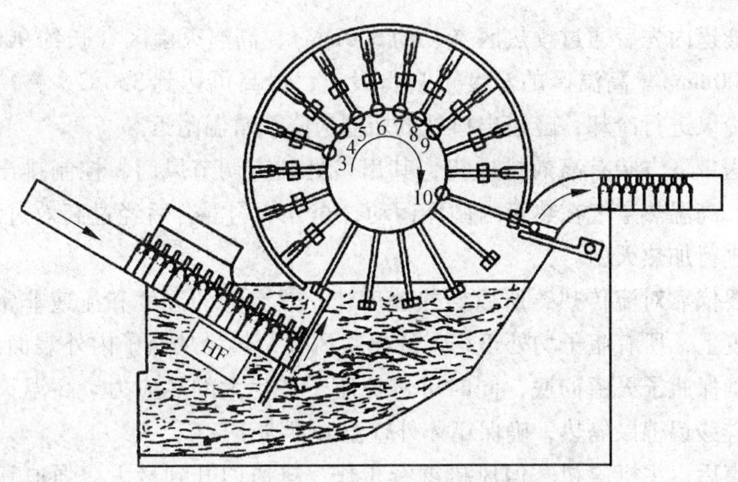

图 5－3 转鼓式超声波洗瓶机工作原理图

隧道式灭菌干燥机，它可对口服液瓶进行干燥及杀灭细菌。一般隧道式加热灭菌形式有两种，一种是热风循环，另一种是远红外热辐射；前者利用干热高温空气经传热完成干燥和灭菌要求，后者利用吸收热辐射实现干燥和灭菌要求。其各具特点，热风循环烘箱具有箱体短、占地面积小和运行时间短等特点；远红外热辐射烘箱具有价格略低、运行成本相应少和操作方便的特点。对口服液瓶来说，较理想的灭菌隧道是热风循环式。

现以 GMS 600－C 隧道式灭菌干燥机为例进行介绍，如图 5－4 所示。

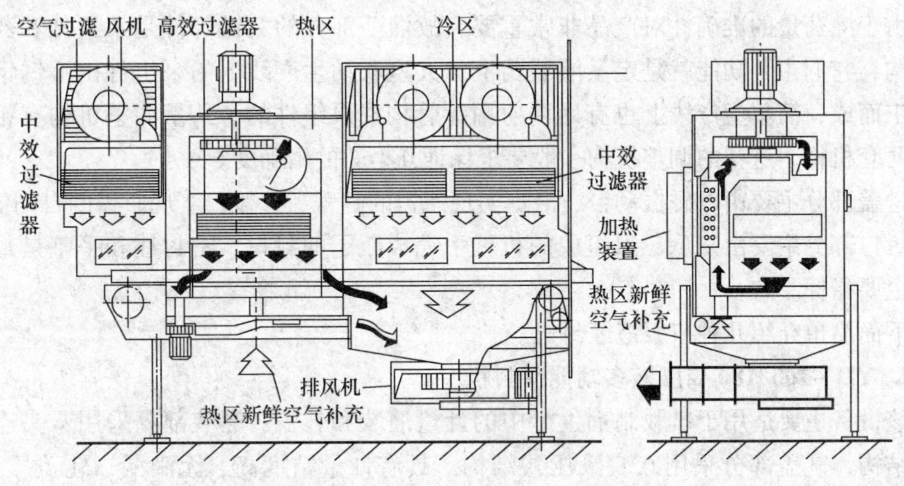

图 5－4 GMS 600－C 隧道式灭菌干燥机

隧道中由三条同步前进的不锈钢丝网形成输瓶通道，主传送带宽 600mm，水平安装，两侧带高 60mm；共同完成对瓶子的约束和传送。

瓶子从进入到移出隧道约需 40min，确保瓶子在热区停留 5min 以上完成灭菌，三条传送带由一台小电机同步驱动，电机根据传送带上瓶满状态传感器的控制启停交替状态。

瓶子在隧道内先后通过预热区（长约600mm）、高温灭菌区（长约900mm）、冷却区（长约1500mm）。高温区的温度可自行设定，最高可达到350℃，在冷却区瓶子经大风量洁净冷风进行冷却，隧道出口处的瓶温应降至常温附近。

隧道传送带下方装有高效排风机，其出口处装有调节风门，控制排出的废气量和带走的热量。高温热空气在热箱内循环运动，充分均匀混合后经过高效过滤器过滤后，再对玻璃瓶进行加热灭菌。

由于主要依靠对流传热，所以传热速度快，热空气的温度和流速非常均匀，在整个传送带宽度上，所有瓶子均处于均匀的热吹风下，热量从瓶子内外表面向里层传递，均匀升温、确保瓶子灭菌彻底，同时可避免瓶子产生大的热应力。高温灭菌区的热箱外壳中充填硅酸铝棉以隔热，确保箱体外壁温升不高于7℃。

生产结束后，主机停机，但风机继续工作，排风门开到最大，强迫高温区降温至某设定值（通常是80～100℃）风机自动停机。

为了完成瓶子的预热烘干、灭菌和快速冷却，必须在隧道不同部位创造所需的温度、气流、洁净度环境，为此分别安装了前风机、热风机、后冷风机、排风机、抽湿机。它们的控制由人工按规定的程序通过电控柜面板上的一系列按钮来完成。

（二）口服液灌封设备

口服液灌封机可对经过滤检验合格后的药液定量灌装于口服液瓶后立即扣盖轧边（或旋盖），其要求装量准确，轧盖（或旋盖）严密不渗漏。

口服液灌封机是口服液生产设备中的主机。灌封机主要包括自动送瓶、灌药、送盖、封口、传动等几个部分。

由于灌药量的准确性对产品非常重要，故灌药部分的关键部件是泵组件和药量调整机构，它们主要功能就是定量灌装药液。大型联动生产线上的泵组件由不锈钢件精密加工而成，简单生产线上也有用注射用针管构成泵组件的。药量调整机构有粗调和精调两套机构，这样的调整机构一般要求保证0.1ml的精确度。

送盖部分主要由电磁振动台、滑道实现瓶盖的翻盖、选盖，实现瓶盖的自动供给。

封口部分主要由三爪三刀组成的机械手完成瓶子的封口。密封性和平整是封口部分的主要指标。

下面简单介绍几种口服液灌封机。

1. YD－160/180 口服液多功能灌封机

该设备主要适用于口服制剂生产中的计量灌装和轧盖。灌装部分采用八头连续跟踪式结构，轧盖部分采用八头滚压式结构。具有计量精度高、无滴漏、轧盖质量好、铝盖光滑无折痕、操作简便、清洗灭菌方便、生产效率高、占地面积小等特点。

该设备符合GMP要求，是目前国内生产能力最高的液体灌装轧盖设备。

2. DGK10/20 型口服液灌装轧盖机

该设备将灌装、加铝盖、轧口功能汇于一体，生产效率高，结构紧凑。罐液分两次灌装，避免液体泡沫溢出瓶口，并装有缺瓶止罐装置，以免料液损耗，污染设备及影响设备正常运行。轧盖由三把滚刀采用离心力原理，将盖收轧锁紧，因此本设备在不同尺寸的铝盖和料瓶的情况下，都能正常运转。

3. YGZ 系列灌封机

YGZ 系列灌封机的结构外形如图 5－5 所示。

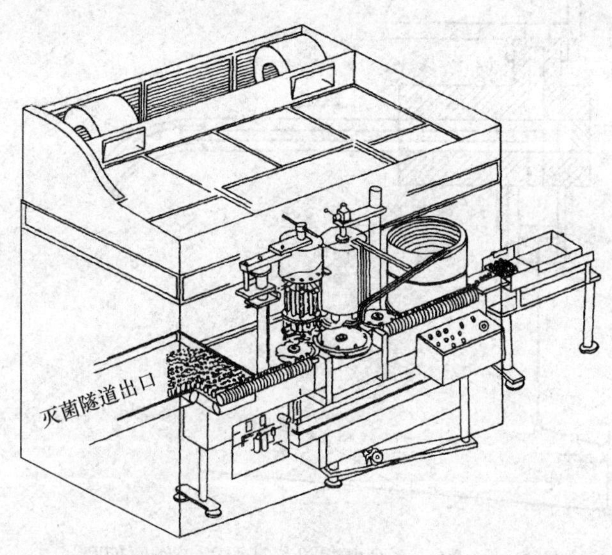

图 5－5　YGZ 系列灌封机外形图

（1）操作方式　该机操作方式分为手动、自动两种，由操作台上的钥匙开关控制。手动方式用于设备调试和试运行，自动方式用于机器连线自动生产。有些先进的进口联动线配有包装材料自动检测机构，对尺寸不符合要求的包装瓶和瓶盖能够从生产线上自动剔出。而我国包装材料一致性较差，不适合配备自动检测机构，开机前应对包装瓶和瓶盖进行人工目测检查。

（2）泵的工作原理　灌封机中，药液由泵打入口服液瓶内，所以对泵的要求很高，也是整台机器中的关键件，由于主要零件和药液直接接触，所以要求药液泵洁净和容易清洗，大多数用不锈钢制成；由于药装量的准确性，要求泵组件制造精密，在 YGZ 联动生产线中，灌封机的泵缸和柱塞要经过反复镀铬和精磨，才能达到耐磨和相互间仅几微米的配合精度，泵组件的清洗和维护要十分精细。

图 5－6 为泵的工作原理。打药泵的柱塞由斜盘带动，调整斜盘的倾斜角可以调整柱塞的行程，从而调整打药量。阀杆控制药泵内药液的吸入和打出过程。

当柱塞由最高点向下运动时，阀杆向右滑动，泵从药罐经过阀杆上的直孔吸取药液；当柱塞上行时，阀杆向左运动，泵缸和阀杆上弯孔和胶管相连，泵缸内药液经阀杆和胶管打到口服液瓶内。阀杆在阀门体内被带动作往复运动。大斜盘转动一周，分别带动六个泵完成一个工作循环。

4. YGF 型易折瓶口服液剂灌封机

YGF 型易折瓶口服液剂灌封机是此包装口服液剂的专用设备，适用于制药行业和保健品厂对口服液、糖浆等水剂的生产。该机通过自动上瓶、底部灌装、自动上盖、热熔式底部封口、气动手指夹进出瓶等一系列特制工序后完成灌封工作，是国内口服液灌装生产的新颖设备。

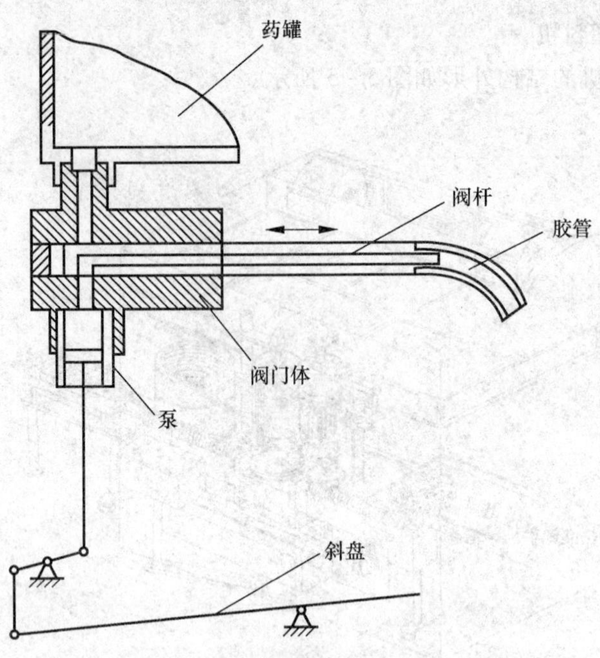

图5－6　YGZ系列灌封机打药泵的工作原理图

(1) 设备结构与功能　YGF型易折口服液灌封机主要由理瓶器、理盖器、主传动系统、同步带间隙送瓶装置、空瓶检漏装置、灌装机构、剔除装置、热熔封机构、气动机械手指夹瓶机构、伺服电机间隙上瓶机构与出瓶机构等组成。

① 空瓶检漏：口服液易折塑料瓶进入瓶模套中，首先逐个用气压头盖住瓶底口，同时注入洁净压缩空气，若出现漏气瓶子，则压力控制器发出信号，使下道工序能自动控制不灌装和不上盖及自动剔除的动作。

② 灌装机构：灌装计量泵可配有旋转活塞泵、陶瓷泵、蠕动泵、玻璃泵等，根据使用厂方的药液成分、药液特性、工艺要求灌装量精度以及操作习惯而选用。

计量泵前道备有不锈钢储液罐，罐内置有液面监测系统与微型搅拌装置，使有沉淀（中成药、混悬剂等）液均匀灌装。

当工作完毕时，可完成在线清洗。为了减少药液在瓶内冲射而产生的泡沫或“飞溅”现象灌装头执行灌液过程是随瓶内液体自下而上跟踪同步运行。计量泵调节采用单头微调和多头统调装置（蠕动泵除外），使计量精度控制在±1%之内。

③ 剔除装置：半压上盖工位后，经光电检测“上盖歪斜”或“上盖不到位”产品，同时前道空瓶检漏工位所检测到的漏气瓶，二者均有电脑控制气缸将三种情况的废品顶出瓶模套，随滑导送入废品箱。

④ 热熔封口：热熔封口是此类设备的关键，本机的热熔装置由风机、加热器、熔封头、活动风门板、水冷却系统等组成。当口服液易折塑料瓶进入热熔封工位后，风机将加热器内的热量吹出，把瓶盖与瓶口表面吹熔化，将瓶身与盖压实粘牢。此时盖子底部受水冷却系统的保护，除瓶口被黏合外，其余地方均不受热而有效保护瓶身外表。

(2) 主要特点

① 封口质量高：目前市场上塑料瓶封口形式有：激光封口、超声波封口、热烫封

口和热熔式封口，综合使用厂家意见，热熔式封口是最理想的，因为热熔式是把瓶盖结合处表面熔化后再压入封口，破漏率极低。

② 成品率高：该机具有空瓶检漏、缺瓶和漏瓶止灌、无盖瓶及漏瓶剔除等功能，尽量做到了瓶子运行到封口结束，均在线检测，大大提高了成品合格率，从而减少了药厂的成本。

③ 自动化程度高：该机只要将瓶子及盖子输送到加瓶加盖系统，然后从加瓶、加盖、灌装、出瓶等一系列的动作均在 PLC 控制下执行，触摸屏人机界面操作，各功能切换方便，动态显示运行情况，自动计算合格品数量。

④ 生产效率高：该实用新型具有定位准确，结构紧凑，生产成本低，占地面积小，操作人员少，生产效率高等特点。

⑤消费者使用方便：该机生产的制剂，饮用时经大拇指轻轻推开上部的易折头，易折头断开，即可饮用，极为方便。

（3）主要技术参数

① 适用瓶规格：10ml、15ml、20ml（特别易折塑料瓶）；

② 生产能力：100～160 瓶/min；

③ 计量方式：全金属旋转式活塞泵、陶瓷泵、蠕动泵、玻璃泵；

④ 计量精度：符合国家药典规定；

⑤ 封口方式：底座自动热熔封；

⑥ 外形尺寸：5600mm×4000mm×2500mm。

（三）口服液成品的灭菌设备

受操作和设备等条件限制，较多中小药厂不能确保药液和包装材料无菌，往往采用蒸汽灭菌柜对成品瓶装口服液进行严格高温灭菌。此举的弊端是在一定程度上破坏了盖子的密封，不利于长期保存。

采用科技新成就，利用新的灭菌机理完成成品口服液的灭菌是一个方向，现在已采用的有辐射灭菌法、微波灭菌法。

辐射灭菌法目前主要是应用穿透力较强的 γ 射线，^{60}钴辐射灭菌已用于近百种中成药、中药材的灭菌，其原理主要是利用^{60}钴的 γ 射线能量传递过程，破坏细菌细胞中的 DNA 和 RNA，受辐照后的 DNA 和 RNA 分子受损，发生降解，失去合成蛋白质和遗传的功能，细菌细胞停止增殖而死亡。

微波灭菌法是以高频交流电场（300MHz 以上）的作用使电场中的物质分子产生极化现象，随着电压按高频率交替地转换方向，极化分子也随之不停地转动，结果，有一部分能量转化为分子杂乱热运动的能量，分子运动加剧，温度升高，由于热是在被加热的物质中产生的，所以加热均匀、升温迅速。

由于微波可穿透物质较深，水可强烈地吸收微波，所以微波特别适于液体药物的灭菌，目前广泛使用。

（四）口服液生产联动线

1. 口服液生产联动线简介

口服液联动线是用于口服液包装生产的各台生产设备，为了生产的需要和进一步保证产品质量，有机地连接起来而形成的生产线。其中包括：洗瓶机、灭菌干燥设备、灌封设备、贴签机等。

图 5－7 为一口服液洗灌封联动线外形图。瓶子由洗瓶机入口处送入，洗干净的瓶子进入灭菌隧道，传送带将瓶子送到出口处的转动台，经输瓶螺杆，送入灌封机构，灌装封口后，再由输瓶螺杆送到出口处。

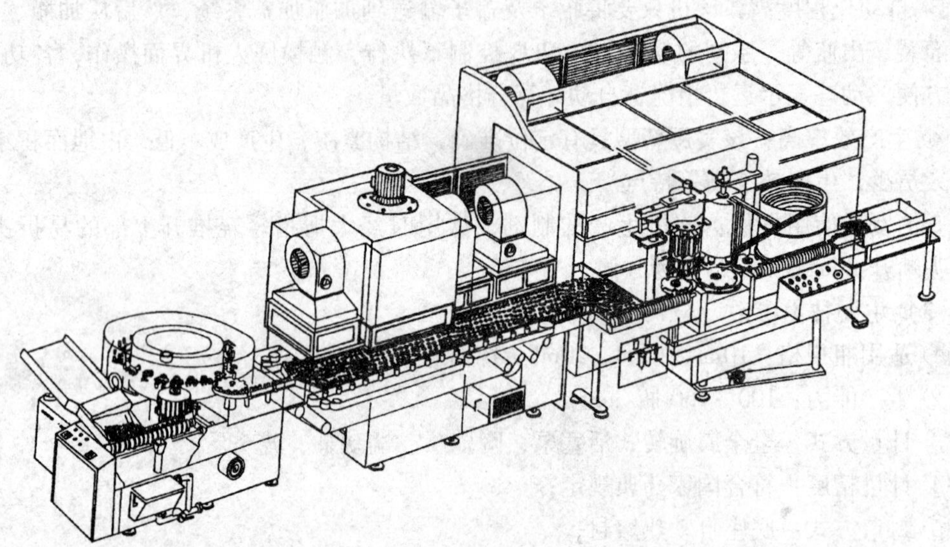

图 5－7　YLX8000/10 系列口服液自动灌装联动线外形图

与贴签机连接目前有两种方式，一是直接和贴签机相连完成贴签；另一种是由瓶盘装走，进行清洗和烘干外表面，送入灯检，再贴签。贴前后就可装盒，装箱。

2. 联动线生产的优点

（1）采用联动线生产能提高和保证口服液生产质量。

（2）采用联动线生产，口服液瓶在各工序间由机械传送，减少了中间停留时间，保证了产品不受污染。因此，采用联动线灌装口服液可保证产品质量达到 GMP 要求。

（3）联动线生产减少了人员数量和劳动强度，设备布置更为紧凑，车间管理得到了改善。

3. 口服液联动线的联动方式

口服液联动线的联动方式主要有两种，如图 5－8 所示。

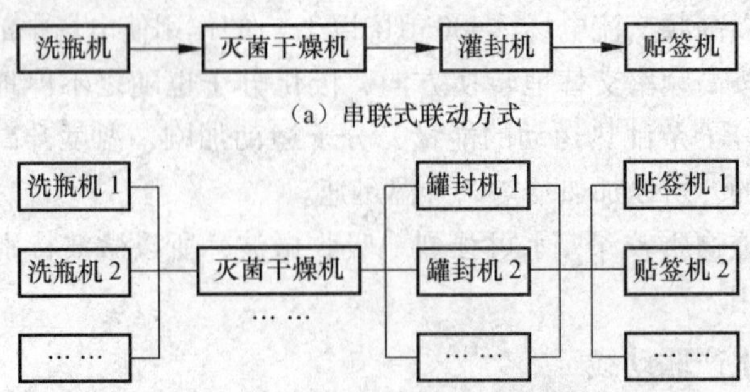

图 5－8　口服液联动线联动方式

一种方式是串联方式，各单机的生产能力要相互匹配，适用于产量中等的情况。缺点是当一台设备发生故障时，整条生产线就要停下来。

另一种是分布式联动方式，将同一种工序的单机布置在一起，完成工序后产品集中起来，送入下道工序。根据各台单机的生产能力和需要进行分布，可避免一台单机故障而使全线停产。分布式联动线用于产量很大的品种。

国内口服液一般采用串联式联动方式，各单机按照生产能力和联动操作要求设计。

4. 联动线运行必需的配套条件

（1）供电　按照国家标准，工业用电的电网电压应稳定在 ±10% 以内，否则电控部分就不能正常工作，甚至被烧毁。

口服液联动线中的灭菌隧道，采用电加热管加热，处于高热状态中的电热丝最忌突然断电，由于此时各风机均停止运转，高热的电阻丝周围的热量不能由风机排出，加热丝极易烧断。

（2）洁净水供给　口服液灌装联动线的首台单机是洗瓶机，它需要以洁净水完成对瓶子的冲洗，特别是最终工位要求以纯化水冲洗，这些水都需药厂足量提供，而且必须满足质量要求，洗瓶机需水量约 200～300L/h。

（3）洁净压缩空气的供给　口服液联动线中洗瓶机和灌封机均需供以压缩空气，洗瓶机用以每次冲水后由压缩空气吹去残水，此气要求无油、无尘、无菌，压力为 0.2～0.3MPa，灌封机主要是几处气动元件的气源，要求压力稍高（0.4MPa），气源总气量要求约为 100～120m^3/h。

（4）室内洁净度　D 级空气净化。为了确保符合 GMP 要求，联动线中从洗瓶机出口直到灌封机封口完毕的整个通道中确保口服液生产达到洁净度 D 级以上，一般联动线具有的净化功能，室内温控 18～26℃。

（5）符合要求的包装材料　口服液直接接触的就是包装材料。包装材料的一致性将直接影响联动线的工作质量，为了规范包装材料，国家医药管理局组织制定并发布了国家医药行业标准：YY0056－91 管制口服液瓶好 YY0131－93 口服液瓶撕拉铝盖，对改进和提高我国口服液包装材料的质量起了巨大作用。

（6）训练有素的操作人员和严格的操作规程　《药品生产质量管理规范》和《药品生产质量管理规范实施指南》规定，必须有一定素质的工人，并经必要的专业技术培训，合格之后才能上岗。

第二节　糖浆剂生产设备

一、糖浆剂概述

（一）糖浆剂简介

糖浆剂是指含有药物、药材提取物或芳香物质的口服浓蔗糖水溶液。蔗糖和芳香剂能掩盖某些药物的苦味、咸味及其他不良气味，使患者乐于服用。《中国药典》2010 年版一部附录制剂通则中规定，糖浆剂含糖量一般不低于 45%（g/ml）。

糖浆剂因含糖等营养成分，在制备和贮藏过程中易被酵母菌、真菌和其他微生物污染，从而使得糖浆剂发霉变质。若糖浆剂含糖浓度高，则渗透压大，在高渗溶液中，微生物呈脱水状态，生长繁殖收到抑制。对于低浓度而易于霉变的糖浆剂，则需加入适宜的防腐剂。

以药材提取物制备而成的糖浆剂，即为中药糖浆剂，它是在传统中药汤剂、煎膏剂的基础上，吸取了西药糖浆的优点而发展起来的中成药剂型。近年来，不仅将一些传统方剂改为糖浆剂应用，而且还用中草药研制了不少新品种。

糖浆剂的配制应在清洁避菌的环境中进行，及时灌装于灭菌的洁净干燥容器中，并在25℃以下避光保存。

在制备糖浆剂时，若使用苯甲酸为防腐剂，应加枸橼酸或醋酸调 pH 3～5，对真菌、酵母菌或其他微生物均有抑制作用，否则不能抑菌。防腐剂联合使用，能使防腐效果增强。

制备糖浆剂所用的蔗糖对糖浆剂的质量影响至关重要。制备糖浆剂所用的蔗糖应选用精制的无色或白色干燥结晶。纯度不高的蔗糖有糖的微臭，且易吸潮，使微生物增殖，引起糖的变质。

（二）糖浆剂的制备方法

除有规定的以外，糖浆剂一般采用溶解法或混合法制备。中药糖浆剂中药物成分的提取、净化、浓缩同口服液。

1. 溶解法

（1）热熔法　热熔法是将蔗糖加入沸腾的纯化水或中药材的浸提浓缩液中，继续加热使其全部溶解，待温度降低后加入其他可溶性药物，混合搅拌使之溶解，滤过，再从滤器上加入适量纯化水至全量，分装即得。不加药物可以制备单糖浆。在热熔法中，蔗糖溶解速度快，糖浆易于滤过澄清，生长期的微生物容易被杀灭。蔗糖内含有的高分子杂质例如蛋白质等，可因加热而凝聚滤除。注意加热时间不宜过长（溶液加热至沸后5min即可），温度不宜超过100℃，否则会使转化糖含量增加，糖浆剂颜色变深。

此法适用于热稳定的药物、有色糖浆、不含挥发性成分的糖浆、单糖浆的制备。

（2）冷溶法　将蔗糖溶于冷纯化水或含有药物的溶液中，待完全溶解后，滤过，即得糖浆剂。也可以使用渗漉筒制备。

此法制备的优点是所制得的糖浆剂颜色较浅或无色，转化糖含量少。该法的缺点是蔗糖溶解速度慢，生产时间长，在生产过程中易于被微生物污染，因此要严格控制卫生条件，以免污染。

冷溶法适用于对热不稳定的药物、挥发性药物、单糖浆的制备。

2. 混合法

将药物或中药材提取物与单糖浆用适当的方法混合而得。

药物如为水溶性固体，可先用少量新沸过的纯化水制成浓溶液；在水中溶解度较小的药物可酌量加入其他适宜的溶剂使其溶解，然后加入单糖浆中，搅拌即得。

药物如为可混合的液体或液体制剂，可直接加入单糖浆中，搅匀，必要时过滤，即得。此法的优点为灵活、简便，可大量配制也可小量配制。根据此法所制备的含药糖浆含糖量较低，要注意糖浆剂的防腐。

根据药物状态和性质有以下几种混合方式。

(1) 药物为可溶性液体或药物为液体制剂时，可直接与计算量单糖浆混合，必要时滤过。如药物是挥发油，可先溶于少量乙醇等辅助溶剂或酌加适量的增溶剂，溶解后再与单糖浆混匀。

(2) 药物为含有乙醇的制剂（如酊剂、流浸膏剂等）时，与单糖浆混合时常发生混浊而不易澄清，为此可将药物溶于适量纯化水中，加滑石粉助滤，反复澄清，再加蔗糖制成含药糖浆或与单糖浆混合制成含药糖浆；也可加适量甘油助溶。

(3) 药物为可溶性固体，可先用少量纯化水制成浓溶液后再与计算量单糖浆混匀。水中溶解度较小的药物可酌加少量其他适宜的辅助溶剂使溶解，再加入单糖浆中，搅匀，即得。

(4) 药物为干浸膏时，应将干浸膏粉碎成细粉后加入适量甘油或其他适宜稀释剂，在无菌研钵中研磨混匀后，再与单糖浆混匀。

(5) 药物为水浸出制剂，因其含有黏液质、蛋白质等高分子物质容易发酵、长霉变质，可先加热至沸腾后5min使其凝固滤除，将滤液与单糖浆混匀。必要时将浸出液的浓缩物用乙醇处理一次，回收乙醇后的母液加入单糖浆混匀。

(三) 蔗糖剂的质量要求

《中华人民共和国药典》2010年版一部制剂通则中对糖浆剂的质量有明确规定，一般要求如下。

(1) 蔗糖剂含蔗糖量应不低于45%（g/ml）。

(2) 药材饮片应按各品种规定的方法提取、纯化、浓缩至一定体积，或将药物用新煮沸过的水溶解，加入单糖浆；如直接按加入蔗糖配制，则需煮沸，必要时滤过，并自滤器上添加适量新煮沸过的水至处方规定量。

(3) 根据需要可加入适宜的附加剂，如需加入防腐剂，山梨酸和苯甲酸的用量不得超过0.3%（其钾盐、钠盐的用量分别按酸计），羟苯酯类的用量不得超过0.05%，如需加入其他附加剂，其品种与用量应符合国家标准的有关规定，不影响成品稳定性，并应避免对检验产生干扰。必要时可加入适量的乙醇、甘油或其他多元醇。

(4) 除另有规定外，糖浆剂应澄清。在贮存期间不得有发霉、酸败、产生气体或其他变质现象，允许少量摇之易散的沉淀。

(5) 一般应检查相对密度、pH等。

(6) 除另有规定外，糖浆剂应密封，置阴凉处贮存。

(四) 糖浆剂制备工艺

糖浆剂与口服液同属于液体制剂范畴，二者的制备工艺及洁净区的划分相同，在此不再详述，相关内容参见图5-1。

(五) 糖浆剂的包装材料

糖浆剂通常采用玻璃瓶包装，封口主要有螺纹盖封口、内塞加螺纹盖封口、滚轧防盗盖封口等。

糖浆剂玻璃瓶规格可以从25~1000ml，常用规格为25~500ml，见表5-1。

表5-1 糖浆剂用玻璃瓶常用规格

规 格	25	50	100	200	500
满口容量（ml）	30	60	120	240	600
瓶身外径（mm）	34	42	50	64	83
瓶子全高（mm）	74	89	107	128	168

二、糖浆剂生产设备

（一）四泵直线式灌装机

GCB4D四泵直线式灌装机是目前常用的糖浆灌装设备，其主要工作原理是：容器经整理后，经输瓶轨道进入灌装工位，药液经柱塞泵计量后，经直线式排列的喷嘴灌入容器。

机器具有卡瓶、缺瓶、堆瓶等自动停车保护机构。生产速度、灌装容量均能在其工作范围内无级调节。

1. 四泵直线式灌装机生产工艺

四泵直线式灌装机的外形图5-9，生产工艺流程见图5-10。

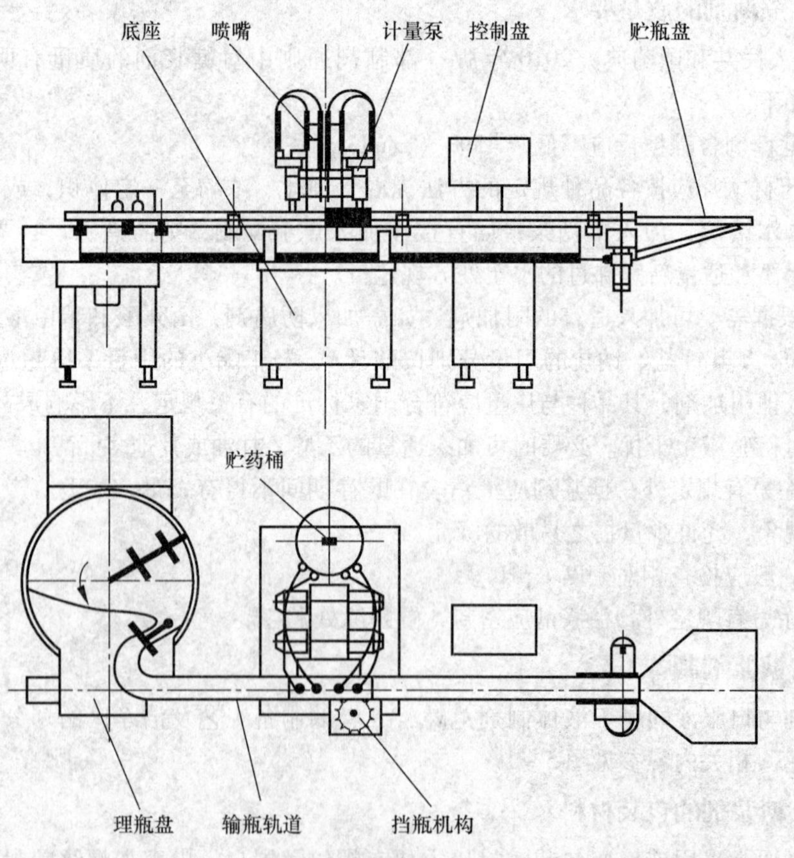

图5-9 四泵直线式灌装机

2. 四泵直线式灌装机主要部件与工作原理

（1）理瓶机构 理瓶电机带动理瓶盘转轨，包装容器经翻瓶装置翻正后推入理瓶盘并随理瓶盘旋转，在拨瓶盘和搅瓶器（仅用于异形瓶）的作用下，有规则地进入输瓶轨道。

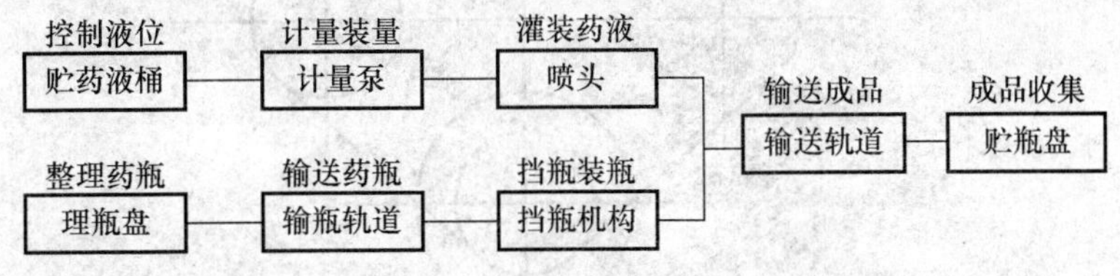

图 5－10　四泵直线式灌装机工艺流程图

（2）输瓶机构　输瓶电机带动链板运动，进入轨道的瓶子随链板作直线运动。

（3）挡瓶机构　如图 5－11 为拨轮挡瓶机构结构图。

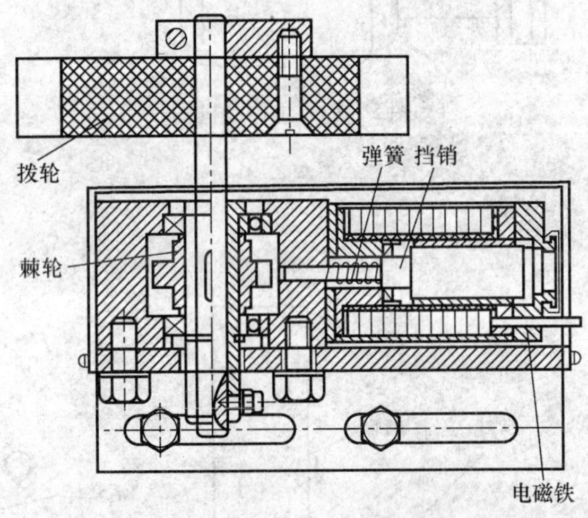

图 5－11　拨轮挡瓶机构结构图

电磁铁由计量泵传动系统的凸轮经微动开关控制得电或失电。当电磁铁得电时，弹簧将挡销向右推出，棘轮处于自由状态，与棘轮同轴的拨轮也处于自由状态，装有药液的瓶子可随轨道向右运动。通过四个瓶子后，电磁铁失电，其铁芯吸向左侧，推动挡销向左运动，挡住棘轮，使棘轮停止转动，同时与棘轮同轴的拨轮也停止转动，挡住瓶子，灌装药液。

（4）主传动机构　主传动机构如图 5－12 主传动机构所示，主传动机构中电机经皮带轮机构、蜗轮蜗杆机构、链轮机构带动前链轮 1 和链轮 2 转动。

（5）喷嘴升降机构　如图 5－13，该机构是一凸轮摆杆组成的行程放大机构。与前链轮共轴的凸轮推动摆杆 2 摆动，再由置于摆杆之上的滚轮推动摆杆 1 摆动，获得一次行程放大，最后通过连杆推动喷嘴进行升降。这种喷管运动可防止药液高速灌注产生泡沫，调节滚轮的位置可以改变升降行程。

（6）计量泵传动机构　如图 5－14 所示。计量泵传动机构是一凸轮摇杆机构。与后链轮共轴的曲柄带动活塞杆在泵的缸体内上下往复运动，实现药液的吸灌。当活塞向上运动时，向容器中灌注药液，活塞向下往复运动时，从贮液槽中吸取药液。而与链轮同轴的凸轮则通过微动开关控制挡瓶机构的电磁铁。

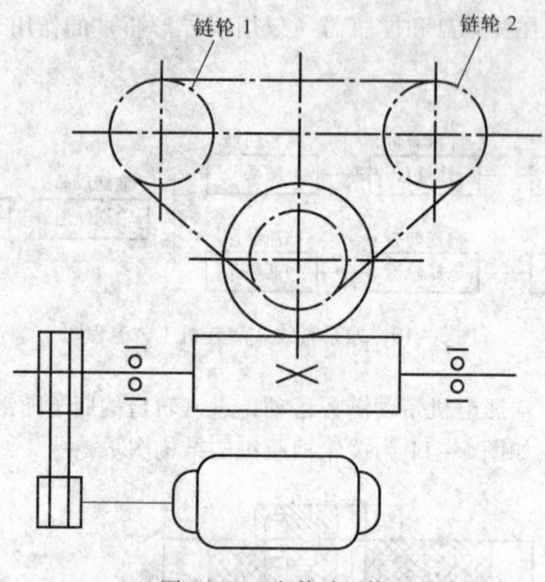

图 5-12　主传动机构

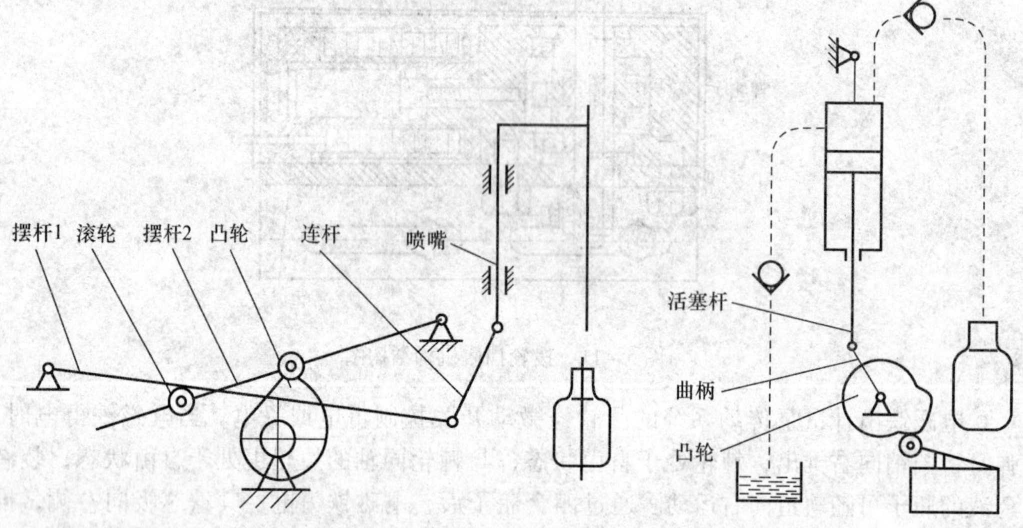

图 5-13　喷嘴升降机构　　　　图 5-14　计量泵传动机构图

（7）计量泵　四泵直线式灌装机的计量系统为一曲柄带动的计量泵，如图 5-15 所示。当曲柄带动活塞杆往下运动时，活塞上部形成真空，单向阀芯 1 开启，液体通过进液管进入泵体。单向阀芯 2 在弹簧 2 真空的作用下关闭，进入泵体的液体被封闭计量。

当曲柄带动活塞杆往上运动时，活塞上部形成正压，单向阀芯 1 在弹簧力和液体压力作用下关闭，停止进液。单向阀芯 2 在弹簧力和液体压力的作用下开启，液体被压出单向阀，注入药瓶。

（二）JC-FS 自动液体充填机

JC-FS 自动液体充填机如图 5-16 所示，该机以活塞定量充填设计，使用空汽缸定位，无噪声，易于保养，可快速调整各种不同规格的瓶子。有无瓶自动停机装置，易于操作。充填量可以一次调整完成，亦可微量调整，容量精，误差小。拆装简便，易于清洗，符合 GMP 标准。该机充填容量 5~30ml；生产能力是每分钟 40~70 瓶；外形尺寸（长×宽×高）为（2200~3000）mm×860mm×1550mm。

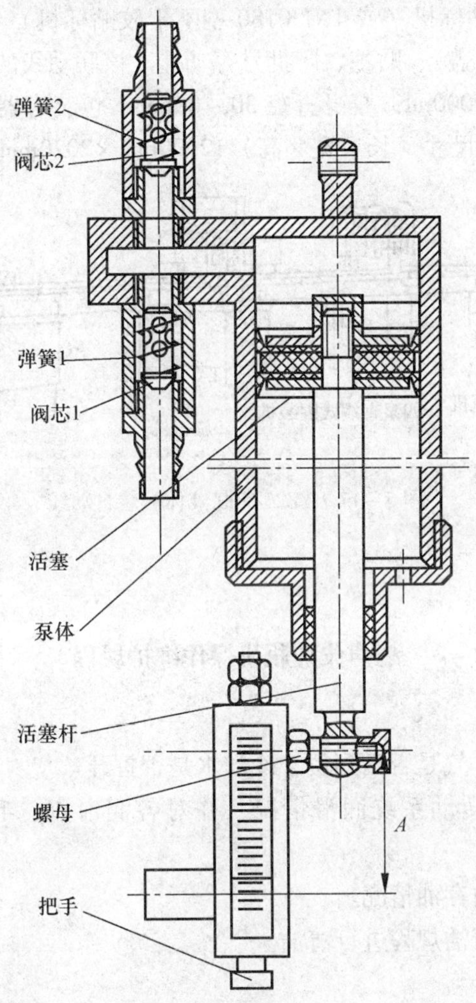

图 5-15　计量泵结构图

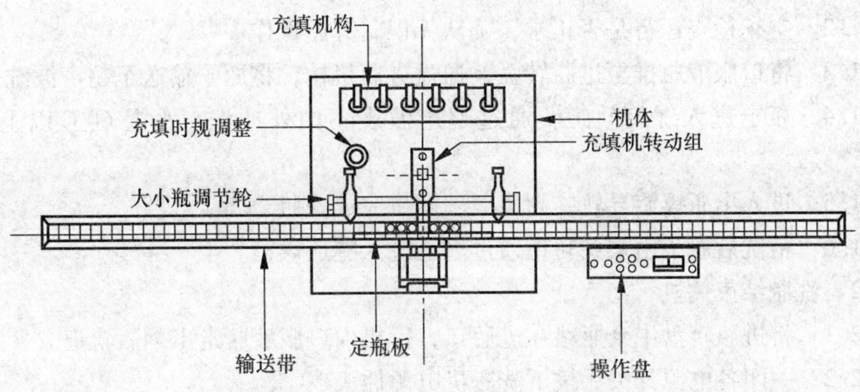

图 5-16　JC-FS 自动液体充填机

（三）YZ25/500 液体灌装自动线

YZ25/500 液体灌装自动线如图 5－17 所示。该流水线主要由 CX25/1000 型冲洗瓶机、GCB4D 型四泵直线式灌装机、XGD30/80 型单头旋盖机（或 FTZ30/80 型防盗轧盖机）、ZT20/1000 转鼓贴标机（或 TNJ30180 型不干胶贴标机）组成，可以完成冲洗瓶、灌装、旋盖（或轧防盗盖）、贴签、印批号等功能。该联动线的生产能力为每分钟 20～80 瓶；容量规格 30～1000ml；瓶身直径 30～80mm；包装容器为各种材质的圆瓶、异形瓶、罐、听等；外形尺寸（长×宽×高）12000mm×2020mm×1800mm。

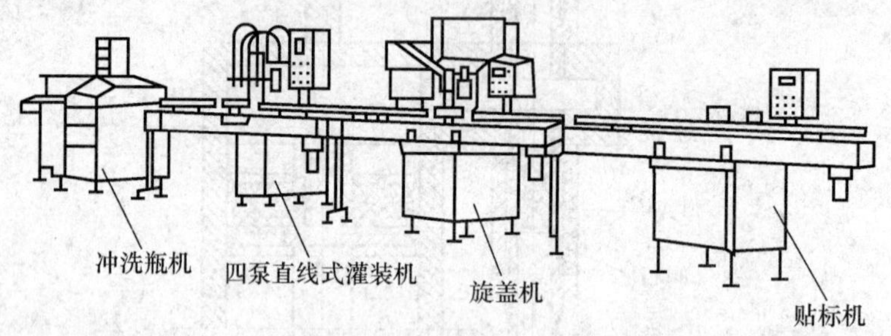

图 5－17　YZ25/500 液体灌装自动线

【SOP 实例】

超声波洗瓶机操作维护规程

1　操作前准备

1.1　确认水、电、气是否已到位，冷却水是否打开。

1.2　检查洗瓶机转动系统润滑情况，并对各润滑点、毛刷轴及平面凸轮注润滑油。

1.3　检查减速箱内存油情况。

1.4　按洗瓶机的清洁规程进行清洁。

2　操作过程

2.1　开机

2.1.1　插上电源插头，打开电源开关。

2.1.2　空车检查运行是否正常，确认无误，开始操作。

2.1.3　将口服液瓶推至进瓶转盘，通过进瓶机构，将瓶子输送至超声波洗瓶。

2.1.4　瓶子进入螺旋轨道，通过超声波震荡内外冲洗，水温 60℃以上，开始精洗。

2.1.5　进入出瓶螺旋导轨，超声波洗瓶机完成洗瓶。

2.1.6　精洗后瓶子由螺旋轨道通过甩盘进入隧道烘箱。

2.2　洗瓶结束关机

2.2.1　将进瓶转盘中余瓶堵在进瓶口，待机内口服液瓶走出翻瓶轨道。

2.2.2　关闭各电源开关，拔下洗瓶机电源插头。

2.2.3　关闭纯化水，注射用水及压缩空气阀门。

2.2.4　按超声波洗瓶机清洁规程对洗瓶机进行清洁。

3　维护保养

3.1　机器的清洗

3.1.1　洗瓶机大转盘和上下水槽的清洗。

3.1.2　洗瓶机管道的清洗。

3.1.3　洗瓶机滤芯的清洗及更换。

3.2　机器的润滑

3.2.1　定期对各运动部件进行润滑。

3.2.2　法兰件及易生锈的地方都要涂油防锈。

3.2.3　摆动架上的滑套采用40#机械油润滑。

3.2.4　链条、凸轮、齿轮采用润滑脂润滑。

3.2.5　蜗轮蜗杆减速机的润滑油及时更换。

3.3　易损件的及时更换

3.3.1　输瓶网带下瓶区两边进瓶弹片失去弹力需及时更换。

3.3.2　机械手夹头、弹簧、导向套、喷针、摆臂轴承、复合套磨损后需及时更换。

3.3.3　滑条、提升拨块、出瓶拨块、同步带、绞龙磨损后间隙过大需及时更换。

4　常见故障及排除方法

4.1　洗瓶机网带上冒瓶及超声波进绞龙区易倒瓶。

处理方法：调整网带整体高度和输送网带速度，侧板两边增加 F4 条减少摩擦力或增加弹片，调整各部位间隙及交接高度，检查超声波频率是否开得适当。

4.2　洗瓶机纯化水、循环水、压缩空气压力不足或喷淋水注不满瓶而浮瓶子。

处理方法：检查供水系统增加高压水泵，检测滤芯是否堵塞，按要求更换新的滤芯，检测水泵方向是否正确，检查管道是否堵塞，清洗水槽过滤网和喷淋板。

4.3　洗瓶机水温过高导致绞龙变形，绞龙与进瓶底轨间隙过大而掉瓶或破瓶。

处理方法：洗瓶机使用的注射用水一定要控制在500℃左右，超过此温度需增加热转换器控制好水温，调整绞龙与底轨之间的间隙，绞龙变形严重需更换新的绞龙。

4.4　洗瓶机圆弧栏栅、提升拨块与机械手夹子交接区易破瓶或掉瓶。

处理方法：

4.4.1　调整不锈钢圆弧栏栅与瓶子的间隙，松开不锈钢圆弧栏栅两颗 M8 外六角固定螺钉，使提升拨块内瓶子与圆弧栏栅保留有 1～2mm 的间隙。

4.4.2　调整提升拨块瓶子与机械手夹子对中，提升凸轮与机械手夹子交接时间。松开提升凸轮轴下面传动链轮上 4 颗 M8 外六角螺钉，便可以旋转提升凸轮使拨块瓶子正好送到机械手夹子的中间。

4.5　洗瓶机大转盘间隙过大、摆动架间隙过大、喷针对中不好易弯。

处理方法：间隙过大的原因有可能是减速机、铜套、关节轴承、凸轮、十字节、轴与平键。调整大转盘传动小齿轮与大齿轮的间隙，检查传动万向节、所有传动的关节轴承、摆动架大铜套、跟踪和升降凸轮、减速机、凸轮与凸轮主轴和键的所有间隙是否过大，所有传动轴承是否磨损。全面调整它们相互间的间隙，使之在范围之内，超过一定范围必须更换零部件减少它们之间的间隙，使得所有间隙在允许范围内才能正常运行。间隙消除后再调整校正喷针与机械手导向套对中。

4.6 喷针与机械手导向套的对中。

处理方法：在大转盘和喷针摆动架位置确定情况下才能调整它们的相互对中，首先手动盘车使喷针往上走，当走到接近机械手导向套时再来调整喷针与导向套的对中。如果所有喷针都往一个方向偏时，可以单独整体微调摆动架，松开摆臂上两颗 M12 夹紧螺钉进行微调。如果单个相差，可以将摆动架安装板和喷针架进行前后和左右调整。

4.7 摆动架和大转盘错位后的定位和调整。

处理方法：调整摆动架升降连杆，使摆动架与水槽的最高边缘要保留有 5~10mm 的间隙，摆动架走到最右端时与大转盘升降座要保持有 5~10mm 的间隙且不能相碰撞。

4.8 洗瓶机机械手夹子与出瓶拨块或拨轮交接区易掉瓶或破瓶。

处理方法：调整出瓶栏栅与出瓶拨块瓶子之间的间隙，夹子与同步带出瓶拨块的交接时间。

4.9 洗瓶机出瓶栏栅与同步带拨块、出口与烘干机过桥板区易倒瓶和破瓶。

处理方法：调整出瓶栏栅与拨块之间的间隙，检查它们的交接时间，出瓶前叉与同步带拨块及出瓶弯板的间隙大小，正确调整来瓶信号和挤瓶信号接近开关以及进瓶弹片的弹力大小。

隧道式灭菌干燥机操作维护规程

1 操作前准备

1.1 检查设备的清洁。

1.2 试开机运行，检查设备运转是否正常，有无异常声响。

2 操作过程

2.1 将功能选择开关、进瓶口风机开关、出瓶口风机开关、排风机开关、传送带开关、加热器开关置于自动，排空选择开关向左旋转。

2.2 打开电源开关，加热温度达到预置温度后，出瓶口瓶多指示灯灭；交流电流表指示灯灭。

2.3 按传送带启动按钮，烘干机开始自动工作。清洗后的安瓿先被预热吹干后，高温灭菌 350℃，时间 6min，最后冷却 40~50℃输出备用。

2.4 操作时随时查看故障显示功能，以便准确及时排除故障。如遇特殊情况，操作者可按下烘干机上或电控柜上紧急停车开关。

2.5 观察压差（进瓶口风机操作灯、排风机指示灯），当送风系统启动后，压差计上的液柱面超过 350Pa 时，须更换高效预过滤器。

2.6 察看电控箱上的三块电流表，如电流低于 15A，应检查加热元件，并及时更换。

2.7 每周检查一次加热管导线的固定螺钉，发现松动及时紧固。

2.8 设备运转时，禁止将手伸入隧道灭菌烘箱内。

3 维护保养

3.1 中效过滤器的清洗和更换。洁净区层流空气流速 0.4~0.9m/s，每三个月检测一次（测量仪探头处于高效过滤器下方 200mm 处，测若干点，取其平均值），当流速太低时，应将中效过滤器芯拆下清洗或更换。

3.2　当中效过滤器经清洗或更换后，层流主体流速仍达不到规定要求，则应调节调节轮。

3.3　高效预过滤器的更换，观察压差表，当送风系统启动后，压差计上的液柱面超过 350Pa 时，表明高效过滤器应更换了，新更换的高效过滤器性能及外形尺寸必须与原过滤器相同。旧过滤器拆卸步骤如下。

3.3.1　松开盖板螺钉，拿下盖板；

3.3.2　松开均流板上的螺钉，拿下流板；

3.3.3　松开压条上的压紧螺栓，拿出压条，将过滤器抽出。新装的过滤器仍要加压橡胶密封条并涂上密封胶。

3.4　微压表及压差表。风机停机时，若液面调不到零位，那么应加注红色航空液压油。

3.5　加热元件的维护与检查：电控箱上装有三块电流表，分别显示三组加热元件的工作电流，一般为 20A 以上，如果低于 15A，那么加热元件出现损坏，应及时更换，因加热元件工作电流较大，加热管导线的固定螺钉易松动，每周应检查一次，及时紧固，以防螺钉松动后，接触电流过大。

3.6　润滑：减速器应按期更换 302 润滑脂，首次工作 500h 以后，其后每间隔 1000h 更换一次，每次抽油时均应用汽油或煤油清洗。

3.7　传输网带的清洗：本机首次使用时，传输网带应进行清洗，方法如下。

3.7.1　用压缩空气将隧道内的浮尘吹净。

3.7.2　取下底座上的门（电机左边），将座内的浮尘和杂物扫净，旋下螺纹盖，用清水清洗，注意不要将水溢到电机和电控箱上。

3.7.3　开动传输网带，用绸布沾 95% 乙醇擦拭网带、挡瓶片及加热管。可视生产情况每半个水至一个月清洗一次传输带。

4　常见故障及排除方法

本机有故障显示功能。

4.1　当烘干机上的 4 个电机有任何一个或几个超载，便自动停机。这时，机器上的报警指示灯亮，当故障排除后，重新启动机器。

4.2　温度超温，报警指示灯亮。

4.3　温度太低，当烘箱温度达不到设置温度，报警灯亮。

4.4　如遇特殊情况，可按下烘干机上或电控柜上紧急停车开关。此时，电控柜上紧急停车指示灯亮，待开关复位后方可启动机器。

口服液灌封机操作维护规程

1　操作前准备

1.1　首先将玻璃泵上下止阀，软管和针头进行清洗和消毒。

1.2　将清洗和消毒完的玻璃泵、上下止阀、软管、针头安装连接就位。

1.3　检查针管的高度位置是否合适。

1.4　检查各规格件是否与包装瓶、盖尺寸相符。

1.5　检查放盖装置的高度位置是否合适。

1.6　检查扎盖头的高度与其张开程序是否合适。

1.7　检查压缩空气管道连接部分有无泄漏。

2　操作过程

2.1　料斗的调节。

2.2　灌注组件调节。

2.2.1　调节针头位置。

2.2.2　调节灌注时间。

2.2.3　调节液量。

2.3　自动停止灌液装置的工作原理及调节。

2.4　锁口装置的调节

2.4.1　压盖时间调节。

2.4.2　压盖压力的调节。

2.4.3　刀片动作时间调节。

2.5　振动器的调节。

3　维护保养

3.1　开车前必须先用摇手柄转动机器，察看其转动是否有异状，确实判明正常后再可开车。

3.2　调整机器时，工具要使用适当，严禁用过大的工具或用力过猛来拆零件避免损坏机件或影响机器性能。

3.3　每当机器进行调整后，要将松过的螺丝紧好，用摇手柄转动机器察看其动作是否符合要求后，方可以开车。

3.4　机器必须保持清洁，严禁机器上有油污、药液或玻璃碎屑，以免造成机器损蚀。

3.4.1　机器在生产过程中，及时清除药液或玻璃碎屑。

3.4.2　交班前应将机器表面各部清洁一次，并在各活动部门加上清洁的润滑油。

3.4.3　每周应大擦洗一次，特别将平常使用中不容易清洁到的地方擦净或用压缩空气吹净。

GCB4D 四泵直线式灌装机操作维护规程

1　操作前准备

1.1　先检查机器零件是否完整，缺欠的予以补齐，再检查各部分零件是否松动，松动的予以紧固。

1.2　将各传动链轮、齿轮、凸轮、滚轮及其他各传动部位注入适量润滑油（$40^{\#}$）。

1.3　用手拨动皮带轮，转动一个循环，要求无阻卡。

1.4　按电气要求接好电源线和地线，打开电源开关。

1.5　试开理瓶电机和输瓶电机，检查理瓶盘，输瓶链板运动方向，确保与外形图示方向相同。

1.6　空负荷开动各电机，确信动转正常时再关闭机器（空负荷运转时间不得过长，以免干摩擦加速密封环的磨损）。

1.7　在理瓶盘加入瓶子，储液桶加清洁试车用水。

1.8　开动理瓶电机及输瓶电机，待瓶子布满轨道时，开动主电机，并将速度由零调至需要速度进行试车。

2　操作过程

2.1　拨轮位置调整

2.1.1　拨轮前后调节：调整拨轮前后位置，松开六角螺钉，即可前后移动拨轮座，调好拨轮位置后，紧固六角螺钉。

2.1.2　拨轮左右的调整：调节拨轮左右位置，松开六角螺栓，即可左右移整个拨轮机构，调好拨轮位置以后，紧固六角螺钉。

2.1.3　灌装速度的调节：灌装速度主要根据产量要求和可能性为原则。灌装速度的无级变速是机械与电气相互结合实现的，速度分为三段，使用时可根据产量的实际需要选择任何一段速度范围，而这一范围内用调速旋钮进行精确的电气无级调速，在灌装大容量（500ml 以上）产品时，应采用速度，使电机得到最大输出功率，以免电机过载，为了获得较高的灌装速度，在保证不滴漏的情况下，应尽量选用大口径的喷嘴，但喷嘴外径一般比瓶口小 2mm 以上，最快灌装速度应以不产生过多的泡沫和飞溅为原则。

2.2　容量调整：松开锁紧螺母，旋动捏手，右旋容量减小，左旋容量增大，调后应将锁紧螺母固定紧，为调得准确，螺母应调至使调节螺杆的轴向间隙最小的位置，以免产生轴向窜动、因调换计量泵规格或清洗计量泵需要拆卸计量泵时，可以旋下捏手（上下两个）取出，计量泵标牌的刻度只作调整指示用，并不准确表示容量。

3　维护保养

3.1　一般清洗：如遇调换批号，且批号不太严格时，可用开水（或其他溶液）注入储液桶内，开机运转，排出的液体放掉或将喷嘴放回储液桶内循环清洗。

3.2　彻底清洗：需将储液桶和计量泵从机器上拆下清洗，清洗计量泵时可将计量泵和单向阀解体并烘干（烘干温度小于120℃）重新组装时，各单向阀必须按打印标记对号入座。注意：必须在确认阀芯已插入阀嘴时（用手将阀咀完全旋入），方可用工具将阀嘴旋紧。

4　操作注意事项

4.1　机器运转过程中或机器在自动状态下停机时，严禁将手或其他工具伸进工作部位。

4.2　储液桶内液位控制阀，主要用作液面控制，不能代替开关阀门，长时间停机应将总闸关闭。

4.3　浓度大的液体如膏汁，应加热后方能灌装，加热温度视液体的浓度及加热后的流动性而定。

4.4　灌装过程中若发现活塞有极小量渗漏，应及时控制活塞杆的液体（特别指液体的“干结”）。

4.5 在生产过程中，因重灌、误灌或其他原因而使传送带轨道上有溶液时，应及时清洗。

4.6 若计量泵的输出管路现气泡，必须排除。

目标检测

一、单项选择题

1. 蔗糖剂含蔗糖量应不低于多少（g/ml 表示）（　　）
   A. 30%　B. 45%　C. 65%　D. 85%
2. 制备口服液体制剂首选溶剂为（　　）
   A. 纯化水　B. 乙醇　C. 植物油　D. 丙二醇
3. 倒瓶易出现在的环节是（　　）
   A. 理瓶　B. 输瓶　C. 挡瓶　D. 灌装
4. 口服生产联动线的组成不包括（　　）
   A. 超声波洗瓶机　B. 隧道式灭菌机　C. 灌封机　D. 轧盖机
5. 碎瓶易出现在（　　）
   A. 送瓶机构　B. 灌装机构　C. 挡瓶机构　D. 出瓶机构
6. 液体灌装机装量不准的主要因素是（　　）
   A. 灌注速度太快　B. 灌注速度太慢
   C. 单向阀阀芯动作不灵活　D. 药液黏稠度大
7. 糖浆剂生产联动线的组成不包括（　　）
   A. 贴标机　B. 灌装机　C. 旋盖机　D. 灯检机
8. 口服液的制备工艺流程是（　　）
   A. 提取→精制→灭菌→配液→灌装　B. 提取→精制→配液→灭菌→灌装
   C. 提取→精制→配液→灌装→灭菌　D. 提取→浓缩→配液→灭菌→灌装
9. 口服液主要生产设备不包括（　　）
   A. 液体灌装设备　B. 蒸馏与蒸发设备
   C. 洗瓶设备　D. 包装设备
10. 口服液的包装容器不包括（　　）
   A. 安瓿　B. 管制口服液玻璃瓶
   C. 塑料盒　D. 易折塑料瓶

二、简答题

1. 试述口服液生产的工艺流程。
2. 超声波式洗瓶机与传统毛刷式洗瓶机相比有哪些优点？
3. 口服液灌封机有几种类型？
4. 简述口服液联动线的联动方式。
5. 试述四泵直线式灌装机的工作原理。

第六章 中药制剂生产设备

知识目标

1. 掌握中药提取煎煮设备、渗漉设备、多功能提取设备、塑制法制丸设备、泛制法制丸设备的结构、原理。

2. 熟悉中药净选设备、切制设备、炮炙设备以及滴制法制丸设备的结构、原理。

3. 了解超临界流体萃取设备、回流提取设备的结构、原理。

技能目标

通过本章的学习，应培养阅读中药制剂设备相关的技术资料的能力以及解决工程实际问题的技能。学会典型中药制剂生产设备的操作、维护及保养方法。

第一节 中药前处理设备

中药材前处理是根据原药材或饮片的具体性质，在选用优质药材基础上将其经适当的净选、切制、炒制、干燥等，加工成具有一定质量规格的中药材中间品或半成品。

一、净选设备

净制是在切制、炮制、调配或制剂之前，选取规定的药用部位，除去非药用部位和杂质等，以符合用药要求的加工过程。这一加工过程主要包括中药材的净选与清洗。

（一）风选设备——变频立式风选机

风选是利用药材和杂质轻重不同，借助风力除去杂质的操作。主要用于种子、果实类药材中杂质的去除，例如：紫苏子、莱菔子，葶苈子、浮小麦等。

变频立式风选机如图 6－1 所示，其原理是风机产生的气流匀速进入倾斜的立式风管，物料经输送机、震动送料器在风管中部落下，重物在风管底部排出，轻物被气流带至风选箱，经分级后排出。风选机械主要用于质量和体形相差较大的物料的分离，尤其适用于同体形且质量差异大的物料，不但可以去除杂质，还可以按体形大小进行分级。根据所除杂质的质地不同可分为：除轻法和除重法。除轻法指用较小的风速，使物料下落，除去药材中的毛发、棉纱、药屑等非药物和药用杂质；除重法指用较大的风速，使物料上行，除去药材中的石块、泥沙等非药用杂质。

图6-1 变频立式风选机示意图

（二）清洗设备

清洗是中药材前处理加工的必要环节，清洗的目的是要除去药材中的泥沙、杂物。根据药材清洗的目的，将不同药材按种类划分为水洗和干洗两种方法。

1. 水洗法

水洗法是用清水通过翻滚、碰撞、喷射等方法对药材进行清洗的机器，将药材所附着的泥土或不洁物洗净。目前水洗法常用设备有滚筒式洗药机、履带式洗药机和刮板式洗药机三种。

（1）滚筒式洗药机　滚筒式洗药机如图6-2所示采用筒体旋转式，并配有高压泵喷淋，水源可选用直接水源，或水箱内循环水二次利用，用内螺导板推进物料，当滚筒正转时，物料清洗，滚筒反转时出料。实行连续生产、自动出料，对特殊品种可反复倒顺至洗净。本机结构简单，操作方便，适用于2mm以上的根茎类、皮类、种子类、果实类、贝壳类、矿物类、菌藻类的清洗。

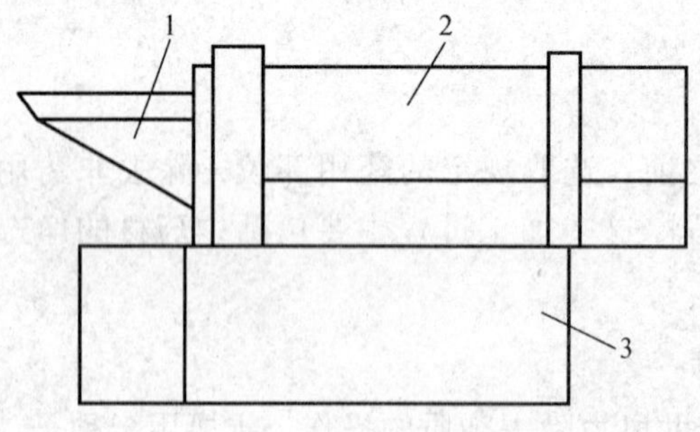

图6-2 滚筒式洗药机示意图

1. 加料斗；2. 滚筒；3. 水槽

（2）履带式洗药机　履带式洗药机是利用运动的履带将置于其上的药材用高压水喷射而将药材洗净。适用于长度较长的药材的洗净。

（3）刮板式洗药机　刮板式洗药机是利用三套旋转的刮板将置于浸入水槽内的弧形滤板上的药材搅拌，并推向前进。杂质通过弧形滤板的筛孔落于槽底。由于刮板与弧形滤板之间有一定的间隙，故本机不能洗涤小于20mm的颗粒药材。

2. 干洗法

干洗的主要设备是干式表皮清洗机。由于广泛地用水洗净制各种药材，易导致一些药材药效成分不必要的流失。为避免这些成分的流失，采用干式表皮清洗机就可达到这一效果，其主要功能是除去非药物和非药用杂质。该设备对于根类、种子类、果实类等药材具有良好的净制效果。

二、切制设备

切制是将净选后的中药进行软化（水冷浸或蒸煮等）再切成一定规格的片、段、块等。切制品一般通称生片。

药材切制的目的是便于煎出药效，便于进一步加工制成各种剂型，便于进行炮制，便于处方调配和鉴别。

将制作饮片的药材浸润，使其软化的设备称为润药机。对根、茎、块、皮等药材进行均匀切制的设备称为切药机。

（一）润药

药材切制前，对干燥的原药材均需软化处理。一般采用冷浸软化和蒸煮软化。冷浸软化，可分为水泡润软化、水湿润软化。蒸煮软化可用热水焯和蒸煮处理。为加速药材的软化，可以加压或真空操作。润药机主要有卧式罐和立式罐两种。可根据工艺进行真空加温润药、减压冷浸润药等操作。

1. 真空加温润药法

将洗净的药材放入真空加温润药机的密闭容器内，启动真空泵抽真空至规定程度，使药材组织内的空气被抽出，负压状态下放入蒸汽，使温度逐步上升至规定范围，关闭蒸汽，根据药材性质保温一定时间，即可取出药材进行切片。

2. 减压冷浸润药法

将洗净的药材置于设备内，密闭抽真空至规定真空度，使容器与药材组织间隙内气体被抽出，注水浸没药材一定时间，恢复常压，取出浸润好的药材。

（二）切药

中药饮片的厚度、形状一般根据药材的质地而定，质地致密坚实，切薄片不易破碎的药材，宜切薄片；质地松泡、粉性大，切薄片易破碎的药材宜切厚片；全草类和形态细长、内含成分易煎出药材，可切制成一定长度的段；皮类药材和宽大的叶类药材，可切成丝。常用的切药机有剁刀式切药机、旋转式切药机。

1. 剁刀式切药机

如图 6 - 3 所示，切刀通过连杆与曲轴相连，启动机器时，曲轴带动切刀作上、下往复运动，药材通过刀床传送带送出时即受到刀片的截切。切段长度由传送带的六种给进速度调节。适应于根、茎、叶、草等长形药材的截切，不适于块状、块茎等药材的切制。

2. 旋转式切药机

如图 6 - 4 所示，药材由履带压紧并传送至刀盘处，圆行刀盘内侧有三片切刀。切刀前侧有一固定的方形开口的刀门。当药材经过刀门时，受到切刀的截切，成品由护罩底部出料。切片厚度由履带传送速度调节。本机适用范围广泛，对根、茎、叶、皮、块状及果实类药物有良好的适应性，但不宜切制坚硬、球状及黏性较大的药物。

饮片切之后应及时干燥，普通干燥温度一般不超过80℃，含挥发性成分的药材一般不超过50℃。饮片干燥时常用的设备有翻板式干燥器、隧道式干燥器、微波干燥器等。

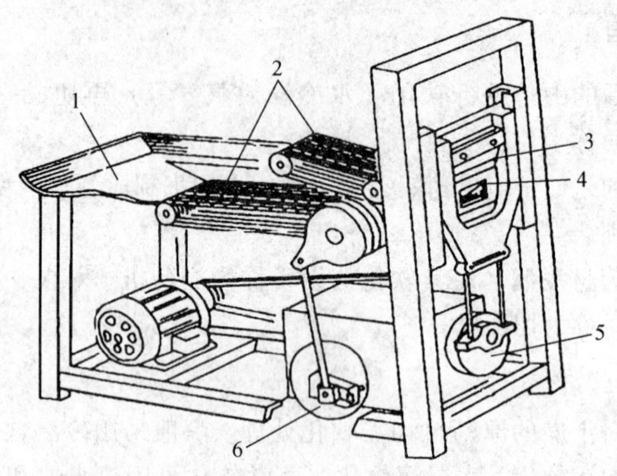

图6-3 剁刀式切药机示意图

1. 载物台；2. 传送带；3. 剁刀；4. 出料口；5. 偏心轮；6. 饮片厚度调解

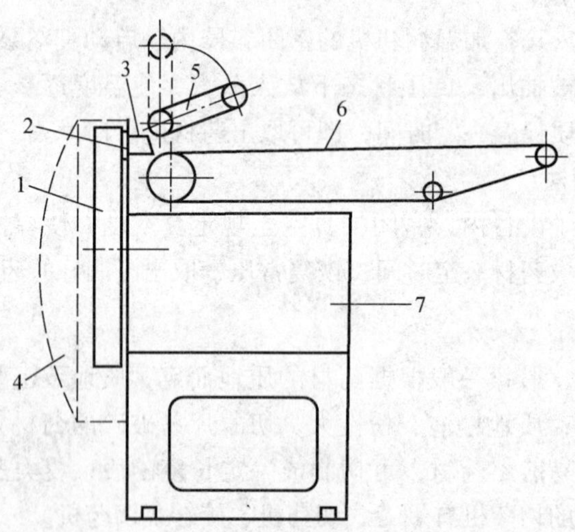

图6-4 旋转式切药机示意图

1. 刀盘；2. 切刀；3. 刀门；4. 防护罩；5. 上履带；6. 下履带；7. 机身

三、炮制设备

常用炮制方法有炒、炙、煅、蒸等。炒制系直接在锅内加热药材，并不断翻动，炒至一定程度取出。炙制系将药材与液体辅料共同加热，使辅料渗入药材内，如蜜炙、酒炙、醋炙、盐炙、姜炙等。煅制一般分煅炭和煅石法。炮制生产时多借助于炒药机完成。炒药机有卧式滚筒炒药机和立式平底搅拌炒药机等，均可用于饮片的炒黄、炒炭、砂炒、麸炒、盐炒、醋炒、蜜炙等操作。

目前生产中多用卧式滚筒炒药机，如图6－5，其由炒药滚筒、动力装置及热源装置等部分组成。操作时，将药材通过上料口加入，盖好筒盖板。开动滚筒，借动力装置滚筒作顺时针方向转动，使筒壁均匀受热，滚筒内壁的抄板会把药材翻动，当药材炒到规定程度时，打开盖板。使滚筒反向旋转，即可使药材沿着抄板倾斜方向由出料口倾出。滚筒式炒药机的热源可用煤气也可用电热管加热。

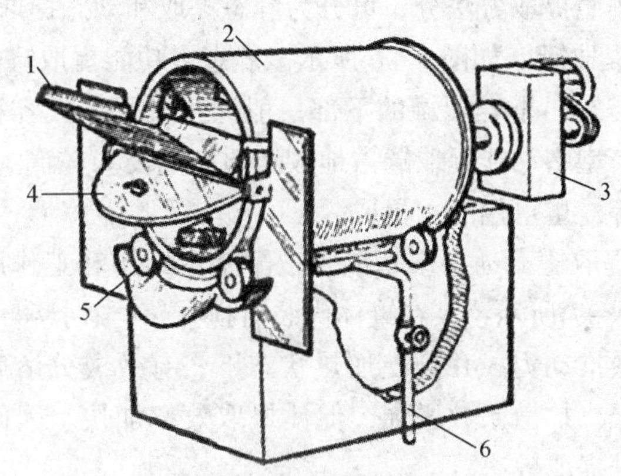

图6－5　滚筒式炒药机示意图

1. 加料口；2. 滚筒；3. 减速器；4. 出料口；5. 滚轮；6. 加热装置（液化气管道）

第二节　中药提取设备

中药提取是采用适宜的溶剂和方法提取中药材中有效成分的操作过程。中药提取是中药制剂的基本单元操作。提取的目的是尽可能提取出药材当中的有效成分，最大限度地避免药材中无效成分或有害成分的浸出，从而简化分离精制工艺，降低药物服用剂量，增强制剂的稳定性。

一、中药提取流程

中药材提取常用水和不同浓度的乙醇作为溶剂。一般根据药材有效成分的性质，按照“相似相溶”的原则选择提取所用溶剂。其提取流程为：饮片→提取→分离→浓缩→干燥。

二、中药提取设备

（一）煎煮法及设备

1. 煎煮法

煎煮法是以水作为溶剂，将药材加热煮沸一定时间以提取有效成分的方法。此法适用于有效成分溶于水，且对湿、热均较稳定的药材。此法简单易行，能煎出大部分有效成分，除作为汤剂外，也作为进一步加工制成各种剂型的半成品。但此种方法煎出液中杂质较多，容易霉变、腐败，一些不耐热及挥发性成分在煎煮过程中易被破坏或挥发而损失。

2. 煎煮设备

煎煮法常用的提取设备有可倾式夹层锅、球形煎煮罐、多功能提取罐等，其中多功能提取罐是目前生产中普遍采用的一种可调压力、温度的密闭间歇式多功能提取设备。由于其可用于水煎煮提取、热回流提取、溶剂回收、强制循环提取等多种操作，故称之为多功能提取罐。按照罐体形状不同可分为底部正锥式、底部斜锥式、直筒式、倒锥式等多种样式；按照提取方法分，可分为静态提取和动态提取两种。

（1）静态多功能提取罐　如图6－6所示，静态多功能提取罐多呈底部正锥式、底部斜锥式、直筒式等形态，小容积罐的下部一般为正锥式，大容积罐的下部常采用斜锥式以方便出渣。直筒型多功能提取罐占地较小但空间要求较高，更多地应用于渗漉、罐组逆流提取和醇提等，也可用于水提取。

（2）动态多功能提取罐　动态多功能提取罐基本结构和工作原理与静态多功能提取罐十分相似，如图6－7所示，其在罐体内装有搅拌桨，在搅拌下降低了药物周围溶质的浓度，增加了扩散推动力，并且在加热状态下，有效成分溶解度增加，扩散推动力增加，溶液黏度降低，扩散系数增加，促使提取效率加快。因此动态多功能提取罐可缩短提取时间，提升提取效率。

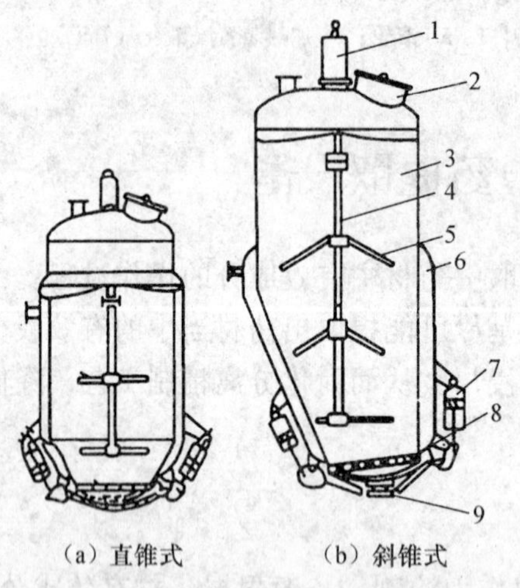

（a）直锥式　（b）斜锥式

图6－6　静态多功能提取罐示意图

1. 上气动装置；2. 加料口；3. 罐体；4. 上下移动轴；5. 料叉；6. 夹层；7. 下气动装置；8. 带滤板的活底；9. 出渣门

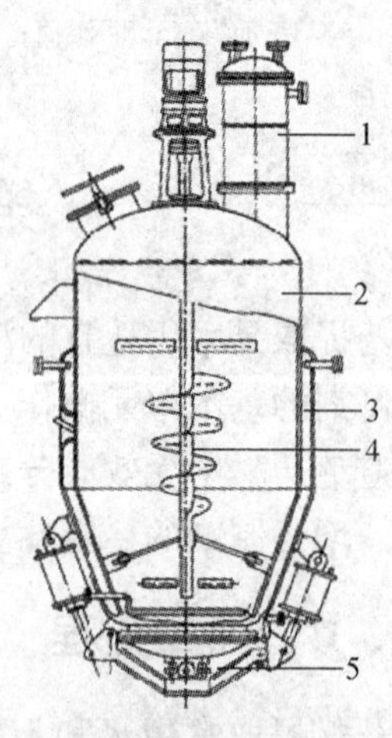

图6－7　动态多功能提取罐示意图

1. 加料口；2. 罐体；3. 夹层；4. 搅拌装置；5. 出渣门

多功能提取罐由罐体、出渣门、提升气缸、出料口、夹套等部件组成，规格自0.5～6m^3。除渣门上方设有不锈钢丝网，以便使药渣与提取液达到较为理想的分离。罐体底部的出渣门和上部投料门的启闭均由压缩空气作为动力控制气缸活塞控制。罐体内操作压力为0.15MPa，夹层为0.3MPa，属于压力容器。另有些提取罐呈微倒锥形，使一些难以自动出渣的药材在出渣门开启后全部排出垂落，缩短了出渣时间。

利用多功能提取罐工作时，将药材加入罐体内，加水浸没药材浸泡适宜时间，加热至微沸状态保持至规定时间。提取结束后，提取液从罐体下部经过滤板滤过后收集，药渣依上法再煎煮 1~2 次，合并滤液即得。为提高提取效率，在提取过程中，可进行强制循环提取，即将下部的滤液通过泵再次强制循环回罐体，直至提取结束。但此法不适用于黏性较大或含淀粉较多的药材提取。

（二）渗漉法及设备

1. 渗漉法

渗漉法指将适度粉碎的药材置于渗漉器中，由上部连续加入的溶剂渗过药材层后从底部流出渗漉液而提取有效成分的方法。在渗漉过程中溶剂自上而下，由稀至浓，不断造成浓度差，渗漉法相当于无数次浸渍，是动态提取过程，可连续操作，浸出效率高，适用于贵重药材、毒性及高浓度的制剂，也适用于有效成分含量较低的药材的提取，但不适合于新鲜及易膨胀的药材、无组织的药材提取。渗漉时常用不同浓度的乙醇作为溶剂。

2. 渗漉设备

渗漉提取罐多呈圆柱形或圆锥形，如图 6－8 所示。罐体上部有加料口，下部有出渣口，罐体内底部安装筛板以支持药物底层。有大型渗漉提取罐设有夹层，可加水冷却或通蒸汽加热，以达到提取所需温度，并能进行常压、加压及强制循环操作。

利用渗漉罐渗漉时，溶剂由顶端加入，逐渐渗入药材细胞中溶解大量有效成分后浓度增加，密度变大而向下移动，新溶剂或稀提取液补充至此处，从而形成了良好的浓度梯度，有利于有效成分的扩散，因此，渗漉提取有效成分比较完全，且能省去了分离药渣与提取液的操作过程。

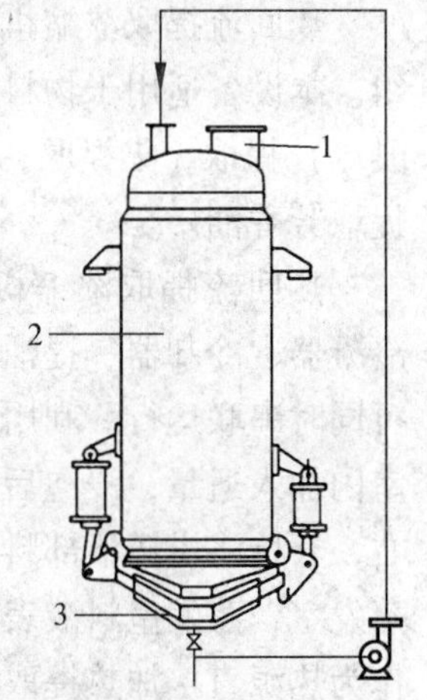

图 6－8 渗漉器示意图
1. 加料口；2. 罐体；
3. 出渣口

（三）多级逆流提取设备

1. 多级逆流提取法

多级逆流提取法是指将一定数量的提取罐用管道连接起来，溶液依次通过各罐，逐级依次将各罐中有效成分扩散至提取液中，以最大限度转移药材中可溶性成分的一种提取方法。由于在提取过程中多个提取罐相连接，且提取液与药渣走向相反，故称之为多级逆流提取。

2. 多级逆流提取设备

多级逆流提取设备如图 6－9 所示，由 5 个渗漉罐、贮液罐、溶剂罐、加热器等部件组成。工作时，将药物按顺序依次装入 1－5 号罐中，用泵将溶剂送入 1 号罐中，1 号罐的渗漉液经加热器后流入 2 号罐，再依次送到 5 号罐，药液达到最大浓度，导入贮液罐中。当 1 号罐中的药材有效成分渗漉完全后，用压缩空气将 1 号罐内的液体全部压出，1 号罐即可卸去药渣，装入新药，成为最末一罐，原来的 5 号罐变为第 4 罐，此时，来自溶剂罐的新溶剂进入 2 号罐，最后从 5 号罐（原 1 号罐）出液至贮液罐中，以此类推，直至提取完成。

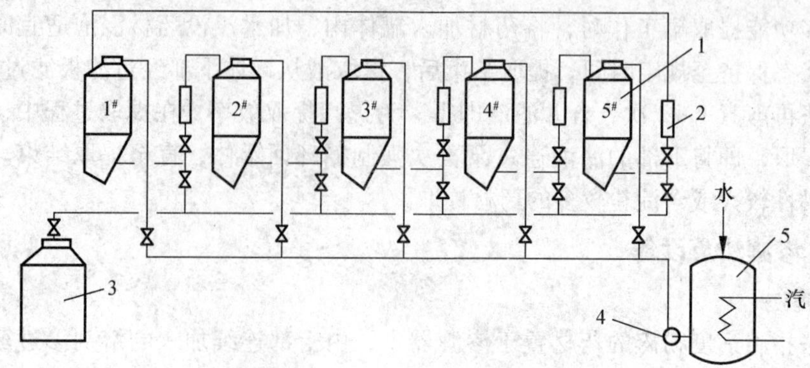

图6-9 多级逆流提取设备示意图

1. 渗漉罐；2. 加热器；3. 贮液罐；4. 泵；5. 溶剂罐

在整个提取过程中，始终有一个渗漉罐进行卸料和加料，溶剂从第1罐流入最末罐多次使用，使从末罐流出的渗漉液浓度达到最大，罐中的药物经多次浸出，最大程度的提取出了药物中的有效成分，溶剂用量减少，大幅度提升了提取效率。

（四）热回流提取浓缩机组

热回流提取浓缩机组是集提取、浓缩为一体，全封闭连续动态循环提取、浓缩机组。本设备适用于物料的水提，有机溶剂（乙醇，丙酮等）及无机溶剂（汽油、石油醚等）提取，集提取、浓缩工艺为一体，两道工序一次性完成，并实现溶剂的回收和提取芳香油。

热回流提取浓缩机组如图6-10所示，由提取罐、外循环浓缩器、双联过滤器、冷凝器、冷却器、提油器、正压负压转换排水罐等组成。提取与浓缩可单独使用，也可同时串联运行。利用热回流提取浓缩机组工作时将计量罐内的溶剂向主罐内和蒸发室内加入适量，浸泡后，夹层及加热器同时通入蒸汽加热，罐内料液沸腾后30min左右，开始将主罐下部料液通过过滤器送到外循环浓缩器，料液沿加热器蒸发高速旋入蒸发室，蒸发室料液表面迅速蒸发产生二次蒸汽。其中一部分二次蒸汽回到提取罐内，作为热源直接加热提取液；另一部分二次蒸汽通过冷凝器，冷凝成适当温度的新溶剂，回到提取罐。这种新溶剂迅速通过物料层由上向下，溶解物料中的可溶物，渗透到底层，再一次通过过滤器送到浓缩器进行浓缩，蒸发室产生的二次蒸汽又回到主罐作为热源和新溶剂被主罐提取利用。周而复始，这种大循环多次后完成了热回流提取全过程。

（五）超临界流体萃取设备

1. 超临界流体萃取

超临界流体萃取是一项新型提取技术，它是利用超临界条件下的流体作萃取剂，从液体或固体中萃取出某些成分并进行分离的技术。与浸取操作相比较，它们同是加入溶剂，在不同的相之间完成传质分离。不同的是，超临界萃取中所用的溶剂是超临界状态下的流体，该流体具有气体和液体之间的性质，且对许多物质均有很强的溶解能力，分离速率远比液体溶剂萃取快，可以实现高效的分离过程。自然界物质有气、液、固三种状态存在，对于一种物质，当其温度和压力发生变化时其状态也会相互转换，如图6-11所示。

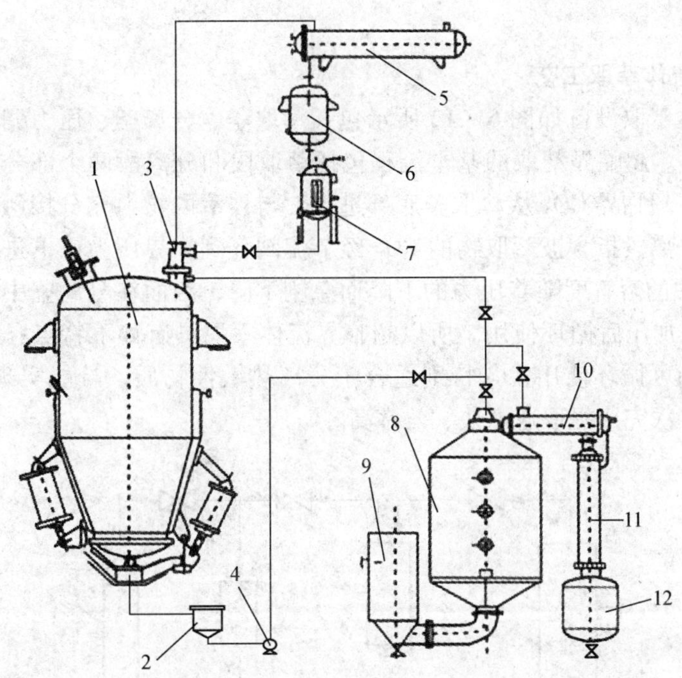

图 6－10　热回流循环提取浓缩机组

1. 提取罐；2. 过滤器；3. 消泡器；4. 泵；5. 提取罐冷凝器；6. 提取罐冷却器；7. 油水分离器；8. 浓缩蒸发器；9. 浓缩加热器；10. 浓缩冷却器；11. 浓缩冷凝器；12. 蒸发料液罐

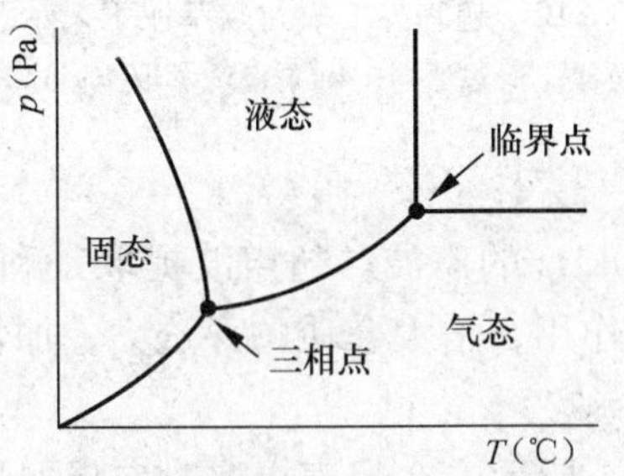

图 6－11　纯物质的相图

超临界流体最重要的物理性质是密度、黏度和扩散系数，见下表。

表 6－1　超临界流体物理性质

物理特征	密度（g/cm^3）	黏度［g/（cm·s）］	扩散系数（cm^2/s）
气体	$(0.6\sim2)\times10^{-3}$	$(1\sim4)\times10^{-4}$	$0.1\sim0.4$
液体	$0.6\sim1.6$	$(0.2\sim3)\times10^{-2}$	$(0.2\sim2)\times10^{-5}$
超临界流体	$0.2\sim0.9$	$(1\sim9)\times10^{-4}$	$(0.2\sim0.7)\times10^{-3}$

超临界流体的性质介于气液两相之间，主要表现在：有近似于气体的流动行为，黏度小、传质系数大，但其密度大，溶解度也比气相大得多，又表现出一定的液体行为。此外，介电常数、极化率和分子行为与气液两相均有着明显的差别。

在常用的超临界流体萃取剂中，非极性的二氧化碳应用最为广泛。这主要是由于二氧化碳的临界点较低，特别是临界温度接近常温，并且无毒无味、稳定性好、价格低廉、无残留。

2. 超临界流体萃取工艺

超临界流体萃取设备如图 6－12 所示包括萃取釜、分离釜、压力调节装置、换热器、CO_2 贮罐等。超临界萃取的基本流程包括萃取段和分离段两个部分。萃取段指原料装入萃取釜，超临界 CO_2 从萃取釜底部进入，与被萃取物料充分接触，选择性溶解出被萃取物。分离段指含被萃取物的 CO_2 经节流阀降到临界压力以下进入分离釜，被萃取物在 CO_2 中的溶解度随着压力的下降而急剧下降，因而在分离釜中析出，定期从底部放出，CO_2 加压后循环使用。所以超临界流体萃取具有如下特点：①操作参数易于控制；②溶剂可循环使用；③特别适合于分离热敏性物质，且能实现无溶剂残留；④萃取、分离一次完成提取速度快、效率高。

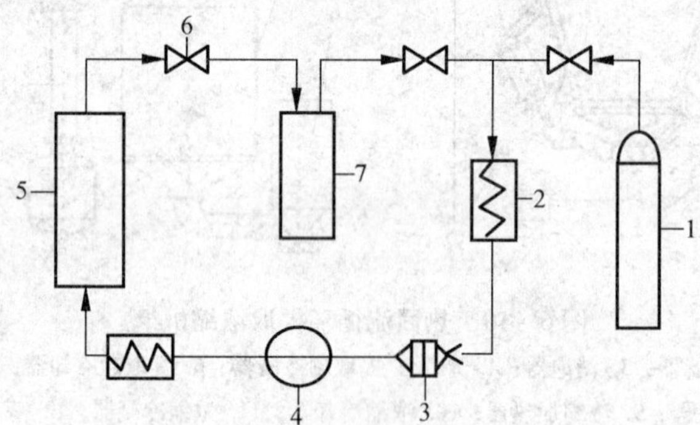

图 6－12　超临界二氧化碳萃取工艺示意图

1. CO_2 储瓶；2. 热交换器；3. 过滤器；4. 泵；5. 萃取釜；6. 压力调节阀；7. 分离釜

（六）超声提取设备

超声波是指频率高于 20kHz 的声波。超声波提取是利用超声波具有的空化效应、机械效应、热效应及乳化等作用，增大介质的穿透力，加快提取成分的扩散释放以提取药材中有效成分的方法。

超声提取设备如图 6－13 所示，在超声提取时向提取器中加入提取溶媒（水、乙醇或其他有机溶剂等），将中药材根据需要粉碎或切成颗粒状，放入提取溶媒中，开启超声波发生器，振子向提取溶媒中发出超声波，超声波在提取溶媒中产生的“空化效应”、“机械效应”和“热效应”，一方面可有效地破碎药材的细胞壁，使有效成分呈游离状态并溶入提取溶剂中，另一方面可加速提取溶媒的分子运动，使得提取溶媒和药材中的有效成分快速接触，相互溶合、混合。

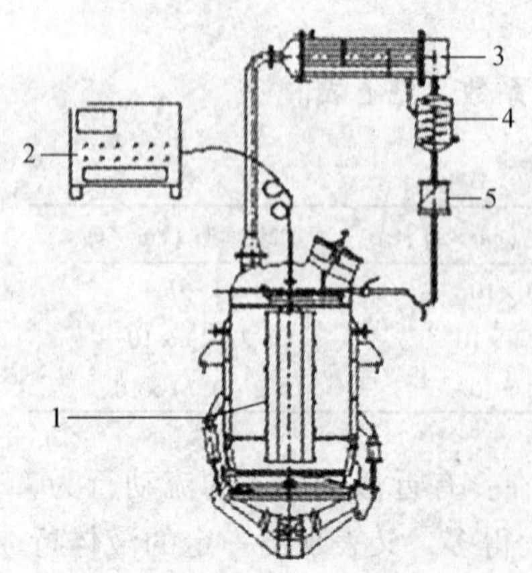

图 6－13　超声提取设备示意图

1. 超声波振荡器；2. 超声波发生器；3. 冷凝器；4. 冷却器；5. 油水分离器

与煎煮、醇沉等工艺相比，超声波萃取具有如下突出特点：①无需高温。节约能源且不破坏中药材中热敏性物质、易水解或氧化特性的药效成分。超声波能促使植物细胞地破壁，提高中药的疗效；②常压萃取，安全性好，操作简单易行，维护保养方便；③提取效率高，有效成分易于分离、净化。节省药材，有利于中药资源的充分利用；④具有广谱性。适用性广，绝大多数的中药材各类成分均可利用超声萃取；⑤超声波萃取对溶剂和目标萃取物的性质（如极性）关系不大。因此，可供选择的萃取溶剂种类多、目标萃取物范围广泛。

知识拓展

空化效应　超声波通入到提取容器中后，由于液体振动而产生数以万计的微小气泡，即空化泡。这些气泡在超声波纵向传播形成的负压区生长，而在正压区迅速闭合，从而在交替正负压强下受到压缩和拉伸。在气泡被压缩直至崩溃的一瞬间，会产生巨大的瞬时压力，一般可高达几十兆帕至上百兆帕。这种巨大的瞬时压力，可以使药材细胞壁破裂，促进有效成分向外溶出。

机械效应　超声波在介质中传播时，加速介质质点运动，使介质质点运动获行巨大的加速度和动能。可对药物细胞产生很强的破坏作用，同时给予介质与药物不同的加速度，在两者之间产生摩擦，即可使药物中的有效成分更快地溶解在溶剂之中。

热效应　超声波在介质中传播时，超声波所释放的能量不断被介质吸收而转化成热能，从而使得介质与药物组织温度瞬间升高，增大了有效成分的溶解度和溶出速度。此过程是在保持有效成分的结构和生物活性的基础上进行的。

（七）微波提取设备

微波是指频率为 $3\times10^6\sim3\times10^9$Hz，波长在 1mm 到 1m 之间的电磁波。微波提取是利用微波来提高药材有效成分提取率的一种方法。

常见的微波提取设备有：微波萃取设备、微波真空萃取设备、微波低温萃取设备、连续式微波提取设备、微波逆流提取设备等，均可实现水提、醇提等操作。微波提取设备主体结构主要包括微波提取罐、泡沫捕集器、冷却器、冷凝器、气液分离器、油水分离器和控制系统等。其中核心结构是微波提取罐，它包括萃取腔、微波产生器、微波加热腔、搅拌装置等部件所组成。微波提取频率通常为 2450MHz。

微波提取设备的原理是：微波射线自由透过溶剂，到达物料的内部维管束和腺细胞内，细胞内温度突然升高，连续的高温使其内部压力超过细胞壁膨胀的能力，致细胞破裂，细胞内的物质自由流出传递至周围的溶剂中被溶解。不同物质的介电常数、比热、形状及含水量的不同，各物质吸收微波能的能力不同，其产生的热能及传递给周围环境的热能也不同，这种差异使萃取体系中的某些组分或基体物质的某些区域被选择性加热，从而使被萃取物质从基体或体系中分离出来，进入介电常数小、微波吸收能力差的萃取剂中。影响微波提取的因素有：微波功率、萃取剂种类、微波作用时间、操作压力等。

（八）中药多能提取生产线

中药多能提取生产线是由提取罐、泡沫捕集器、气液分离器、冷却器、冷凝器、油水分离器、水泵、管道过滤器等部件组成。可进行浸渍提取、热回流提取、挥发油提取等操作。

中药多能提取生产线如图 6-14 所示，提取时直接向罐内通入蒸汽进行加热，当温度到达工艺要求温度时，停止向罐内通蒸汽，改为向夹层中通入蒸汽，保持温度在工艺要求。若以乙醇为溶剂时，则直接向夹层中通入蒸汽进行间接加热。回流提取时，在加热提取过程中产生的蒸汽经冷却器冷却，再进入气液分离器，使气体逸出，而液体回流至提取罐中如此循环直至提取完成。挥发油提取时，加热方式和水提相同，但要关闭冷却器与气液分离器之间阀门，而打开通向油水分离器的阀门使药液经冷却后流入油水分离器进行分离，挥发油收集，而芳香水通入气液分离器，气体排出，液体流回到提取罐中。

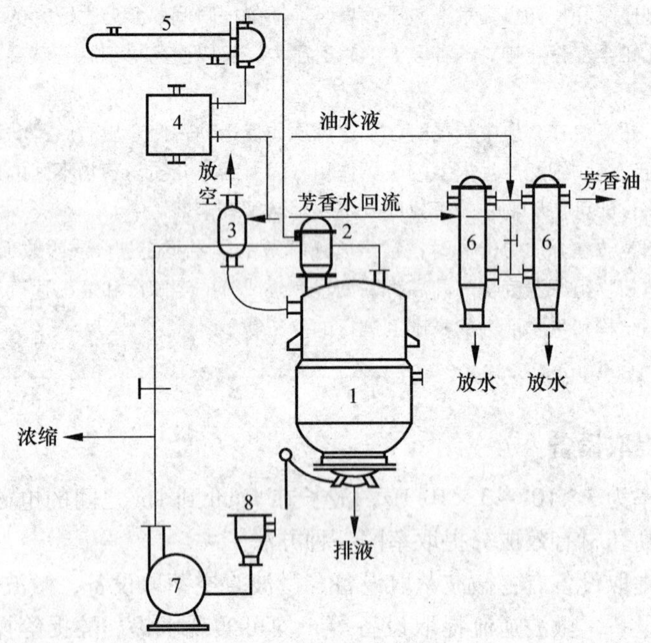

图 6-14 中药多功能提取生产线示意图

1. 提取罐；2. 泡沫捕集器；3. 气液分离器；4. 冷却器；5. 冷凝器；6. 油水分离器；7. 泵；8. 过滤器

第三节 丸剂生产设备

一、中药丸剂概述

丸剂是指药材细粉或药材提取物与适宜的赋形剂制成的类球形或球形剂型，主要供内服。按赋形剂不同分蜜丸、水丸、水蜜丸、浓缩丸、糊丸及蜡丸等。

中药丸剂制备方法分为三种，分别是泛制法、塑制法和滴制法。

泛制法指在转动的适宜的容器或机械中将药材细粉与赋形剂交替润湿、撒布，不断翻滚，逐渐增大的一种制丸方法。主要用于水丸、水蜜丸、糊丸、浓缩丸、微丸等制备。

塑制法指药材细粉加入适量黏合剂，混合均匀，制成软硬适宜、可塑性较大的丸块，再依次制丸条、分粒、搓圆而成丸粒的制丸方法。主要用于蜜丸、水蜜丸、糊丸、浓缩丸、蜡丸等制备。

滴制法指药材或药材中提取的有效成分与化学物质制成溶液或混悬液，滴入一种不相混合的液体冷却剂中，经冷凝而成丸粒的制丸方法。主要用于滴丸剂制备。

二、丸剂生产设备

（一）泛制法制丸设备

泛制法制丸的工艺流程为：原料的准备→起模→成型→盖面→选丸→成丸。

1. 原料的准备

泛制法制丸时原辅料一般宜用100目左右的细粉。

2. 起模

起模是泛制法制丸的关键工序，是泛丸成型的基础。模子形状直接影响着成品的圆整度，模子的大小和数目，筛选的次数，丸粒的规格和含量的均匀性。操作时常先将所需起模用粉的一部分置包衣锅中。开动机器，药粉随机器转动，喷水于药粉上，借机器转动和人工搓揉使药粉分散，全部均匀地受水湿润，继续转动片刻，部分药粉成为细粒状，再撒布少许干粉，搅拌均匀，使药粉黏附于细粒表面，再喷水湿润。如此反复摊作至模粉用完、取出、过筛分等即得丸模。

3. 成型

将已筛选均匀的球形模子，逐渐加大至接近成丸的过程。

4. 盖面

将已经增大，筛选均匀的成型丸粒用余粉或特制的盖面用粉加大到粉料用尽的过程，是泛丸成型的最后一个环节。

5. 选丸

利用选丸机剔除掉过大、过小或形状不规则的水丸。常用的选丸机有滚筒式筛丸机、离心式选丸机等。

（1）滚筒式筛丸机　滚筒式筛丸机是水丸生产的主要设备之一，如图6－15所示，丸粒由加料斗加入至旋转的带孔滚筒内，滚筒分为三节，长度分别是400mm、800mm、400mm，三节滚筒在主轴带动下顺时针旋转，丸粒在滚筒中边随滚筒旋转边向前运动，自动通过筛孔完成筛分。在滚筒的侧面安装有与滚筒切向接触的固定板刷，可在丸剂直径与筛孔直径相同而卡夹在筛孔上时将卡夹的丸剂挤出。

图6－15　滚筒式自动筛丸机示意图

（2）离心式选丸机　离心式选丸机如图6－16所示，在工作时，将丸由顶端加料斗加入，经等螺距、不等径的螺旋轨道，利用离心所产生的速度差将规则圆整丸与不规则丸分开，从底层轨道槽分别进入合格丸收集容器和不合格丸收集容器。

图6-16 离心式选丸机示意图

（二）塑制法制丸设备

塑制法制丸的工艺流程为：原料的准备→制丸块→制丸条→分割→搓圆→成丸。

1. 原料的准备

将药材粉碎成细粉或最细粉备用，蜂蜜炼制成工艺要求的类型。

2. 制丸块

取药物细粉，加入适量蜂蜜作为黏合剂，充分混匀，制成湿度适宜，软硬适度的可塑性软材，即称之为丸块，中药行业中习将此过程称之为“合坨”。“合坨”操作常借助捏合机来完成。捏合机如图6-17所示，通过槽箱中的S形搅拌桨转动，将药粉与蜂蜜等辅料搅拌均匀呈色泽一致的丸块状。

3. 制丸条、分割、搓圆

将丸块分段，制成长条，再将丸条分割成小段后塑造成圆球形。此过程常借助自动制丸机来完成。自动制丸机是大规模制丸常用设备，如图6-18所示，可生产丸径3~8mm，3~9g的蜜丸、水蜜丸、浓缩丸等。此设备由进料斗、制条部分、切割搓圆等部分所组成，工作时，将制好的丸块放入进料斗，再由两块连续翻转的翻板将其推入螺旋推进器，丸块在挤压后由出条口塑制成丸条，可通过更换不同孔径的出条口来调节丸径。丸条再经导轮进入切丸刀轮，完成分割，两个切刀轮在互相逆向旋转的同时，还沿各自转轴的轴向做往复运动，将经切丸刀切成段的丸条完成搓圆。为防止切刀轮黏附丸块，需打开乙醇罐阀门，使乙醇不断的湿润切丸刀。且切丸刀外侧的毛刷也可将黏附的丸块及时刷掉，以保证出丸的质量。

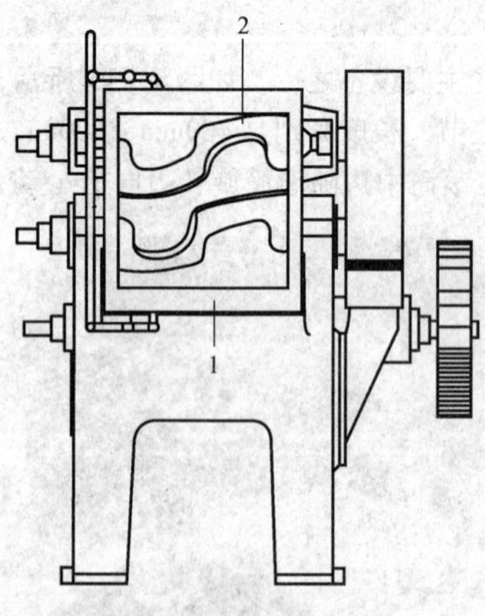

图6-17 捏合机示意图

1. 槽箱；2. S形搅拌器

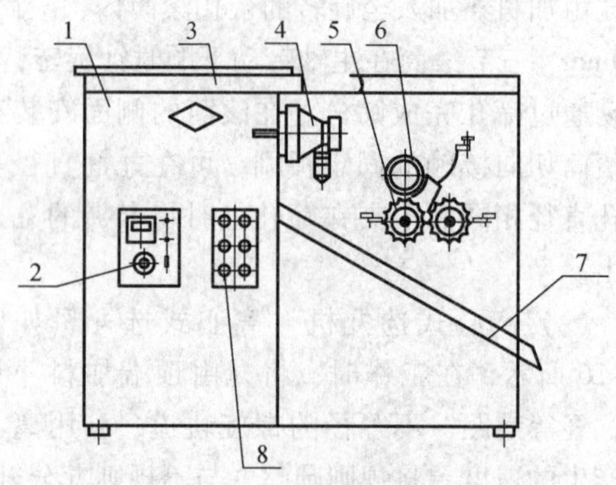

图6-18 全自动制丸机示意图

1. 机身；2. 调速旋钮；3. 进料斗；4. 出料口；5. 切丸刀；6. 导轮；7. 出丸刀；8. 控制按钮

（三）滴制法制丸设备

滴制法制丸的工艺流程为：均匀分散在基质中的药物→滴制→冷却→洗丸→干燥→成丸。目前生产中常见的滴丸设备是自动化大型滴丸机，如图 6－19 所示。其集控制系统、药物供应系统、制冷循环系统、滴制收集系统及筛选干燥系统为一体。利用自动化大型滴丸机生产时，将药液与基质加入调料罐中，通过加热搅拌制成滴丸的混合药液，再将此混合药液送至滴液罐中，在滴制系统的控制下，将滴头调制与液面的适宜高度后使药液滴入冷却液中，药液即会在表面张力的作用下收缩成丸。

图 6－19　自动化大型滴丸机示意图

【SOP 实例】

FLB－380 型变频立式风选机操作维护规程

1　操作前准备

1.1　检查设备清洁情况。

1.2　检查润滑凸轮、导柱是否需上润滑油。

1.3　风选机各出料口放置好料箱，接通总电源开关。

1.4　试开机运行，检查设备运转是否正常，有无异常声响。

2　操作过程

2.1　点动启动风选机，风机运行无阻卡现象。

2.2　启动风选机按钮，开启风选机。

2.3　开启输送机，上料，调节料斗抽板使上料适度，同时调节振动器旋钮使物料及时进入风箱。振动器进料速度应大于输送机上料速度，避免物料在振动器上积压。

2.4　按药物的轻重调节变频器旋钮，以改变风选机风量，使药物与杂质充分分离。

2.5　所有需风选的药物必须按除重法或除轻法选 2 次。

2.6　每批物料风选结束后，应记录好变频器上的读数，以便下次操作。

2.7　风选机在运行时，随时注意电动机的温度不得超过 65℃，滚动轴承的温度不得超过 70℃。

2.8　操作完毕，及时清理输送机下的回料，空机再运转数分钟，待输送机上的物料及风选机内的物料输尽后，先关闭输送机，待风机上的物料全部落入料箱，再关闭风选机控制开关，然后切断风选机总电源。

2.9　按风选机清洁规程对风选机进行清洁。

3　维护保养

3.1　操作人员必须严格遵守《FLB－380型变频立式风选机标准操作规程》。

3.2　指定专人对本机进行维护、保养。

3.3　各紧固部件每日检查、紧固一次。

3.4　输送带、电器部分每日检查、调整一次。

3.5　皮带每周调节一次。

3.6　内部传动部位每月检查、润滑一次。

3.7　电机每半年保养、检修一次。

3.8　整机每年全面检修一次。

3.9　维护、保养必须及时真实记录。

4　常见故障及排除方法

故　障	产生原因	排除方法
启动后机器不运行	电源线脱落或松动 电机烧坏 启动按钮接触片损坏	接好电源线 更换电机 更换接触片
物料在振动器上积压	振动器进料速度小于输送机上料速度	调整进料速度
药物和杂质分离不彻底	风速较低	调整风速

QWZL－300型剁刀式切药机操作维护规程

1　操作前准备

1.1　检查设备清洁情况。

1.2　检查润滑凸轮、导柱是否需上润滑油。

1.3　根据药材的大小，工艺饮片的要求，调整切药机档位。

1.4　调整切制档位按齿轮箱上方的“截断长度－齿轮档位配位表”。

1.5　试开机运行，检查设备动转是否正常，有无异常声响。

2　操作过程

2.1　接通切药机电源。

2.2　点动试机，无异常情况后启动电机。

2.3　将药材铺于切药机输送带上。

2.4　铺加药材时要均匀，更不能用手去挤压，以保证药材由输送带自然送至刀口处进行切片。

2.5　操作完毕，及时清理输送带，切药刀片，刀口处及转动部位的余料。

2.6　操作结束，关闭切药机。关机时，先关闭切药机控制开关，然后切断总电源。

2.7　按切药机机清洁规程对切药机进行清洁。

3　维护保养

3.1　操作人员必须严格遵守《QWZL－300型剁刀式切药机标准操作规程》。

3.2　指定专人对本机进行维护、保养。

3.3　定期对设备进行润滑。

3.4　各紧固部件每日检查、紧固一次。

3.5　输送带每日检查、调整一次。

3.6　电器部分每日检查、清扫一次。

3.7　刀片每日检查、更换一次。

3.8　内部传动部位每月检查、润滑一次。

3.9　电机每半年保养、检修一次。

3.10　整机每年全面检修一次。

3.11　维护、保养必须及时真实记录。

4　常见故障及排除方法

故　障	产生原因	排除方法
启动后机器不运行	电源线脱落或松动 电机烧坏 启动按钮接触片损坏	接好电源线 更换电机 更换接触片
刀片卷口或缺口	切药刀碰触到坚硬杂质	更换切药刀、去除杂质
皮带打滑	皮带松弛	调整皮带松紧

CY 型炒药机操作维护规程

1　操作前准备

1.1　检查设备清洁情况。

1.2　检查气供应情况。

1.3　检查润滑凸轮、导柱是否需上润滑油。

1.4　检查进气（液化气）胶管与调压阀（调液化气）的连接头是否漏气。

1.5　试开机运行，炒药机运行无障碍现象，再重新启动炒药机运行。

2　操作过程

2.1　接通炒药机电源。

2.2　点动试机，无异常情况后启动电机。

2.3　点火操作时，将液化气罐上的各档气阀关好，打开液化瓶控制阀，调压阀，将点火气阀打开后，开点火开关，调整至规定火候。

2.4　炒药机运转正常点火后，才可投入药材进行翻炒，在换倒顺转时一定要停稳炒药机，再开倒顺转。

2.5　炒药机除进出料外，运转时关好炒药锅口进出料的门。

2.6　停机时，关好液化瓶控制阀，待存气燃净后，再关闭 6 档气阀，筒体内物料全部出完后，让炒药机筒体空转 30min 左右再关闭电源停止运行。

2.7　按炒药机清洁规程对炒药机进行清洁。

3　维护保养

3.1　操作人员必须严格遵守《CY 型炒药机的标准操作规程》。

3.2　指定专人对本机进行维护、保养。

3.3　定期对设备进行润滑。

3.4　各紧固部件每日检查、紧固一次。

3.5　刀片每日检查、更换一次。

4　常见故障及排除方法

故障	产生原因	排除方法
启动后机器不转	电源线脱落或松动 电机烧坏 启动按钮接触片损坏	接好电源线 更换电机 更换接触片
蜗轮箱外壳发热有噪声	蜗轮箱内缺少机油	添加机油
炒药筒内侧变形	筒体加热时与铁棒等杂物碰撞	避免杂质进入筒体

多功能提取罐操作维护规程

1 操作前准备

1.1 检查投料门排渣门是否正常，是否顺利到位。

1.2 检查设备各机件、仪表是否完整无损，动作灵敏，各气路是否畅通。

1.3 检查排渣门是否有漏液现象。

1.4 填写并挂上运行状态卡。

2 操作过程

2.1 打开压缩空气阀，安排渣门关门按钮，关闭排渣门，然后安排渣门锁紧按钮，锁紧排渣门，关掉压缩空气阀。

2.2 用饮用水冲洗罐内壁、底盖，放掉。

2.3 按工艺要求加药材和饮用水，浸泡。

2.4 打开通冷凝器循环水，打开蒸汽阀门，升温加热，升温速度先快后慢，待温度升到所需温度时，调节蒸汽阀门，保持微沸至工艺要求时间，不断观察罐中动态，防止爆沸冲料。

2.5 当提取挥发油时，二次蒸汽通过冷凝、冷却后，油水进入油水分离器，轻油在分离器上部排出。

2.6 加热结束后，关闭蒸汽阀门，开启放料阀，放液。

2.7 放液后，按工艺要求进行第二次、第三次提取。

2.8 提取结束后，将出渣车开至使用罐下面，打开压缩空气阀，安排渣门脱钩按钮、打开出渣门按钮，开门放药渣。

2.9 用饮用水清洁提取罐及其管道。

3 维护保养

3.1 操作人员必须严格遵守《多功能提取罐的标准操作规程》。

3.2 经常检查安全阀、压力表、疏水阀、温度表，应确保设备安全运行。

3.3 压缩空气，过滤后才能使用。

3.4 各汽缸的进出口应接有足够长的调节软管，保证汽缸动作灵活。

3.5 定期检查各管路、焊缝、密封面等连接部位。

3.6 大修周期为一年，大修时所有传动部位滚动轴承需更换，或添加黄油。

全自动制丸机操作维护规程

1 操作前准备

1.1 检查生产指令与相关记录齐全，无与本批无关的文件及记录，无与本批无关的物料，无上次生产的遗留物。

1.2　操作间温度控制在18～26℃，相对湿度控制在45%～65%。

1.3　生产前检查生产场地及工具、设备、容器达到清场清洁规定的要求。

1.4　核对所制丸药坨的品名、批号、数量与指令相符。

1.5　制丸的药坨是否软硬适中、均匀，具有一定的可塑性。

1.6　制丸所用的设备完好。

1.7　计量器具清洁、完好，检定合格证在有效期内。

2　操作过程

2.1　合上配电箱的空气开关，控制板的电压表应显示220V。

2.2　按下变频调速控制器的总电源按钮，绿灯显示接通。

2.3　按下推条按钮，打开控制器电源开关，旋转调速钮，观察推进器的两桨叶向内旋转为正确方向。

2.4　再按下搓丸按钮。

2.5　手搓一条药条，放在悬滚上距光电管90mm为宜。

2.6　一条药条搓出的丸重超差时，应调节药嘴口径螺丝。

2.7　一条药条搓出丸之间的差异超出规范，应旋转变频调速控制器的调速钮，调节药条的流速。

2.8　药条粘辊，用热水清净药物后，涂植物油即可。

2.9　停机时把变频调速控制器的调速钮归零，关闭电源开关，关闭推条开关，关闭搓丸开关。

2.10　拉开空气开关，切断总电源。

3　维护保养

3.1　操作人员必须严格遵守《全自动制丸机的标准操作规程》。

3.2　经常检查推条器的传动三角带是否松动或损坏，及时处理。

3.3　检修时，所用的工具和螺钉，切勿放在承药坨盘上。

3.4　行星减速器运行1000h，换1次机油。

3.5　推进器齿轮箱每一年换一次钙基脂油。

3.6　经常检查刀刃是否锋利，刀刃与药嘴的间隙是否合适。

3.7　检查凸轮电磁铁中的铁芯触头是否超过凸轮端面。

4　常见故障及排除方法

故　障	产生原因	排除方法
丸型不圆	制丸刀没对正 药条粗细不均	对正制丸刀 更换出条口
剂量不准	药条粗细不均	更换出条口
粘刀	乙醇少或喷不出 制丸刀局部有毛刺	添加乙醇 去掉毛刺
乙醇喷不出	无乙醇或管路堵塞	加乙醇，清除堵塞

目标检测

一、单项选择题

1. 生产中发现变频立式风选机的物料在振动器上积压，产生的原因是（　　）
   A. 振动器进料速度小于输送机上料速度
   B. 振动器进料速度等于输送机上料速度
   C. 振动器进料速度大于输送机上料速度
   D. 电机损坏
2. 利用滚筒式洗药机清洗药材时，如何判断药材是否已清洗干净（　　）
   A. 正转滚筒　　B. 翻转滚筒
   C. 先正转后反转滚筒　　D. 观察出水口的水质
3. 剁刀式切药机不适合切（　　）种药材
   A. 叶类药材　　B. 块状药材
   C. 茎类药材　　D. 草类药材
4. 静态多功能提取罐不包含的部件是（　　）
   A. 搅拌桨　　B. 夹层
   C. 出渣门　　D. 上下移动轴
5. 只能用水作溶剂的提取方法是（　　）
   A. 煎煮法　　B. 渗漉法
   C. 回流提取法　　D. 超临界流体萃取法
6. 超临界流体萃取不具备的特点是（　　）
   A. 操作参数易于控制　　B. 溶剂可循环使用，
   C. 特别适合于分离热敏性物质　　D. 设备成本较低
7. 微波提取频率通常为（　　）
   A. 50MHz　　B. 254MHz
   C. 2450MHz　　D. 3000MHz
8. 通过空化效应、机械效应、热效应及乳化等作用完成有效成分提取的是（　　）
   A. 渗漉提取设备　　B. 微波提取设备
   C. 超临界提取设备　　D. 超声提取设备
9. 下列设备可用于泛制法制丸的是（　　）
   A. 全自动制丸机　　B. 滴丸机
   C. 捏合机　　D. 包衣机
10. 不能用塑制法生产出来的剂型是（　　）
    A. 蜜丸　　B. 浓缩丸
    C. 滴丸　　D. 水蜜丸
11. 利用全自动制丸机生产时如需改变丸的直径，则需更换（　　）
    A. 出条口　　B. 制丸刀

C. 导轮　　D. 出条口和制丸刀

12. 利用全自动制丸机生产时发现丸形不圆，下列各项不是导致其主要原因是（　）

A. 制丸刀没对正　　B. 丸坨过硬

C. 丸条粗细不均　　D. 制丸刀有缺损

二、简答题

1. 简述变频立式风选机除杂质的方法。
2. 简述卧式滚筒炒药机的结构和工作原理。
3. 图示并简述多级逆流提取设备的工作原理。
4. 简述热回流提取浓缩机组的工作原理。
5. 图示并简述超临界流体萃取工艺流程。
6. 简述滚筒式筛丸机的结构和工作原理。
7. 利用全自动制丸机生产时发现丸形不圆，请分析原因并给出相应解决办法。

第七章 其他常用药物制剂生产设备

知识目标

1. 掌握软膏剂、软胶囊剂、栓剂、膜剂的制备工艺。
2. 熟悉软膏、软胶囊生产设备的结构、原理。
3. 了解栓剂、膜剂生产设备的结构、原理。

技能目标

通过本章的学习，应培养阅读与其他制剂设备相关的技术资料的能力以及解决工程实际问题的技能。学会典型软膏制剂生产设备的操作、维护及保养方法。

第一节 软膏剂生产设备

一、软膏剂概述

软膏剂是指药物与油脂性或水溶性基质混合制成的均匀的半固体外用制剂。软膏剂按药物在基质中的分散状态不同，可分为溶液型软膏剂、混悬型软膏剂和乳剂型软膏剂。溶液型软膏剂是指药物溶解或共熔于基质组分中制成的制剂；混悬型软膏剂是指药物细粉均匀分散于基质中制成的软膏剂。乳膏剂系指药物溶解或分散于乳状液型基质中形成的均匀的半固体外用制剂。乳膏剂根据基质不同，分为 O/W 型乳膏剂和 W/O 型乳膏剂。另外还有一些特殊用途或特殊基质的软膏剂如糊剂、眼膏剂、凝胶剂等。

软膏剂一般起滋润、护肤、抗感染、止痒、止痛和保护等作用，这些作用要求药物作用于表皮或渗入皮下组织，主要用于局部疾病的治疗或皮肤的保护。软膏剂中的药物透皮吸收入体循环后，亦能产生全身治疗作用，如治疗心绞痛的硝酸甘油软膏等。

（一）软膏剂基质

软膏剂主要由药物和基质组成，基质是软膏剂形成和发挥药效的重要载体，软膏剂应根据作用要求、药物的性质、制剂的疗效和产品的稳定性等选用适宜的基质，基质的性质对软膏剂的质量、疗效、流变性、外观等都有很大影响。常用的软膏基质主要有三类：油脂性基质、乳剂型基质及水溶性基质。

1. 油脂性基质

油脂性基质主要包括烃类、类脂类和动、植物油脂等疏水性物质。

（1）烃类基质　是指从石油或页岩油中得到的各种烃的混合物，其中大部分属于饱和烃。常用的烃类基质有凡士林、液状石蜡与石蜡。

（2）类脂类　是指高级脂肪酸与高级脂肪醇化合而成的酯及其混合物，有类似脂肪的物理性质，但化学性质较脂肪稳定，并且具一定的吸水性能和表面活性作用，一般多与油脂类基质合用，常用的有羊毛脂、蜂蜡、鲸蜡等。

（3）油脂类　包括植物油、动物油，系来源于动、植物的高级脂肪酸甘油酯及其混合物，贮存过程中易分解、氧化和酸败。将植物油催化加氢制得的饱和或近饱和的氢化植物油稳定性好，不易酸败，亦可用作软膏基质。

（4）二甲硅油　简称硅油或硅酮，是一系列不同分子量的聚二甲基硅氧烷的总称。本品为一种无色或淡黄色的透明油状液体，无臭，无味，黏度随分子量的增加而增大。硅油化学性质稳定，具优良的疏水性，润滑作用好，对皮肤无刺激性，易清洗，常与其他油脂性基质合用制成防护性软膏，也可用于乳膏剂中起润滑作用。

2. 乳剂型基质

乳剂型基质与乳剂相似，由油相、水相和乳化剂组成。常用的油相多为固体，主要有硬脂酸、石蜡、蜂蜡、高级醇（如十八醇）等，有时为调节稠度加入液状石蜡、凡士林或植物油等。常用的乳剂型基质乳化剂有：肥皂类，主要有一价皂、有机胺皂和多价皂；脂肪醇硫酸（酯）钠类，常用的是十二烷基硫酸钠；高级脂肪醇及多元醇酯类，常用的是十六醇、十八醇、硬脂酸甘油酯、脂肪酸山梨坦与聚山梨酯、平平加O、乳化剂OP等。

3. 水溶性基质

目前最常用的水溶性基质主要是合成的聚乙二醇类高分子聚合物，此外，甘油明胶、纤维素衍生物类等也可作为水溶性基质。

（二）软膏剂制备方法

1. 软膏剂常用制备方法

软膏剂制备方法常用的有：研合法、熔合法、乳化法。

（1）研合法　软膏基质由半固体和液体组分组成或主药不宜加热，且在常温下通过研磨即能均匀混合时，可用此法。小量配制可采用乳钵，大量生产时用电动研钵。配制时先取药物与部分基质或适宜液体研磨成细糊状，再递加其余基质研匀。

（2）熔合法　软膏基质的熔点不同，在常温下不能均匀混合时可采用此法。大量生产时可用电动搅拌机或三滚筒软膏机。配制时先将熔点较高的基质熔化后，再加入其他低熔点的组分，最后加入液体组分。

（3）乳化法　将油溶性组分混合加热（水浴或夹层锅）熔融；另将水溶性组分溶于水，加热至与油相温度相近时（80℃左右）逐渐加入油相中，边加边搅，待乳化完全后，搅拌至冷凝。大量生产时常用真空均质乳化机进行。

2. 软膏剂中药物的处理及加入基质中的方法

（1）不溶性固体药物　应先制成细粉、极细粉或微粉，然后先与少量基质研匀，再逐渐递加其余基质并研匀，或将药物细粉加到不断搅拌下的熔融基质中，继续搅拌至冷凝。

（2）脂溶性药物用植物油提取　应加热提取，去渣后再与其他基质混匀，或用油与基质共同加热提取，去渣后冷凝即得。

（3）可溶性药物　水溶性药物与水溶性基质混合时，可直接将药物水溶液加入基质中；与油脂性基质混合时，一般应先用少量水溶解药物，以羊毛脂吸收，再与其余基质混匀，与乳剂基质混合时，在不影响乳化的情况下，可在制备时将药物溶于相应的水相或油相中；油溶性药物可直接溶解在熔化的油脂性基质中。

（4）中药浸出物　中药煎剂、流浸膏等药物，可先浓缩至膏状，再与基质混合。固体浸膏可加少量溶剂，如水、乙醇等使之软化或研成糊状，再与基质混匀。

（5）共熔成分　如樟脑、薄荷脑、麝香草酚等并存时，可先研磨使共熔后，再与冷至40℃左右的基质混匀。

（6）挥发性药物或热敏性药物　应使基质降温至40℃左右，再与药物混合均匀。

3. 软膏剂的质量检查

按照2010年版《中国药典》对软膏剂的质量检查的有关规定，除特殊规定外，应进行以下方面的质量检查。

（1）粒度　除另有规定外，混悬型软膏剂取适量的供试品，涂成薄层，薄层面积相当于盖玻片面积，共涂3片，照粒度和粒度分布测定法（附录Ⅸ E 第一法）检查，均不得检出大于180μm的粒子。

（2）装量　照最低装量检查法（附录Ⅹ F）检查，应符合规定。

（3）无菌　用于烧伤或严重创伤的软膏与乳膏剂，照无菌检查法（附录Ⅺ H）检查，应符合规定。

（4）微生物限度　除另有规定外，照微生物限度检查法（附录附录Ⅺ J）检查，应符合规定。

（三）软膏剂生产工艺流程

乳化法制备软膏剂的生产工艺见图7-1，虚线框内代表D级或C级以上洁净生产区域。

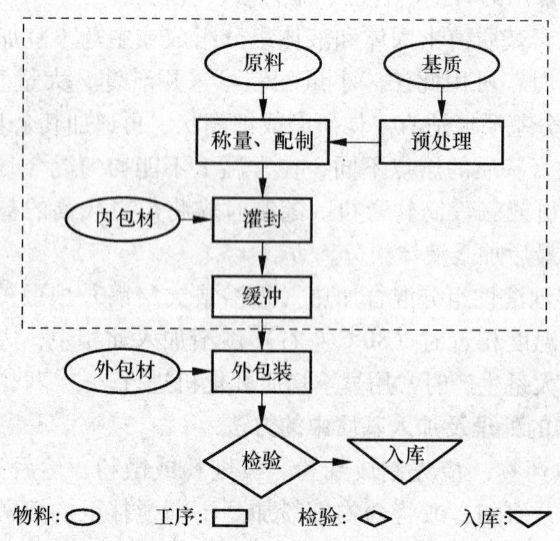

图7-1　乳化法制软膏的工艺流程

二、软膏剂生产设备

（一）软膏配制设备

按照制备软膏的基本要求，药物在基质中必须分布均匀，细腻，以保证药物剂量与药效。国内软膏的配制设备种类较少，目前在生产中应用的有胶体磨、单辊研磨机、三辊研磨机、ZRJ 型真空均质制膏机、ZRJ 型真空均质乳化设备等。

1. 胶体磨

胶体磨是利用高速旋转的转子和定子之间的缝隙产生强大剪切力使液体物料破碎被乳化的设备，如图 7－2。主要结构为带斜槽的锥形转子和定子组成磨碎面，转子与定子间的狭缝可根据尺寸调节。狭缝越小，通过磨面的粒子在高速转动的转子与定子之间剪切、研磨，而分散得更微细，胶体磨适于要求不高的乳剂制备。

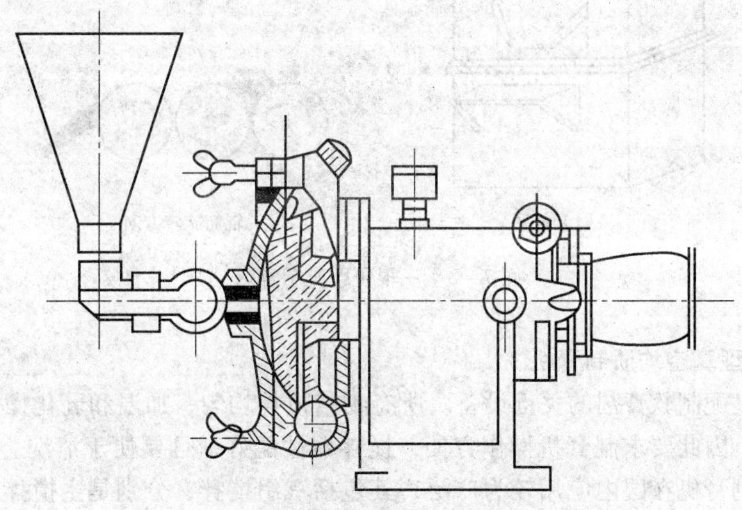

图 7－2　胶体磨工作原理示意图

胶体磨有立式和卧式两种：①卧式胶体磨的料液自水平轴向进入，通过转子和定子之间的缝隙被均化，在叶轮作用下，自出口排出；②立式胶体磨的料液自料斗的上口进入胶体磨，在转子和定子的间隙通过时均化，均化后的液体在离心盘的作用下自出口排出。

胶体磨的工作过程：转子由电动机带动作高速转动，转速可达每分钟 1 万转。控制料液调节阀，让料液从贮料筒中流入磨碎面，经磨碎后由出口管流出。在出口管上方有一控制阀，若一次磨碎的粒子粒度达不到规定要求时，可将阀关闭，使均化液体经管流回贮液筒，再反复研磨可得到 1～100nm 微细粒子。

2. 单辊研磨机

单辊研磨机的结构由可旋转的转筒与固定的研磨辊组成。研磨辊有两个研磨面，以倒 U 形与辊筒平行排列，用油压装置控制研磨面与辊筒间隙。

操作时，将溶化或软化的软膏基质与药物粉末初步搅拌混合后，加到已启动的转筒与研磨辊之间，物料附于辊筒表面旋转被剪切循环混合，研磨粉碎，最后经刮刀刮下可得成品。

3. 三辊研磨机

如图 7-3 所示，三辊研磨机的主要构造是由三个平行的辊筒和转动装置组成。在第一和第二辊筒之间有加料斗，辊筒间的距离可以调节，三个辊的转速各不相同，从加料处至出料处辊速依次加快，可使软膏从前面向后传进去，最后转入接收器中。物料在辊间被压缩、剪切、研磨而被粉碎混合，同时第三辊筒还可沿轴线方向往返移动，使软膏受到辊辗与研磨，使软膏更加均匀细腻。

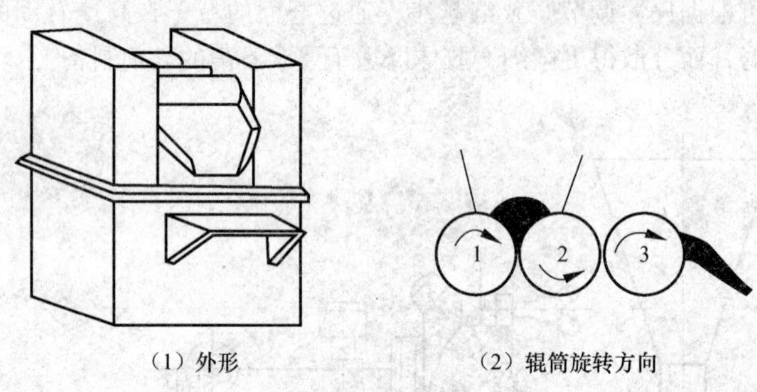

（1）外形　　（2）辊筒旋转方向

图 7-3　三辊研磨机示意图

4. ZRJ 型真空均质制膏机

制膏机是配制软膏剂的关键设备。所有物料搅拌均匀、加温和乳化操作均可在制膏机内完成。因此要求制膏机操作方便，搅拌器性能好，且要便于清洗。现阶段 ZRJ 型真空均质制膏机在国内应用较为广泛，其包括三组搅拌，分别是主搅拌、溶解搅拌和均质搅拌。主搅拌是刮板式搅拌器，装有可活动的聚四氟乙烯刮板，避免软膏黏附于罐壁而过热、变色，同时影响传热。主搅拌速度相对较慢，可起到混合软膏剂各种成分，且不影响软膏剂的乳化过程的目的。溶解搅拌速度相对较快，可快速将各种成分粉碎、搅混，有利于投料时固体粉末的溶解。均质搅拌高速转动，内带转子和定子起到胶体磨的作用，在搅拌叶的带动下，膏体在罐内上下翻动，把膏体中颗粒打细，搅拌均匀。这种制膏机制成的膏体细度在 2～15μm 之间，且大部分靠近 2μm，而原始的制膏罐所制膏体细度多在 20～30μm，故新型制膏机的膏体更为细腻，外观光泽度更高。

ZRJ 型真空均质制膏机的罐盖靠液压可自动升降，罐身可翻转 90°，利于出料和清洗。主搅拌转速能无级变速，在每分钟 5～20 转之间可随工艺需要调节。整机附有真空抽气泵，膏体经真空脱气后，可消除膏体中微泡，香料更能渗透到膏体内部。

如图 7-4 所示，ZRJ 型真空制膏机配有电气控制箱，可进行自动程序控制和记录，也可手控。

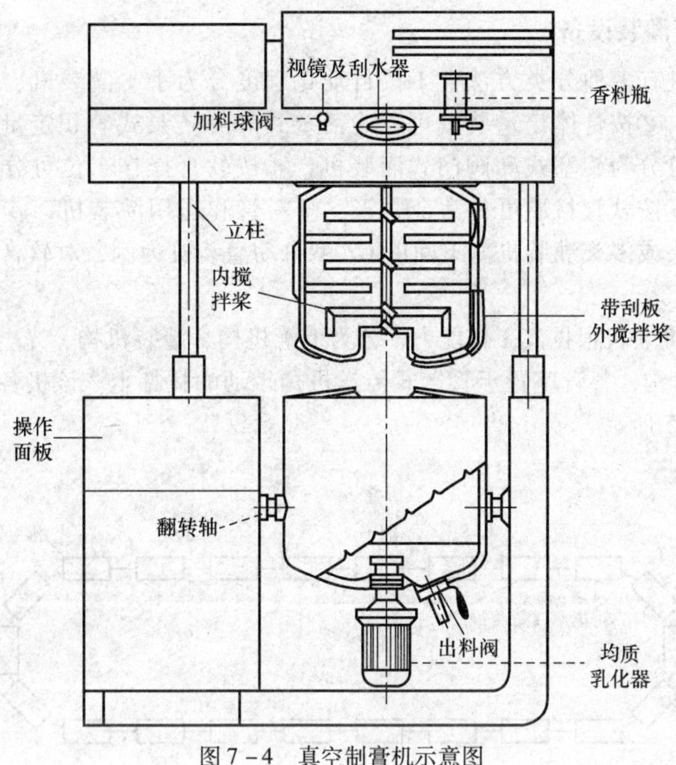

图 7－4　真空制膏机示意图

知识拓展

ZRJ 型真空均质乳化设备根据有效容积的大小分为 20 型、50 型、100 型、2000 型等，下面以 ZRJ－50 型真空均质乳化设备为例，进行介绍。

ZRJ－50 型真空均质乳化设备主要由主机和辅机组成。主机由主机架、均质搅拌锅、升降翻转倾倒机构、均质搅拌机构、真空系统、电气控制系统等所组成。其工作原理为，物料在均质锅内通过锅内搅拌上聚四氟乙烯刮板（刮板始终迎合锅形体，扫净挂壁黏料），不断产生新界面，再经过框式搅拌器的剪切、压缩、折叠，使其搅拌、混合而向下流往锅体下方的均质器处，物料再经过高速旋转的转子与定子之间所产生的强力的剪断、冲击、乱流等过程，物料在剪切缝中被切割，迅速破碎成 200nm ~ 2μm 的微粒。由于均质锅内处于真空状态，物料在搅拌过程中产生的气泡被及时抽走。

料锅盖为自动升降式。物料通过管道可在真空状态下直接吸入均质锅内。出料方式为均质锅底直接放料式，也可锅体倾倒式。通过对锅夹层内的介质进行加热来实现对物料的加温，加热温度通过控制面板上的温度控制仪设定调节。在夹层内接入冷却水即可对物料进行冷却，操作简单、方便。均质搅拌与桨叶搅拌可分开使用，也可同时使用。根据物料的属性的不同均质搅拌的时间长短可通过控制面板上的时间继电器设定调节。物料微粒化、乳化、混合、调匀分散等可于短时间内完成。与物料接触部位采用优质不锈钢材料，内表面镜面抛光处理，真空搅拌装置卫生清洁，符合 GMP 规范。

ZRJ－50 型真空均质乳化设备的操作方法：①打开电源；②将油水锅加入物料；③油水锅合盖；④油水锅加热搅拌；⑤均质锅合盖、关闭盖上其他阀门，打开真空阀门抽真空（吸料）；⑥均质锅加热并调节温度；⑦均质搅拌乳化，同时观测物料，当适宜时间时停止加热；⑧打开罐底放料。

（二）软膏灌装设备

软膏灌装机有多种分类方法：①按自动化程度分为手工灌装机、半自动灌装机和自动灌装机；②按膏体定量装置可分为活塞式和旋转泵式容积定量灌装机；③按膏体开关装置可分为旋塞式和阀门式灌装机；④按软膏操作工位可分为直线式和回转式灌装机；⑤按软管材质可分为金属管、塑料管和通用灌装机；⑥按灌装头数可分为单头、双头或多头灌装机。下面以 GZ 型自动灌装机为例，对软膏灌装设备进行介绍。

GZ 型自动灌装机根据其工作能力，分为上管机构、灌装机构、光电对位装置、封口机构和出管机构，各管座置于管链式传送机构带动的托杯上。该机各工位管座的俯视图，如图 7-5 所示。

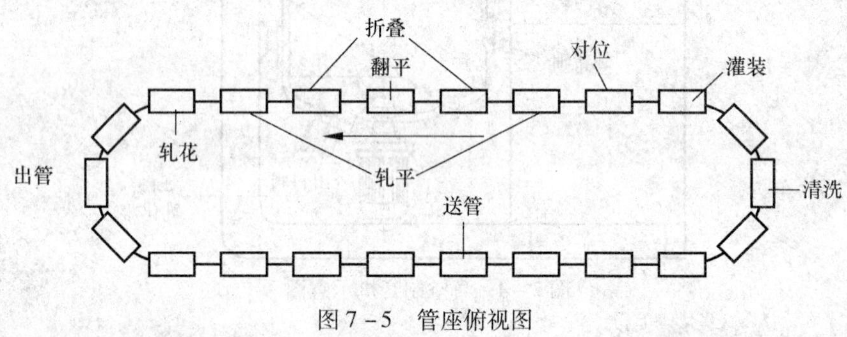

图 7-5　管座俯视图

1. 上管机构

由操作人员将空管放入两侧空管输送道。空管输送道可依据空管长度调节其宽度。空管在输送道的斜面下滑，出口处被挡板挡住，由进管抬高凸轮带动升高的杠杆，空管被杠杆上部的抬高头斜面作用，越过挡板，进入翻身器。翻身器由进料凸轮控制，通过翻身器连杆和摆杆，推动翻身器翻转 90°，空管以官尾朝上的方向滑入管座。管座链轨道上装有翻身器撞板，可调节距离，以保证空管从翻身器上正确的滑入管座。在测试时，只要将左侧保险销把手转过 90°，空管就停止进入翻身器，机器仍继续运转，空管不再送入管座，便于调节下面动作。

空管滑入管座，高低不一致，中心不吻合。此时压管机构工作，将空管插紧到管座，每只管座壁上有几块夹片和夹紧弹簧圈，将空管夹紧，固定在管座中心。这对保证后面各工位的正确工作非常重要。

2. 灌装机构

此机构确保膏体定量装入空管。灌装机构由升高头、释放环和探管装置、泵阀控制机构、活塞泵、吹气泵、料斗等部分所组成。

（1）管座被升高头在灌装位置上托起，升高头为保证升高动作稳定，两边嵌有永久磁铁，吸住管座。空管随管座上升，管尾套入喷嘴，同时抬起释放环。

（2）释放环和探管装置是防止没有管子时，膏体继续喷出，污染机器的装置。有空管在管座时，管子随管座升高，推高释放环约 5mm，通过挂脚带动带孔轴，压下释放环制动杆，其上面的滚轮将滚轮轨压下，与制动杆勾住。这样制动杆就可带动泵的冲程臂动作，再由泵冲程连杆带动活塞杆往前运动，活塞在活塞缸内挤压软膏实现灌装。管座上无空管时，尽管升高头依旧将管座升高，由于没有空管推动释放环，释放环不动作，滚轮没有压下，滚轮轨不与制动杆相勾。虽然制动杆随凸轮动作，但不能带动泵冲程臂动作，故不能灌装。灌装机构原理，如图7-6所示。

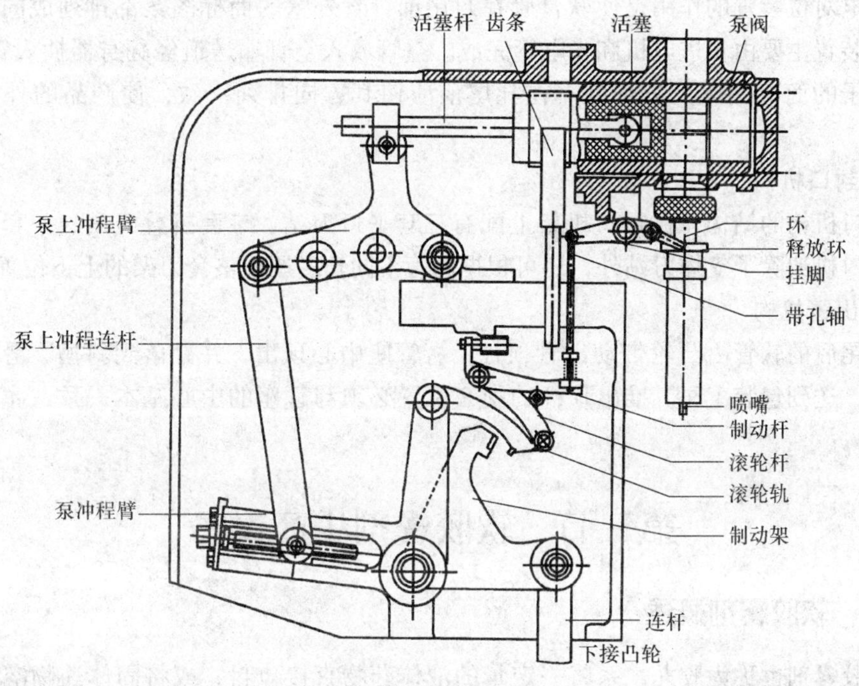

图7-6 灌装机构示意图

（3）泵阀控制机构 活塞泵一头接料斗进膏体，另一头通向灌装喷嘴。当活塞冲至最前位置时，泵冲程臂上的螺钉把捕捉器释放，捕捉器的转动臂撑住套筒，同时由于活塞转动凸轮使回转凸轮工作，使套筒上移，通过捕捉器的转臂，带动齿条一起上升，从而转动泵阀，将料斗出口与泵缸连通，活塞后退时，膏体即从料斗吸入活塞泵内。随后，活塞再向前推进，套筒随凸轮下移，齿条也随之下移，泵阀又朝相反方向转动，与料斗连通阀口关闭，泵缸与喷嘴连通阀口打开，膏体即由泵内从喷嘴压入管子里。活塞每完成一次往复运动，泵阀控制机构也即完成一次开关顺序，GZ型自动灌装机有两个活塞泵，可同时灌装两支软管。

当管座上没有空管时，释放环不动作，滚轮轴与制动杆处于脱开状态，泵冲程臂不动作，活塞杆停止运动，捕捉器仍被泵冲程臂上的螺钉挡住，捕捉器的转臂撑不到套筒，当套筒上移时，不能带动齿条运动，泵阀不转动，膏体不会再进入活塞缸内。

（4）活塞泵 活塞泵的作用是通过活塞的往复运动，把膏体吸入泵内，压出后灌进管子里。可以对活塞进程的微量调节，来达到调节灌装量的目的。

（5）吹气泵 在泵体两侧装有两个小活塞吹气泵。吹气泵的活塞杆随泵阀回转而向上推动，当灌装结束，开始回吸，同时泵阀的转动齿上拨快推进吹气泵的杆上滚轮，吹气泵和喷嘴连通，吹气泵中压缩空气吹向喷嘴，将余料吹净。

（6）料斗　料斗贮存配制合格的膏体，安放在活塞泵上方，与活塞泵进料阀门相通。它是由不锈钢材料制成的锥形斗。膏体黏度大时，料斗外壁装有电加热、恒温控制装置，保持膏体在一定黏度范围，便于灌装。

3. 光电对位装置

光电对位装置的作用是使软膏管在封尾前，管外壁的商标图案都排列成同一个方向。该装置主要由步进电机和光电管完成。空管放入空管输送道经翻身器插入管座时，每支管子的商标图案无方向性。在扎尾前应使其方向排列一致，使产品的外观质量提高。

4. 封口机构

封口机构的结构，在封口机架上配有三套平口刀站、二套折叠刀站、一套花纹刀站。封口机架除了支撑刀站外，还可根据软管不同长度调整整套刀架的上下位置。

5. 出管机构

封尾后的软管由凸轮带动出管顶杆，从管座中心顶出，并翻落到斜槽，滑入输出输送带，送到包装工序。推出顶杆的中心位置必须与管座的中心基本一致，才能顺利出管。

第二节　软胶囊剂生产设备

一、软胶囊剂概述

软胶囊剂也称为胶丸，系将一定量的液体药物直接包封，或将固体药物溶解或分散在适宜的赋形剂中制备成溶液、混悬液、乳浊液或半固体，用滴制法或压制法密封于软质囊材中的胶囊剂。

软胶囊的囊壳主要由明胶、增塑剂、水三者所构成，常用的增塑剂有甘油、山梨醇或两者的混合物，其他辅料如防腐剂（可用尼泊金类，用量为明胶量的0.2%～0.3%）、遮光剂、色素等。囊壳的弹性与干明胶、增塑剂和水所占的比例有关，通常干明胶、增塑剂、水三者的重量比为1∶（0.4～0.6）∶1，若增塑剂用量过低（或过高），则囊壁会过硬（或过软）。增塑剂的用量可根据产品主要销售地的气温和相对湿度进行适当调节，比如我国南方的气温和相对湿度一般较高，因此增塑剂用量应少一些，而在北方增塑剂用量应多一些。

软胶囊可填充对明胶无溶解作用或无影响明胶性质的各种油类、液体药物、半固体物，植物油一般作为药物的溶剂或混悬液的介质。必须注意的是：液体药物如含水量在5%以上或为水溶性、挥发性、小分子有机物，如乙醇、酮、酸、酯等，能使囊材软化或溶解，醛类药物可使明胶变性，以上种类的药物均不宜制成软胶囊。制备中药软胶囊时，应注意除去提取物中的鞣质，因鞣质可与蛋白质结合为鞣性蛋白质，使软胶囊的崩解度受到影响。液态药物pH以4.5～7.5为宜，否则易使明胶水解或变性，导致泄漏或影响崩解和溶出。常用的填充物介质有：植物油、PEG 400、乙二醇、甘油等。常用的助悬剂有：蜂蜡、1%～15% PEG 4000或PEG 6000。此外可添加抗氧剂、表面活性剂以提高其稳定性与生物利用度。

二、软胶囊剂生产设备

（一）滚模式软胶囊机

滚模式软胶囊压制机的工作原理是由主机两侧的胶皮轮和明胶盒共同制备的胶皮相对进入滚模夹缝处，药液通过供料泵经过导管注入楔形喷体内，借助供料泵的压力将药液及胶皮压入两滚模的凹槽中，由于滚模的连续转动，使两条胶皮呈两个半定义型药液包封于胶膜内，剩余的胶皮被切断分离成网状，俗称为胶网。其工作原理见图7－7。

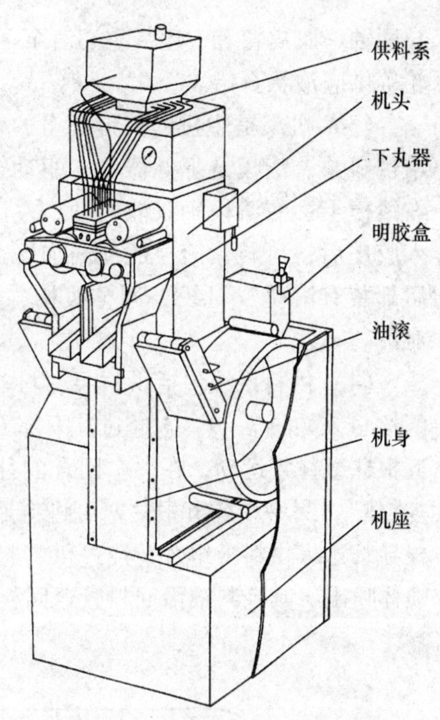

图7－7 滚模式软胶囊机原理

滚模式软胶囊机成套设备是由软胶囊压制主机（以下简称主机）、输送机、干燥机、电控柜、明胶桶和料桶等部分组成，关键设备是主机。

1. 主机

主机由机座、机身、机头、供料系统、油滚、下丸器、明胶盒、润滑系统组成，如图7－8。

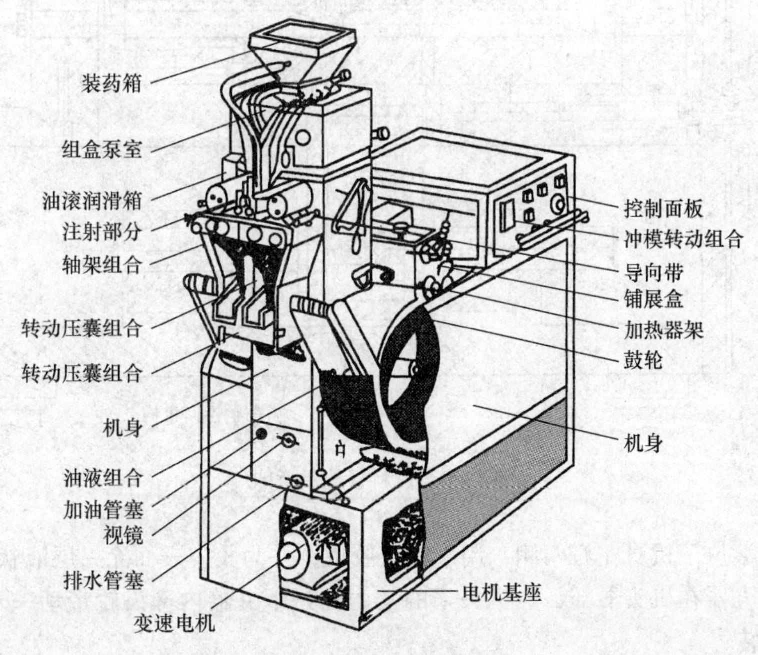

图7－8 滚模式软胶囊机结构图

（1）机座用来支撑全机。内装一台电机，是主机的动力源。通过电控柜中的变频器进行变频调速，使滚模转速可在每分钟0～5转范围无级调速，并显示数字。机座下部装有4个千斤顶用于调平主机。

（2）机身置机座上，内装蜗轮蜗杆等传动系统，将电机的动力分配给机头、油滚、拉网轴、胶皮轮等，还装有润滑泵一台，以便向主机各部位的轴承（不含供料泵），齿轮等供应液状石蜡。

（3）机头是主机的关键部分，由机身传来的动力通过机头内部的齿轮系再分配给供料泵、滚模及下丸器等，驱动这些部件协调运动。两个滚模分别装在机头的左右滚模上，右滚模轴只能转动，左滚模轴即可转动又可横向水平运动。当滚模间装入胶皮后，可转紧滚模的侧向加压旋钮，将胶皮均匀的压紧于两个滚模之间。机头后部装有滚模“对线”调整机构，用来调整右滚模转动，使左右滚模上的凹槽一一对准。

（4）供料系统包括供料泵、料斗、进料管、回料管、供料板等。供料泵是供料系的核心，如图7-9。它通过其下部方轴传递的动力可将供料泵中“本体”左右两端各五根柱塞往复运动，在一个回合的往复运动中，一端的五根柱塞可将料斗中料液吸入“本体”，另一端的五根柱塞可将料液打出“本体”，再通过供料泵上部供料板两侧各五根导管送入供料板组合，经过供料板组合中的分流板分配后，部分或全部料液从楔形喷体喷出，其余料液沿回料管返回料斗。

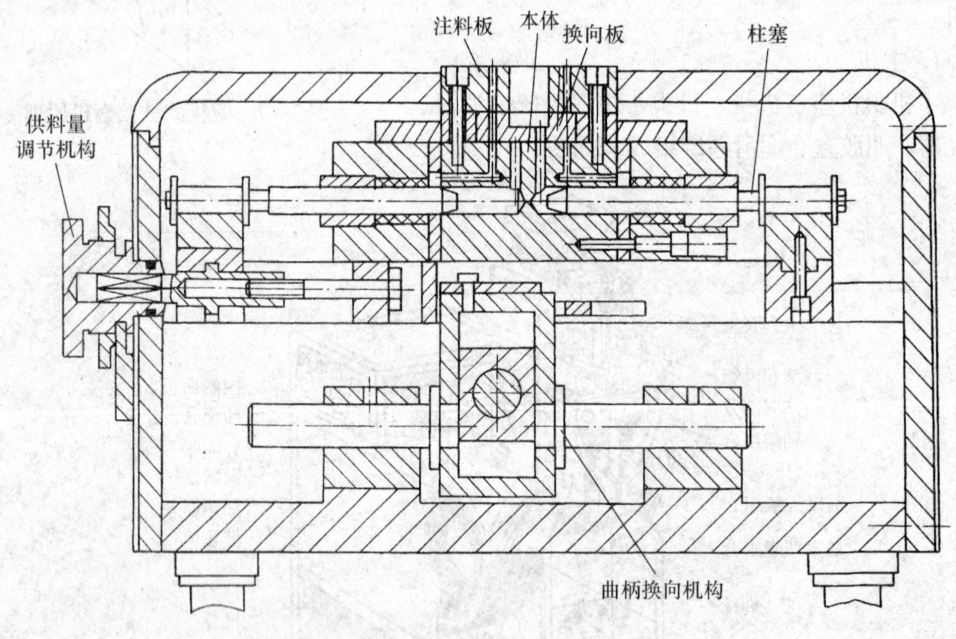

图7-9　供料系统示意图

（5）油滚位于机身左右两侧，用来输送胶皮，并为胶皮表面涂一层液状石蜡。

（6）下丸器在机头下部，经机头来的动力通过下丸器内部齿轮带动一对六方轴和一对毛刷旋转。

（7）明胶盒上装有两个电加热管和一个温度传感器，用途是将明胶液分别均匀涂敷在两个旋转的胶皮轮上而形成胶皮。

2. 输送机

输送机用来输送软胶囊。它由机架、电机、链轮链条、传送带和调整机构等组成。调整机构可用来张紧不锈钢丝编制的传送带，传送带向左运动时可将压制合格的胶囊送入干燥机内，向右运动时则可将废胶囊送入废囊箱中。

3. 干燥机

干燥机用来将合格的软胶囊经过输送机后进行第一阶段的干燥和定型。干燥机由用不锈钢丝制成的转笼、电机、支撑板等组成。转笼正转动时胶囊留在笼内滚动，反转时胶囊可以从一个转笼自动进入下一个转笼。鼓风机装在干燥机的顶部，通过风道向各个转笼输送净化的室内风。

4. 电控柜

电控柜装有控制和显示软胶囊机工作状态的电器系统和仪表。

5. 明胶桶

明胶桶是用不锈钢焊接而成三层容器，桶内盛装制备好的明胶液，夹层中盛纯化水并装有加热器和温度传感器，外层为保温层。装在明胶桶下部的温控仪用来自动控制和显示夹层水温。打开底部球阀，胶液可自动流入明胶盒。

6. 料筒

用来贮存制备好的料液，打开底部球阀，料液自动流进料斗内。

（二）滴制式软胶囊机

滴制式软胶囊机是将明胶液与油状药物通过喷嘴滴出，使明胶液包裹药液后滴入不相混溶的冷却液中，凝成的丸状无缝的软胶囊的设备。滴制式软胶囊机主要由4部分组成，分别是滴制部分、冷却部分、电气控制部分、干燥部分，其结构和工作原理如图7-10所示。

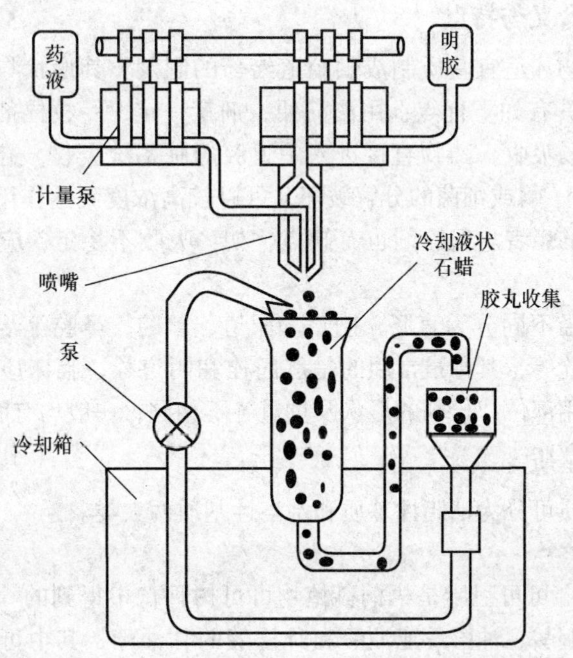

图7-10 软胶囊滴丸机的结构和工作原理

（1）滴制部分 将油状药液及熔融的明胶通过喷嘴制成软胶囊。由贮槽、计量、喷嘴等组成。

（2）冷却部分　有冷却循环系统、制冷系统组成。

（3）电气自控系统　（略）。

（4）干燥部分。

滴制式软胶囊机的工作原理为：明胶液由明胶、甘油和纯化水按一定比例配制而成。明胶液贮槽外设有可控温电加热装置，以使明胶液保持熔融状态。药液贮槽外也设有可控温电加热装置，其目的是控制适宜的药液温度。工作时，一般将明胶液的温度控制在75～80℃，药液的温度宜控制在60℃左右。药液和明胶液由活塞式计量泵完成定量，常用三活塞计量泵。冷却柱中的冷却液通常为液状石蜡，其温度一般控制在13～17℃。在冷却箱内通入冷冻盐水可对液状石蜡进行降温。由于液状石蜡由循环泵输送至冷却柱，其出口方向偏离柱心，故液状石蜡进入冷却柱后即向下作旋转运动。工作时，明胶液和油状药液分别由计量泵的活塞压入喷嘴的外层和内层，并以不同的速度喷出。当一定量的油状药液被定量的明胶液包裹后，滴入冷却柱。在冷却柱中，外层明胶液被冷却液冷却，并在表面张力的作用下形成球形，逐渐凝固成胶丸。胶丸随液状石蜡流入过滤器，并被收集于滤网上。所得胶丸经清洗、烘干等工序后即得成品软胶囊制剂。

第三节　栓剂生产设备

一、栓剂概述

（一）栓剂的含义与特点

栓剂系指将药物和适宜基质制成供腔道给药的制剂。其形状与重量因使用腔道不同而异。栓剂主要具有如下优点：用法简便；剂量一定，一枚栓剂为一次剂量；应用较广的肛门栓经直肠吸收，药物直接进入中下腔静脉系统吸收，避免了肝脏的首过效应；不受胃肠道pH、酶或细菌的分解破坏，可以较高浓度到达作用部位；适用于不能或者不愿口服给药的患者。但栓剂也有缺点，如：吸收不稳定，应用时不如口服剂型方便等。

栓剂按给药途径不同分为直肠、阴道、尿道、口腔、鼻腔等给药的栓剂，如肛门栓、阴道栓、尿道栓等，其中最常用的是肛门栓和阴道栓，临床应用已有近百年的历史。为适应机体应用部位，栓剂的形状及重量各不相同，一般均有明确规定。

（二）栓剂的基质

常用的栓剂基质可分为油脂性基质和水溶性基质两大类。

1. 油脂性基质

（1）可可豆脂　可可豆脂是梧桐科植物可可树种仁中得到的一种固体脂肪。主要是含有硬脂酸、棕榈酸、油酸、亚油酸和月桂酸的甘油酯，其中可可碱的含量可高达2%。可可豆脂为白色或淡黄色、脆性蜡状固体。有α、β、β′、γ四种晶型，其中以β型最稳定，熔点为34℃。通常应缓缓升温加热待熔化至2/3时，停止加热，让余热使其全部熔化，以避免晶体转型。每100g可可豆脂可吸收20～30g水，若加入5%～10%的吐温可增加吸水量，且还有助于药物混悬于基质中。

（2）半合成或合成脂肪酸甘油酯　系由游离脂肪酸，经部分氢化再与甘油酯化而得的三酯、二酯、一酯混合物，即称半合成脂肪酸酯。这类基质化学性质稳定，成形性良好，具有保湿性和适宜的熔点，不易酸败，目前为取代天然油脂的较理想的栓剂基质。国内已生产的有半合成椰油酯、半合成山苍子油酯、半合成棕榈油酯、硬脂酸丙二醇酯等。

2. 水溶性基质

（1）甘油明胶　明胶、甘油、水按 70∶20∶10 的比例在水浴上加热融合，蒸去大部分水，放冷后凝固而成。多用作阴道栓剂基质，起局部作用。其优点是有弹性、不易折断，且在体温下不熔化，但塞入腔道后能软化并缓慢地溶于分泌液中，使药效缓和而持久。其溶解度与明胶、甘油、水三者的比例量有关，甘油和水含量越高越易溶解，且甘油也能防止栓剂干燥。

（2）聚乙二醇类（PEG）　无生理作用，遇体温不熔化，但能缓缓溶于体液中而释放水溶性药物，亦能释放脂溶性药物。吸湿性较强，受潮容易变形，所以 PEG 基质栓应储存于干燥处。

（3）聚氧乙烯（40）单硬脂酸酯类　系聚乙二醇的单硬脂酸酯和二硬脂酸酯的混合物，并含有游离乙二醇，呈白色或微黄色，无臭或稍有脂肪臭味的蜡状固体。熔点为 39～45℃；可溶于水、乙醇、丙酮等，不溶于液状石蜡。商品代号为 S－40。

栓剂的处方中，根据不同目的需加入一些附加剂。

（1）硬化剂　若制得的栓剂在贮藏或使用时过软，可加入适量的硬化剂，如白蜡、鲸蜡醇、硬脂酸、巴西棕榈蜡等调节硬度。

（2）增稠剂　当药物与基质混合时，因机械搅拌情况不良或生理上需要时，栓剂制品中可酌加增稠剂，常用的增稠剂有：氢化蓖麻油、单硬脂酸甘油酯、硬脂酸铝等。

（3）乳化剂　当栓剂处方中含有与基质不能相混合的液相时，特别是在此相含量较高时（大于 5%），可加入适量的乳化剂。

（4）吸收促进剂　起全身治疗作用的栓剂，可加入吸收促进剂以增加直肠黏膜对药物的吸收。常用的吸收促进剂有表面活性剂、氮酮（Azone）等，此外尚有氨基酸乙胺衍生物、乙酰醋酸酯类、β－二羧酸酯、芳香族酸性化合物，脂肪族酸性化合物也可作为吸收促进剂。

（5）着色剂　可选用脂溶性着色剂，也可选用水溶性着色剂，但加入水溶性着色剂时，必须注意加水后对 PH 和乳化剂乳化效率的影响，还应注意控制脂肪的水解和栓剂中的色移现象。

（6）抗氧剂　对易氧化的药物应加入抗氧剂，如叔丁基羟基茴香醚（BHA）、叔丁基对甲酚（BHT）、没食子酸酯类等，以延缓主药的氧化速度。

（7）防腐剂　当栓剂中含有植物浸膏或水性溶液时，可使用防腐剂和抗菌剂，如对羟基苯甲酸酯类。

（三）栓剂的制备

基本制备技术有冷压法、热熔法与搓捏法。

1. 冷压法

主要用于油脂性基质栓剂。方法是先将基质磨碎或锉成粉末，再与主药混合均匀，装于压栓机中，在配有栓剂模型的圆桶内，通过水压机或手动螺旋活塞挤压成型。冷压法避免了加热对主药或基质稳定性的影响，不溶性药物也不会在基质中沉降，但生产效率不高，成品中往往夹带空气而不易控制栓重。

2. 热熔法

应用最广泛。其生产工艺如图 7－11，将计算量的基质在水浴上加热熔化，然后将药物粉末与等重已熔融的基质研磨混合均匀，最后再将全部基质加入并混匀，倾入涂有润滑剂的模孔中至稍溢出模口为度，冷却，待完全凝固后，用刀切去溢出部分。开启模具，将栓剂推出，包装即得。为避免过热，一般在基质熔达 2/3 时即应停止加热，适当搅拌。熔融的混合物在注模时应迅速，并一次注完，以免发生液层凝固。小量生产采用手工灌模方法，大量生产则用机器操作。

热熔法制备栓剂过程中药物的处理与混合应注意的问题有：①油溶性药物可直接溶于已熔化的基质中；②中药材水提浓缩液或不溶于油脂而溶于水的药物可直接与熔化的水溶性基质混合；或先加少量水溶解，再以适量羊毛脂吸收后与基质混合；③难溶性固体药物，一般应先粉碎成细粉（过六号筛）混悬于基质中；④能使基质熔点降低或使栓剂过软的药物在制备时，可酌加熔点较高的物质如蜂蜡等予以调整。

模孔内涂的润滑剂通常有两类：①脂肪性基质的栓剂，常用软肥皂，甘油各一份与 95% 乙醇五份混合所得；②水溶性或亲水性基质的栓剂，则用油性为润滑剂，如液状石蜡或植物油等。有的基质不粘模，如可可豆脂或聚乙二醇类，可不用润滑剂。

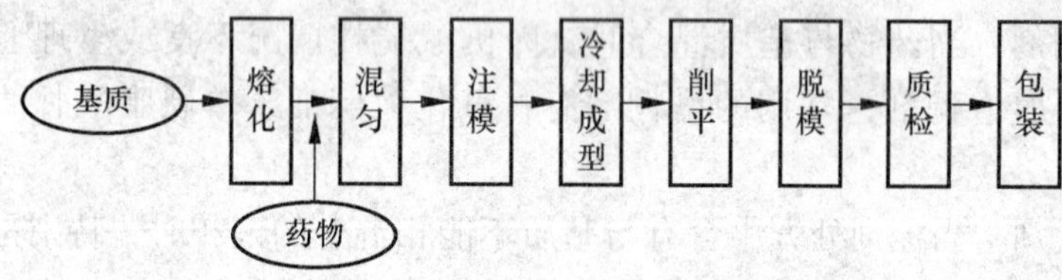

图 7－11　栓剂生产制备工艺流程图

3. 搓捏法

取药物的细粉置乳钵中加入约等量的基质挫成粉末研匀后，缓缓加入剩余的基质制成均匀的可塑性团块，必要时可加入适量的植物油或羊毛脂以增加可塑性。再置瓷板上，用手隔纸搓擦，轻轻加压转动滚成圆柱体并按需要量分割成若干等份，搓捏成适宜的形状。此法适用于小量临时制备，所得制品的外形往往不一致，不美观。

二、栓剂生产设备

（一）栓剂配料设备

工业中最常用的且较为先进的栓剂配料设备是 STZ－Ⅰ型高效均质机。该设备是双击灌装前的主要混合设备。主要用于药物与基质按比例混合、搅拌、均质、乳化，是配料罐的替代产品。

该设备工业原理是基质与药物在夹层保温罐内，通过高速旋转的特殊装置，将药物与基质从容器底部连续吸入转子区，在强烈剪切刀作用下，物料从定子孔中抛出，落在容器表面改变方向落下，同时新的物料被吸进转子区，开始一个新的工作循环。该设备结构简单，适用于不同物料混合，且混合均匀。药物与基质混合充分，使栓剂成型后不分层，有利于提高生物利用度。灌注时不产生气泡和药物分离。与药物接触部件为不锈钢材质，符合 GMP 要求。

（二）栓剂灌封设备

1. 自动旋转式制栓机

自动旋转式制栓机如图 7 - 12 所示。工作时，先将栓剂软材注入加料斗，斗中保持恒温并持续搅拌，模型的润滑通过涂刷或喷雾来进行，灌注的软材应满盈，软材凝固后，削去多余部分。填充和刮削装置的温度均由电热控制，冷却系统的调节可按栓剂软材的不同通过调节冷却台的转速来完成。当凝固的栓剂转至抛出位置时，栓模随即打开，栓剂被推杆推出，栓模又闭合，然后转移至润滑剂喷雾装置处进行润滑，再开始新的周转。自动旋转式制栓机的生产速度可按最适宜的连续自动化的生产要求来调整，一般为每小时 3500 ~6000 粒。

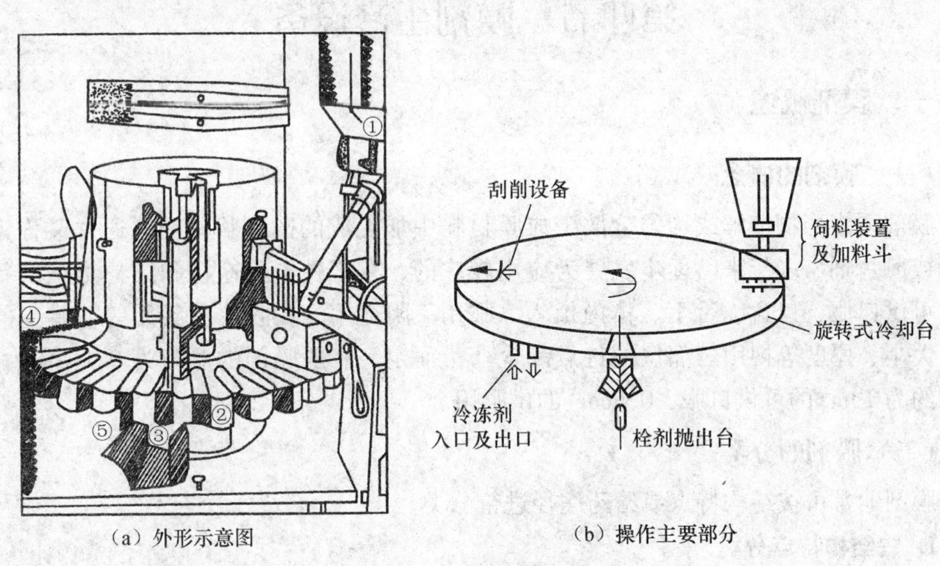

（a）外形示意图　　（b）操作主要部分

图 7 - 12　自动旋转式制栓机

2. BZS - Ⅰ型半自动栓剂灌封机组

BZS - Ⅰ型半自动栓剂灌封机组可自动完成灌注、低温定型、封口整型和单板剪断等过程，生产速度一般为每小时 3000 ~6000 粒。操作时，先将配好的药液灌入贮液桶内，贮液桶设有恒温系统、搅拌装置及液面观察装置。药液经蠕动泵打入计量泵内，然后由 6 个灌注嘴同时进行灌注，且自动进入低温定型部分，实现液态到固态的转化，最后进行封口、整型及剪断成型。

BZS - Ⅰ型半自动栓剂灌封机组的特点：①采用可编程控制器，自动化程度高，可适应各种形状、不同容量的栓剂生产；②采用特殊计量结构，计量准确，灌注精度高，耐磨损，不滴药，可用于灌注难度较大的明胶基质和中药制剂；③采用加热封口和整型技术，栓剂表面平整、光滑；④配有蠕动泵连续循环系统，保证停机时药液不凝固。

3. ZS－U型全自动栓剂灌封机组

ZS－U型全自动栓剂灌封机组适应于各种基质、各种形状及各种黏度的植物药品和化学药品的栓剂生产，生产速度一般为每小时6000～10000粒。其工作过程是成卷的塑料片材经栓剂制壳机正压吹塑成型后自动进入灌注工序，此时已搅拌均匀的药液由高精度计量泵自动灌注空壳，然后被剪成多条等长的片段，经过一段时间的低温定型，实现液态到固态的转化，变成固体栓粒，最后经过整型、封口、打批号和剪切工序制成成品栓剂。

ZS－U型全自动栓剂灌封机组的特点：①采用可编程控制和工业级人机界面操作，自动化程度高，温度控制精度高，调节方便，运行平稳，动作可靠；②采用插入式灌注，位置准确，计量精度高，不挂壁，不滴药，可用于灌注难度较大的明胶基质和中药制剂；③贮液桶容量大，设有搅拌、恒温及液面自动控制装置；④配有循环供液与管路保温装置，保证停机时药液不凝固，且装药液位置低，占地面积小，减轻操作人员劳动强度，便于操作。

第四节　膜剂生产设备

一、膜剂概述

（一）膜剂的概念

膜剂系指药物溶解或均匀分散于成膜材料中加工成的薄膜状制剂，通常又称为薄膜剂或薄片剂。多年来已逐步发展为应用较广的、有多种给药途径和结构类型的新剂型。可供口服、口含、舌下、体内植入、眼用、阴道用、皮肤及黏膜用等。膜剂的形状、大小、厚度等视用药部位的特点和含药量而定。一般膜剂的厚度为0.1～0.2μm，面积约为1cm^{2}的可供口服，0.5cm^{2}的供眼用。

（二）膜剂的分类

膜剂通常可按结构特点或给药途径进行分类。

1. 按结构特点分类

单层膜剂、多层膜剂（又称复合膜剂）和夹心膜剂（缓释或控释膜剂）等。

2. 按给药途径分类

内服膜剂、口腔用膜剂（包括口含、舌下给药及口腔内局部贴敷）、眼用膜剂、皮肤及黏膜用膜剂等。

（三）成膜材料及辅料

膜剂的成型关键是选好成膜材料。

1. 成膜材料及辅料的要求

（1）本身无毒、无刺激性，不影响机体的生理功能，长期使用无致畸、致癌等有害作用。

（2）性质稳定，与药物不起作用、不影响主药的释放和疗效，无不良臭味。

（3）成膜和脱膜性能好，有适当的强度和柔韧性。

2. 常用的成膜材料

目前主要使用天然或合成的高分子物质。天然的有明胶、阿拉伯胶、虫胶、琼脂、海藻酸及其盐、淀粉、糊精、玉米朊、纤维素衍生物等；合成的高分子成膜材料有聚乙烯醇（PVA）、聚乙烯醇缩乙醛、聚乙烯吡咯烷酮（PVP）、乙烯－醋酸乙烯共聚物、甲基丙烯酸酯一甲基丙烯酸共聚物等。在生产上大多采用成膜性能好，柔韧性、吸湿性和水溶性较好的聚乙烯醇。

聚乙烯醇是由醋酸乙烯酯聚合后，经氢氧化钾醇溶液降解制得的高分子化合物，聚乙烯醇的毒性和刺激性都很小，对眼球有湿润和保护作用，口服后在消化道很少吸收。国内生产的聚乙烯醇有05－88和17－88等规格，平均聚合度分别为500～600和1700～1800，以“05”和“17”表示。两者醇解度均为88%±2%，以“88”表示。其中聚乙烯醇05－88聚合度小，水溶性大，柔韧性差；聚乙烯醇17－88聚合度大，水溶性小，柔韧性好。两者以适当比例（如1∶3）混合使用则能制得很好的膜剂。经验证明成膜材料中在成膜性能、膜的抗拉强度、柔韧性、吸湿性和水溶性等方面，均以聚乙烯醇为最好，是目前国内最常用的成膜材料。

（四）膜剂的制备

1. 匀浆制膜法

该法又称涂膜技术、流涎技术，此法是目前国内制备膜剂常用的方法。先将成膜材料溶解于适当溶剂中，再将药物及附加剂溶解或分散在上述成膜材料溶液中制成均匀的药浆。浆液静置除去气泡，涂膜、烘干，根据药物含量确定单剂量的面积，再按单剂量面积切割、包装。干燥、脱膜、主药含量测定、剪切包装等，最后制得所需膜剂。匀浆制膜技术生产工艺流程如图7－13。

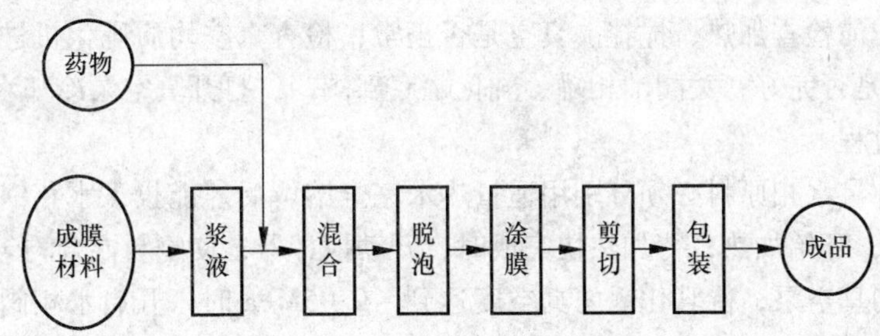

图7－13　匀浆制膜技术生产工艺流程图

2. 热塑制膜法

该法是将药物细粉和成膜材料颗粒相混合，用橡皮滚筒混炼，热压成膜，随即冷却、脱膜；或将成膜材料如聚乳酸、聚乙醇酸等加热熔融，在热融状态下加入药物细粉，使二者混合均匀，在冷却过程中成膜。

3. 复合制膜法

该法是以不溶性的热塑性成膜材料为外膜，分别制成具有凹穴的底外膜带和上外膜带，另用水溶性成膜材料用匀浆制膜法制成含药的内膜带，剪切后置于底外膜带凹穴中；也可用易挥发性溶剂制成含药匀浆，定量注入到底外膜带凹穴中，经吹风干燥后，盖上上外膜带，热封即得。这种方法需一定的机械设备，一般用于缓释膜剂的制备。

二、膜剂生产设备

最常用的膜剂生产设备是涂膜机，其基本结构如图7－14所示，涂膜机的工作原理是将已经调节好的含有药物膜料黏稠液倒入加料斗中，通过可以调节流量的流液嘴，将膜液以一定的宽度和恒定的流量涂于抹有脱膜剂的不锈钢循环传送带上，经过热风干燥迅速成膜，之后将药膜从传送带上剥落，由卷膜盘将药膜带入烫封在聚乙烯薄膜或涂塑铝箔、金属箔等包材中，根据剂量热压或冷压划痕成单剂量的分格，再进行包装即可。涂膜机制膜时，应注意料斗保温和搅拌，以使匀浆温度一致和避免不溶性药粉在匀浆中沉降。在脱膜、内包装、划痕的过程中，由于药膜带的拉伸，会造成剂量的差异，可考虑采用拉伸比较小的纸带为载体。

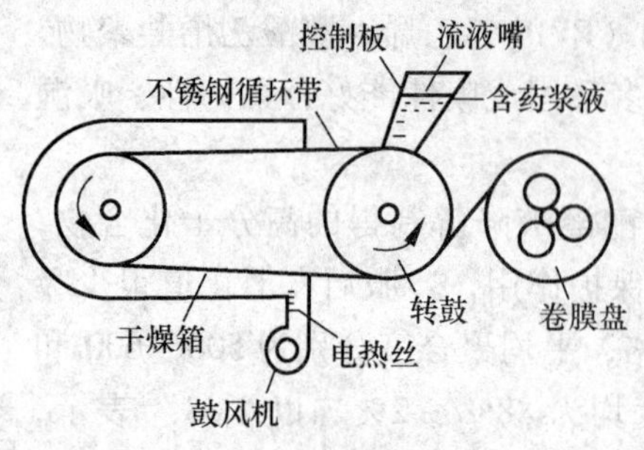

图7－14 涂膜机示意图

【SOP 实例】

ZJR－30型真空均质乳化机操作维护规程

1 操作前准备

1.1 撤下“清场合格证”挂上“生产运行”标志（房间、设备）。

1.2 检查配制容器、用具是否清洁干燥，必要时用75%乙醇溶液对乳化罐、油相罐、配制容器、用具进行消毒。

1.3 检查水、电供应正常，开启纯化水阀放水10min。

1.4 操作前检查加热、搅拌、真空是否正常；检查真空均质乳化机进料口上的过滤器的过滤网是否完好；关闭油相罐、乳化罐底部阀门，打开真空泵冷却水阀门。

2 操作过程

2.1 经称量水相原料必须分别用适量热水完全溶解后才能投入水相锅中。油相物料投入油相锅，开始加热，待加热快完成时，开动搅拌器，使物料混合均匀。

2.2 开动真空泵，待乳化锅内真空度达到－0.05MPa时，开启水相阀门，待水相吸进一半时，关闭水相阀门。

2.3 开启油相阀门，待油相吸进后关闭油相阀门。

2.4 开启水相阀门直至水相吸完，关闭水相阀门，停止真空系统。

2.5 开动乳化头10min后停止，开启刮板搅拌器及真空系统，当锅内真空度达－0.05MPa时，关闭真空系统。开启夹套阀门，在夹套内通冷却水冷却。

2.6 待乳剂制备完毕后，停止刮板搅拌，开启阀门使锅内压力恢复正常，开启压缩空气排出物料。

2.7 将乳化锅夹套内的冷却水放掉。

3 维护保养

3.1 乳化锅内没有物料时严禁开动乳化头，以免空转损坏。

3.2 经常检查液体过滤器滤网是否完好并经常清洗，以免杂质进入乳化锅内，确保乳化头正常运行。

3.3　往水相锅和油相锅投料时应小心，不要将物料投在搅拌轴或桨叶上。

4　常见故障及排除方法

4.1　乳化锅内物料沸腾：真空度过高，降低真空度。

4.2　乳化头卡死：物料过稠，应立即关闭电源，检修乳化头，根据故障原因重新处理物料。

4.3　真空度不能达到要求：机械密封老化或阀门未关严，检查机器的机械密封及各阀门，重新关严或更换失效部件。

目标检测

一、单项选择题

1. 下列不属于软膏剂配制设备的有（　　）

A. 胶体磨　　B. 单辊研磨机

C. 三辊研磨机　　D. ZRJ 型真空均质制膏机

E. 封尾机

2. 下列软膏灌装机的分类方法中，按自动化程度分的是（　　）

A. 旋塞式和阀门式软膏灌装机

B. 单头、双头或多头灌装机

C. 手工灌装机、半自动灌装机和自动灌装机

D. 直线式和回转式灌装机

E. 活塞式和旋转泵式容积定量灌装机

3. 下列关于 GZ 型自动灌装机的灌装机构叙述错误的是（　　）

A. 灌装机构由升高头、释放环和探管装置、泵阀控制机构、活塞泵、吹气泵、料斗等部分所组成

B. 释放环和探管装置是防止没有管子时，膏体继续喷出，污染机器的装置

C. GZ 型自动灌装机有两个活塞泵，可同时灌装两支软管

D. 料斗贮存配制合格的膏体，安放在活塞泵下方

E. 可以对活塞进程的微量调节，来达到调节灌装量目的

4. 下列不是滴制式软胶囊机结构的主要组成部分的有（　　）

A. 滴制部分　　B. 冷却部分

C. 润滑系统　　D. 干燥部分

E. 电气控制部分

二、简答题

1. 简述胶体磨的工作过程。

2. 简述 ZS－U 型全自动栓剂灌封机组的特点。

3. 简述膜剂的分类。

第八章 制药公用工程

学习目标

知识目标

1. 掌握水电气（汽）供给系统基本概念、分类，掌握空气净化系统常见设备及管路设计。

2. 熟悉电气安全，熟悉空气洁净度级别，熟悉净化空调系统的维护与故障排除。

3. 了解各水电气（汽）供给系统的设备。

技能目标

通过本章的学习，应认识制药公用工程中水电气（汽）系统常见的设备并正确使用。能熟练操作、维护及保养净化空调系统常规设施与设备。

第一节 水、电、气（汽）供给系统

制药工业生产公用系统包括给排水、注射用水、供气（汽）和供热、强电和弱电、制冷以及通风和采暖等系统。它是为保证合成、发酵代谢和萃取分离制造原料药以及药物制剂生产系统正常运行所必需的辅助系统，并实现符合GMP要求的环境和条件。

一、给水排水

（一）概述

通用给排水系统涉及处理以及排水用的泵房、冷却塔、水池、给排水管网、消防设施和纯水生产供应设施。其设备有各种水泵、鼓风机、引风机、冷却塔、风筒、污水处理池内各种一次性填料、加氯机、加药设备、电渗析器、溶药器、离子交换器、起重设备、空压机、曝气机、刮泥机、搅拌机械、调节堰板、过滤机、压滤机、挤干机、离心机、污泥脱水机、石灰消化器、启闭机械、机械格栅、非标准储槽（罐）、循环水系统的旋转滤网、化验分析仪器等。

原料药生产过程的给排水包括作为生产介质用工艺水、饮用水、循环水和污水。药物制剂生产过程除一般性和洁净用水外，有一部分水是特种原料，不能视为简单的水源，如注射用蒸馏水。

（二）给水系统

制药企业用水与其他工业用水相似，包括饮用水、软水、脱盐水、冷冻水、循环冷却水等。饮用水通常由城镇给水管网供给，对洁净度级别要求不高的工艺水亦可用城镇给水管网供给的饮用水，而锅炉用水则是直流水经过离子交换树脂处理而成的软水，药物制剂以及基因药物生产过程用水则要求使用纯水作为工艺水或原料，循环冷却水多用作生产设备的传热介质或其他二次利用场合。也就是说，制药工业用水不但有量的要求，而且还有质的不同。因此，制药工业给水系统有自己的独特性。

1. 给水系统基本模式

任何一个给水系统都由原水取用设施、水处理或净化设施、输水泵及泵房、输水管和管网组成。洁净厂房内的给水系统应根据生产、生活和消防等各项用水对水质、水温、水压和水量的要求分别设置，且在管道的设计中应留有余量，以适应工艺的变动。制药工业给水系统，除注射用蒸馏水等纯水供应系统外，与其他工业供水系统极为相似，并与化学工业的供水系统相近。根据水资源和用水情况，可分为：①从水源取水，经过简单处理，使用后排入水体的饮用给水系统；②使用过的水经过处理后回用的循环给水系统；③按照各车间或工厂的水质要求，经过适当处理，顺序使用的回收二次利用的给水系统。

对于厂区供水，要依据水质、水温、水压、水量要求进行给水能力和系统设计。常用的给水系统模式如图 8－1 所示。

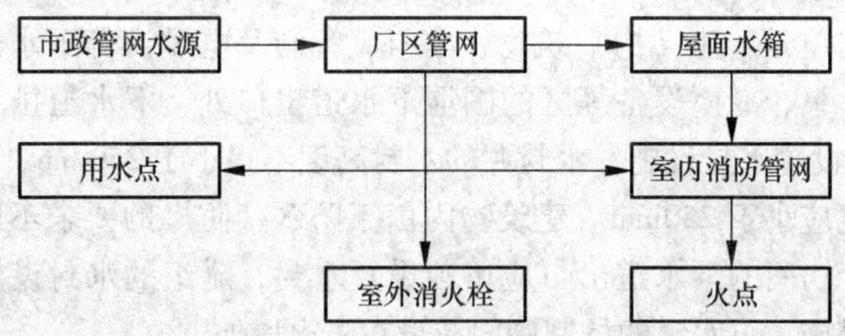

图 8－1　厂区给水系统示意图

2. 消防给水及其供应系统模式

可在厂区设立环状给水管网，并结合各车间条件在厂区内设立一定量的室外消火栓，以提供消防水量保护整个厂区。洁净厂房必须设置消防给水系统，生产层及上下技术夹层，应设室内消火栓，消火栓的用水量不小于 10L/s。消防水源通常用市政管网的水源，一般地，火灾开始 10min 室内消防用水由厂区屋面水箱提供，10min 后消防用水由市政管网水源提供，如图 8－2 所示。

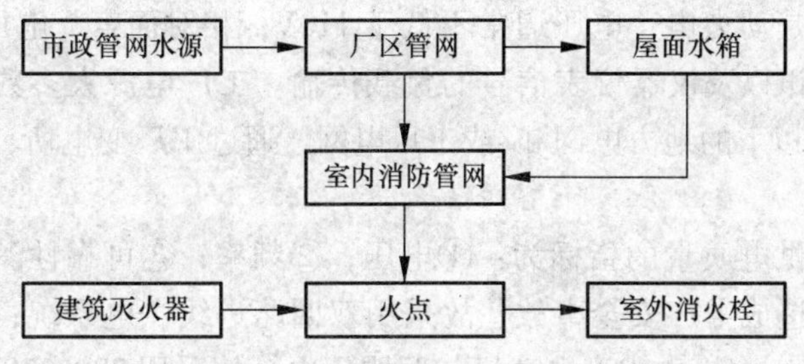

图 8－2　消防给水系统模式图

（二）排水系统

排水系统根据排水性质的不同可划分为：清洁废水系统、生活污水系统、生产污水系统、雨水排水系统。生产污水系统排出的污水经处理，达到国家排放标准后排出。制药工业排出水包括：生产过程产生的工艺污水，生产环境与人员洁净过程产生的洗涤废水等。系统由排水设备、排污点（接口）、排水管、地面污水收集、排出的集水坑、地沟等与各种水质监测、控制用仪器仪表组合而成。

洁净室内的排水设备以及与重力回水管道相连接的设备，必须在其排水出口以下部位设水封装置，且排水系统应设有完善的透气装置。A级净化区不设水斗和地漏，B级净化区尽量不设水斗和地漏，其他级别尽量少设。为了有利于清水的套用和污水的处理，应设计清水和污生产车间排水实行清污分流，分别排放的原则。清水下水排入厂区外下水管网，污水经车间处理后排至厂区室外的污水管网，送入厂污水处理站统一处理。此外，还必须注意不同工序产生废水的特殊性，以使废水的主体部分更易于处理。如含剧毒物质的废水应与准备生物处理的废水分开；不让含氰化合物，硫化合物的废水与呈酸性的废水混合等。对受到易燃液体、有毒物质、放射性物质等污染的下水，应分别进行适当处理后排入下水道。对于易燃易爆的废水，应采用暗沟或暗管排水，且暗沟上覆土厚度应不小于200mm。不宜采用明沟，必须采用时，应分多段设置，每段长度不大于20m。

各生产装置、单元、建（构）筑物、罐组、管沟及电缆沟等下水道的出口处，工业生产装置内塔、泵、冷换设备等区的围堰下水道出口处，下水道排入干管处以及干管每隔250m处应设置水封设施，水封井的水封高度不得小于250mm，水封井的井底应设沉淀段，其深度应小于250mm。建筑物内由于防水、防爆的要求不同，而分隔开不同的房间时，每个房间的下水道出口应单独设置水封，罐组的水封设施需设在防火堤时，应采取封闭措施，下水道的控制阀门应设在防火堤外。

废水系统除应在出口处设置水封井，油水分离器等设施外，还必须在生产区域与其他区域之间设置切断阀，防止大量易燃易爆物料突发性地进入废水系统。水封井宜采用增修溢水槽式的水封井。对含有不溶解于水的可燃液体和油类物质的下水，应设置油水分离池，以分离油水，防止排入下水道引起燃烧。

二、强电弱电

（一）概述

所谓强电主要是动力电，电压通常不低于110V；相对而言，电压低于110V的就是弱电。它用于通讯以及仪器仪表信号的负载传输。工厂电源大多数来自于由国家电网供电的110kV及以下的地方电网和/或工厂电网，通过工厂变电所，又称终端降压变电所实现工厂供电。

决定工厂用户供电质量的指标为：①电压；②频率；③可靠性。由于制药工业的特殊性，停电容易造成生产安全事故，故采用双回路进线供电系统；一般没有功率超过150kW的电动机，多为中小型电动机与照明用电，故采用380/220V低电压；另外，正常照明也用380/220V低压电，但事故照明用220V直流电；对于电气部分控制、信号及继电保护用电为220V直流。

（二）供电系统基本模式

制药工业厂区动力及照明一般采用三相四线（380/220V），供给电源进入车间后，经总配电柜，各分配电柜引至各用电设备，可选用放射树干式供电方式，对大容量的用电设备采用降压启动的方式以减少启动电流对线路电压质量的影响。药制剂车间内部动力线路可采用BV铜芯穿焊接钢管或UPVC（硬聚氯乙烯管）管明设或暗设，或沿桥架敷设。

供电系统必须依据规划、生产工艺以及其他用电要求进行设计，制药等生产企业供电系统包括：工厂变电所和配电房、生产动力用电设备、建筑物的照明、防雷及火灾自动报警系统用电点、通讯工具与显示仪表等用电设施，以及输电线路网用电缆和电压等计量装置、输电线缆的布架设施。

1. 电气设备分类

通常把发电厂和变配电所的电气设备分成一次设备和二次设备两大类。

一次设备是指直接用于生产、输送和分配电能的电气设备，经由这些设备完成生产电能并将电能输送到用户的任务。如发电机、变压器、开关电器（断路器、隔离开关等）、母线、电力电缆和输电线路等，这些一次设备依一定规律连接起来成为完成电能的发、变、输、配任务所构成的电路，称为电气主接线，也称作一次回路或一次系统。

二次设备是指对一次设备的工作进行监视、测量、操作和控制的设备。例如测量表/计、控制及信号器具、继电保护装置、自动装置、远动装置等。根据测量、控制、保护和信号显示的要求，表示二次设备相互连接关系的电路称为二次接线，也称作二次回路或二次系统。

2. 常见一次电气设备

下列电气设备是变配电所内主要的一次设备。

（1）变压器　它是用于变换电能的，即把低压电能变为高压电能，以便于输送；或者把高压电能变为低压电能，以便使用。制药厂内的变电所一般都是降压变电所。

（2）高压断路器　它是在系统正常运行和故障情况下，用作断开或接通电路中的正常工作电流及开断故障电流的设备。开关在合闸状态时，是靠触头闭合接通电路的，在断开电路时其触头间会产生放电，形成电弧使得电路并未真正断开。而断路器内部具有能够熄灭电弧的装置，能用来断开或闭合电路中正常的工作电流，也可以断开电路中的过负荷或短路电流。所以，它是电力系统中最重要的开关电器。

（3）隔离开关　它可以建立明显的绝缘间隙。保证线路或电气设备修理时的人身安全；还可以转换线路、增加线路连接的灵活性。

（4）负荷开关　它只能开断负载电流和一定过载电流的开关电器，没有开断短路电流的能力。通常将负荷开关和熔断器组合使用，在某些场合可以代替断路器。有高压负荷开关和低压负荷开关之分。

（5）母线　它起汇集和分配电能的作用。

（6）电抗器　它可以限制短路电流，以减轻开关电器的工作负担，短路时还可以维持母线电压在一定的水平。

（7）电缆　它的特点是不需要在地面架设杆塔、占地面积少、供电可靠、不易受外力和自然环境的影响，但建设费用高、检修时比较费时。

（8）架空线路　它的特点是建设费用低、工期短、易于维修，但容易受气象条件影响，且需要大片土地作为出线走廊。

（9）熔断器　它具有电阻值较大的熔丝或熔体，串联在电路中。当过载（或短路）电流通过时，熔丝或熔体因电阻损耗过大、温度上升过高而熔断，实现断开电路。有高压熔断器和低压熔断器之分。

（10）低压刀开关　不带灭弧罩的刀开关只能在无负荷下操作，带灭弧罩的刀开关能够通断一定的负荷电流。

（11）低压断路器　其功能与高压断路器类似，按结构型式分，有塑料外壳式和万能式两大类。

（12）避雷器　它是用作保护系统和电气设备的绝缘，使电器不受雷击所引起的过电压损坏。

（13）互感器　它包括电压互感器和电流互感器，前者将高电压变成规定的低电压（100V 等）；后者将大电流变成规定的小电流（5A 或者 1A）。通过互感器的二次线圈给测量仪表、继电保护和其他二次设备供电。

3. 常见二次电气设备

工厂供电系统或工厂变配电所的二次系统，包括控制系统、信号系统、监测系统及继电保护和自动化系统等。二次回路按电源性质分，有直流回路和交流回路。交流回路又分交流电流回路和交流电压回路。交流电流回路由电流互感器供电，交流电压回路由电压互感器供电。二次回路按其用途分，有断路器控制（操作）回路、信号回路、测量回路、继电保护回路和自动装置回路等。

二次回路操作电源，分直流和交流两大类。直流操作电源分为蓄电池组供电和由整流装置供电的电源两种。交流操作电源分为由所用（站用）变压器供电和由仪用互感器供电两种。

蓄电池主要有铅酸蓄电池和锡镍蓄电池两种。铅酸蓄电池组在充电时要排出氢和氧的混合气体，有爆炸危险，而且随着气体带出硫酸蒸气，有强腐蚀性，对人身健康和设备安全都有很大影响。因此铅酸蓄电池组一般要求单独装设在一个房间内，而且要考虑防腐防爆，从而投资很大，现在一般工厂供电系统中已不采用。而采用镉镍蓄电池组操作电源，除了不受供电系统运行情况的影响、工作可靠外，还有大电流放电性能好、比功率大、机械强度高、使用寿命长、腐蚀性小、无需专用房间等优点，从而大大降低了投资等优点，因此在工厂供电系统中应用比较普遍。

整流电源主要有硅整流电容储能式和复式整流两种。由于复式整流装置有电压源和电流源，能保证供电系统在正常和事故情况下直流系统均能可靠地供电。与电容储能式相比，复式整流装置能输出较大功率，电压的稳定性更好。

对采用交流操作的断路器，应采用交流操作电源，相应地，所有保护继电器、控制设备、信号装置及其他二次元件均采用交流型式。这种电源可分为电流源和电压源两种。电流源取自电流互感器，主要供给继电保护和跳闸回路。电压源取自变配电所的所用变压器（作用是正常的工作电源〕或电压互感器（因其容量小，只作为保护油浸变压器内部故障的瓦斯保护的交流操作电源)。高压断路器控制回路，就是指控制（操作）高压断路器跳、合闸的回路，它取决于断路器操动机构的型式和操作电源的类别。电磁操作机构只能采用直流操作电源，弹簧操作机构和手动操作机构可交直两用，但一般采用交流操作电源。

中央信号装置是指装设在变配电所值班室或控制室的信号装置，包括事故信号和预告信号。中央事故信号装置的任务是在任一断路器事故跳闸时，能瞬时发出音响信号，并在控制屏上或配电装置上有表示事故跳闸的具体断路器位置的灯光指示信号。事故音响信号通常采用电笛（蜂鸣器)，应能手动或自动复归。中央预告信号装置的任务是当供电系统中发生故障和不正常工作状态但不需要立即跳闸的情况时，应及时发出音响信号，并有显示故障性质和地点的指示信号〔灯光或光字牌指示)。预告音响信号通常采用电铃，应能手动或自动复归。

为了监视供电系统一次设备的运行状态和计量一次系统消耗的电能，保证供电系统安全、可靠、优质和经济合理地运行，工厂供电系统的电力装置中必须装设一定数量的电测量仪表。按其用途分为常用测量仪表和电能测量仪表两类，前者是对一次电路的电力运行参数作经常测量、选择测量和记录用的仪表，后者是对一次电路进行供用电的技术经济考核分析和对电力用户用电进行测量、计量的仪表，即各种电度表。随着工业生产的发展和科学技术的进步，工厂（主要是大型工厂）供电系统的控制、信号和监测工作，已开始由人工管理、就地监控发展为远动化，实现遥控、遥信和遥测，即所谓的“三遥”。微机控制的供电系统的三遥装置，由调度端、执行端及联系两端的信号通道等三部分组成。

（三）电气安全

在供电用电工作中，必须特别注意电气安全，如果稍有麻痹或疏忽，就可能造成严重的人身触电事故，或者引起火灾或爆炸，给国家和人民带来重大的损失。所以应加强电气安全教育，人人树立“安全第一”的观点，防患于未然。严格执行安全工作规程，电气工作人员必须达到电气知识考核合格、学会触电急救等相应的工作条件。

在进行低电位带电作业时，人身与带电体间的安全距离要满足要求，在高压设备上工作时必须至少有两人在一起工作，并填写工作票和口头、电话命令；严格遵循国家制定的设计、安装规范，确保设计、安装的质量；加强供用电设备的运行维护和检修试验工作；采用安全电压和符合安全要求的相应电器；按规定采用基本安全用具和辅助安全用具，如绝缘操作手柄、绝缘手套、绝缘靴、低压试电笔等；要普及安全用电常识，不得私拉电线、超负荷用电等，当电线断落在地上时，不可走近，如遇有人触电，应先使触电者迅速脱离电源，再根据具体情况进行急救处理，必要时实行人工呼吸和心脏按压并通知医务人员；要正确处理电气失火事故，尽快断开失火设备的电源，不能用一般泡沫灭火器和水进行灭火，可以使用二氧化碳、四氯化碳、二氟一氯一溴甲烷等灭火器，小面积时也可以采用干砂覆盖来进行带电灭火。

在电气线路或电气设备上出现的超过正常工作要求的电压称为过电压，按其产生原因，可分为内部过电压和雷电过电压。

内部过电压是由于电力系统内部本身的开关操作、发生故障等，使系统的工作状态突然改变，从而在系统内部出现电磁能振荡而引起的过电压。运行经验证明，内部过电压一般不会超过系统正常运行时相对地（即单相）额定电压的3~4倍，对电力线路和电气设备绝缘的威胁不像雷电过电压那么大。

雷电过电压又称大气过电压和外部过电压，是由于电力系统内的设备或建（构）筑物遭受来自大气中的雷击或雷电感应而引起的过电压。此电压很高，电流很大，对系统的危害极大，必须加以防范。一般采用的防雷设备有接闪器和避雷器。接闪器就是专门用来接受直接雷击（雷闪）的金属物体，它能对雷电场产生一个附加电场，使雷电场畸变，从而将雷云放电的通道由原来可能向被保护物体发展的方向吸引到接闪器本身，然后经与接闪器相连的引下线和接地装置将雷电流泄放到大地中去，使被保护物免受直接的雷击。具体型式有避雷针、避雷线、避雷带和避雷网等。而避雷器是用来防止雷电产生的过电压波沿线路侵入变配电所或其他建筑物内，以免危及被保护设备的绝缘，当线路上出现危及设备绝缘的雷电过电压时，避雷器内部的火花间隙就被击穿。或由高电阻变成了低电阻，使过电压对大地放电，从而保护设备的绝缘。具体型式有阀式避雷器、排气式避雷器和金属氧化物避雷器等。

三、供热供气（汽）

（一）概述

供热包括为保证生产设备的加热以及冬季采暖而提供的蒸汽、热水（油）或热空气。但热空气的输送是由供气系统来完成的。在制药工业领域，供气包括压缩空气、二氧化碳等专用气体。制造与供气应用设施包括锅炉房、供热站、软化水装置、空压站、空气净化站、特种气体和燃气供应站等。

（二）供热系统

1. 蒸气供热系统

蒸气是包括制药工业在内所有工业生产供热中最洁净、最通用也是最有效的介质之一，产生、输送蒸汽并使用蒸汽的设施组成了蒸气供热系统。这些设施包括蒸汽锅炉、去离子水装置、蒸汽分配装置、供气管网和耗热体系与设备。必须根据生产工艺需要提出蒸汽压力和温度，才能真正拥有良好运行效用的蒸汽供气系统。工厂常用的蒸汽压力为：超高压11.5MPa，高压10.4MPa，中压1.3MPa，1.6MPa，低压0.4MPa，0.5MPa，0.6MPa，工艺加热用0.2~0.25MPa。

2. 有机载热体供热系统

以高温有机载热体为加热介质的供热系统的设施主要由载热体的储罐、附有膨胀箱的加热器、循环泵和设置补偿器的管路等组成。先将载热体用泵输送到加热器，取得热量并达到设定温度后，进入用热设备，放出热量后，再用泵送到加热升温。在系统内，强制循环的液相有机载热体的加热温度是根据用热系统的需要来确定的。供热系统的温度可以实现自控，不受压力的影响，并且温度波动少。不存在水蒸气供热过程蒸气冷凝成水以后的热量不能被利用的问题。

在供热系统的循环泵进出口应采用波纹管连接；膨胀箱与系统的连接管应有1m以上的水平段，以减少膨胀箱和系统间的对流传热；储罐大小的设置要求能保证储存和供给系统全部的载热体，并有20%左右的储备系数。就设备布置而言，应使储罐处于系统的最低位置。

除上述供热方式外，高温空气也可作载热体实现供热。温度高达230℃的热空气用于玻璃以及金属制品，如安瓿、注射和输液瓶以及产品设备等的消毒和去热原。

（三）供气系统

1. 燃气供气系统

燃气供气系统，按燃气的性质分为煤气输送系统、天然气和液化石油气输送系统。以针剂车间液化石油气供应系统为例，单个或一组液化石油气钢瓶与阀门、输气管道、压力表和调压器等，加上进入燃烧设备的气体分配管共同构成燃气供气系统。对于高峰平均小时用气量小于0.5m^3 的生产车间，以单瓶供应气体即可；高峰平均小时用气量0.5~10m^3 的生产车间，需瓶组供气。供气间应在针剂车间外单独设置，并与周围建筑保持10m以上的距离，与厂区道路保持5m以上距离。

2. 压缩空气系统

无特殊要求的工厂，采用温度为环境温度，压力在0.6MPa的普通压缩空气即可。对于生物制药的生物发酵过程、酶催化过程以及细胞组织培养过程，要求为无菌和无杂质的净化空气、或净化的氮气、净化的二氧化碳等惰性气体或营养性气体。对于一些粉状药品的输送或灌装，可采用净化的压缩空气作为动力。

（1）仪表供气系统　气动仪表正常是以0.5~0.7MPa的压缩空气作为其动力来源的，最高0.9MPa、最低0.4MPa，一般由工厂的压缩空气站供给。压缩空气站必须设置除油、除水和除机械杂质的设备。压缩空气中含水，容易出现结露、积水、结冰等现象，对仪表的稳定工作和使用寿命都有不利影响，通常选用硅胶做干燥剂就可以满足供气系统不结露的要求。供气系统中还要设置球形气柜、储气罐等缓冲储气容器，其容积可按用户每小时最大值的1/5~1/2考虑。供气系统的供气能力可按用户统计用量总额的1.5~2.0倍来计算。其中富裕的气量用于技术改造，新检测控制系统用气增加，接头、管件泄露损失、仪表设备的清洗、吹扫、充气和其他未预计部分的使用。

如果供气点集中，数量又较多。像控制室内仪表的供气，则应采用大型过滤器减压阀实行统一供气，其供气方式有以下几种：①单回路供气，用于仪表较少、耗气量较小的情况；②复合回路供气，用于耗气量较大和可靠性要求较高的场所，按用量不同可几套并联，一套（或两套）运行，一套备用，可以定期互相切换；③就地安装的仪表供气，可选用小容量过滤减压阀施行单独供气。

（2）发酵空气系统　目前在工程实践中对发酵空气的净化要求，趋向于有效滤除包括噬菌体在内的所有可能增殖的生物粒子，目前的技术装备水平可满足这个要求。在菌种作业和过滤补料作业等进罐空气的洁净度以0.5μm 100级，最高至0.5μm 10级（ISO 14644-1）较为经济合理。

无菌空气过滤系统设计流程为：高空吸气→初效过滤器→空压机→一级冷却→除水除油→二级冷却→除油除水→空气储罐→总过滤器→分过滤器→发酵罐。

由此产生的净化的压缩空气也是粉状药物的输送或灌装、洗瓶或药物的过滤所使用的动力。对于易氧化的药物的输送或灌装通常选用压缩的瓶装惰性气体作为动力及保护性填充气体。另外，在系统管道安装时，过滤器应接蒸气管道以备灭菌之用。

知识拓展

空气洁净度分级国际标准：ISO 14644－1

ISO 14644 根据悬浮粒子浓度这个唯一指标来划分洁净室（区）及相关受控环境中空气洁净度的等级，并且仅考虑粒径限值（低限）在 0.1～5.0μm 范围内呈累积分布的粒子群。

根据粒子径，可以划分为常规粒子（0.1～5.0μm）、超微粒子（<0.1μm）和宏粒子（>5.0μm）。具体分级见下表。

空气洁净度等级（N）	大于或等于所标粒径的粒子最大浓度限值（个/每立方米空气粒子）					
	0.1μm	0.2μm	0.3μm	0.5μm	1μm	5μm
ISO Class 1	10	2				
ISO Class 2	100	24	10	4		
ISO Class 3	1000	237	102	35	8	
ISO Class 4	10000	2370	1020	352	83	
ISO Class 5	100000	23700	10200	3520	832	29
ISO Class 6	1000000	237000	102000	35200	8320	293
ISO Class 7				352000	83200	2930
ISO Class 8				3520000	832000	29300
ISO Class 9				35200000	8320000	293000

注：由于涉及测量过程的不确定性，故要求用不超过三个有效的浓度数字来确定等级水平。

第二节　净化空调系统

一、空气净化

（一）空气净化目的

随着制药工业的发展，对药品生产的工艺环境的洁净度、温度、空气排放、防止交叉污染、操作人员的保护等各个方面提出了各自特殊的要求。药品特别是静脉注射的药物，必须确保不受微生物的污染，悬浮在空气中的微生物大都依附在尘埃粒子表面，进入洁净室的空气，若不除尘控制微生物粒子，药品的质量就难以保证，药品生产过程中也会产生各种粉尘，必须除去，以防止药物交叉污染和污染大气环境。

（二）空气洁净度级别

A 级：高风险操作区，如灌装区、放置胶塞桶和与无菌制剂直接接触的敞口包装容器的区域及无菌装配或连接操作的区域，应当用单向流操作台（罩）维持该区的环境状态。单向流系统在其工作区域必须均匀送风，风速为 0.36～0.54m/s（指导值）。应当有数据证明单向流的状态并经过验证。在密闭的隔离操作器或手套箱内，可使用较低的风速。

B 级：指无菌配制和灌装等高风险操作 A 级洁净区所处的背景区域。

C 级和 D 级：指无菌药品生产过程中重要程度较低操作步骤的洁净区。

以上各级别空气悬浮粒子的标准规定见表 8－1 所示。洁净区微生物监测的动态标准见表 8－2 所示。

表 8－1　各级别空气悬浮粒子的标准规定

洁净度级别	悬浮粒子最大允许数/立方米			
	静态		动态	
	≥0.5μm	≥5.0μm	≥0.5μm	≥5.0μm
A 级	3520	20	3520	20
B 级	3520	29	352000	2900
C 级	352000	2900	3520000	29000
D 级	3520000	29000	不做规定	不做规定

表 8－2　洁净区微生物监测的动态标准

洁净度级别	浮游菌（CFU/m^3）	沉降菌（φ90mm）（CFU/4h）	表面微生物	
			接触（φ55mm）（CFU/碟）	5 指手套（CFU/手套）
A 级	<1	<1	<1	<1
B 级	10	5	5	5
C 级	100	50	25	—
D 级	200	100	50	—

注：CFU 表示菌落形成单位。

（三）洁净室

洁净厂房是指生产工艺有空气洁净要求的厂房。洁净室是指根据需要，对空气中尘粒（包括微生物）、温度、湿度、压力和噪声进行控制的密封空间，并以其洁净度等级符合本规范规定为主要特征。无菌洁净室是指对空气中的悬浮微生物按无菌要求管理的洁净室。而洁净区是指由洁净室组成的区域。

空气净化是指去除空气中的污染物质，使空气洁净的行为。GMP（药品生产质量管理规范）所应用的空气洁净技术，就是由处理空气的空调净化的设备、输送空气的管路系统和用来进行生产的洁净环境——洁净室三大部分构成。首先，由送风口向室内送入干净空气，室内产生的尘菌被干净空气稀释后强迫其由回风口进入系统的回风管路，在空调设备的混合段和从室外引入的经过过滤处理的新风混合，再经过空调机处理后又送入室内。室内空气如此反复循环，就可以在相当一个时期内把污染控制在一个稳定的水平上。

洁净室根据不同形式可分为以下两大类。

1. 按用途分类

（1）工业洁净室　以无生命微粒的控制为对象。主要控制无生命微粒对工作对象的污染，其内部一般保持正压。它适用于精密工业（精密轴承等）、电子工业（集成电路等）、宇航工业（高可靠性）、化学工业（高纯度）、原子能工业（高纯度、高精度、防污染）、印刷工业（制版、油墨、防污染）和照相工业（胶片制版）等部门。

（2）生物洁净室　以有生命微粒的控制为对象，又可分为以下两类。

一般生物洁净室：主要控制有生命微粒对工作对象的污染。同时其内部材料要能经受各种灭菌剂侵蚀，内部一般保持正压。实质上这是一种结构和材料允许作灭菌处理的工业洁净室，可用于制药工业（高纯度、无菌制剂）、食品工业（防止变质、生霉）、医疗设施（手术室、各种制剂室、调剂室）、动物实验设施（无菌动物饲育）和研究实验设施（理化、洁净实验室）等部门。

生物学安全洁净室：主要控制工作对象的有生命微粒对外界和人的污染，内部保持负压，用于研究实验设施（细菌学生物学洁净实验室）和生物工程（重组基因、疫苗制备）。

2. 按气流流型分类

（1）单向流洁净室　在整个洁净室工作区（一般定义为距地 1.5 ~ 0.7m 的空间）的横截面上通过的气流为单向流。单向流，就是流向单一、速度均匀、没有涡流的气流流动。过去也曾称为层流。

（2）非单向流洁净室（也称乱流洁净室）　在整个洁净室工作区的横截面上通过的气流为非单向流。非单向流（乱流），就是方向多变、速度不均、伴有涡流的气流流动，习惯称乱流、紊流。

（3）辐流洁净室　在整个洁净室的纵断面上通过的气流为辐流。辐流，就是风口出流为辐射状不交叉的气流流动。辐流也被称为矢流、径流。

（4）混合流洁净室　在整个洁净室内既有乱流又有单向流。混合流，就是同时独立存在乱流和单向流两种不应互扰的气流流动的总称。混合流不是一种独立的气流流型。

二、净化空调设备

（一）空气过滤分离设备

根据过滤器的过滤效率分类，通常可分为粗效、中效、高中效、亚高效和高效空气过滤器等，按过滤效率的分类方法是人们比较熟悉和常用的方法，简述如下。

1. 粗效过滤器

从主要用于首道过滤器考虑，应该截留大微粒，主要是 5μm 以上的悬浮性微粒和 10μm 以上的沉降性微粒以及各种异物，防止其进入系统，所以粗效过滤器的效率以过滤 5μm 为准。

初效过滤器一般采用棉花、粗中孔泡沫塑料、涤纶无纺布等材料制作而成。近年来采用无纺布较多，有替代泡沫塑料的趋势。其优点是无味道、容量大、阻力小、滤材均匀、不老化、便于清洗、成本低。

2. 中效过滤器

由于其前面已有预过滤器截留了大微粒，它又可作为一般空调系统的最后过滤器和高效过滤器的预过滤器，所以主要用以截留 1 ~ 10μm 的悬浮性微粒，它的效率即以过滤 1μm 为准。中效过滤器的介质一般采用中细孔泡沫塑料、超细合成纤维或玻璃纤维以及优质无纺布制成。

3. 高中效过滤器

可以用做一般净化程度的系统的末端过滤器，也可以为了提高系统净化效果，更好地保护高效过滤器，而用做中间过滤器，所以主要用以截留1～5μm的悬浮性微粒，它的效率也以过滤1μm为准。

4. 亚高效过滤器

既可以作为洁净室末端过滤器使用，达到一定的空气洁净度级别，也可以作为高效过滤器的预过滤器，进一步提高和确保送风洁净度，还可以作为新风的末级过滤，提高新风品质。所以，和高效过滤器一样，它主要用以截留1μm以下的亚微米级的微粒，其效率即以过滤0.5μm为准。亚高效过滤器的结构主要有分隔板式、管式、袋式三种类型。所使用的过滤介质有亚高效玻璃纤维滤纸，过氯乙烯纤维滤布，聚丙烯纤维滤布等。

5. 高效过滤器

它是洁净室的最主要的末级过滤器，以实现0.5μm的各洁净度级别为目的，但其效率习惯以过滤0.3μm为准。如果进一步细分，若以实现0.1μm的洁净度级别为目的，则效率就以过滤0.1μm为准，这习惯称为超高效过滤器。高效过滤器对细菌（1μm）的透过率为0.0001%，对病毒（0.03μm）的透过率为0.0026%，所以高效过滤器对细菌的滤除效率基本是100%。空气经高效过滤器过滤后可视为无菌空气。

（二）空气调温调湿设备

外部环境的温度和湿度随季节而变化，但制药车间的温度和湿度常年维持在一定的范围，变化很小。空气调温装置是一个维持车间温度的自动化系统。该系统由制冷机、蒸气锅炉、蒸发器、冷却器、冷却塔、温度传感器等设备组成。

1. 空气加热系统

当室外温度降低时，需要对净化空气进行加热。将锅炉产生的蒸气通入风机盘管中，空气进入换热器的壳程，与管程蒸气进行热交换，提升空气温度。通过安装在车间的温度传感器控制加热时间、热交换量、空气温度等参数，来调节室内温度。

2. 空气冷却系统

空气冷却系统由制冷机、蒸发器、冷却器、冷却塔组成。制冷机所使用的制冷剂主要是液氨或氟利昂。可采用湿式或干式冷却塔，并安装在室外。

制冷剂在蒸发器中蒸发吸收水中的热量，冷冻水被水泵输送到风机盘管中，室外空气被空气压缩机输送到在风机中，空气在风机盘管上与冷冻水进行热交换而降温。吸收了空气热的水温度升高，被泵送回到蒸发器中冷却降温成冷冻水。

制冷剂蒸发成蒸气后吸收了冷冻水的热量，在冷凝器中被压缩成液体释放热量，冷却水吸收所放出的热量后温度升高，被泵入到冷却塔中冷却至室温，降温后的冷却水可继续循环使用。

车间内的温度传感器将温度信号以电信号形式传输给控制中心，控制中心再将电信号转变为指令，根据需要对制冷剂的蒸发量进行控制，从而自动调节空气温度等参数。

3. 空气加湿系统

如室外空气湿度较低则需要对净化空气加湿。空气加湿机种类较多，在净化空调系统中广泛使用高压喷雾加湿器。高压喷雾加湿器由柱塞泵、过滤器、冷却器、喷杆和喷头组成，其中，喷嘴安装在空调机组加湿段内壁上，其他部件组合成整机装入机壳中。

自来水经过滤器过滤后由柱塞泵增压，由耐高压连杆进入喷嘴雾化后高速喷出，形成细小的水雾粒子，与流动的空气进行热交换，吸收空气中热量后蒸发、气化，使空气的湿度增加，实现对空气的加湿。

高压喷雾加湿器可以和各类新风空调机组和组合空调机组配套使用。喷射的速度、流量可通过车间内的湿度传感器进行调节。

三、净化空调系统

净化空调系统一般可分为集中式和分散式两种类型。集中式净化空调系统是净化空调设备（如加热器、冷却器、加湿器、粗中效过滤器、风机等）集中设置在空调机房内，用风管将洁净空气送给各个洁净室。分散式净化空调系统是在一般的空调环境或低级别净化环境中，设置净化设备或净化空调设备，如净化单元、空气自净器、层流罩、洁净工作台等。

（一）集中式净化空调系统

1. 单风机系统和双风机系统

单风机净化空调系统的基本形式如图 8－3 所示。单风机系统的最大优点是空调机房占用面积小。但相对双风机系统而言，其风机的压头大，噪声、振动大。采用双风机可分担系统的阻力，此外，在药厂等生物洁净室，其洁净室需定期进行灭菌消毒，采用双风机系统在新风、排风管路设计合理时，调整相应的阀门，使系统按直流系统运行，便可迅速带走洁净室内残留的刺激性气体，图 8－4 所示为双风机净化空调系统示意图。

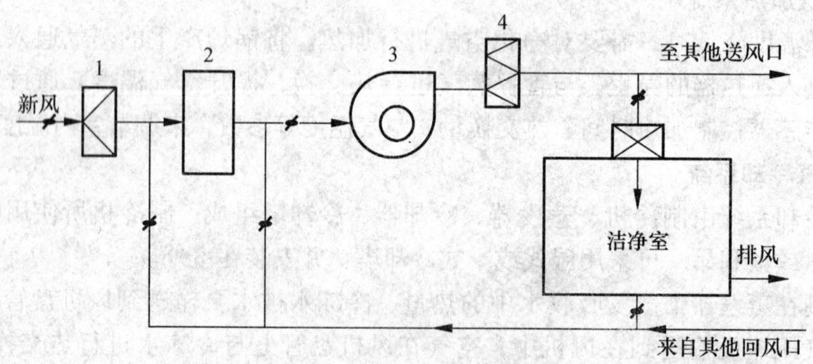

图 8－3　单风机净化空调系统示意图

1. 粗效过滤器；2. 温湿度处理室；3. 风机；4. 中效过滤器；5. 高效过滤器

2. 风机串联系统和风机并联系统

在净化空调系统中，通常空气调节所需风量远远小于净化所需风量，因此洁净室的回风绝大部分只需经过过滤就可再循环使用，而无需回至空调机组进行热、湿处理。为了节省投资和运行费，可将空调和净化分开，空调处理风量用小风机，净化处理风量用大风机，然后将两台风机再串联起来构成风机串联的送风系统。其示意如图 8－5 所示。

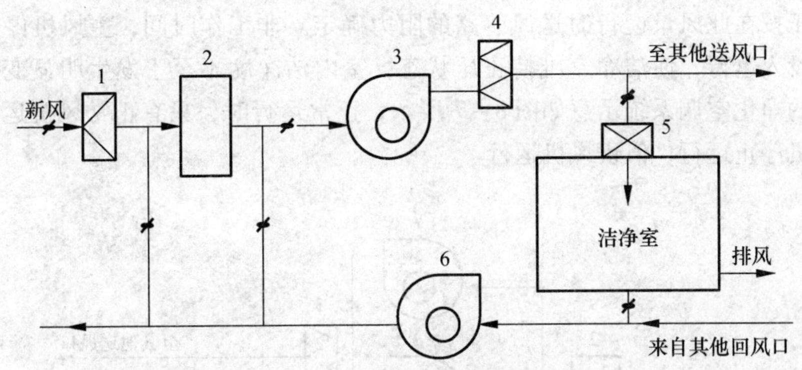

图 8 - 4　双风机净化空调系统示意图

1. 粗效过滤器；2. 温湿度处理室；3. 送风机；4. 中效过滤器；5. 高效过滤器；6. 回风机

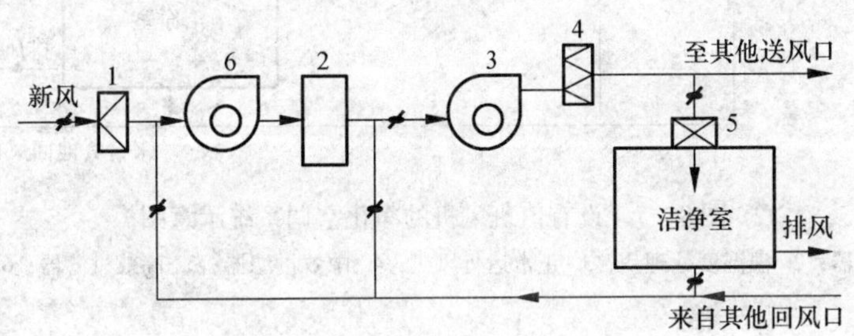

图 8 - 5　风机串联净化空调系统示意图

1. 粗效过滤器；2. 温湿度处理室；3. 风机 2；4. 中效过滤器；5. 高效过滤器；6. 风机 1

当一个空调机房内布置有多套净化空调系统时，可将几套系统并联，并联系统可公用一套新风机组，并联系统运行管理比较灵活，几台空调设备还可以互为备用以便检修。其示意如图 8 - 6 所示。

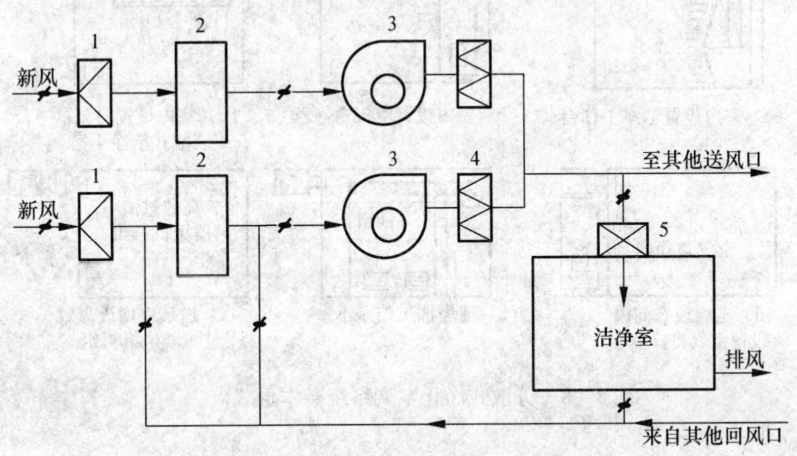

图 8 - 6　风机并联净化空调系统示意图

1. 粗效过滤器；2. 温湿度处理室；3. 风机；4. 中效过滤器；5. 高效过滤器

设有值班风机的净化空调系统也是风机并联的一种形式，所谓值班风机，就是系统主风机并联一个小风机。其风量一般按维持洁净室正压和送风管路漏损所需空气量选取，风压按在此风量运行时送风管路的阻力确定。非工作时间，主风机停止运行而值班风机投入运行，使洁净室维持正压状态，室内洁净度不至于发生明显变化。设有值班风机的净化空调系统示意如图 8－7 所示，正常运行时，只有正常风机运行；下班后正常风机停止运行，值班风机运行。

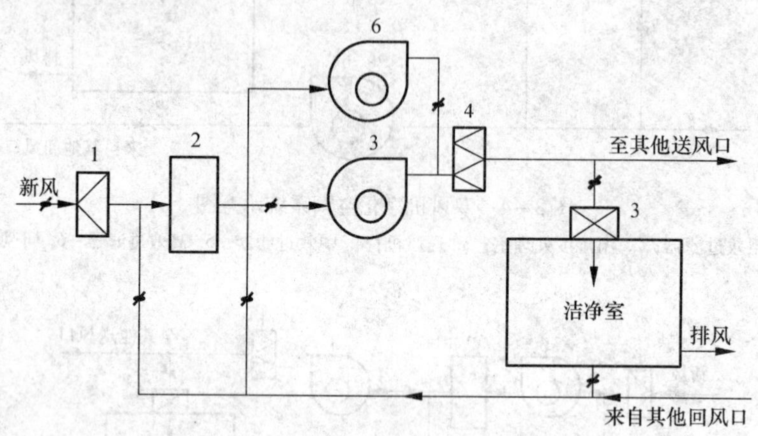

图 8－7　设有值班风机的净化空调系统示意图

1. 粗效过滤器；2. 温湿度处理室；3. 正常运行风机；4. 中效过滤器；5. 高效过滤器；6. 值班风机

（二）分散式净化空调系统

（1）在集中空调的环境中设置局部净化装置（微环境/隔离装置、空气自净器、层流罩、洁净工作台、洁净小室等）构成分散式送风的净化空调系统。也可称为半集中式净化空调系统，其示意如图 8－8 所示。

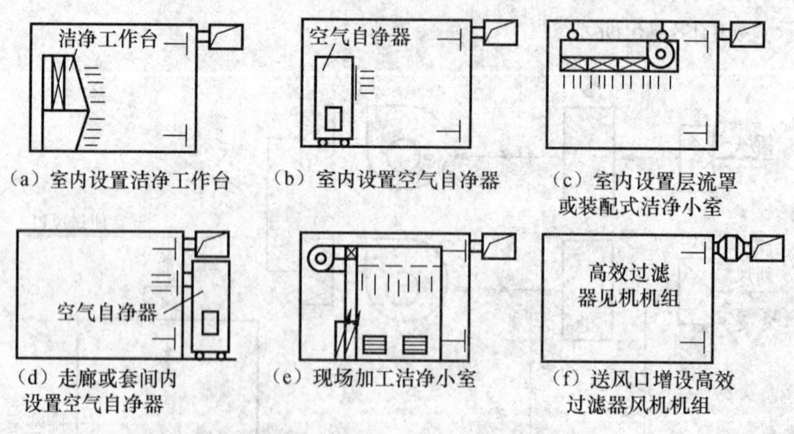

（a）室内设置洁净工作台　（b）室内设置空气自净器　（c）室内设置层流罩或装配式洁净小室

（d）走廊或套间内设置空气自净器　（e）现场加工洁净小室　（f）送风口增设高效过滤器风机机组

图 8－8　分散式净化空调系统基本形式（一）

（2）在分散式柜式空调送风的环境中设置局部净化装置（高效过滤器送风口、高效过滤器风机机组、洁净小室等）构成分散式送风的净化空调系统，如图 8－9 所示。

（三）空气净化系统操作规程

（1）开机前检查准备工作　在开机前，要做好设备卫生和机房卫生，打开出风阀关闭回风阀和新风阀。需要逐一检查的项目有传动皮带松紧度、润滑油量、各种流体管和阀门的连接密封性、温度计和压力表的指示准确度等；还要检查初效、中效过滤器和新风过滤器是否完好；应确定框架连接处有无松动，空调器上所有的门是否关闭牢固。

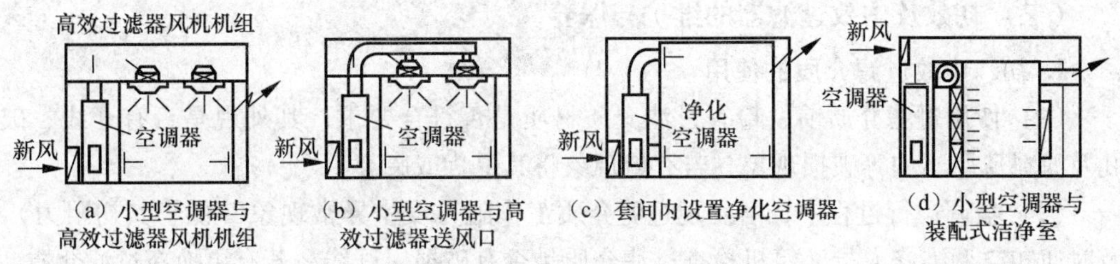

图 8－9　分散式净化空调系统基本形式（二）

（2）开机运行

① 开启运行：挂上设备运行标志，合上配电柜的电源，启动空调器风机，运行达到全速无异常现象后，慢慢开启回风主阀，开启度为50%，然后再开启新风阀到确定的位置，并锁定新风阀开关，再观察电流，又慢慢开启回风主阀，直到稳定在额定电流范围内为止。

② 通冷水降温：先开启低温水进口阀门，启动水泵，再开启低温水泵出口阀门，压力控制在0.1MPa。

③ 通蒸汽升温：开启蒸汽疏水器的旁通阀，然后慢慢开启蒸汽主阀，压力控制在0.02MPa，待蒸汽管内的凝结水排干净后，关闭旁通阀，慢慢又开启蒸汽主阀到0.2MPa。

④ 空调系统调整正常后，开启净化区内排气风机。

（3）停止运行　首先停止净化区排风风机，关闭低温水（蒸汽）泵（阀），关闭风机停止运行，关闭回风主阀、新风阀。填写好记录，挂好设备停止标志和完好标志。

第三节　净化空调系统的维护与故障排除

一、净化空调系统的维护与保养

（一）空调系统维护与保养

空调系统维护与保养每三个月进行一次检查、维护与保养。检查各个阀门、仪表、管道等有无损坏，如发现损坏要及时进行维修更换；检查各个电器接线有无松脱，有无磨损；检查空调系统是否需要添加润滑油或冷凝剂；对空调系统各个部位进行清洗。

沉降室一级过滤布一个半月更换一次，期间根据沉降室内的压力情况可缩短更换时间，更换完毕将沉降室清扫干净；一级过滤布清洗两次后报废。

排风过滤介质两个月更换一次；新风口在更换初效过滤介质时用笤帚进行清洁（停机状态）。高效过滤器散流器、回风口的百叶窗由岗位操作工及时清洁。

每季度或停机一段时间后再开机时，必须由质量部检测洁净区内洁净度，当洁净室内换气次数或尘埃粒子数达到警戒线时，及时更换初、中效过滤袋，进行高效检漏，若有漏点进行更换，使高效过滤器处于正常工作，使洁净室内换气次数或尘埃粒子数符合警戒线以下要求。

（二）初效及中效过滤器的维护与保养

1. 初、中效过滤介质的使用

（1）使用过滤介质前，检查过滤介质材质是否符合要求，其外观是否有开线、破孔及滤料薄厚不均等破损现象，若有此现象将其退货或废弃。

（2）空调运行过程中，若发现过滤介质工作阻力发生异常现象（低于其初阻力），及时通知空调维修人员，停机检查过滤介质是否有破损、开线，若有更换新过滤介质。

（3）空调操作人员每班检查空气过滤介质的工作阻力。

（4）初、中效空气过滤介质重复使用必须是完好有效的。初、中效空气过滤介质清洗一至两次后废弃。

2. 初、中效过滤介质的更换

（1）更换标准　当运行中阻力接近过滤介质工作阻力警戒线（空气过滤袋初阻力的2倍）时，及时通知空调维修人员更换。或在空调运行中过滤介质使用时间达到三个月时，空调维修人员更换过滤介质。

（2）更换过滤介质时四周要压平，过滤袋受力要均匀。

（3）更换过滤介质完毕后，通知操作人员打扫干净空调箱体，然后开机。空调维修人员记录过滤袋初阻力。初阻力要求：20Pa≤初效初阻力≤50Pa，25Pa≤中效初阻力≤80Pa。

3. 初、中效过滤介质的清洗

（1）首先检查过滤介质是否被污染或破损，如果有油污或破损则废弃。

（2）向清洗槽内通入约25cm高的饮用水，加入约500g洗衣粉，混合成≤0.2%的洗衣粉溶液，根据过滤介质大小将适量过滤介质放在清洗槽中，首先用洗衣粉溶液浸泡10～15min，然后轻挤、轻压过滤介质，最后用饮用水冲洗至目视水干净无明显泡沫为止。

（3）清洗干净后放在晾晒架上自然晾干，晾干后将其整理好存放在柜中备用，一定要晾干后再整理好备用，防止滤料发霉变质。

（三）高效过滤器的维护与保养

1. 高效过滤介质的使用

（1）高效过滤器安装前首先检查其过滤介质是否破损，过滤介质与框架密封是否完好，框架上密封条是否完好，是否有出厂合格证等，若不符合将其退货。

（2）高效过滤器安装时固定其螺母必须受力均匀。

（3）高效过滤器安装完毕，进行尘埃粒子数检测，看其是否在规定的范围内，若尘埃粒子数不符合要求则重新检查高效过滤器是否安装正确、密封良好或重新更换高效过滤器，直至尘埃粒子合格为止，并将不合格高效过滤器退换。

（4）如果洁净室内换气次数或尘埃粒子数超过标准，则更换高效过滤器。

2. 高效过滤介质的更换

高效过滤器只能更换，不能重复使用。高效过滤器一般情况下每年更换一次，每月检漏一次，以保证达到洁净度要求。当出现下列情况时应更换高效过滤器。

(1) 气流速度降到最低限度，即使更换初效过滤器和中效过滤器后，气流速度仍不能增大。

(2) 高效过滤器的阻力达到初阻力的1.5~2倍。

(3) 高效过滤器出现无法修补的漏洞。

(四) 净化空调系统应急措施

按规定空气洁净级别不同的洁净室之间的静压差应大于5Pa，洁净室与室外大气的静压差应大于10Pa，所以这两类房间之间应装设压差表。当发生偏差时的纠正措施：正常运行时如发生偏差，应立即通知生产生产经理或生产主管。检查回风口的初效过滤器，如堵塞严重应立即更换。如送风量不足，应立即通知专业人士进行调节。

当悬浮粒子、沉降菌、浮游菌、尘埃粒子检测结果出现不合格时：立即确定问题所在，确定是高效过滤器损坏还是密封损坏，或是卫生不佳所至。根据分析判断结果，检修相关部位或清洗、消毒不合格洁净室。修理或清洗消毒完毕，进行再检测，确定达到要求后，通知生产部经理或生产主管。

当温度、湿度指标超标时应立即采取以下措施：应立即通知生产部经理或生产主管；检查回风温湿度指标是否正确，温湿度探头是否损坏；检查新风温湿度情况；检查风机运转是否正常，风压是否正常，如风机发生故障应立即停机抢修；如是风压失常还应检查风阀情况。

当空气净化系统出现问题，洁净室出现上述环境控制不达标时，除根据上述要求处理外，应停止生产，在“物料标签”表的备注栏和空气净化系统“设备运行和日常保养记录”表的异常情况描述栏中注明相应情况，并通知质管部对所生产产品进行检验，以确定产品是否受到污染。

二、净化空调系统的故障排除

1. 电机烧损

(1) 机组运行时，系统各风阀均处于全开状态，系统实际风量远超设计风量，机组处于超载运行中。调节各风阀，使电机工作电流在电机额定值之下。

(2) 三角带太松，造成带轮与三角带之间发生打滑，产生大量热量，造成带轮和电机大幅升温，使电机过热烧损。重新调节三角带的张紧度。

(3) 机组内，送风机软接破裂，形成风道短路，引起电机烧损。更换或修补软接，严禁漏风。

(4) 机组内，因三角带断裂而缠住电机轴，造成电机缺相或短路烧损。设置相关报警装置，及时纠正。

(5) 电器线路接触不良或使用不合格元器件，造成电机缺相或短路烧损。检查电器线路，禁用不合格电气元件。

2. 风量不足

(1) 机组内，过滤器、盘管太脏，堵塞了风道。立即清洗，如过滤器清洗后，风量仍感觉不足，则应更换新的过滤器。

（2）机组内，送风机软接破裂，造成风道短路。更换或修补软接，严禁漏风。

（3）机组内，三角带断裂，电机转动而风机不动。及时更换新三角带。

（4）机组内，风机转动方向与风机上所示箭头相反。则将电机上输入端取两相对调即可（注意零线的位置）。

（5）系统上，各风阀开度不在工作点上，有风阀关闭现象。需重新调节各风阀，并监控电机电流是否过载。

（6）系统上，风管有漏风现象。检查泄漏处，做好密闭。

3. 风量过大

（1）机组风阀开启过大，电机电流超过额定值。调小风阀开度，确保电机在额定值下工作。

（2）设计参数（如风压）过大，远超系统实际需求，引起电机过载。调整设计参数（改变带轮大小等）或减小风阀开度。

4. 冷凝水泄漏

（1）接水盆泄漏。仔细检查确认后，采取修补措施。

（2）未装水封或水封高度不够。按要求计算安装。

（3）冷凝水排水管堵塞，凝结水溢出水盆。疏通排水管。

（4）机组安装倾斜。重新调平机组。

（5）冷凝水排水管安装倾斜度不够或中间有升高现象，造成排水不畅。重新排水管线。

（6）机组表面（骨架）局部结露。

（7）该处内表面保温层受损。重新保温。

5. 机壳变形

（1）系统风管、水管与机组之间采用硬连接或者机组承受外部压力。改用软连接，消除机组外部压力。

（2）新、回风阀因未销紧而全部或部分关闭，造成机组内部压力大增，引起机壳变形。重新调节风阀并锁紧。

（3）过滤器、盘管等太脏，造成阻力太大（即堵塞风道），引起机壳变形。经常检查过滤器、盘管或设置压差报警，并清洗。

6. 电气开关频繁跳闸

（1）机组运行过载，运行电流超过额定值。调节有关风阀，使电流低于额定值。

（2）电器元件功率不够。更换相关电器元件，与电机功率匹配。

7. 机内有金属声响

（1）传动系统紧固螺丝松动。仔细检查并拧紧。

（2）风机叶轮沿轴向窜动后，与风机机壳摩擦。调节叶轮位置与机壳两端保持相同间隙，并拧紧锁紧螺丝。

（3）以上两种情况一旦发生，立即停机。

8. 电机转速不够，引起风量不足

电机输入端接线错误，重新接线。

9. 机组漏风

机组使用时间较长，密封胶带老化，可更换密封胶带。

目标检测

一、单项选择题

1. 对于易燃易爆的废水，应采用暗沟或暗管排水，且暗沟上覆土厚度应不小于（　　）

A. 100 mm　　B. 200 mm　　C. 300 mm　　D. 400 mm

2. 所谓强电主要是动力电，电压通常不低于（　　）

A. 36V　　B. 110V　　C. 220V　　D. 380V

3. 下列不属于一次电气设备的是（　　）

A. 变压器　　B. 高压断路器　　C. 负荷开关　　D. 蓄电池

4. 工厂常用的高压蒸气压力为（　　）

A. 11.5MPa　　B. 10.4MPa　　C. 1.3MPa　　D. 0.4MPa

5. 下列不属于按气流流型分类的洁净室（　　）

A. 生物洁净室　　B. 单向流洁净室　　C. 辐流洁净室　　D. 混合流洁净室

二、简答题

1. 简述给水系统基本模式。
2. 请举例说明常见一次电气设备。
3. 请举例说明电气安全操作的重要性。
4. 请解释空气洁净度级别如何分类。
5. 简述空气净化系统操作规程。
6. 阐述净化空调系统的维护与故障排除。

参考答案

第一章

一、单项选择题

1. D 2. B 3. C 4. C 5. D

二、简答题

（略）

第二章

一、单项选择题

1. C 2. B 3. A 4. D 5. D 6. B 7. B 8. C 9. B 10. D 11. B 12. B

二、简答题

（略）

第三章

一、选择题

（一）单项选择题

1. B 2. D 3. A 4. D 5. A 6. D 7. D 8. C 9. A 10. B 11. D 12. C
13. D 14. A 15. C 16. A 17. B 18. A 19. A 20. C

（二）多项选择题

1. ABCD 2. ABCD 3. CD 4. ABCDE 5. AB 6. CDE 7. AC 8. ABCDE
9. ABCDE 10. ABCD

二、简答题

（略）

第四章

一、单项选择题

1. D 2. A 3. C 4. D 5. A 6. B 7. B 8. A 9. D 10. C
11. A 12. A 13. B 14. C 15. A

二、简答题

（略）

第五章

一、单项选择题

1. B 2. A 3. A 4. D 5. B 6. C 7. D 8. C 9. B 10. C

二、简答题

（略）

第六章

一、单项选择题

1. A 2. D 3. B 4. A 5. A 6. D 7. C 8. D 9. D 10. C 11. D 12. B

二、简答题

（略）

第七章

一、单项选择题

1. E 2. C 3. E 4. C

二、简答题

（略）

第八章

一、单项选择题

1. B 2. B 3. D 4. B 5. A

二、简答题

（略）

参 考 文 献

[1] 王泽. 制药机械学. 北京：科学出版社，2004.
[2] 邓才彬，王泽. 药物制剂设备. 北京：人民卫生出版社，2009.
[3] 沈云，耿玉岐. 机械工人基础技术. 北京：金盾出版社，2008.
[4] 王红林. 化工设计. 广州：华南理工大学出版社，2001.
[5] 谢淑俊. 药物制剂设备（上册）. 北京：化学工业出版社，2005.
[6] 张绪峤. 药物制剂设备与车间设计. 北京：中国医药科技出版社，2000.
[7] 梁燕飞，潘尚峰，王景先. 机械基础. 北京：清华大学出版社，2005.
[8] 陈利群. 制药厂设计及实践. 上海：同济大学出版社，2006.
[9] 赵宗艾. 药物制剂机械. 北京：化学工业出版社，1998.
[10] 刘落宪. 中药制药工程原理与设备. 北京：中国中医药出版社，2003.
[11] 王韵珊. 中药制药工程原理与设备. 上海：上海科学技术出版社，1997.
[12] 邓才彬. 制药设备与工艺. 北京：高等教育出版社，2006.
[13] 凌沛学. 制药设备. 北京：中国轻工业出版社，2007.
[14] 张洪斌. 药物制剂工程技术与设备. 第二版. 北京：化学工业出版社，2010.
[15] 刘精婵. 中药制药设备. 北京：人民卫生出版社，2009.
[16] 唐燕辉. 药物制剂生产设备及车间工艺设计. 北京：化学工业出版社，2006.
[17] 杨宗发. 药物制剂设备. 北京：人民军医出版社，2012.
[18] 刘红霞，梁军，马文辉. 药物制剂工程及车间工艺设计. 北京：化学工业出版社，2006.
[19] 江丰. 常用制剂技术与设备. 北京：人民卫生出版社，2008.
[20] 朱宏吉，张明贤. 制药设备与工程设计. 北京：化学工业出版社，2011.
[21] 李亚琴，周建平. 药物制剂工程. 北京：化学工业出版社，2008.